城镇供水行业职业技能培训系列丛书

供水泵站运行工
基础知识与专业实务

南京水务集团有限公司 主编

中国建筑工业出版社

图书在版编目（CIP）数据

供水泵站运行工基础知识与专业实务/南京水务集团有限公司主编. —北京：中国建筑工业出版社，2019.2（2025.1重印）
（城镇供水行业职业技能培训系列丛书）
ISBN 978-7-112-23069-3

Ⅰ.①供… Ⅱ.①南… Ⅲ.①给水排水泵-运行-技术培训-教材 Ⅳ.①TH38

中国版本图书馆 CIP 数据核字(2018)第 285185 号

为更好地贯彻《城镇供水行业职业技能标准》，进一步提高供水行业从业人员职业技能，南京水务集团有限公司主编了《城镇供水行业职业技能培训系列丛书》。本书为丛书之一，以供水泵站运行工岗位应掌握的知识为指导，坚持理论联系实际的原则，从基本知识入手，系统地阐述了该岗位应该掌握的基础理论与基本知识、专业知识与操作技能以及安全生产知识。

本书可供城镇供水行业从业人员参考。

责任编辑：何玮珂 于 莉 杜 洁
责任设计：李志立
责任校对：姜小莲

城镇供水行业职业技能培训系列丛书
供水泵站运行工基础知识与专业实务
南京水务集团有限公司 主编

*

中国建筑工业出版社出版、发行（北京海淀三里河路 9 号）
各地新华书店、建筑书店经销
北京科地亚盟排版公司制版
建工社（河北）印刷有限公司印刷

*

开本：787×1092 毫米 1/16 印张：22 字数：543 千字
2019 年 3 月第一版 2025 年 1 月第八次印刷
定价：**59.00** 元
ISBN 978-7-112-23069-3
（33149）

《城镇供水行业职业技能培训系列丛书》编委会

主　　编：单国平

副 主 编：周克梅

主　　审：张林生　许红梅

委　　员：周卫东　陈振海　陈志平　竺稽声　金　陵　祖振权

黄元芬　戎大胜　陆聪文　孙晓杰　宋久生　臧千里

李晓龙　吴红波　孙立超　汪　菲　刘　煜　周　杨

主编单位：南京水务集团有限公司

参编单位：东南大学

江苏省城镇供水排水协会

本书编委会

主　　编：陈振海　臧千里

参　　编：俞　斌　丁文勇　李登辉

《城镇供水行业职业技能培训系列丛书》序言

城镇供水，是保障人民生活和社会发展必不可少的物质基础，是城镇建设的重要组成部分，而供水行业从业人员的职业技能水平又是供水安全和质量的重要保障。1996 年，中国城镇供水协会组织编制了《供水行业职业技能标准》，随后又编写了配套培训丛书，对推进城镇供水行业从业人员队伍建设具有重要意义。随着我国城市化进程的加快，居民生活水平不断提升，生态环境保护要求日益提高，城镇供水行业的发展迎来新机遇、面临更大挑战，同时也对行业从业人员提出了更高的要求。我们必须坚持以人为本，不断提高行业从业人员综合素质，以推动供水行业的进步，从而使供水行业能适应整个城市化发展的进程。

2007 年，根据原建设部修订有关工程建设标准的要求，由南京水务集团有限公司主要承担《城镇供水行业职业技能标准》的编制工作。南京水务集团有限公司，有近百年供水历史，一直秉承“优质供水、奉献社会”的企业精神，职工专业技能培训工作也坚持走在行业前端，多年来为江苏省内供水行业培养专业技术人员数千名。因在供水行业职业技能培训和鉴定方面的突出贡献，南京水务集团有限公司曾多次受省、市级表彰，并于 2008 年被人社部评为“国家高技能人才培养示范基地”。2012 年 7 月，由南京水务集团有限公司主编，东南大学、南京工业大学等参编的《城镇供水行业职业技能标准》完成编制，并于 2016 年 3 月 23 日由住建部正式批准为行业标准，编号为 CJJ/T 225—2016，自 2016 年 10 月 1 日起实施。该《标准》的颁布，引起了行业内广泛关注，国内多家供水公司对《标准》给予了高度评价，并呼吁尽快出版《标准》配套培训教材。

为更好地贯彻实施《城镇供水行业职业技能标准》，进一步提高供水行业从业人员职业技能，自 2016 年 12 月起，南京水务集团有限公司又启动了《标准》配套培训系列丛书的编写工作。考虑到培训系列教材应对整个供水行业具有适用性，中国城镇供水排水协会对编写工作提出了较为全面且具有针对性的调研建议，也多次组织专家会审，为提升培训教材的准确性和实用性提供技术指导。历经两年时间，通过广泛调查研究，认真总结实践经验，参考国内外先进技术和设备，《标准》配套培训系列丛书终于顺利完成编制，即将陆续出版。

该系列丛书围绕《城镇供水行业职业技能标准》中全部工种的职业技能要求展开，结合我国供水行业现状、存在问题及发展趋势，以岗位知识为基础，以岗位技能为主线，坚持理论与生产实际相结合，系统阐述了各工种的专业知识和岗位技能知识，可作为全国供水行业职工岗位技能培训的指导用书，也能作为相关专业人员的参考资料。《城镇供水行业职业技能标准》配套培训教材的出版，可以填补供水行业职业技能鉴定中新工艺、新技术、新设备的应用空白，为提高供水行业从业人员综合素质提供了重要保障，必将对整个供水行业的蓬勃发展起到极大的促进作用。

中国城镇供水排水协会

刘志琪

2018 年 11 月 20 日

《城镇供水行业职业技能培训系列丛书》
前　言

城镇供水行业是城镇公用事业的有机组成部分，对提高居民生活质量、保障社会经济发展起着至关重要的作用，而从业人员的职业技能水平又是城镇供水质量和供水设施安全运行的重要保障。1996 年，按照国务院和劳动部先后颁发的《中共中央关于建立社会主义市场经济体制若干规定》和《职业技能鉴定规定》有关建立职业资格标准的要求，建设部颁布了《供水行业职业技能标准》，旨在着力推进供水行业技能型人才的职业培训和资格鉴定工作。通过该标准的实施和相应培训教材的陆续出版，供水行业职业技能鉴定工作日趋完善，行业从业人员的理论知识和实践技能都得到了显著提高。随着国民经济的持续、高速发展，城镇化水平不断提高，科技发展日新月异，供水行业在净水工艺、自动化控制、水质仪表、水泵设备、管道安装及对外服务等方面都发展迅速，企业生产运营管理水平也显著提升，这就使得职业技能培训和鉴定工作逐渐滞后于整个供水行业的发展和需求。因此，为了适应新形势的发展，2007 年原建设部制定了《2007 年工程建设标准规范制订、修订计划（第一批）》，经有关部门推荐和行业考察，委托南京水务集团有限公司主编《城镇供水行业职业技能标准》，以替代 96 版《供水行业职业技能标准》。

2007 年 8 月，南京水务集团精心挑选 50 名具备多年基层工作经验的技术骨干，并联合东南大学、南京工业大学等高校和省住建系统的 14 位专家学者，成立了《城镇供水行业职业技能标准》编制组。通过实地考察调研和广泛征求意见，编制组于 2012 年 7 月完成了《标准》的编制，后根据住房城乡建设部标准司、人事司及市政给水排水标准化技术委员会等的意见，进行修改完善，并于 2015 年 10 月将《标准》中所涉工种与《中华人民共和国执业分类大典》（2015 版）进行了协调。2016 年 3 月 23 日，《城镇供水行业职业技能标准》由住建部正式批准为行业标准，编号为 CJJ/T 225—2016，自 2016 年 10 月 1 日起实施。

《标准》颁布后，引起供水行业的广泛关注，不少供水企业针对《标准》的实际应用提出了问题：如何与生产实际密切结合，如何正确理解把握新工艺、新技术，如何准确应对具体计算方法的选择，如何避免因传统观念陷入故障诊断误区，等等。为了配合《城镇供水行业职业技能标准》在全国范围内的顺利实施，2016 年 12 月，南京水务集团启动《城镇供水行业职业技能培训系列丛书》的编写工作。编写组在综合国内供水行业调研成果以及企业内部多年实践经验的基础上，针对目前供水行业理论和工艺、技术的发展趋势，充分考虑职业技能培训的针对性和实用性，历时两年多，完成了《城镇供水行业职业技能培训系列丛书》的编写。

《城镇供水行业职业技能培训系列丛书》一共包含了 10 个工种，除《中华人民共和国执业分类大典》（2015 版）中所涉及的 8 个工种，即自来水生产工、化学检验员（供水）、供水泵站运行工、水表装修工、供水调度工、供水客户服务员、仪器仪表维修工（供水）、供水管道工之外，还有《大典》中未涉及但在供水行业中较为重要的泵站机电设备维修工、变配电运行工2个工种。

本系列《丛书》在内容设计和编排上具有以下特点：(1) 整体分为基础理论与基本知识、专业知识与操作技能、安全生产知识三大部分，各部分占比约为3∶6∶1；(2) 重点介绍国内供水行业主流工艺、技术、设备，对已经过时和应用较少的技术及设备只作简单说明；(3) 重点突出岗位专业技能和实际操作，对理论知识只讲应用，不作深入推导；(4) 重视信息和计算机技术在各生产岗位的应用，为智慧水务的发展奠定基础。《丛书》既可作为全国供水行业职工岗位技能培训的指导用书，也能作为相关专业人员的参考资料。

《城镇供水行业职业技能培训系列丛书》在编写过程中，得到了中国城镇供水排水协会的指导和帮助，刘志琪秘书长对编写工作提出了全面且具有针对性的调研建议，也多次组织专家会审，为提升培训教材的准确性和实用性提供了技术指导；东南大学张林生教授全程指导丛书编写，对每个分册的参考资料选取、体量结构、理论深度、写作风格等提出大量宝贵的意见，并作为主要审稿人对全书进行数次详尽的审阅；中国生态城市研究院智慧水务中心高雪晴主任协助编写组广泛征集意见，提升教材适用性；深圳水务集团，广州水投集团，长沙水业集团，重庆水务集团，北京市自来水集团、太原供水集团等国内多家供水企业对编写及调研工作提供了大力支持，值此《丛书》付梓之际，编写组一并在此表示最真挚的感谢！

《丛书》编写组水平有限，书中难免存在错误和疏漏，恳请同行专家和广大读者批评指正。

南京水务集团有限公司

2019年1月2日

前　言

随着社会和供水行业的不断发展，现代供水企业大量引进新的管理模式、生产方式和组织形式，传统精细分工的简单岗位工作被以解决问题为导向的“综合任务”所取代。现代供水企业对员工提出了更高的要求：不仅要具备基本的岗位能力，而且还要具备诸如解决问题、自我学习和团队协作能力。如何让员工能对生产中遇到的问题做出独立的准确判断并给出正确应对措施，这就需要培养员工的综合职业技能。为了适应社会和行业发展对技能型人才的要求，我们根据《城镇供水行业职业技能标准》CJJ/T 225—2016 中“供水泵站运行工职业技能”的要求，编写了《供水泵站运行工基础知识与专业实务》培训教材。

本教材以供水泵站运行工本岗位应掌握的知识为指导，坚持理论联系实际的原则，从基本知识入手，系统地阐述了本岗位应该掌握的基础理论与基本知识、专业知识与操作技能以及安全生产知识。本教材在广泛吸取了本行业先进理论的基础上，融合了编者们多年从事岗位实践的经验，适合本岗位新入职及各等级员工的培训使用。

本教材在编写过程中，东南大学张林生教授对本书提出了宝贵的意见和建议，在此表示诚挚的感谢！

本书编写组水平有限，书中难免存在疏漏和错误，敬请广大读者和同行专家们批评指正。

供水泵站运行工编写组

2018 年 9 月于南京

目 录

第一篇　基础理论与基本知识

第 1 章　给水工程基础知识

给水工程的任务是供给城市和居民区、工业企业、铁路运输、农业、建筑工地以及军事上的用水，并须保证上述用户在水量、水质和水压方面的要求，同时要担负用水地区的消防任务。给水工程的作用是汲取天然的地表水或地下水，经过一定的工艺处理，使之符合工业生产用水和居民生活饮用水的水质标准，并用经济合理的输配方法，输送到各类用户。

1.1　给水系统

给水系统是由取水、输水、水质处理和配水等各关联设施所组成的整体，一般由原水取集、输送、处理和成品水输配的给水工程中各个构筑物和输配水管渠系统组成。大到跨区域的城市给水引水工程，小到居民楼房的给水设施，都属于给水系统的范畴。

1.1.1　给水系统概述

给水系统按照一定的方式进行分类：按水源种类，分为地表水（江河、湖泊、蓄水库、海洋等）和地下水（浅层地下水、深层地下水、泉水等）系统；按供水方式，分为自流系统（重力供水）、水泵供水系统（压力供水）和混合供水系统；按使用目的，分为生活用水、生产给水和消防给水系统，也可以供给多种使用目的，如生活、生产给水系统；按服务对象，分为城市给水和工业给水系统等；按使用方式，分为直流系统、循环系统和复用系统（循序系统）；按供水方式，分为统一给水系统、分质给水系统、分压给水系统、分区给水系统和区域给水系统。

给水系统的组成大致分为取水工程、水处理工程和输配水工程三个部分，所组成的单元通常由下列工程设施组成：

（1）取水构筑物，用以从选定的水源（包括地表水和地下水）取水。

（2）水处理构筑物，是将取水构筑物的来水进行处理，以期符合用户对水质的要求。这些构筑物常集中布置在水厂范围内。

（3）泵站，用以将所需水量提升到要求的高度，可分抽取原水的一级泵站、输送清水的二级泵站和设于管网中的增压泵站等。

（4）输水管渠和管网，输水管渠是将原水送到水厂或将水厂的水送到管网的管渠，其主要特点是沿线无流量分出；管网则是将处理后的水送到各个给水区的全部管道。

（5）调节构筑物，它包括各种类型的贮水构筑物，例如高地水池、水塔、清水池等，用以贮存和调节水量。高地水池和水塔兼有保证水压的作用。大城市通常不用水塔。中小城市或企业为了贮备水量和保证水压，常设置水塔。根据城市地形特点，水塔可设在管网起端、中间或末端，分别构成网前水塔、网中水塔和对置水塔的给水系统。

泵站、输水管渠、管网和调节构筑物等总称为输配水系统，从给水系统整体来说，它是投资和运行费用最大的子系统。

1.1.2 用水量变化及调节

给水系统设计时，首先须确定该系统在设计年限内达到的用水量，因为系统中的取水、水处理、泵站和管网等设施的规模都须参照设计用水量确定，因此会直接影响建设投资和运行费用。

城市用水量主要由居民生活用水、工业企业用水、公共设施等组成。

城市给水系统供水量应满足其服务对象的下列各项用水量：①综合生活用水，包括居民生活用水和公共建筑及设施用水。前者指城市中居民的饮用、烹调、冲厕、洗澡等日常生活用水；公共建筑及设施用水包括娱乐场所、宾馆、商业、学校和机关办公楼等用水，但不包括城市浇洒道路、绿化和市政等用水。②工业企业用水，包括工业企业生产用水和工作人员生活用水。③浇洒道路和绿地用水。④管网漏失水量。⑤未预见用水量。⑥消防用水。

根据给水系统规模的大小、服务对象的不同以及各自的具体情况，用水量的一般计算方法为：用水量=用水量定额×实际用水的单位数目。

居民生活用水定额和综合用水定额，应根据当地国民经济和社会发展规划及水资源充沛程度，在现有用水定额基础上，结合给水专业规划和给水工程发展条件综合分析确定。

1. 用水量变化

无论是生活或生产用水，用水量经常在变化。生活用水量随着生活习惯和气候而变化，如假期比平日高，夏季比冬季用水多。从我国大中城市的用水情况可以看出，在一天内又以早晨起床后和晚饭前后用水最多。工业生产用水量中包括冷却用水、空调用水、工艺过程用水以及清洗、绿化等其他用水，在一年中水量是有变化的。冷却用水主要是用来冷却设备，带走多余热量，所以用水量受到水温和气温的影响，夏季多于冬季。

用水量定额只是一个平均值，在设计时还须考虑每日、每时的用水量变化。在设计规定的年限内，用水最多一日的用水量，叫做最高日用水量，一般用以确定给水系统中各类设施的规模。在一年中，最高日用水量与平均日用水量的比值，叫做日变化系数 K_d，根据给水区的地理位置、气候、生活习惯和室内给水排水设施程度，其值约为1.1～1.5。在最高日内，每小时的用水量也是变化的，变化幅度和居民数、房屋设备类型、职工上班时间和班次等有关。最高一小时用水量与平均时用水量的比值，叫做时变化系数 K_h，根据我国部分城市实际供水资料的调查，该值在1.2～1.6。大中城市的用水比较均匀，K_h 值较小，可取下限，小城市可取上限或适当加大。确定各种给水构筑物的大小，除了求出设计年限内最高日用水量和最高日的最高一小时用水量外，还应知道24h的用水量变化。

图1-1所示为某大城市的用水量变化曲线，图中每小时用水量按最高日用水量的百分数计，图形面积等于 $\sum_{i=1}^{24} Q_i\% = 100\%$，$Q_i\%$是以最高日用水量百分数计的每小时用水量。用水高峰集中在8～10时和16～19时。因为城市大，用水量也大，各种用户用水时间相互错开，使各小时的用水量比较均匀，时变化系数 K_h 为1.44，最高时（上午9时）用水

量为最高日用水量的6%。实际上，用水量的24h变化情况天天不同，图1-1只是说明大城市的每小时用水量相差较小。中小城市的24h用水量变化较大，人口较少用水标准较低的小城市，24h用水量的变化幅度更大。

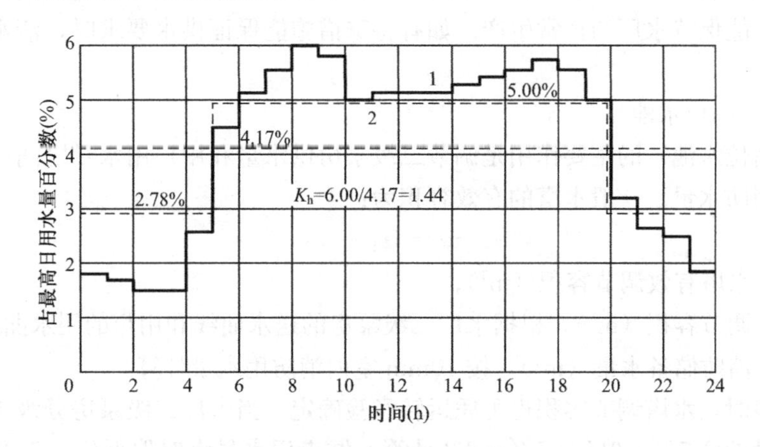

图1-1 城市用水量变化曲线

1—用水量变化曲线；2—二级泵房设计供水线

对于新建给水工程，用水量变化规律只能按该工程所在地区的气候、人口、居住条件、工业生产工艺、设备能力、产值等情况，参考附近城市的实际资料确定。对于扩建工程，可进行实地调查，获得用水量及其变化规律的资料。

2. 水量调节

一般情况下，水厂的取水构筑物和净水厂规模是按最高日平均时设计的，而配水设施则需满足供水区的时用水量变化，为此需设置水量调节构筑物，以平衡两者的负荷变化。

1）水厂清水池

一级泵房通常均匀供水，水厂内的净化构筑物通常也是按照最高日平均时流量设计，而二级泵房一般为分级供水，所以一、二级泵房的每小时供水量并不相等。为了调节一级泵房供水量（也就是水厂净水构筑物的处理水量）和二级泵房送水量之间的差值，同时还储存水厂的生产用水（如滤池反冲洗用水等），并且备用一部分城市的消防水量，必须在一、二级泵房之间建造清水池。从水处理的角度上看，清水池的容积还应当满足消毒接触时间的要求。因此，清水池的有效容积应为：

$$W = W_1 + W_2 + W_3 + W_4 \tag{1-1}$$

式中：W——清水池的有效调节容积（m^3）。

W_1——调节容积（m^3），用来调节一级泵房供水量和二级泵房送水量之间的差值。根据水厂净水构筑物的产水曲线和二级泵房的送水曲线计算。

W_2——消防储备水量（m^3），按2h火灾延续时间计算。

W_3——水厂冲洗滤池和沉淀池排泥等生产用水（m^3），可取最高日用水量的5%～10%。

W_4——安全贮量（m^3）。

在缺乏供水数据资料的情况下，当水厂外没有调节构筑物的时候，城市水厂的清水池调节容积，可凭运转经验，按最高日用水量的10%～20%估算。供水量大的城市，因24h

的用水量变化较小，可取较低百分数，以免清水池过大，小规模的水厂采用较大的数值。至于生产用水的清水池调节容积，应按工业生产的调度、事故和消防等要求确定。

清水池的个数或分格数量不得少于两个，并能单独工作和分别泄空。当某座清水池清洗或检修时还能保持水厂的正常生产。如有特殊措施能保证供水要求时，清水池也可以只建1座。

2）水塔（高位水池）

水塔（高位水池）的主要作用是调节二级泵房供水量和用户用水量之间的差值，同时储备一部分消防水量。一般水塔的有效容积为：

$$w = w_1 + w_2 \qquad (1\text{-}2)$$

式中：w——水塔有效调节容积（m^3）；

w_1——调节容积（m^3），根据水厂二级泵房的送水曲线和用户的用水曲线计算；

w_2——消防储备水量（m^3），按10min室内消防用水量计算。

缺乏资料时，水塔调节容积也可凭运转经验确定。当水厂二级泵房分级工作时，可按最高日用水量的2.5%～3%至5%～6%计算，城市用水量大时取低值。工业用水可按生产上的要求（调度、事故和消防等）确定水塔的调节容积。

给水系统中，水塔（或高位水池）和清水池二者有着密切的联系。清水池的调节容积由水厂一、二级泵房供水量曲线确定；水塔容积由二级泵站供水线和用水量曲线确定。如果二级泵房每小时供水量等于用水量，即流量无需调节时，管网中可不设水塔，成为无水塔的管网系统。大中城市的用水量比较均匀，通常用水泵调节流量，多数可不设水塔。当一级泵房和二级泵房每小时供水量相接近时，清水池的调节容积可以减小，但是为了调节二级泵站供水量和用水量之间的差额，水塔的容积将会增大。二级泵房每小时供水量越接近用水量且水塔的容积越小，则清水池的容积将增加。

3）调节（水池）泵站

调节（水池）泵站主要由调节水池和加压泵房组成。当水厂离供水区较远时，为使出厂输水干管较均匀输水，可在靠近用水区附近建造调节（水池）泵站。对于大型配水管网，为了降低水厂出厂压力，可在管网的适当位置建造调节（水池）泵站，兼起调节水量和增加水压的作用。对于要求供水压力相差较大，而采用分压供水的管网，也可建造调节（水池）泵站，由低压区进水，经调节水池并加压后供应高压区。对于供水管网末梢的延伸地区，如为了满足要求水压需提高水厂出厂水压时，经过经济比较也可设置调节（水池）泵站。当城市不断扩展，为充分利用原有管网的配水能力，可在边远地区的适当位置建调节（水池）泵站。

晚间用水低峰时，在不影响管网要求压力的情况下，调节水池进水；白天高峰用水时，根据城市用水曲线，除净水厂及其他调节设施供水外，由调节水池向管网供水。调节水池容量应根据需要并结合配水管网进行计算确定。

1.2　净水工艺及水处理

给水处理是给水工程中重要的组成部分。它的任务是将原水经过投药、混合反应、沉淀（澄清）、过滤、消毒等工艺流程，去除原水中所含的各种有害杂质，达到符合人们生活、生产用水水质标准的水。

1.2.1 水源

水源是水的来源和存在形式的地域总称。水源是生命之源、物质、信息、能量传递的重要中介，是地球表面生物体生存的不可替代的资源。水源主要存在于海洋、河湖、冰川雪山等区域。它们通过大气运动等形式得到更新。

1. 水、水体及水质

水因其自身的异常分子结构，使其具有很强的溶解性和反应能力。所以，世界上很难有化学意义上的纯水（H_2O）自然存在，不论何种天然水，都会含有某些杂质。水体是水、溶解物质、悬浮物、底质和水生生物的总称。

水质是水及其所含杂质所共同表现出来的物理、化学及生物学的综合特性。水质亦指水的实际使用性质。凡是能反映水的使用性质的某一种量，即称为水质参数（包括替代参数或集体参数，如总溶解固体 TDS、浊度、色度等）。某一水质特性可通过水质指标（参数）来表达，例如水的温度、pH 值、各种溶解离子成分等。某种水的水质全貌，可用水质指标体系来反映，例如《生活饮用水卫生标准》GB 5749 等。

2. 水源分类

自然界中的水处于不停的循环过程中，它通过降水、径流、渗透和蒸发等方式循环不止。天然水源可分为地表水和地下水两大类。地表水按水体存在的方式有江河、湖泊、水库和海洋；地下水按水文地质条件可分为潜水（无压地下水）、自流水（承压地下水）和泉水。

3. 水源中的杂质

无论哪种水源，其原水中都可能含有不同形态、不同性质、不同密度和不同数量的杂质。水中的这些杂质，有的来源于自然过程的形成，例如地层矿物质在水中的溶解，水中微生物的繁殖及其死亡残骸，水流对地表及河床冲刷所带入的泥沙和腐殖质等；有的来源于人为因素的排放污染，其中数量最多的是人工合成的有机物，以农药、杀虫剂和有机溶剂为主。

无论哪种来源的杂质，都可以分为无机物、有机物及微生物。按照杂质粒径大小可分为溶解物、胶体和悬浮物三类。

4. 饮用水水源的水质分类

根据水源水质受到污染的情况或所含杂质的特点，可将饮用水水源分为普通水质水源、特种水质水源和微（轻度）污染水质水源三类。

1.2.2 水质标准

水质标准，是水质监测与分析的重要依据。和自来水生产相关的水质标准主要有水环境质量标准和生活饮用水卫生标准。

1. 地表水环境质量标准

我国现行《地表水环境质量标准》GB 3838—2002 于 2002 年 4 月 28 日发布，并于 2002 年 6 月 1 日实施。

GB 3838—2002 将标准项目分为：地表水环境质量标准基本项目、集中式生活饮用水地表水源地补充项目、集中式生活饮用水地表水源地特定项目。标准项目共计109项，其中地表水环境质量标准基本项目24项，集中式生活饮用水地表水源地补充项目5项，集中式生活饮用水地表水源地特定项目80项。

我国的水环境质量是按水域功能分区管理。因此，水环境质量标准都是按照不同功能区的不同要求制定的，高功能区高要求，低功能区低要求。GB 3838—2002依据地表水水域环境功能和保护目标将其划分为5类功能区，具体如下：

Ⅰ类：主要适用于源头水、国家自然保护区；

Ⅱ类：主要适用于集中式生活饮用水地表水源地一级保护区、珍稀水生生物栖息地、鱼虾类产场、仔稚幼鱼的索饵场等；

Ⅲ类：主要适用于集中式生活饮用水地表水源地二级保护区、鱼虾类越冬场、洄游通道、水产养殖区等渔业水域及游泳区；

Ⅳ类：主要适用于一般工业用水区及人体非直接接触的娱乐用水区；

Ⅴ类：主要适用于农业用水区及一般景观要求水域。

对应地表水上述5类水域功能，将地表水环境质量标准基本项目标准值分为5类，不同功能类别分别执行相应类别的标准值。同一水域兼有多类使用功能的，执行最高功能类别对应的标准值。

2. 地下水质量标准

《地下水质量标准》GB/T 14848—1993于1994年10月1日实施，该标准规定了地下水的质量分类，地下水质量监测、评价方法和地下水质量保护。

GB/T 14848—1993依据我国地下水水质现状、人体健康基准值及地下水质量保护目标，并参照了生活饮用水、工业、农业用水水质最高要求，将地下水质量划分为5类，具体如下：

Ⅰ类：主要反映地下水化学组分的天然低背景含量。适用于各种用途。

Ⅱ类：主要反映地下水化学组分的天然背景含量。适用于各种用途。

Ⅲ类：以人体健康基准值为依据。主要适用于集中式生活饮用水水源及工、农业用水。

Ⅳ类：以农业和工业用水要求为依据。除适用于农业和部分工业用水外，适当处理后可作生活饮用水。

Ⅴ类：不宜饮用，其他用水可根据使用目的选用。

3. 生活饮用水卫生标准

生活饮用水卫生标准是水环境质量标准的一种，是从保护人群身体健康和保证人类生活质量出发，对饮用水中与人群健康的各种因素（物理、化学和生物），以法律形式作的量值规定，以及为实现量值所作的有关行为规范的规定，经国家有关部门批准，以一定形式发布的法定卫生标准。

现行《生活饮用水卫生标准》GB 5749—2006含106项水质指标，于2007年7月1日起全面实施，该标准规定了生活饮用水水质卫生要求、生活饮用水水源水质卫生要求、集中式供水单位卫生要求、二次供水卫生要求、涉及生活饮用水卫生安全产品卫生要求、水质监测和水质检验方法；适用于城乡各类集中式供水的生活饮用水，也适用于分散式供水的生活饮用水。部分指标见表1-1、表1-2。

部分出厂水质指标标准 **表 1-1**

序号	指标	限值	序号	指标	限值
1	总大肠菌群 (MPN/100mL 或 CFU/100mL)	不得检出	6	肉眼可见物	无
2	菌落总数(CFU/mL)	100	7	pH 值(pH 值单位)	不小于 6.5 且 不大于 8.5
3	色度(铂钴色度单位)	15	8	铝(mg/L)	0.2
4	浑浊度(NTU-散射浊度单位)	1 水源与净水技术条件限制时为 3	9	铁(mg/L)	0.3
5	臭和味	无异臭、异味	10	总硬度(以 $CaCO_3$ 计,mg/L)	450

饮用水中消毒剂常规指标及要求 **表 1-2**

序号	消毒剂名称	与水接触时间	出厂水中限值	出厂水中余量	管网末梢水中余量
1	氯气及游离氯制剂(游离氯,mg/L)	至少 30min	4	≥0.3	≥0.05
2	一氯胺(总氯,mg/L)	至少 120min	3	≥0.5	≥0.05
3	臭氧(O_3,mg/L)	至少 12min	0.3		0.02 如加氯, 总氯≥0.05
4	二氧化氯(ClO_2,mg/L)	至少 30min	0.8	≥0.1	≥0.02

1.2.3 给水处理方法

给水处理,对不符合用水对象水质要求的水,进行水质改善的过程。通常给水处理方法有常规处理方法:混凝、沉淀(澄清)、过滤、消毒和特殊处理方法:除臭、除味、降铁、软化和淡化除盐等。

1. 给水处理的工艺流程

饮用水的常规处理主要是采用物理化学作用,使浑水变清(主要去除对象是悬浮物和胶体杂质)并杀菌,使水质达到饮用水水质标准。

水处理工艺流程是由若干处理单元设施优化组合成的水质净化流水线。水的常规处理法通常是在原水中加入适当的促凝药剂(絮凝剂、助凝剂),使杂质微粒互相凝聚而从水中分离出去,包括混凝(凝聚和絮凝)、沉淀(或气浮、澄清)、过滤、消毒等。一般地表水源饮用水的处理就是这种方法。其工艺流程如图 1-2 所示。这种制取饮用水的处理过程单元与原理等参见表 1-3。

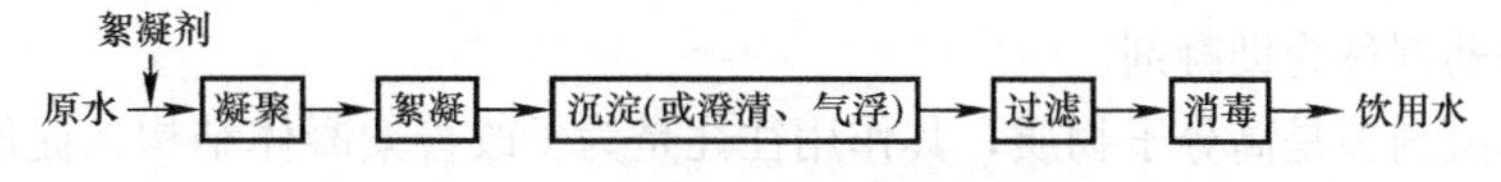

图 1-2 地表水制取饮用水的常规处理工艺

地表水制取饮用水的处理过程单元 **表 1-3**

加工步骤	加工效果	利用原理	主要设备	单元处理方法
原水输送	原水在自来水厂中流动	物理	水泵	—
加絮凝剂	水中胶态颗粒脱稳	物理	加药设备	凝聚
混合搅拌		物理化学	混合装置	

续表

加工步骤	加工效果	利用原理	主要设备	单元处理方法
絮凝搅拌	脱稳的胶态颗粒和其他微粒结成絮体	物理化学	絮凝池	絮凝
沉淀	从水中去除（绝大部分）悬浮物和絮体	物理	沉淀池	沉淀
过滤	进一步去除悬浮物和絮体	物理化学、物理	滤池	过滤
加氯	杀死残留水中的病原微生物	物理	加氯机	—
混合接触		物理、微生物学、化学	清水池	—
储存	调节水量变化			—
产品水输送	成品水在管网中流动	物理	水泵	—

2. 给水处理的单元处理技术

1）混凝

混凝阶段处理的对象，主要是水中的悬浮物和胶体杂质，它是自来水生产工艺中十分重要的环节。实践证明，混凝过程的完善程度对后续处理如沉淀、过滤影响很大，要充分予以重视。

（1）混凝原理

在整个混凝过程中，一般把混凝剂水解产物产生与水中胶体颗粒相反电荷，改变胶体颗粒的性质，使胶体颗粒降低、消除所带电位而脱稳，称为“凝聚”。在外界水力扰动条件下，脱稳后颗粒相互聚结，称为“絮凝”。“混凝”是凝聚和絮凝的总称。

水处理中的混凝过程比较复杂，不同种类的混凝剂在不同的水质条件下，其作用机理都有所不同。当前，看法比较一致的是，混凝剂对水中胶体颗粒的混凝作用有三种：电性中和、吸附架桥和卷扫作用。这三种作用机理究竟以何种为主，取决于混凝剂种类和投加量、水中胶体颗粒性质、含量以及水的 pH 值等。

（2）混凝剂和助凝剂

为了促使水中胶体颗粒脱稳以及悬浮颗粒相互聚结所投加的化学药剂统称为混凝剂。应用于自来水处理的混凝剂应符合以下基本要求：混凝效果良好；对人体健康无害；使用方便；货源充足，价格低廉。

混凝剂种类很多，按化学成分可分为无机和有机两大类，按分子量大小又分为低分子无机盐混凝剂和高分子混凝剂。无机混凝剂品种很少，目前用得最多的主要是铁盐和铝盐及其聚合物，如 $Al_2(SO_4)_3$、$FeCl_3$、聚合氯化铝（PAC）、聚合硫酸铁（PFS）。有机混凝剂品种很多，主要是高分子物质，但在水处理中的应用比无机的少。

当单独使用混凝剂不能取得较好的混凝效果时，常常需要投加一些辅助药剂以提高混凝效果，这种药剂称为助凝剂。

常用的助凝剂多是高分子物质，其作用往往是为了改善絮凝体结构，促使细小而松散的颗粒聚结成粗大密实的絮凝体。其作用机理是高分子物质的吸附架桥作用。一般自来水厂使用的有：骨胶、聚丙烯酰胺（PAM）及其水解聚合物、活化硅酸、海藻酸钠等。

还有一类助凝剂，其作用机理有别于高分子助凝剂，是能提高混凝效果或改善混凝剂作用的化学药剂。例如，当原水碱度不足、铝盐混凝剂水解困难时，可投加碱性物质（通常用石灰或氢氧化钠）以促进混凝剂水解反应；当原水受有机物污染时，可用氧化剂（通常用氯气）破坏有机物干扰；当采用硫酸亚铁时，可用氯气将亚铁离子氧化成三价铁离子等。

(3) 影响混凝效果的主要因素

影响混凝效果的因素比较复杂，其中包括水温、pH 值、碱度、水中杂质性质和浓度以及水力条件等。

(4) 混合和絮凝设备基本要求

混合设备的基本要求是，药剂与水快速均匀地混合。混合设备种类较多，应用于水厂混合的大致分为水泵混合、管式混合器混合、机械混合和水力混合池等。

絮凝设备的基本要求是，原水与药剂经混合后，通过絮凝设备形成肉眼可见的大的密实絮凝体。絮凝池形式较多，概括起来分为水力搅拌式和机械搅拌式，常见的有隔板絮凝池、折板絮凝池、机械搅拌絮凝池和网格（栅条）絮凝池。

2) 沉淀

水中固体颗粒依靠重力作用，从水中分离出来的过程称为沉淀。按照水中固体颗粒的性质，有自然沉淀、混凝沉淀、化学沉淀三种沉淀。

水处理过程中，沉淀是原水或经过加药、混合、反应的水，在沉淀设备中依靠颗粒的重力作用进行泥水分离的过程，是净水工艺中非常重要的环节。

水中悬浮颗粒依靠重力作用，从水中分离出来的过程称为沉淀。当颗粒的密度大于水的密度时，则颗粒下沉；相反，颗粒的密度小于水的密度时，颗粒上浮。颗粒沉降速度主要取决于颗粒大小、颗粒密度和水温。沉淀过程的效率主要决定于池表面积，与深度无关。各类沉淀池池深有固定的要求，如斜管沉淀池池深 5.5～6m，平流沉淀池池深 3～3.5m。

平流式沉淀池为矩形水池，上部是沉淀区，或称泥水分离区，底部为存泥区。经混凝后的原水进入沉淀池，沿进水区整个断面均匀分布，经沉淀区后，水中颗粒沉于池底，清水由出水口流出，存泥区的污泥通过吸泥机或排泥管排出池外。

平流式沉淀池分为进水区、沉淀区、出水区和存泥区四部分。平流沉淀池出水堰的负荷不能太高及太低，堰口水位较高及偏低都易发生配水不均匀，造成紊流。

前述悬浮颗粒的沉淀去除率仅与沉淀池沉淀面积有关，与池深无关，即“浅池沉淀理论”。

假设平流式沉淀池长为 L、深为 H、宽为 B，沉淀池水平流速为 v，截留沉速为 u_0，沉淀时间为 T。将此沉淀池加设两层底板，每层水深变为 $H/3$，在理想沉淀条件下，则有如下关系：

$$\frac{L}{H}=\frac{v}{u_0} \tag{1-3}$$

可以推算，沉淀池分为 n 层，其处理能力是原来沉淀池的 n 倍。但是，如此分层排泥有一定难度。为解决排泥问题，把众多水平隔板改为倾斜隔板，并预留排泥区间，这就变成了斜板沉淀池。用管状组件（组成六边形）代替斜板，即为斜管沉淀池。

在斜板沉淀池中，按水流与沉泥相对运动方向可分为上向流、同向流和侧向流三种形式。而斜管沉淀池只有上向流形式。水流自下而上流出，沉泥沿斜管、斜板壁面自动滑下，称为上向流沉淀池。水流水平流动，沉泥沿斜板壁面滑下，称为侧向流斜板沉淀池。

3) 澄清

絮凝和沉淀分属于两个过程并在两个单元中完成，可以概括为絮凝池内的待处理水中的脱稳杂质通过碰撞结合成相当大的絮凝体，随后通过重力作用在沉淀池内下沉。

澄清池则把絮凝和沉淀这两个过程集中在同一个构筑物内进行，主要依靠活性泥渣层的拦截和泥渣吸附作用达到澄清的目的。当脱稳杂质随水流与泥渣层接触时，被泥渣层阻留下来，从而使水澄清。这种把泥渣层作为接触介质的过程，实际上也是絮凝过程，一般称为接触絮凝。在澄清池中通过机械或水力作用悬浮保持着大量的矾花颗粒（泥渣层），进水中经混凝剂脱稳的细小颗粒与池中保持的大量矾花颗粒发生接触絮凝反应，被直接粘附在矾花上，然后再在澄清池的分离区与清水进行分离。澄清池的排泥措施，能不断排除多余的泥渣，其排泥量相当于新形成的活性泥渣量。故泥渣层始终处于新陈代谢状态中，保持接触絮凝的活性。这些泥渣的吸附性能没有完全充分利用，可以回流到反应区重复利用，以节省混凝剂的投加量。

澄清池的种类很多，但从净化作用原理和特点上划分，可归纳成两类，即泥渣接触过滤型（或悬浮泥渣型）澄清池和泥渣循环分离型（或回流泥渣型）澄清池。澄清池适合低浊、低浓或含腐殖质的原水处理。

4）过滤

过滤是水中悬浮颗粒经过具有孔隙的滤料层被截留分离出来的过程。滤池是实现过滤功能的构筑物，通常设置在沉淀池或澄清池之后。在常规水处理过程中，滤料一般采用石英砂、无烟煤、重质矿石等。过滤不仅可以进一步降低水的浊度，而且水中部分有机物、细菌、病毒等也会被吸附一并去除。残留在水中的细菌、病毒等失去悬浮颗粒的保护后，在后续的消毒工艺中将更容易被杀灭。在饮用水净化工艺中，当原水常年浊度较低时，有时沉淀或澄清构筑物可以省略，但是过滤是不可缺少的处理单元。

滤池的形式多种多样，但其截留水中杂质的原理基本相同，滤池的基本工作过程包含过滤与冲洗两个部分。依据滤池在滤速、构造、滤料和滤料组合、冲洗方法等方面的区别，我们可以对滤池进行分类，主要有：快滤池、双阀滤池、虹吸滤池、无阀滤池、双层滤料滤池，目前使用比较普遍的有普通快滤池及从国外引进的V型滤池。V型滤池带横向表面扫洗和气水反冲洗，冲洗效果好，能维持均质滤料，是目前应用广泛的类型。

滤池冲洗方式有：单水反冲洗、气水反冲洗、气水反冲洗加表面扫洗。滤池冲洗的目的是使滤料层中截留的悬浮杂质得到清洗，使得滤池恢复过滤能力。在一定的冲洗强度下，滤料颗粒由于水流的作用会膨胀，这时滤料既有向上悬浮的趋势，又由于自身重力有下沉的趋势，因而滤料颗粒之间产生相互碰撞摩擦，水流的剪力也会对滤料形成冲刷，滤料上的悬浮杂质便由此剥离随冲洗水进入排水系统。

5）消毒

经过混凝、沉淀和过滤等工艺，水中悬浮颗粒大大减少，大部分粘附在悬浮颗粒上的致病微生物也随着浊度的降低而被去除。但尽管如此，消毒仍然必不可少，它是常规水处理工艺的最后一道安全保障工序，对保障安全用水有着非常重要的意义。

消毒的方法有化学消毒法和物理消毒法。化学消毒法主要分为两大类：氧化型消毒剂与非氧化型消毒剂。前者包含了目前常用的大部分消毒剂，如氯、次氯酸钠、二氧化氯、臭氧等；后者包括了一类特殊的高分子有机化合物和表面活性剂，如季铵盐类化合物等。物理消毒法一般是利用某种物理效应，如超声波、电场、磁场、辐射、热效应等的作用，干扰破坏微生物的生命过程，从而达到灭活水中病原体的目的。

氯气为黄绿色气体，密度比空气大（3.214g/L），熔点－101.0℃，沸点－34.4℃，有强烈的刺激性气味。氯气分子由两个氯原子组成，易溶于水（20℃、98kPa时，溶解度为7160mg/L），易溶于碱液，易溶于四氯化碳、二硫化碳等有机溶剂。常温常压下，液氯极易气化。

氯气遇水歧化为盐酸（HCl）和次氯酸（HClO），次氯酸不稳定易分解放出游离氯，所以氯气具有漂白性（比 SO_2 强且加热不恢复原色）。

无论是用氯还是次氯酸钠消毒，一般认为主要是通过次氯酸（HClO）起作用。次氯酸不仅可与细胞壁发生作用，且因分子小，不带电荷，故侵入细胞内与蛋白质发生氧化作用或破坏其磷酸脱氢酶，使糖代谢失调而致细胞死亡。而 ClO^- 因为带负电，难于接近到带负电的细菌表面，所以 ClO^- 的灭活能力要比 HClO 差很多。生产实践证明，pH 值越低，消毒能力越强，证明 HClO 是消毒的主要因素。因为有相似的消毒原理，所以氯（Cl_2）或次氯酸钠（NaClO）都是广义的氯消毒的范畴。

自来水消毒加氯设备主要由下面几部分组成：氯瓶、电子秤、过滤器、自动切换器、蒸发器、减压阀、真空调节器、加氯机、水射器、加氯管道。

3. 饮用水的预处理和深度处理

对微污染饮用水源水的处理方法，除了要保留或强化传统的常规处理工艺之外，还应附加生化或特种物化处理工序。一般把附加在常规净化工艺之前的处理工序叫预处理；把附加在常规净化工艺之后的处理工序叫深度处理。

预处理和深度处理方法的基本原理，概括起来主要是吸附、氧化、生物降解、膜滤四种作用。即或者利用吸附剂的吸附能力去除水中有机物；或者利用氧化剂及光化学氧化法的强氧化能力分解有机物；或者利用生物氧化法降解有机物；或者以膜滤法滤除大分子有机物。有时几种作用也可同时发挥。因此，可根据水源水质，将预处理、常规处理、深度处理有机结合使用，以去除水中各种污染物质，保证饮用水水质。

1）几种微污染水源的饮用水净化工艺流程

原水→混凝沉淀或澄清→过滤→O_3 接触氧化→活性炭吸附→消毒

（1）O_3 预氧化

↓

原水→混凝沉淀或澄清→过滤→消毒

（2）粉末活性炭或 $KMnO_4$

↓

原水→混凝沉淀或澄清→过滤→消毒

（3）原水→混凝沉淀或澄清→过滤→活性炭吸附→消毒

（4）原水→混凝沉淀或澄清→过滤→O_3 接触氧化→活性炭吸附→消毒

（5）生物预处理

原水→生物预处理→混凝沉淀或澄清→过滤→消毒

（6）原水→生物预处理→混凝沉淀或澄清→过滤→O_3 接触氧化→活性炭吸附→消毒

2）预处理与深度处理的单元技术

（1）生物接触氧化法（BCO）

对微污染水源取水口设置生物接触氧化区（BCO）挂组合填料，能培育出菌种，对原水中少量COD有机物有降解作用，使取水口集水井水质（有机物污染指标）有所改善。

(2) 臭氧活性炭（O_3-BAC）

O_3-BAC工艺主要是利用臭氧的预氧化和生物活性炭滤池的吸附降解作用达到去除水源水中有机物的效果。常见的臭氧活性炭工艺流程如图1-3所示。

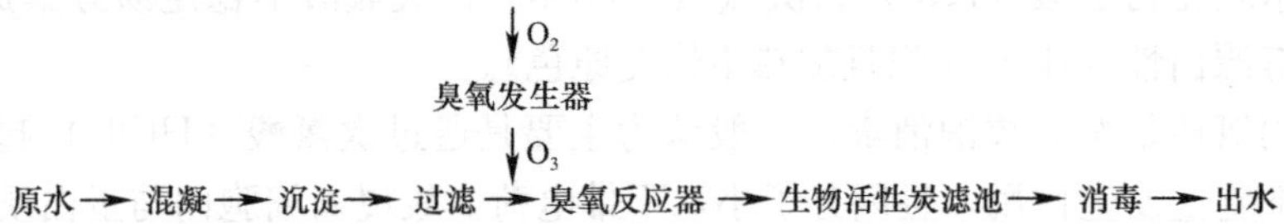

O_2 ↓ 臭氧发生器 ↓ O_3

原水→混凝→沉淀→过滤→臭氧反应器→生物活性炭滤池→消毒→出水

图1-3 臭氧活性炭工艺流程

在臭氧—生物活性炭工艺中，投加臭氧主要有两种作用：首先臭氧作为一种强氧化剂将溶解和胶状大分子有机物转化成为较易生物降解的小分子有机物，这些小分子有机物容易被炭床上的微生物降解；另一方面臭氧在微生物活性炭滤池中会被还原成氧气，提高了滤池中的溶解氧浓度，为生物膜的良好运行提供了有利的外部环境。

活性炭空隙多，比表面积大，能够迅速吸附水中的溶解性有机物，同时也能富集水中的微生物，而被吸附的溶解性有机物也为维持炭床中微生物的生命活动提供营养源。只要供氧充分，炭床中大量生长繁殖的好氧菌会生物降解所吸附的小分子有机物，这样，就在活性炭表面生长出了生物膜，形成BAC，该生物膜具有氧化降解和生物吸附的双重作用。活性炭对水中有机物的吸附和微生物的氧化分解是相继发生的，微生物的氧化分解作用，使活性炭的吸附能力得到恢复，而活性炭的吸附作用又使微生物获得丰富的养料和氧气，两者相互促进，形成相对平衡状态，得到稳定的处理效果，从而大大地延长了活性炭的再生周期。活性炭附着的硝化菌还可以转化水中的氨氮化合物，降低水中的NH_3-N浓度，生物活性炭通过有效去除水中有机物和臭味，从而提高饮用水化学、微生物学安全性。

(3) 膜技术

膜技术在水深度处理领域得到广泛应用，在城镇净水厂处理工艺中也开始得到较为迅猛的研发应用。膜技术主要包括MF（微滤）、UF（超滤）、NF（纳滤）、RO（反渗透）。例如，对微污染水源水的双膜法（UF+RO）饮用水深度处理工艺，对浊度较低以及低温低浊水源水的微絮凝超滤技术的短流程工艺（省去了沉淀和砂滤）。显然，膜法水处理工艺是以物理—化学作用为特征的分离技术型处理方法。膜法水处理工艺不仅去除的污染物范围广（胶体、色度、臭味、有机物、细菌、微生物、消毒附产物前体物），且不需投加药剂，减少消毒剂用量，处理设备小、占地少、布置紧凑，易实现自动控制，管理集中方便。膜技术对原水预处理要求较严格，需定期进行化学清洗，所需投资和运行费用较高，还存在膜的堵塞和污染问题。但随着膜技术的发展、清洗方式的改进、膜堵塞与膜污染的改善以及膜造价成本的降低，膜处理技术在城镇净水厂中的应用前景将是十分广阔的。

4. 饮用水的特种水质处理

1) 饮用水的除铁、除锰净水工艺

原水中的铁和锰一般指水中溶解的二价形态的铁和锰，它们在有氧条件下可氧化并形成溶解度极低的氢氧化铁和二氧化锰，使水变浑、发红、发黑，影响水的感官指标性状等。可采用沉淀或过滤法去除，常用的方法为曝气氧化法以及锰砂过滤法。

由于铁和锰的化学性质相近，在地下水中容易共存，而且因铁的氧化还原电位比锰低，二价铁对于高价锰（三价、四价）便成为还原剂，故二价铁的存在大大妨碍二价锰的氧化，只有水中二价铁较少的情况下，二价锰才能被氧化。所以，在地下水铁锰共存时，应先除铁后除锰。

2）饮用水的除氟工艺

氟是人体必需的微量元素，但含量过高或过低都会对人体健康造成危害。饮用水除氟最常用的方法是活性氧化铝法，活性氧化铝是两性物质，在 pH 值<9.5 时吸附阴离子，饱和后用 H_2SO_4 再生，可重复使用。

第2章　制图与识图

准确地表达物体的形状、尺寸及技术要求的图，称为图样。图样与语言、文字一样都是人类表达、交流思想的工具。技术人员必须掌握各种识图的基本能力，从而指导生产实践。

2.1　机械零件图的制图与识图

2.1.1　零件常用的表达方法

1. 基本视图

所谓基本视图就是用正六面体的六个平面作为基本投影面，从零件的前、后、左、右、上、下等六个方向向六个基本投影面投影，得到的六个基本视图。在六个基本视图中，主视图——从前面垂直向后投影所得的视图；俯视图——从上面垂直向下投影所得的视图；左视图——从左面垂直向右投影所得的视图；右视图——从右面垂直向左投影所得的视图；仰视图——从下面垂直向上投影所得的视图；后视图——从后面垂直向前投影所得的视图。各投影面按图2-1所示的箭头方向展开后，各基本视图的位置如图2-2所示。

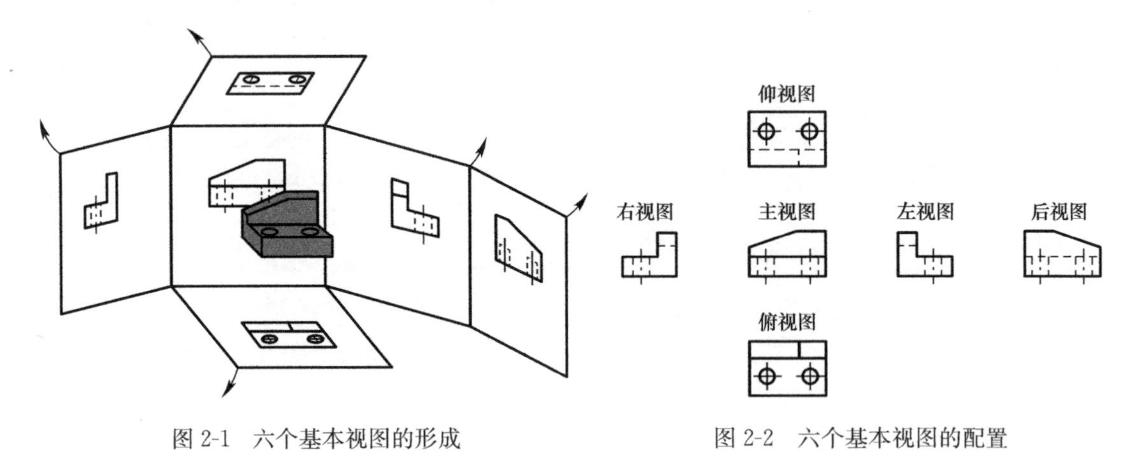

图2-1　六个基本视图的形成　　图2-2　六个基本视图的配置

2. 剖视图

1）剖视的概念

如果机件的内部结构较复杂，在视图中就会出现很多虚线，这些虚线往往与其他线条重叠在一起而影响图形清晰度，不便于看图及标注尺寸。为了清晰地表达机件的内部结构，假想用一个剖切平面（称为剖切面）剖开机件，将处在观察者和削切平面之间的部分移去，而将剖面和余下的部分向投影面投影，所得到的图形叫剖视图，简称剖视（图2-3）。

2）看剖视图的要点

（1）找剖切面的位置。剖切平面一般应通过机件的对称平面或轴线，如图2-3中剖切平面与俯视图的对称线重合。

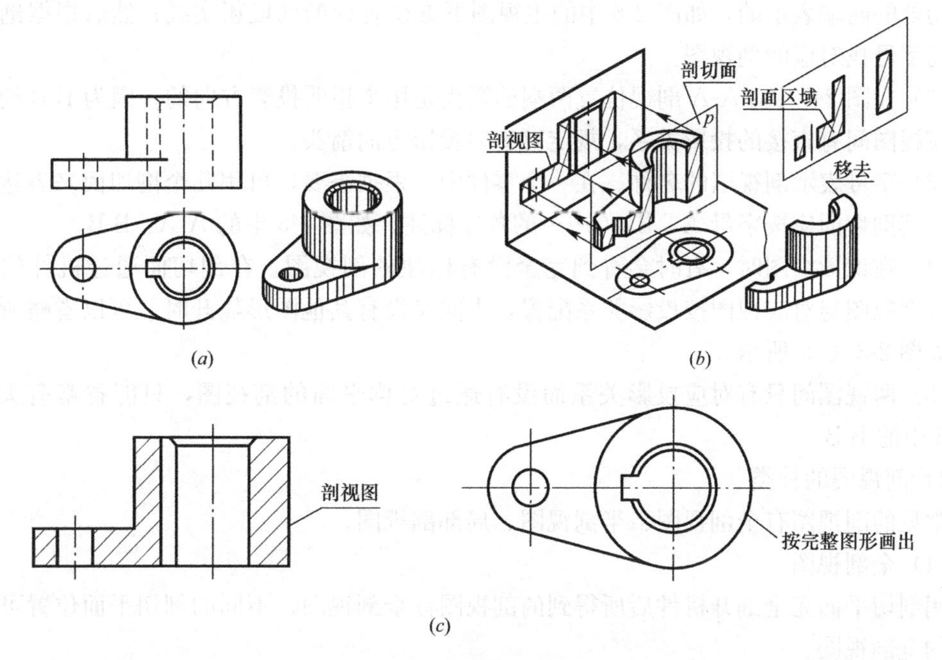

图 2-3 剖视图的形成

(*a*) 机件的视图和立体图；(*b*) 用假想的“剖切平面 P”剖开机件，将观察者与“剖切平面 P”之间部分移去；(*c*) 将余下部分向投影面投影即得剖视图，如图中主视图

(2) 明确剖视图是机件剖切后的可见轮廓线的投影。剖视图上通常没有虚线，看图时不必奇怪，这是符合规定的画法（图 2-4），但有些剖视图上仍保留少量虚线，这是有助于读图的虚线，在不影响视图清晰的情况下也是允许的，如图 2-5 所示。

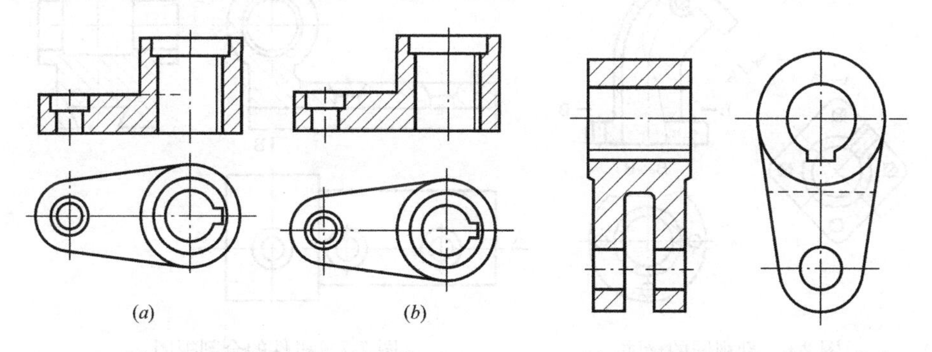

图 2-4 剖视图一般不画虚线

(*a*) 剖视图中有虚线；(*b*) 剖视图中去掉虚线

图 2-5 保留有助于读图的虚线

3) 识读剖视图的标注

为了看图方便，说明零件被剖切后剖视图与有关视图的对应关系，剖视图一般都要进行标注。剖视图的标注有如下内容：表示剖切位置的两段粗实线；表示投影方向的箭头；表示剖视图名称的字母，如“A-A”、“B-B”等。下面以图 2-3、图 2-6 为例，说明怎样识读剖视图的标注。

（1）找剖切面位置。剖切面位置是用长约5～10mm、中间断开的短粗实线，画在视图剖切处的两端表示的，如图2-6中的主视图下方位置处的两段粗实线；然后根据剖切位置上的字母找对应的剖视图。

（2）在图2-6中，A-A剖视位置两端的箭头是用来指明投影方向的。因为B-B剖视图与对应视图间有直接的投影关系，规定可省略投影方向箭头。

（3）字母表示剖视图的名称。在一个零件中，根据需要，可用几个剖切面来表达内部结构，其剖切面应按字母A，B，C……的顺序标注。如图2-6中的A-A、B-B。

（4）在识读视图时，有时会看到完全没有标注的剖视图。在剖切面通过机件的对称面，且剖视图与对应视图按投影关系配置，中间又没有其他图形隔开时，可以省略所有标注，如图2-3（*c*）所示。

（5）两视图间只有对应投影关系而没有通过对称平面的剖视图，只能省略箭头，如图2-6中的B-B。

4）剖视图的种类

常见的剖视图有全剖视图、半剖视图、局部剖视图。

（1）全剖视图

用剖切平面完全剖开机件后所得到的剖视图称全剖视图。不同的剖切平面位置可得到不同的全剖视图。

单一剖切面，且剖切面平行于某一基本投影面，如图2-7所示，一般应标剖切位置线、剖视图名称和投影方向；有直接投影关系时，可省略箭头；当剖面通过对称面且有直接投影关系时，可省略标注，如图2-3（*c*）所示。

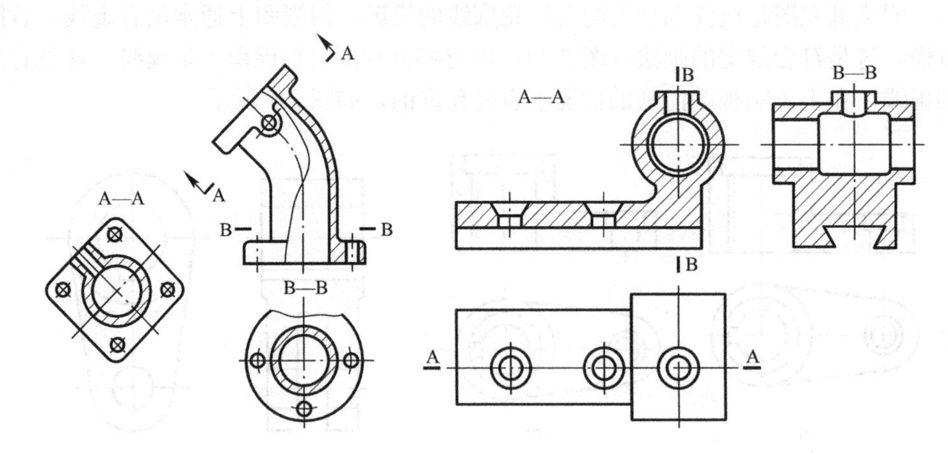

图2-6　剖视图的标注　　　　图2-7　机件的全剖视图

识图要点：找剖切位置与对应的剖视图，通过对剖视图的识读，弄懂机件内部结构形状。多用于外形简单、内部结构复杂的不对称机件，或外形简单的对称机件。

单一斜剖切面，与基本投影面不平行，但垂直。这种斜剖切面剖开机件而得到的剖视图称斜剖视。如图2-8（*a*）所示B-B。需标注剖切位置、剖视图名称和投影方向。有时也可将斜视图转正画出，如图2-8（*b*）中所示的A-A，此时剖视图名称旁必有标注旋转方向的圆弧箭头，且字母标在靠近箭头一侧。

识图要点：应找到剖切位置和投影方向。用于倾斜结构的内形表达。

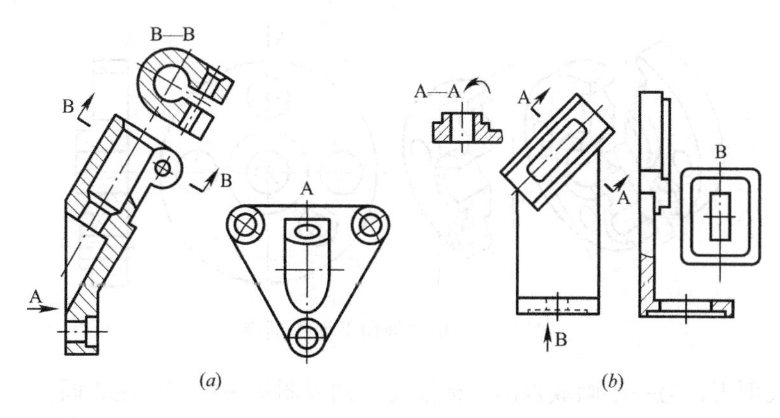

图 2-8 机件的斜剖视图

几个平行的剖切面：由两个或多个互相平行的剖切平面剖开机件，得到剖视图的方法，称阶梯剖视，如图 2-9 所示。机件上部的小孔及下部轴孔及油孔不在同一平面上，只用一个剖切平面不能都剖切到，这时假想用两个互相平行的剖切平面 A 来剖切（一个剖上部小孔，另一个剖下部轴孔及油孔等结构），把所得到的两部分剖视图合画成一个剖视图，则可表达清楚。需标注剖切位置线、剖视图名称和投影方向。有直接投影关系时，可省略箭头，阶梯的转折处也标有剖切位置线。

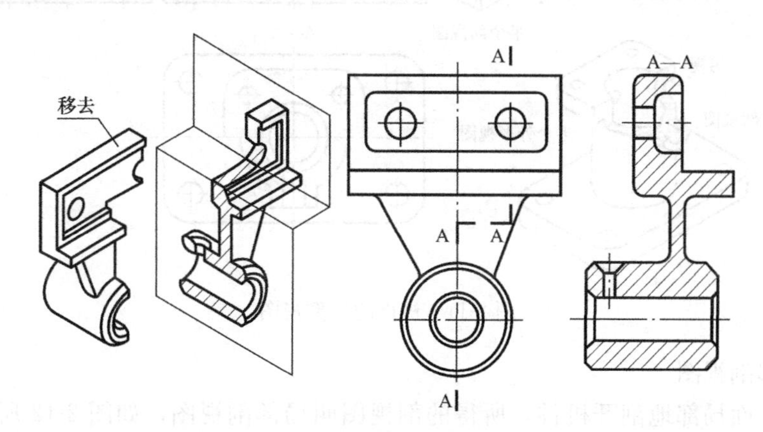

图 2-9 多个相平行的剖切平面作剖视

读阶梯剖时应注意：假想由几个平行的剖切平面剖开机件得到的剖视图规定画在同一平面上，所以剖切面转折处没有任何轮廓线。看清剖切位置想象内部形状。多用于机件结构呈阶梯状分布的情况。

几个相交的剖切面（交线垂直于基本投影面）：用 2 个相交的剖切平面（交线垂直于基本投影面）剖开机件得到剖视图的画法叫旋转剖视，如图 2-10 所示。需标注剖切位置线、剖视图名称和投影方向；在两平面的相交处也要标剖切位置线。

识图要点：找剖切位置、投影方向，注意倾斜剖切面是旋转到与基本投影面平行后，画出的机件内部结构。多用于轮、盘类机件的内形表达。

(2) 半剖视图

用位于对称面位置的单一剖切面剖切，去掉剖面前面部分的一半，以对称中心线为

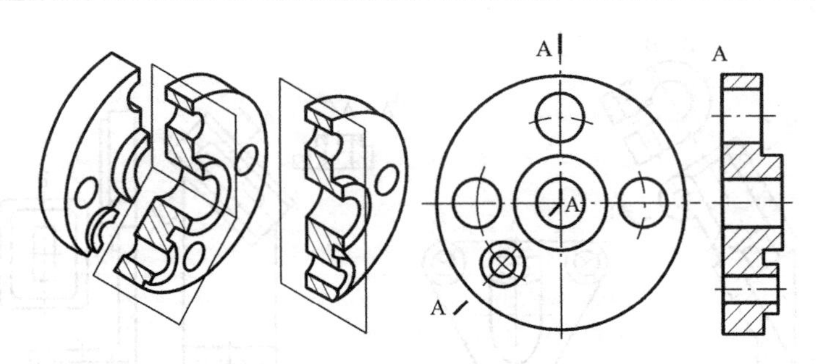

图 2-10 相交剖切平面作剖视

界，一半画成剖视，另一半画成视图。标注与全剖视图第一种剖切法相同。

识图时要根据剖切位置看剖视图，注意这是一半表示内形，另一半表示外形的组合图形。表示外形的部分没有虚线，表示内形的那部分没有外形轮廓线。如图 2-11 所示。

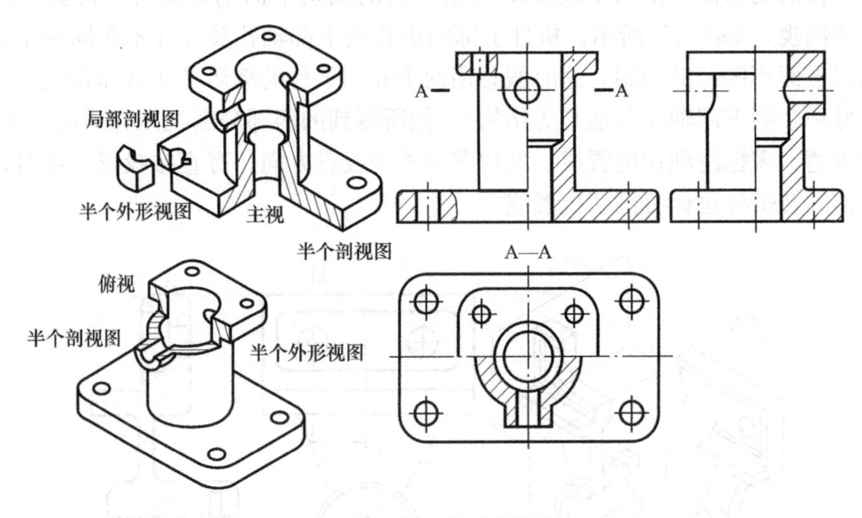

图 2-11 机件的半剖视图

(3) 局部剖视图

用剖切平面局部地剖开机件，所得的剖视图叫局部剖视图，如图 2-12 所示。主视图剖切一部分，表达内部结构；保留局部外形，表达凸缘形状及其位置。俯视图剖切局部，表达凸缘内孔结构。

识读局部剖视图时应注意：局部剖画在视图里，说明零件局部内形，用波浪线与视图分界，且画有剖面符号。剖切位置明显的局部剖视可以不标注，如图 2-12 的主视图所示。

3. 剖面图

1) 剖面图的概念

假想用剖切平面将机件某部分切断，仅画出剖切面与物体接触部分的图形，称剖面图，简称为剖面，如图 2-13 (*a*) 所示。剖面与剖视不同在于，后者需画出剖切平面后方结构的投影，如图 2-13 (*b*) 所示。

剖面一般用于表达机件某一部分的切断表面形状或轴及实心杆上孔槽等结构形状。为获得机件结构实形，剖切平面一般应垂直机件的主要轮廓或轴线。

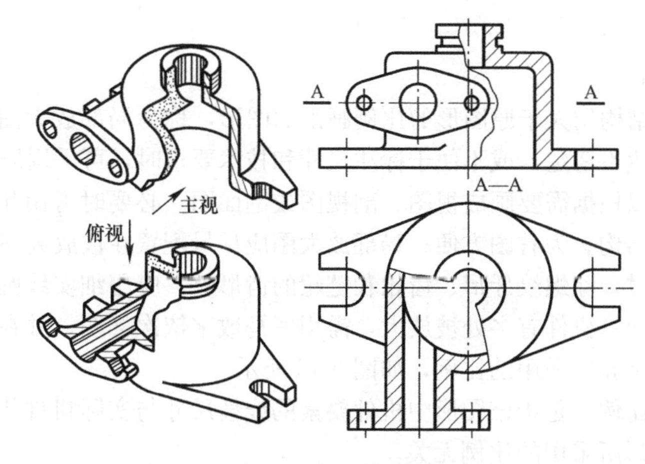

图 2-12 机件的局部剖视图

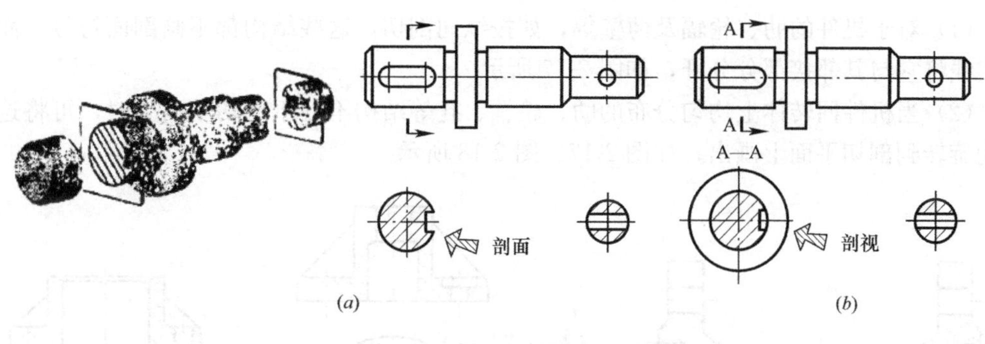

图 2-13 剖面与剖视的区别

2）剖面图的种类

根据剖面在图中位置的不同，剖面可分为移出剖面和重合剖面两种。

3）识读剖面图

（1）移出剖面图的识读

画在视图轮廓外的断面叫移出剖面，如图 2-14 所示，识读时，按照剖切位置及字母找对应的剖面图。

（2）重合剖面图的识读

画在视图内的剖面叫重合剖面，如图 2-15 所示。重合剖面的轮廓线用细实线画，当它与视图中的轮廓线重叠时，视图中的轮廓线仍需完整画出而不中断，如图 2-15 所示。

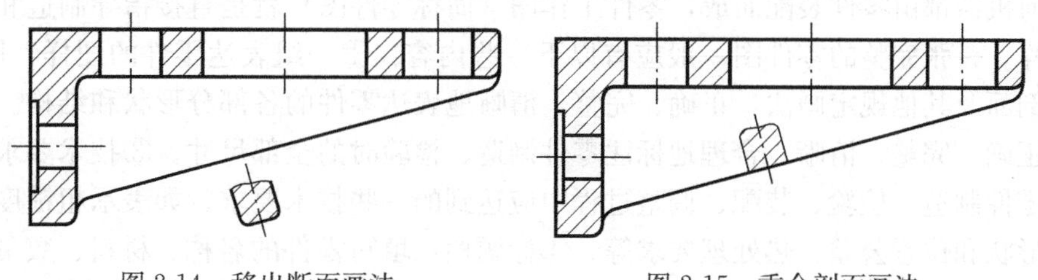
图 2-14 移出断面画法　　　　图 2-15 重合剖面画法

4. 简化画法

为使图形清晰和画图简便，国家标准规定了简化画法和其他的规定画法，供绘图时选用。

1）局部放大图

将机件的部分结构用大于原图形的比例画出的图形，称为局部放大图。当机件上的细小结构在视图中表达不清楚，或不便于标注尺寸和技术要求时，可采用局部放大图。

局部放大图可以根据需要画成视图、剖视图或剖面图。必要时可用几个图形来表达同一个被放大部分的结构。为看图方便，局部放大图应尽量配置在被放大部位的附近。

画局部放大图时，除螺纹牙形、齿轮和链轮的齿形外，应用细实线圆（或长圆）圈出被放大的部位。若同一机件有多处被放大，需用罗马数字依次标明，并在局部放大图上方注出相应的罗马数字和所采用的比例，如图2-16所示。

局部放大图的比例，是指该图形中机件要素的线性尺寸与实际机件相应要素的线性尺寸之比，而与原图形所采用的比例无关。

2）简化画法和其他的规定画法

（1）对于机件的肋、轮辐及薄壁等，如按纵向剖切，这些结构都不画剖面符号，而用粗实线将它与其邻接部分分开，如图2-17所示。

（2）当机件回转体上均匀分布的肋、轮辐、孔等结构不处于剖切平面上时，可将这些结构旋转到剖切平面上画出，如图2-17、图2-18所示。

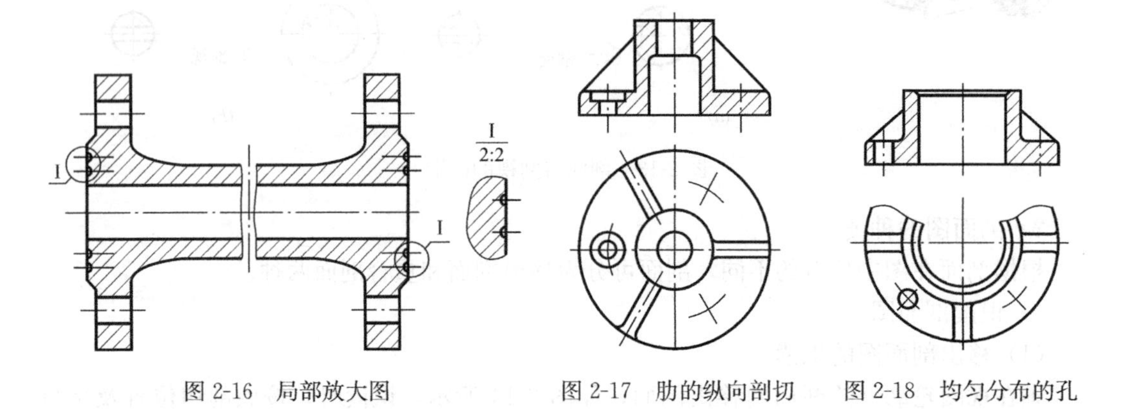

图2-16　局部放大图　　图2-17　肋的纵向剖切　　图2-18　均匀分布的孔

2.1.2　零件图与装配图

1. 零件图

1）零件图的内容

任何机器都由零件装配而成，零件工作图（简称零件图）就是直接指导制造和检验零件的图样。一张完整的零件图一般应有以下一些内容：①一组表达零件的图样：用视图、剖视、剖面及其他规定画法，正确、完整、清晰地表达零件的各部分形状和结构。②零件尺寸：正确、完整、清晰、合理地标注零件制造、检验时的全部尺寸。③技术要求：标注或说明零件制造、检验、装配、调整过程中应达到的一些技术要求。如表示粗糙度、尺寸公差、形状和位置公差、热处理要求等。④标题栏：填写零件的名称、材料、数量、比例以及图样的责任者签字等各项内容。

2）分析零件视图

前面讲过的表达方法（视图、剖视、剖面、局部放大图、规定画法和简化画法等）都适用于零件图。分析视图时，一般按以下顺序进行：①先找到主视图，再看有多少视图、剖视图和剖面图。②弄清各视图、剖视图和剖面图的名称、剖切位置、剖切方法及各视图之间的投影关系。③有无局部放大图和简化画法。④分析形体，想象零件结构形状，这是读零件图的关键环节；形体分析法和线面分析法是读图的基本方法，还要根据零件的作用及零件的工艺性对零件作结构分析以加深对零件的理解。

3）零件图上的尺寸标注

零件图上标注的尺寸必须正确、完整、清晰、合理。

（1）尺寸基础

为了保证零件满足设计要求且便于加工、测量，必须正确地选择基准即标注尺寸的起点。尺寸的基准一般选择下列两种：

设计基准：在设计过程中，为保证零件的使用性能而直接标出的尺寸称为设计尺寸。标注设计尺寸的起点称为设计基准。

工艺基准：根据零件的加工工艺过程，为方便装卡定位和测量而使用的基准称为工艺基准。为了减少误差，应尽可能使设计基准和工艺基准重合。

（2）尺寸标注的形式

链式：如图 2-19 所示，该轴的轴向尺寸，按各段的顺序依次标注，无统一基准。这样标注，每段尺寸精度只由本段加工误差决定，不受相邻段的影响，但各个端面之间（如图中 *A*-*B*、*B*-*C*、*A*-*C* 之间）的尺寸误差，却是所容各段尺寸误差之和。

坐标式：如图 2-20 所示，该轴的轴向尺寸均以左端面为基准，分层标注。这样每个尺寸精度也只由这个尺寸的加工误差决定，但两相邻端面之间（如 *e* 段）的一段尺寸误差，则取决于与此段有关的两个尺寸的误差。

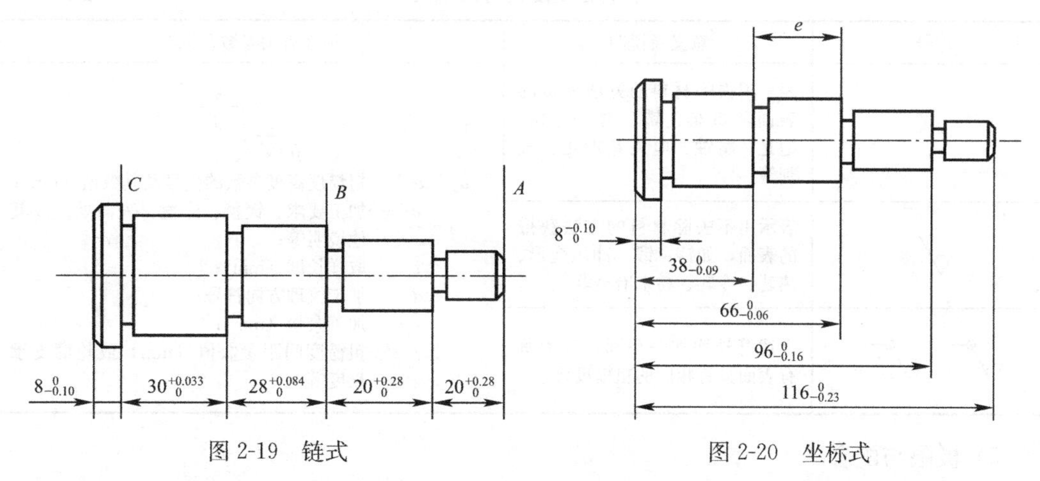

图 2-19　链式

图 2-20　坐标式

综合式：如图 2-21 所示，采用链式和坐标式两种主法标注，这是最常用的标注形式。它灵活地适用于零件各部分结构对尺寸精度的不同要求。

4）表面粗糙度

（1）表面粗糙度概念

零件在加工时，由于刀具在零件表面上留下刀痕及切削时表面金属的塑性变形，加工后，看似光滑的表面，在放大镜或显微镜下观察，可以看见凸凹不平的痕迹（图 2-22）。这种加工表面具有较小间距的峰谷所组成的微观几何形状特征，称为表面粗糙度。

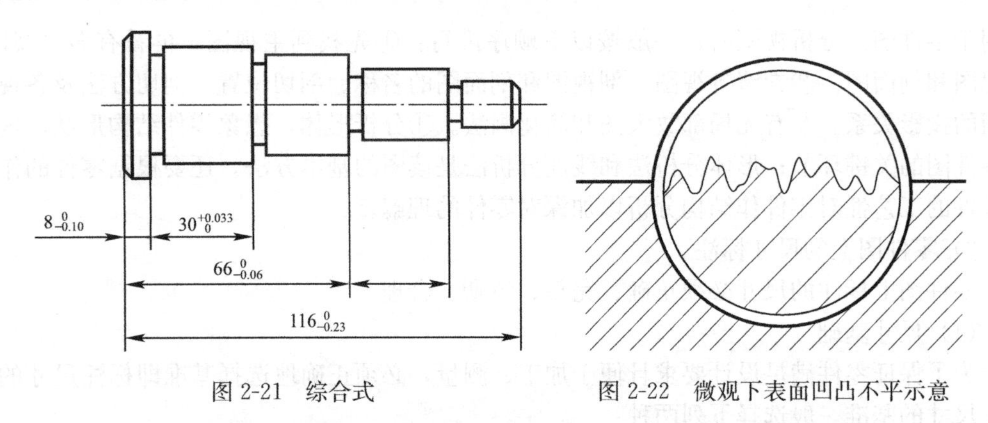

图 2-21　综合式　　　　图 2-22　微观下表面凹凸不平示意

表面粗糙度与零件工作精度、零件间的配合性质、耐磨性、抗疲劳性、抗腐蚀性等使用性能密切相关，直接影响到机器的可靠性和工作寿命。表面粗糙度的主要评定参数有：轮廓算术平均偏差 Ra；轮廓最大高度 Rz。使用时优先选用 Ra。

（2）表面粗糙度代号、参数值及获得方法

表面粗糙度是评定表面质量的重要指标之一，由于机器对零件各表面的要求不同，零件的表面粗糙度要求也各有不同。一般来说，尺寸、表面形状要求精度高的表面 Ra 值较小，不同的加工方法可得到不同的 Ra 值。凡与其他表面接触的表面，都要进行机械加工，凡有配合要求或有相对位置的表面，粗糙度的参数值较小。

表面粗糙度符号上注写所要求的表面特征参数后，即构成了表面粗糙度代号，表面粗糙度代号及意义见表 2-1。

表面粗糙度代号及意义　　　　**表 2-1**

<table>
<tr><th>符号</th><th>意义及说明</th><th>标注有关参数及说明</th></tr>
<tr><td></td><td>表示用去除材料的方法获得的表面，如车、铣、磨、剪切、抛光、腐蚀、电火花加工、气割等</td><td rowspan="3">a_2　b
a_1　c/f
(e)　d
a_1、a_2——粗糙度高度参数的代号及其数值（μm）；
b——加工要求、镀覆、涂覆、表面处理或其他说明等；
c——取样长度（mm）；
d——加工纹理方向符号；
e——加工余量（mm）；
f——粗糙度间距参数值（mm）或轮廓支承长度等</td></tr>
<tr><td></td><td>表示用不去除材料的方法获得的表面，如铸、锻、冲压变形、热轧、冷轧、粉末冶金等</td></tr>
<tr><td></td><td>上述符号均加一小圆，表示所有表面具有相同的粗糙度要求</td></tr>
</table>

5）极限与配合

同一规格的产品，不经选择和修配，即可互换的性质叫做互换性。为了满足互换性的要求，图纸上常注有公差配合、形状和位置公差等技术要求。

（1）公差与配合的代号

① 公差带代号

孔、轴公差带代号用基本偏差代号与公差等级代号组成。孔的基本偏差代号用大写拉丁字母表示；轴的基本偏差代号用小写拉丁字母表示。公差等级代号用阿拉伯数字表示，如 H7、f7 等。

② 配合代号

配合代号以分数形式表示，分子为孔的公差带代号；分母为轴的公差带代号，如$\frac{H8}{f7}$。

(2) 形状和位置公差

经过加工的零件表面，不但会有尺寸误差，而且也会有形状和相互位置的误差。这些误差也会影响零件的互换性，因此，对于精度要求较高的零件，不但要规定其尺寸的允许误差，而且也要规定其表面形状和相互位置的允许误差。

零件表面的实际形状对理想形状的变动量，称为形状误差。允许产生形状误差的最大值，称为形状公差。

零件上有关联的表面、轴线之间实际位置对理想位置的变动量，称为位置误差。允许产生位置误差的最大值，称为位置公差。

零件表面形状和各部分形状间的相互位置往往是有关联的，所以国家标准将形状公差和位置公差统称为形状和位置公差，简称为形位公差。

形位公差在图样中，是用符号标注的。国标中规定的形位公差项目和符号如表 2-2 所列。

形位公差的项目和符号 **表 2-2**

分类	项目	符号
形状公差	直线度	—
	平面度	▱
	圆度	○
	圆柱度	⌭
	线轮廓度	⌒
	面轮廓度	⌓

分类		项目	符号
位置公差	定向	平行度	//
		垂直度	⊥
		倾斜度	∠
	定位	同轴度	◎
		对称度	⌯
		位置度	⌖
	跳动	圆跳动	↗
		全跳动	⌰

2. 常用零件

1) 螺纹与螺纹连接件

(1) 螺纹

螺纹是零件上常用的一种结构。在圆柱或圆锥的外表面上加工出的螺纹叫外螺纹；在孔壁上加工出的螺纹叫内螺纹。内、外螺纹是互相配合使用的，其作用是连接或传动。

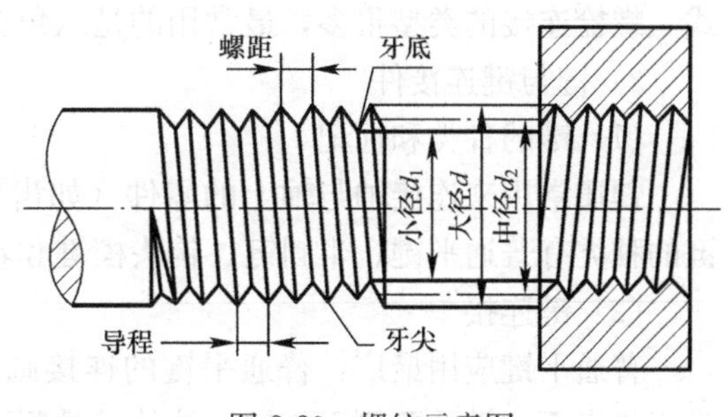

图 2-23 螺纹示意图

螺纹的要素主要有牙形、大径（d）、小径（d_1）、线数（n）、螺距（P）、导程（T）、旋向等，如图 2-23 所示，详细介绍见第 4 章。

（2）螺纹连接件

螺纹连接件种类很多，其中常见的如表 2-3 中所示。它们都已标准化，从有关的标准中可以查出。根据两被连接件的结构和工艺要求，螺纹紧固件的基本连接方式有螺栓连接、双头螺柱连接和螺钉连接三类。

常用的螺纹连接件的画法和标记　　　　**表 2-3**

名称和图例	规定标记示例	名称和图例	规定标记示例
六角螺栓 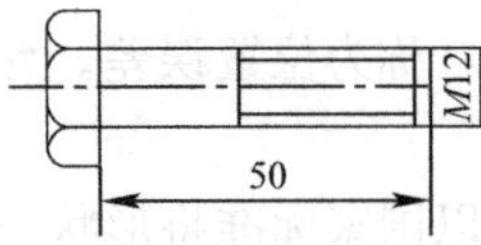	螺栓　M12×50 GB 30—76	双头螺栓 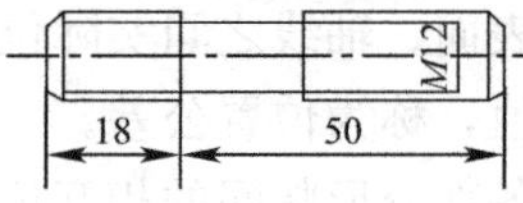	螺柱　M12×50 GB 899—76
圆柱头内六角螺钉 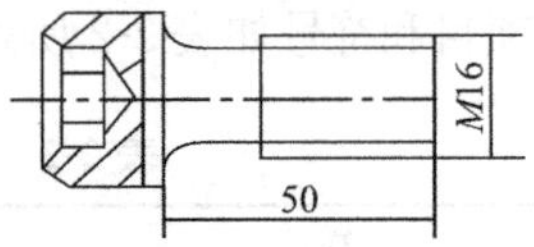	螺钉　M16×50 GB 70—76	六角螺母 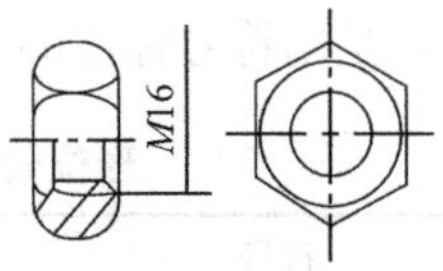	螺母　M16 GB 52—76
十字槽沉头螺钉 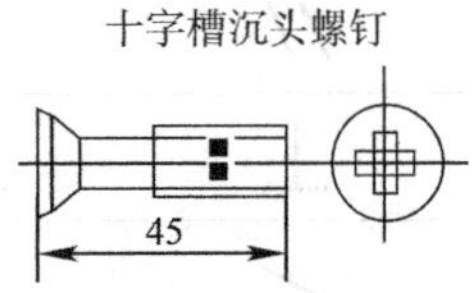	螺钉　M10×45 GB 819—76	六角槽形螺母 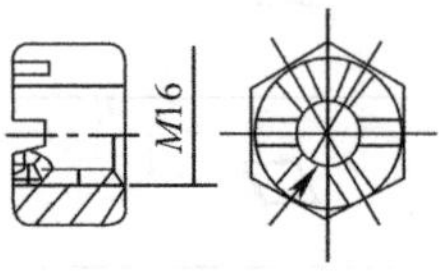	螺母　M16 GB 58—76
锥端紧定螺钉 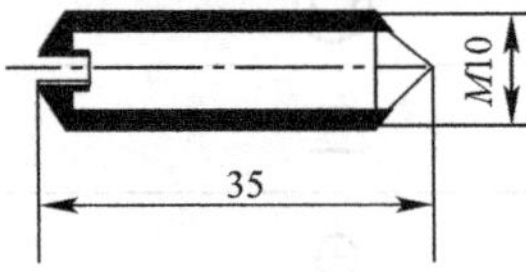	螺钉　M10×35 GB 71—76	垫圈 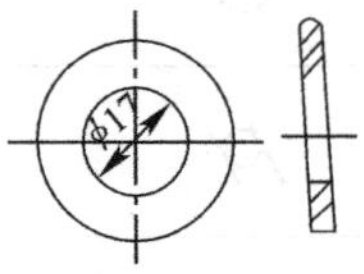	垫圈　M16 GB 97—76
半圆头螺钉 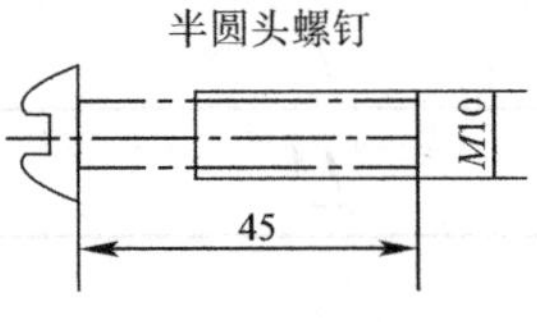	螺钉　M10×35 GB 67—76	弹簧垫圈 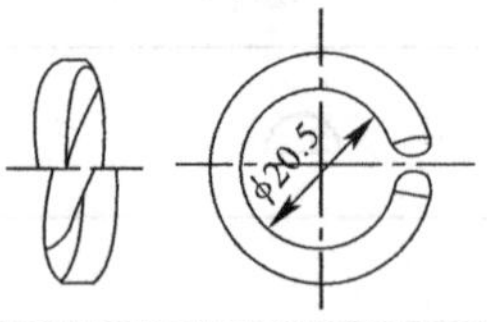	垫圈　M20 GB 93—76

螺栓连接由螺栓、螺母和垫圈把被连接的零件连接在一起，是一种可拆卸的连接方式。螺栓连接的类型很多，最常用的是六角头螺栓连接。图 2-24 所示为简化画法。

2）键与键连接件

（1）键的种类和标记

键通常用来连接轴与轴上的零件（如齿轮、皮带轮等），使它们和轴一起转动。常用键的种类有普通平键、半圆键、钩头楔键和花键等。

（2）键连接

普通平键应用最广，普通平键的连接画法如图 2-25 所示。绘图时注意：键的两侧面是工作表面，键的两侧面与轴、孔的键槽侧面无间隙；键的下底面与轴接触，键的顶面与轮上的键槽之间留一定的间隙；当剖切平面通过键的纵向对称面时，键按不剖绘制；当剖切平面垂直于键的横向剖切时，键应画出剖面线；键的倒角或圆角可省略不画。

普通的平键有圆头（A型）、平头（B型）和单圆头（C型）三种。其中，B型平头平键，因为在键槽中不会发生轴向移动，所以应用最广，而C型单圆头平键，则多应用在轴的端部。

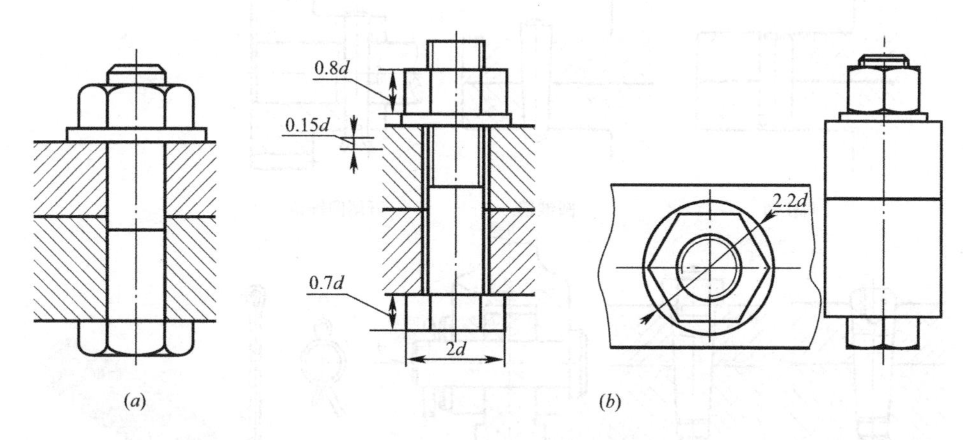

图 2-24　螺栓示意图

（a）连接示意图；（b）比例画法

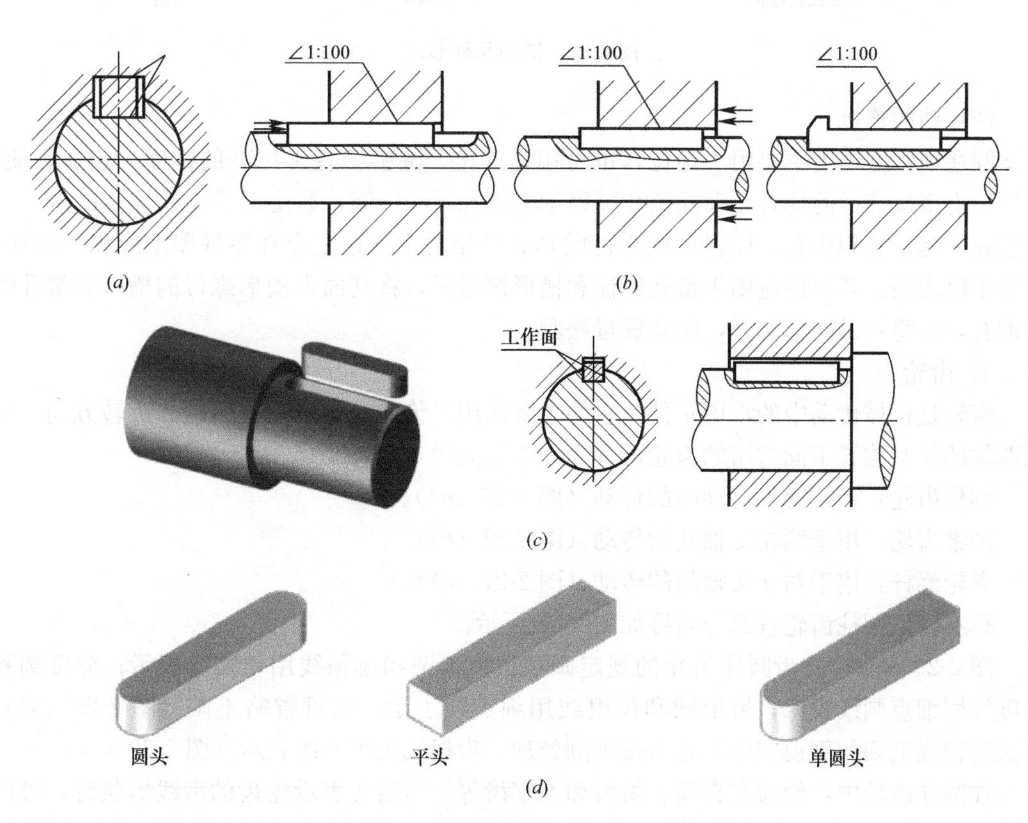

图 2-25　普通平键连接

（a）普通楔键连接；（b）钩头楔键连接；（c）普通平键结构；（d）普通平键形式

3）销与销连接件

（1）销的种类和标记

销是标准件。销的种类很多，通常用于零件间的连接、定位或防松。常用的销有圆锥销、圆柱销和开口销，如图2-26所示。

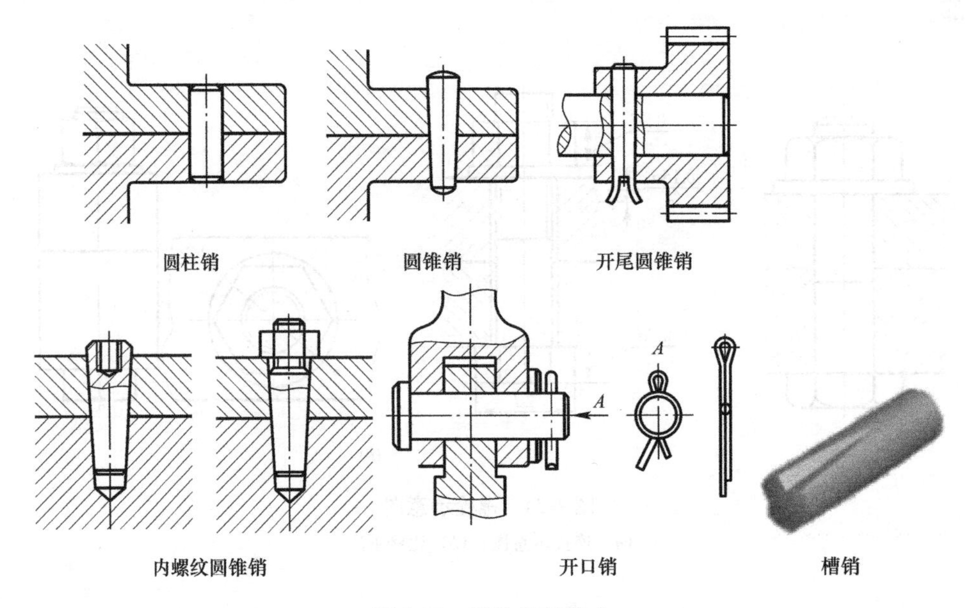

图2-26　销的几种形式

（2）销的连接

圆柱销和圆锥销主要用于定位，也可用作连接。圆锥销有1∶50的锥度，装拆方便，常用于需多次装拆的场合。圆柱销和圆锥销的销孔须经铰制，装配时要把被连接的两个零件装在一起钻孔和铰孔，以保证两零件的销孔严格对中。这一点在零件图上应加“配作”二字予以说明。开口销应用于带孔螺栓和槽形螺母时，将其插入槽形螺母的槽口和带孔螺栓的孔，并将销的尾部叉开，防止螺母松脱。

4）齿轮

齿轮是机械传动中的常用零件，它的主要作用是传递动力或改变转速和旋转方向。按照两轴的相互位置不同常用的齿轮可分为如下三大类：

圆柱齿轮：用于两平行轴间的传动（图2-27（*a*））。

圆锥齿轮：用于两相交轴间的传动（图2-27（*b*））。

涡轮蜗杆：用于两交叉轴间的传动（图2-27（*c*））。

标准直齿圆柱齿轮各部分名称如图2-28所示。

图2-29为单个直齿圆柱齿轮的规定画法：齿顶圆和齿顶线用粗实线表示；分度圆和分度线用细点画线表示；齿根圆和齿根线用细实线表示，也可省略不画（图2-29（*b*））。在通过轴线剖切的剖视图中，轮齿按不剖处理，齿根线用粗实线表示（图2-29（*c*））。

在圆柱齿轮中，轮齿有直齿、斜齿和人字齿等。当需要表示轮齿的齿线形状时，可用3条与齿线方向一致的细实线表示，直齿则不需表示，如图2-30所示。图2-30（*a*）所示为斜齿圆柱齿轮的画法，图2-30（*b*）所示为人字齿圆柱齿轮的画法。

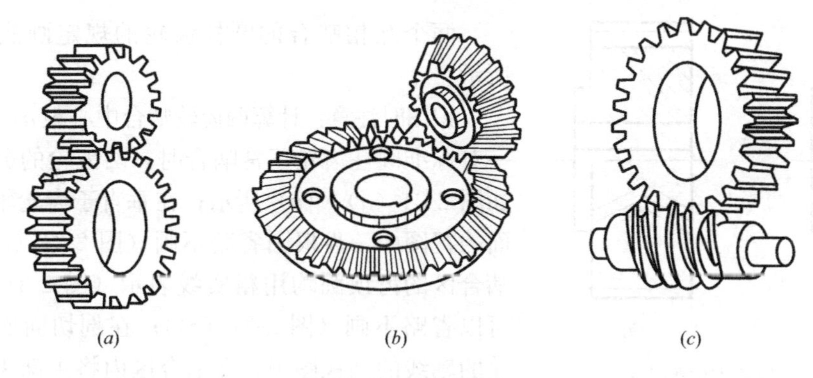

图 2-27　齿轮传动
(a) 圆柱齿轮；(b) 圆锥齿轮；(c) 涡轮蜗杆

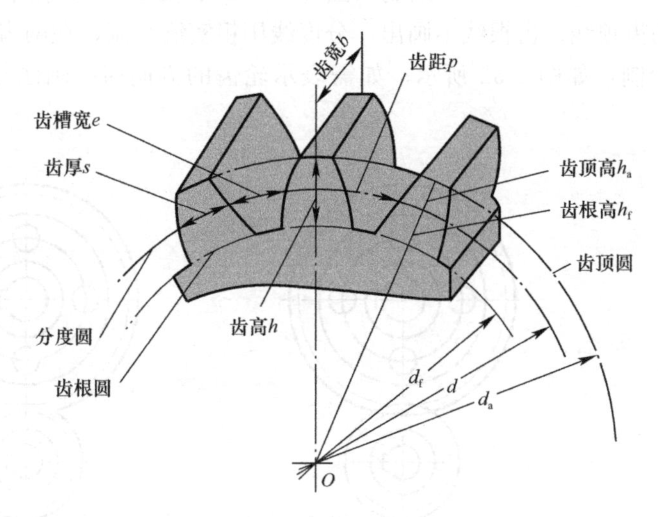

图 2-28　标准直齿圆柱齿轮各部分名称

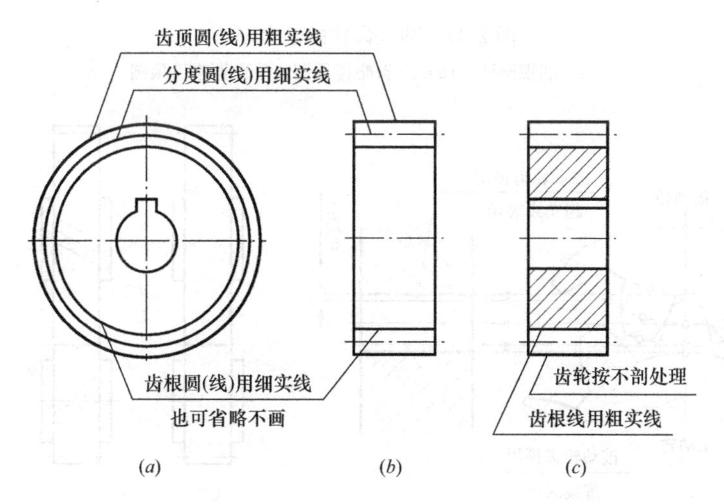

图 2-29　直齿圆柱齿轮的画法
(a) 不作剖视画法（一）；(b) 不作剖视画法（二）；(c) 剖视画法

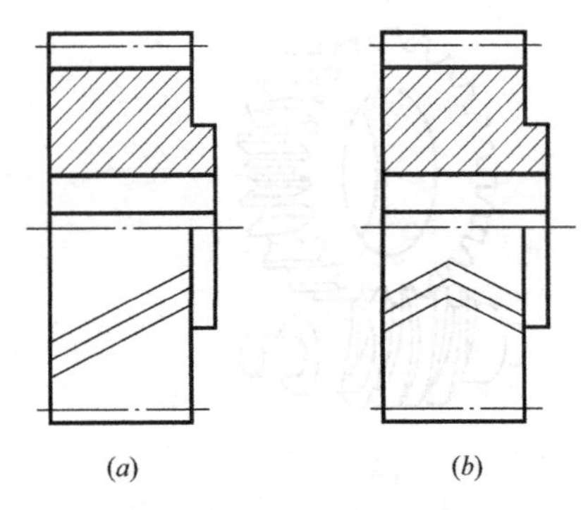

图 2-30　齿轮方向的表示
(a) 斜齿圆柱齿轮画法；
(b) 人字齿圆柱齿轮画法

两个互相啮合的圆柱齿轮的规定画法如图 2-31 所示。

识图时注意：计算两齿轮啮合中心距 a，见图 2-28；一对标准圆柱齿轮正常啮合时，两齿轮的分度圆相切如图 2-31（a）、（b）所示；在垂直于齿轮轴线的投影面的视图中，齿根圆省略不画（图 2-31（a）、（b））；啮合区的齿顶圆均用粗实线表示（图 2-31（b）），也可以省略不画（图 2-31（c））；在剖切面通过啮合齿轮的轴线的剖视图中，在啮合区内将主动齿轮的齿顶线用粗实线绘制，被动齿轮的轮齿被遮挡部分用虚线绘制（图 2-31（a）、图 2-32）；在平行于齿轮轴线的视图中，啮合区的齿顶线、齿根线不画出，分度线用粗实线绘制，在两齿轮其他处的分度线仍用细点画线绘制，如图 2-32 所示；如需表示轮齿的方向时，画法与单个齿轮相同，如图 2-33 所示。

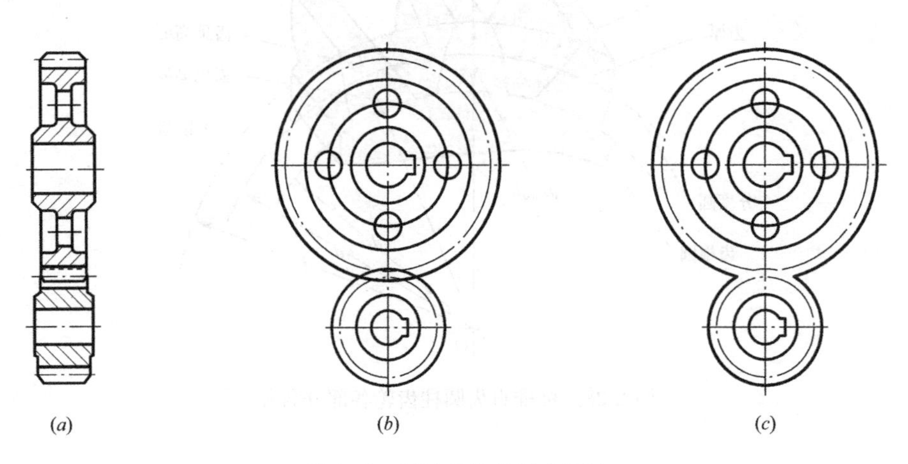

图 2-31　圆柱齿轮的啮合画法
(a) 剖视画法；(b) 不省略齿顶圆；(c) 省略齿顶圆

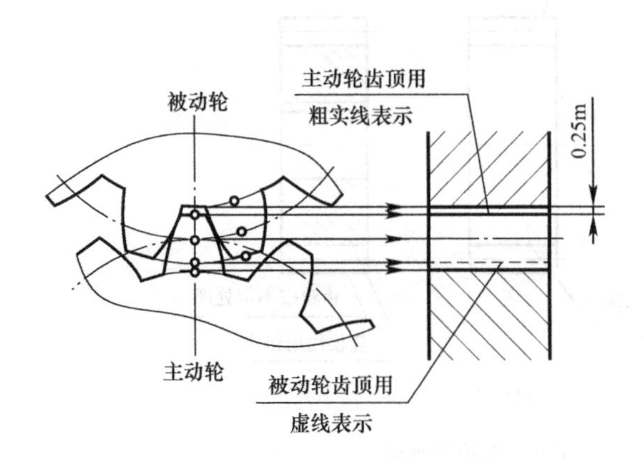

图 2-32　剖视图中轮齿啮合区的画法

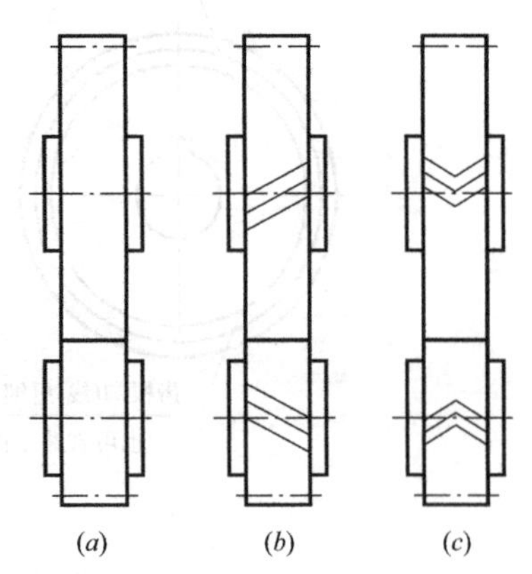

图 2-33　齿轮啮合外形图
(a) 直齿；(b) 斜齿；(c) 人字齿

5）滚动轴承

滚动轴承的画法：

滚动轴承是一种支承转轴的组件。它主要的优点是摩擦力小，结构紧凑。滚动轴承的种类很多，但其结构大体相同。一般由内圈、外圈、滚动体和隔离圈组成，如图 2-34 所示。

滚动轴承也是一种标准件，不需画零件。滚动轴承在装配图中有两种表示法：简化画法（含特征画法和通用画法）和规定画法。

当不需要确切地表示滚动轴承的外形轮廓、载荷特性、结构特征时，可用矩形线框中央正立的十字形符号表示的通用画法，如图 2-35 所示。

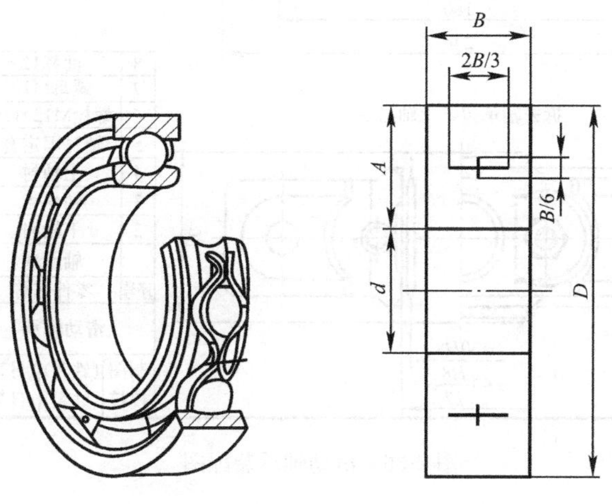

图 2-34　滚动轴承图　　　　图 2-35　通用画法尺寸比例

3. 装配图

1）装配图的作用

在机械设计中，设计者首先要画出装配图，表达自己的设计意图，说明设计对象的工作原理和使用性能，然后根据装配图分别绘制零件图。在机械制造过程中，则首先要根据零件图加工零件，然后按装配图进行装配，才能生产出合格的产品。在机械设备的使用过程中，使用者也时常要通过装配图了解其使用性能、传动线路和操作方法。因此，装配图是反映设计思想，指导生产，交流技术的重要工具，同零件图一样，是生产中的重要技术文件。

2）装配图的内容

图 2-36 所示为滑动轴承的装配图。从中可以看出，一张完整的装配图，应包括下列基本内容。

（1）一组表达装配体结构的图形：用必要的视图和各种表达方法，表达出机器或部件的装配组合情况、各零件间的相互位置、连接方式和配合性质，并能由图中分析、了解到机器或部件的工作原理、传动路线和使用性能。

（2）必要的尺寸：装配图上只需标明表示机器或部件规格、性能以及装配、检验、安装时所必须的尺寸。

（3）技术要求：用文字说明或标注符号指明机器或部件在装配、调试、安装和使用中的技术要求。

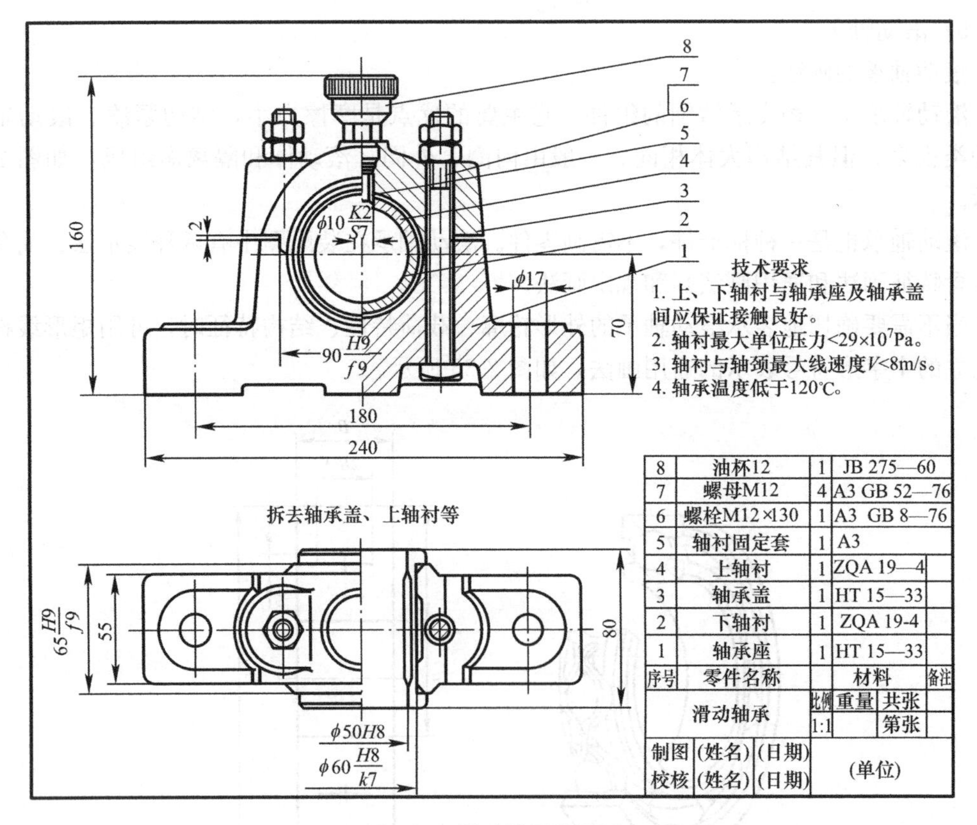

图 2-36　滑动轴承装配图

（4）零件序号和明细表：为便于看图，装配图中必须对每种零件编写序号，并编制零件明细表。

（5）标题栏：说明机器或部件的名称、图号、比例，以及图样的责任者签字等。

3）装配图的表达方法

装配图要正确、清晰地表达装配体结构和其中主要零件的结构形状，零件图的各种表达方法和选用原则，对装配图同样适用。但由于装配图表达的是装配体的总体情况，而零件图仅表达单个零件的结构形状，因此，国家标准中，对装配图表达方法又作了一些特殊规定。

（1）装配图的规定画法

相邻两零件的接触面和配合面间只画一条线。当相邻两零件的基本尺寸不同时，即使间隙很小，也必须画两条线。如图 2-36 中所示，主视图上轴承座 1 与轴承盖 3 的接触面之间，俯视图上下轴衬 2 与轴承座 1 的配合面之间，都只画一条线，而主视图上螺栓 6 与轴承座 1、轴承盖 3 上的螺栓孔之间为非接触面，必须画两条线。

装配图中剖面线的画法。同一零件剖面线的方向和间隔应保持一致；相邻零件的剖面线，应有明显区别，或倾斜方向相反，或方向相同但间隔不等。如图 2-36 中所示，轴承座 1 与轴承盖 3 采用倾斜方向相反的剖面线。

装配图中，对于螺栓等紧固件，及实心的轴、杆、柄、球、键等零件，当剖切平面通过其基本轴线时，按未剖绘制。如图 2-36 主视图中的螺栓 6 和螺母 7 均按未剖画出。

而当剖切平面垂直于这些零件的轴线时，则应按剖开绘制，如图 2-36 俯视图中的螺栓剖面。

(2) 装配图的特殊表达方法

零件的各种表达方法（如视图、剖视、剖面等）都可用以表达装配体的内外结构形状。图 2-36 中的主视图就采用了半剖视图来表达滑动轴承的内外结构。但由于装配体是由若干零件装配而成的，有些零件会彼此遮盖，有些零件有一定的活动范围，还有些零件或组件属于标准产品，因此为使装配图既能正确、完整，而又简练地表达装配体的结构，国标中还规定了一些特殊表达方法。

沿零件结合面剖切和拆卸画法：装配图中，常有零件重叠的现象，当某些零件遮住了需要表达的结构与装配关系时，可假想将这些零件拆去后，再画出某一视图，或沿零件结合面进行剖切，相当于拆去剖切平面一侧的零件。此时结合面上不画剖面线。必要时应注明“拆去××”。

如图 2-36 的俯视图，就是沿结合面剖切，拆去轴承盖和上轴衬的右半部而画出的半剖视图，其上标明“拆去轴承盖、上轴衬等”。

简化画法：

① 对于装配图中螺栓连接等若干相同零件组，可只画出一组，其余用点划线表示出中心位置即可。如图 2-37 中的螺钉。

② 装配图中，零件为某些较小的工艺结构，可以省略不画。如图 2-37 中，螺钉、螺母的倒角而产生的曲线，均被省略。

③ 装配图中，当剖切平面通过某些标准产品的组合件（如：油杯、油标、管接头等）的轴线时，可以只画其外形。如图 2-36 中的油杯。

④ 装配图中的滚动轴承，允许采用图 2-37 所示的简化画法。

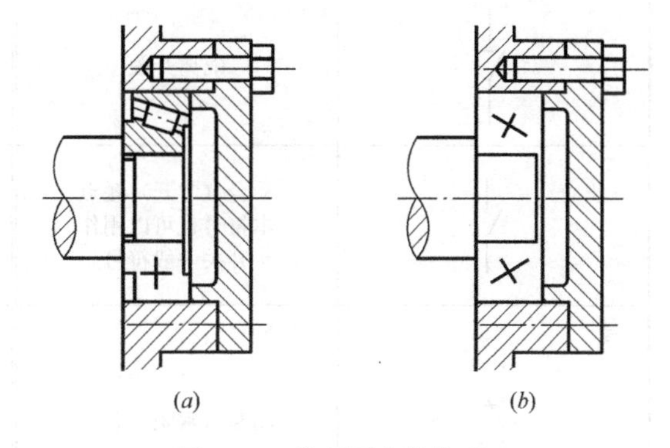

图 2-37 装配图中简化画法
(*a*) 规定画法；(*b*) 特征画法

2.2 电气系统图与识图

2.2.1 常用电气符号

1. 电气图用图形符号

图形符号是通常用于图样或其他文件中表示一个设备或概念的图形、标记或字符。电气图用图形符号是构成电气图的基本单元，是电工技术文件中的“象形文字”，是电气“工程语言”的“词汇”和“单词”。因此，正确地、熟练地理解、绘制和识别各种电气图形符号是绘制电气图与阅读电气图的基本功。

电气图用图形符号主要包括一般符号、符号要素、限定符号和方框符号。如表 2-4 所示。

常用电气图形符号　　表 2-4

符号	说明	符号	说明
	开关（机械式）		热继电器驱动器件
	接触器 （在非动作位置触点断开）	E-	按钮开关，旋转开关（闭锁）
	负荷开关（负荷隔离开关）		位置开关，动合触点 限制开关，动合触点
	断路器		位置开关，动断触点 限制开关，动断触点
	隔离开关		熔断器一般符号
	动合（常开）触点 本符号也可以用作 开关一般符号		电流互感器，脉冲变压器
	动断（常闭）触点		三相变压器 星形—三角形连接
	插头和插座 （凸头和内孔的）	Wh	电能表
	接通的连接片	V	电压表
A	电流表		三根导线
	交流母线		接地一般符号
	直流母线		电缆终端头

2. 电气图用文字符号

图形符号提供了一类设备或元件的共同符号，为了更明确地区分不同的设备、元件，尤其是区分同类设备或元件中不同功能的设备或元件，还必须在图形符号旁标注相应的文字符号。

文字符号通常由基本符号、辅助符号和数字组成。新的国家标准规定的文字符号是以国际电工委员会（IEC）规定的通用英文含义为基础的。

1）基本文字符号

基本文字符号用以表示电气设备，装置和元件以及线路的基本名称、特性。基本文字符号分为单字母符号和双字母符号。

（1）单字母符号

单字母符号是用拉丁字母（其中“I”、“O”易同阿拉伯数字“1”、“0”混淆，不允许使用。字母“J”也未采用）将各种电气设备、装置和元器件划分为23大类，每大类用一个专用单字母符号表示：如“R”表示电阻器类，“Q”表示电力电路的开关器件类等。

（2）双字母符号

双字母符号是由一个表示种类的单字母符号与另一字母组成，其组合形式应以单字母符号在前，另一个字母在后的次序列出。双字母符号可以较详细和更具体地表达电气设备、装置和元器件的名称。双字母符号中的另一个字母通常选用该类设备、装置和元器件的英文名词的首位字母，或常用缩略语或约定俗成的习惯用字母。例如，“G”为电源的单字母符号，“Synchronous generator”为同步发电机的英文名，“Asynchronous generator”为异步发电机的英文名，则同步发电机、异步发电机的双字母符号分别为“GS”、“GA”。电气工程图中常用双字母符号见表2-5。

常用双字母符号 **表2-5**

序号	名称	符号	
		单字母	双字母
1	电动机	M	
	同步电动机	M	MS
	异步电动机	M	MA
2	变压器	T	
	电力变压器	T	TM
	自耦变压器	T	TA
	互感器	T	
	电流互感器	T	TA
	电压互感器	T	TV
3	断路器	Q	QF
	隔离开关	Q	QS
	自动开关	Q	QA
4	控制开关	S	SA
	行程开关	S	ST
	按钮开关	S	SB

续表

序号	名称	符号	
		单字母	双字母
5	继电器	K	
	电压继电器	K	KV
	电流继电器	K	KA
	时间继电器	K	KT
	信号继电器	K	KS
	热继电器	K	KH
6	电磁铁	Y	
	合闸线圈	Y	YC
	跳闸线圈	Y	YT
7	熔断器	F	FU
8	连接片	X	XB
9	测量仪表	P	
	电流表	P	PA
	电压表	P	PV
	电能表	P	PJ

2）辅助文字符号

辅助文字符号是用以表示电气设备、装置和元器件以及线路的功能、状态和特征的。如“SY”表示同步，“L”表示限制，“RD”表示红色（Red），“F”表示快速（Fast）。

电气工程图中常用辅助文字符号见表2-6。

常用辅助文字符号 **表2-6**

序号	名称	符号
1	高	H
2	低	L
3	红	RD
4	绿	GN
5	黄	YE
6	白	WH
7	直流	DC
8	交流	AC
9	电压	V
10	电流	A
11	闭合	ON
12	断开	OFF
13	控制	C
14	信号	S

3）文字符号的组合

新的文字符号组合形式一般为：基本符号+辅助符号+数字序号，例如：第1个时间继电器，其符号为KT1；第2组熔断器，其符号为FU2。

4）特殊用途文字符号

在电气工程图中，一些特殊用途的接线端子、导线等，通常采用一些专用文字符号。常用的一些特殊用途文字符号见表 2-7。

特殊用途文字符号　　表 2-7

序号	名称	符号
1	交流系统电源第 1 相	L1
2	交流系统电源第 2 相	L2
3	交流系统电源第 3 相	L3
4	中性线	N
5	交流系统设备第 1 相	U
6	交流系统设备第 2 相	V
7	交流系统设备第 3 相	W
8	直流系统电源正极	L^+
9	直流系统电源负极	L^-
10	保护接地	PE
11	保护接地线和中性线共用	PEN
12	交流电	AC
13	直流电	DC

2.2.2　三相交流电动机常见控制图

1. 电动机的启动、停止

图 2-38 所示为用断路器和热继电器进行保护，控制异步电动机的单向电路。

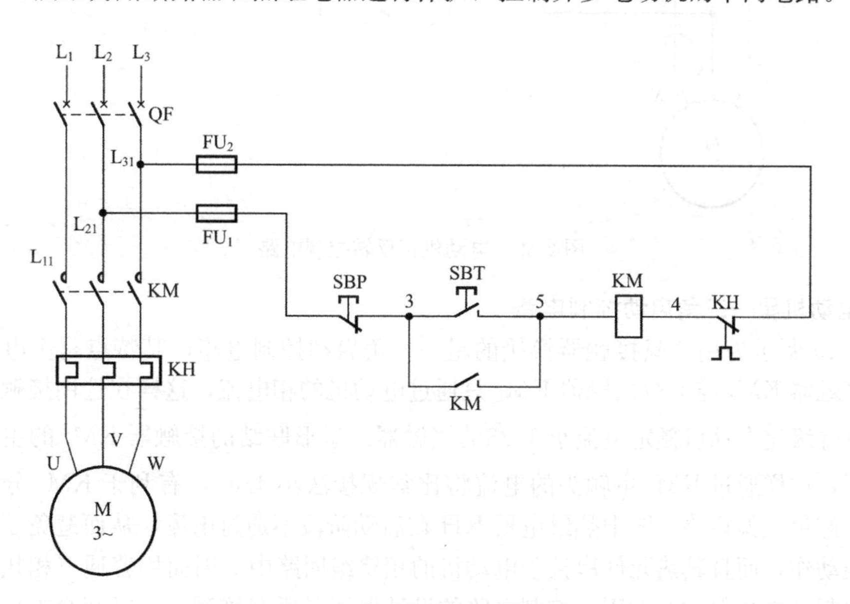

图 2-38　电动机启动、停止控制电路

当按下启动按钮 SBT 时，3、5 两点接通，接触器 KM 线圈经 L_2、1、3、5、4、L_3 回路接上 380V 电压，有电流流过线圈，故接触器吸合，其常开主触头闭合，电动机接通

380V电源而直接启动。它的常开辅助触头KM闭合，当松开SBT按钮时，回路就可通过这个触头使线圈KM继续通电。凡是接触器（或继电器）利用它自己的辅助触头来保持线圈吸合的，我们称之为自锁，这个触头称为自锁触头，它起着自锁作用。如果要使电动机M停止运转，只需将停止按钮SBP按下，1、3之间触头断开，接触器释放，其常开主触头打开，电动机M停止运转，同时，当SBP恢复到原来位置时，接触器KM不会动作。只有再操作启动按钮时，电动机才能再启动。上述电路，如将自锁触头去掉，则变成点动控制电路。

2. 电动机的正反转

图2-39所示是用辅助触头作联锁的可逆启动控制电路。当正向接触器KMF接通时，电动机定子绕组U接通L_1相，V接通L_2相，W接通L_3相，电动机正向运转。当反向接触器KMR接通时，L_1、L_2进线电源对调，从而改变了输入电动机电源的相序，亦即改变了电动机旋转磁场的方向，电动机反向运转。

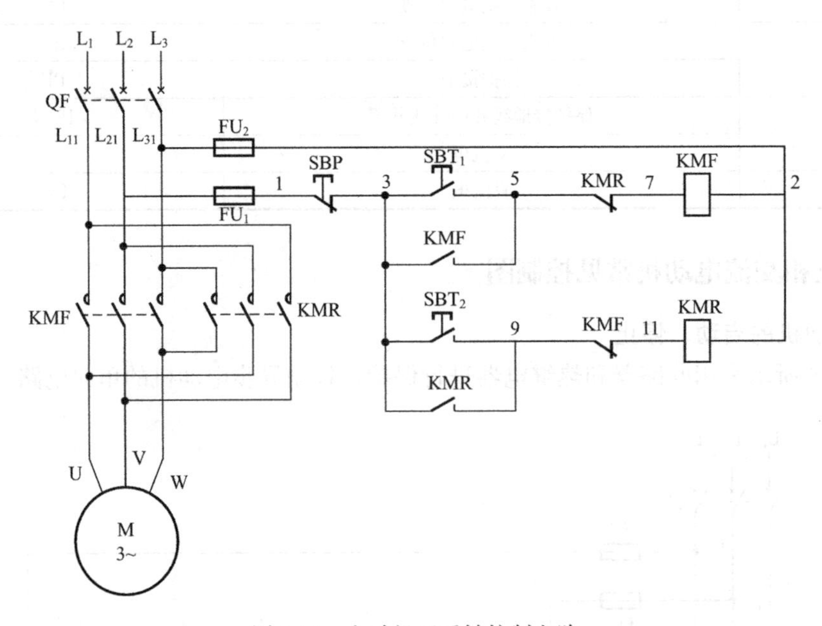

图2-39　电动机正反转控制电路

3. 电动机星—三角启动控制电路

图2-40所示为用3只接触器换接的星—三角启动控制电路，其特点是主电路中三角形联结接触器KM_2与运行接触器KM_1只通过电动机的相电流，这样在选用接触器时就可选用电流等级比电动机额定电流小$1/\sqrt{3}$的接触器。星形联结的接触器KM_3的主触头连接成三角形，这样通过KM_3主触头的电流将比常规接法小$1/\sqrt{3}$，有利于KM_3分段时的电弧熄灭，避免飞弧短路。图中热继电器KH在启动阶段不通过电流，从而避免了启动电流造成的误动作，而且其热元件串接于电动机的相绕组回路中，因而用普通三相热继电器也能有效地起到断相保护的作用。控制电路的设计保证了所有接触器与时间继电器KT必须处于完好状态才能启动电动机，只要其中有一元件损坏，就不能启动电动机。如KM_3回路中串接了KT的瞬动常开触头，这样必须等KT吸合后，KM_3才能吸合，避免发生KT损坏拒动，而使电动机一直在启动状态星形联结下运行的情况。

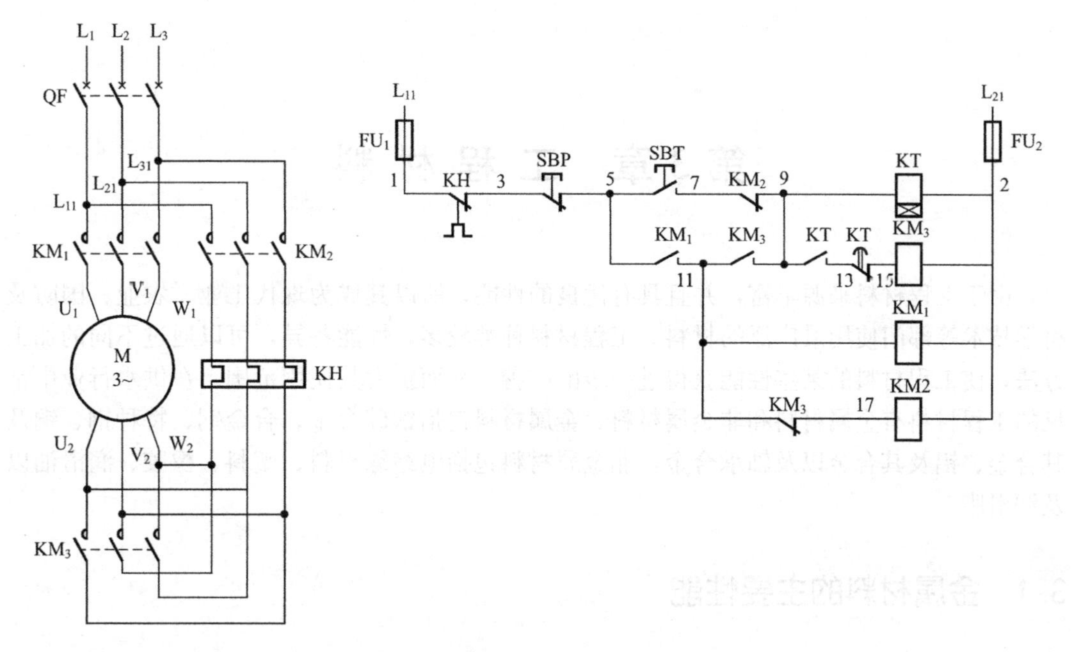

图 2-40 电动机星—三角启动控制电路

第3章 工程材料

由于工程材料来源丰富，并且具有优良的性能，所以其成为现代工业、农业、国防及科学技术等部门使用最广泛的材料。工程材料种类较多，性能各异，可以通过不同的加工方法，使工程材料的某些性能获得进一步的改善，从而扩大其使用范围。在供水行业中常见的工程材料有金属材料和非金属材料。金属材料包括铁碳合金、合金钢、特种钢、铜及其合金、铝及其合金以及轴承合金，非金属材料包括电绝缘材料、塑料、橡胶、润滑油以及润滑脂。

3.1 金属材料的主要性能

现代的金属材料种类很多，为了合理地使用金属材料，充分发挥金属材料本身的性能潜力，以及更好地利用金属材料，节省金属材料，所以了解金属材料的分类及主要性能是十分必要的。

3.1.1 金属材料的相关性能及热处理对钢材性能的影响

金属材料的性能一般分为使用性能和工艺性能两类。使用性能是指材料在使用过程中所表现出来的性能，主要包括机械性能、基本物理性能和化学性能；工艺性能是指材料在加工过程中所表现出来的性能，包括热处理性能、可锻性、可焊性和切削加工性能等。

1. 基本物理性能

金属的物理性能是指金属固有的属性，包括密度、熔点、导热性、导电性、热膨胀性和磁性等。

1）密度

某种物质单位体积的质量称为该物质的密度。金属的密度即是单位体积金属的质量。密度的表达式见（3-1）：

$$\rho = \frac{m}{V} \tag{3-1}$$

式中：ρ——物质的密度（kg/m^3）；

m——物质的质量（kg）；

V——物质的体积（m^3）。

密度是金属材料的特征之一。在体积相同时，金属材料的密度越大，其质量也就越大。金属材料的密度，直接关系到由它所制成设备的自重和效能。

一般将密度小于 $5\times10^3 kg/m^3$ 的金属称为轻金属，密度大于 $5\times10^3 kg/m^3$ 的金属称为重金属。常用金属的密度如表 3-1 所示。

常用金属的物理性能 **表 3-1**

金属名称	符号	密度 ρ(20℃)(kg/m³)	熔点（℃）	导热率 λ [W/(m·K)]	热胀系数 α_l(0～100℃)(10^{-6}/℃)	电阻率 ρ(℃) [10^{-6}/(Ω·m)]
银	Ag	10.49×10^3	960.8	418.6	19.7	1.5
铜	Cu	8.96×10^3	1083	393.5	17	1.67～1.68
铝	Al	2.7×10^3	660	221.9	23.6	2.655
镁	Mg	1.74×10^3	650	153.7	24.3	4.47
钨	W	19.3×10^3	3380	166.2	4.6（20℃）	5.1
镍	Ni	4.5×10^3	1453	92.1	13.4	6.84
铁	Fe	7.87×10^3	1538	75.4	11.76	9.7
锡	Sn	7.3×10^3	231.9	62.8	2.3	11.5
铬	GR	7.19×10^3	1903	67	6.2	12.9
钛	Ti	4.508×10^3	1677	15.1	8.2	42.1～47.8
锰	Mn	7.43×10^3	1244	4.98（−192℃）	37	185（20℃）

2）熔点

金属从固体状态向液体状态转变时的温度称为熔点。熔点一般采用摄氏温度（℃）表示，各种金属都有固定的熔点。

合金的熔点取决于它的成分，例如生铁和钢虽然都是铁和碳的合金，但由于碳的含量不同，熔点也不同。熔点对于金属和合金的冶炼、铸造、焊接是重要的工艺参数。

3）导热性

金属材料传导热量的性能称为导热性。导热性的大小通常用导热率（导热系数）λ 来衡量，单位是 W/(m·K)。导热率越大，金属的导热性越好。金属的热导能力以银为最好，铜、铝次之，合金的导热性比纯金属差。导热性好的金属散热也好，因此在制造散热器、热交换器与活塞等零件时，要选用导热性好的金属材料。

4）导电性

金属材料传导电流的性能称为导电性。衡量金属材料导电性能的指标是电阻率 ρ，电阻率的单位是 Ω·m，电阻率越小，金属导电性越好。金属导电性以银为最好，铜、铝次之，合金的导电性比纯金属差。从导电性和经济性考虑，现在工业中多采用铜做导电材料，导电性差的高电阻金属材料，如铁铬合金、镍铬铝、康铜和锰铜等用于制造仪表零件或电加热元件，如电炉丝。

5）热膨胀性

金属材料随着温度变化而膨胀、收缩的特性称为膨胀性。一般来说，金属受热膨胀而体积增大，冷却收缩而体积缩小。

热膨胀性的大小用线胀系数 α_l 和体胀系数 α_v 来表示，线胀系数计算公式如式（3-2）所示：

$$\alpha_l=\frac{l_2-l_1}{l_1\Delta t} \tag{3-2}$$

式中：α_l——线胀系数（1/K 或 1/℃）；

l_1——膨胀前长度（m）；

l_2——膨胀后长度（m）；

Δt——温度变化量，$\Delta t = t_2 - t_1$（K或℃）。

体胀系数近似为线胀系数的三倍。在实际工作中考虑热胀性的地方颇多，一些精密测量工具就要选用膨胀系数较小的金属材料来制造；铺设钢轨时应在两根钢轨衔接处留有一定的空隙，以便使钢轨在长度方向有膨胀的余地；轴与轴瓦之间要根据膨胀系数来控制其间隙尺寸；热继电器的双金属片是由两种不同线胀系数的金属片用机械辗压的方式使之形成一体的金属材料，线胀系数大的称为主动层，线胀系数小的称为被动层。当温度升高时，由于两者的线胀系数不同，所以伸长度也不同，必然会向被动层一侧弯曲。若被保护电路出现过载则双金属片上温度急速上升，其弯曲程度也会迅速变化，使与金属片连接的导板推动温度补偿片促使连杆机构动作带动常闭触头断开，使继电器接触电路的控制部分失电，断掉设备电源，起到对设备的保护作用。

6）磁性

金属材料在磁场中受到磁化的性能称为磁性。根据金属材料在磁场中受到磁化程度的不同，可分为铁磁性材料（如铁、钴等）、顺磁性材料（如锰、铬等）、抗磁性材料（如铜、锌等）三类。铁磁性材料在外磁场中能强烈地被磁化；顺磁性材料在外磁场中，只能微弱地被磁化；抗磁性材料在外磁场中能拒绝或消弱外磁场对材料本身的磁化作用。工程上实用的强磁性材料是铁磁性材料。

铁磁性材料可用于制造变压器、电动机、测量仪表等。抗磁性材料则可用作要求避免电磁干扰的零件和结构材料。

铁磁性材料当温度升高到一定数值时，磁畴被破坏，变为顺磁材料，这个转变温度称为居里点。如铁的居里点是770℃。

2. 机械及力学性能

任何机械零件或工具，在使用过程中，往往要受到各种形式外力的作用。如起重机上的钢索，受到悬吊物拉力的作用；柴油机上的连杆，在传递动力时，不仅受到拉力的作用，而且还受到冲击力的作用；水泵轴承要受到弯矩、扭力的作用等。这就要求金属材料必须具有一种承受机械载荷而不超过许可变形或不被破坏的能力，这种能力就是材料的机械性能。金属表现出来的诸如弹性、强度、硬度、塑性和韧性等特征就是用来衡量金属材料在外力作用下表现出机械性能的指标。

1）强度

强度是指金属材料在静载荷作用下抵抗变形和断裂的能力。强度指标一般用单位面积所承受的载荷力表示，符号为σ，单位为Pa，其计算公式如式（3-3）所示：

$$\sigma = \frac{F}{S} \tag{3-3}$$

式中：F——外力（N）；

S——截面积（m^2）；

σ——应力（Pa）。

工程中常用的强度指标有屈服强度和抗拉强度。屈服强度是指金属材料在外力作用下，产生屈服现象时的应力，或开始出现塑性变形时的最低应力值。试样在实验过程中，不增加（保持恒定）外力，试样仍能继续伸长（变形）时的应力称为屈服点，用σ_S表示。

机械零件在工作时如受力过大，则因过量的塑性变形而失效。当零件工作时所受力低于材料的屈服点或规定残余伸长应力，则不会产生过量的塑性变形。材料的屈服点或规定残余伸长应力越高，允许的工作应力也越高，则零件的截面尺寸及自身质量就可以减少。

抗拉强度是指金属由均匀塑性变形向局部集中塑性变形过渡的临界值，也是金属在静拉伸条件下的最大承载能力，用 σ_b 表示。

2）塑性

塑性是指金属材料在外力作用下产生塑性变形而不断裂的能力。

工程中常用的塑性指标有伸长率和断面收缩率。伸长率指试样拉断后的伸长量与原来长度之比的百分率，用符号 δ 表示，计算公式如式（3-4）所示：

$$\delta=\frac{L_1-L_0}{L_0}\times 100\% \tag{3-4}$$

式中：L_1——试样拉断后的标距（mm）；

L_0——试样的原始标距（mm）；

δ——伸长率（%）。

断面收缩率指试样拉断后，断面缩小的面积与原来截面积之比，用 Ψ 表示，计算公式如式（3-5）所示：

$$\Psi=\frac{S_0-S_1}{S_0}\times 100\% \tag{3-5}$$

式中：S_0——试样的原始横截面积（mm^2）；

S_1——试样拉断处的最小横截面积（mm^2）；

Ψ——断面收缩率（%）。

伸长率和断面收缩率越大，其塑性越好；反之，塑性越差。良好的塑性是金属材料进行压力加工的必要条件，也是保证机械零件工作安全，不发生突然脆断的必要条件。

3）硬度

硬度是指材料表面抵抗比它更硬的物体压入的能力，是材料的重要机械性能指标。一般材料的硬度越高，其耐磨性越好。

4）冲击韧性

许多机械零件在工作中，往往要受到冲击载荷的作用，如活塞销、锤杆、冲模和锻模等。制造这类零件所用的材料，其性能指标不能单纯用静载荷作用下的指标来衡量，而必须考虑材料抵抗载荷的能力。金属材料抵抗冲击载荷的能力称为冲击韧性。

冲击韧度值越大，则材料的韧性就越好。冲击韧度值低的材料叫做脆性材料，冲击韧度值高的材料叫做韧性材料。很多零件，如齿轮、连杆等，工作时受到很大的冲击载荷，因此要用冲击韧度值高的材料制造。

3. 化学性能

金属的化学性能是指金属在化学作用下所表现的性能。在供水行业中一般利用氯气以及臭氧对水进行杀菌消毒处理，氯气具有较强的刺激性气味和腐蚀性，存放以及输送氯气的管道材料必须有较好的耐腐蚀性以及抗氧化性。臭氧具有极强的氧化能力，输送臭氧的管道材料必须有较好的抗氧化性。饮用水输送管道材料应具有较好的耐腐蚀性、抗氧化性，以防止饮用水在输送过程中变质。

1）耐腐蚀性

金属材料在常温下抵抗氧、水蒸气及其他化学介质腐蚀破坏作用的能力，称为抗腐蚀性。腐蚀作用对金属材料的危害很大，它不仅使金属材料本身受到损伤，严重时还会使金属构件遭到破坏，引起重大的伤亡事故。这种现象在制药、制化肥、制酸、制碱等化工部门更应该引起足够的重视。因此，提高金属材料的耐腐蚀性能，对于节约金属、延长金属材料的使用寿命，具有现实的经济意义。

2）抗氧化性

金属材料在加热时抵抗氧化作用的能力，称为抗氧化性。金属材料的氧化性随温度升高而加速，例如钢材在铸造、锻造、热处理、焊接等热加工作业时，氧化比较严重。这不仅造成材料过量的损耗，也可形成各种缺陷。为此，常在工件的周围造成一种保护气氛，避免金属材料的氧化。

3）化学稳定性

化学稳定性是金属材料的耐腐蚀性和抗氧化性的总称。金属材料在高温下的化学稳定性称为热稳定性。在高温条件下工作的设备（如锅炉、加热设备、汽轮机、喷气发动机等）上的部件需选择热稳定性好的材料来制造。

4. 工艺性能

工艺性能是指金属材料对不同加工工艺方法的适应能力，包括铸造性能、锻造性能、焊接性能、切削加工性能。工艺性能直接影响到零件制造工艺和质量，是选材和制定零件工艺路线必须考虑的因素之一。

1）铸造性能

金属材料铸造成型获得优良铸件的能力称为铸造性能。用流动性、收缩性和偏析性来衡量。

2）锻造性能

金属材料用锻压加工方法成型的能力称为锻造性。塑性越好，变形抗力越小，金属的锻造性越好。

3）焊接性能

金属材料对焊接加工的适应性称为焊接性。在机械行业中，焊接的主要对象是钢材。碳质量分数是焊接好坏的主要因素。碳质量分数和合金元素质量分数越高，焊接性能越差。

4）切削加工性能

金属材料接受切削加工的难易程度称为切削加工性能。切削加工性能一般用切削后的表面质量（以表面粗糙度高低衡量）和刀具寿命来表示。金属具有适当的硬度和足够的脆性时切削性能良好。改变钢的化学成分（加入少量的铅、磷元素）和进行适当的热处理（低碳钢正火、高碳钢球化退火）可提高钢的切削加工性能。

5. 热处理方法及其对钢材性能的影响

热处理就是通过对固态金属的加热、保温和冷却，来改变金属的显微组织及其形态，从而提高或改善金属的机械性能的一种方法。铸造、锻压、焊接和机加工的目的是使零件成型或改变其形状，而热处理的目的是改变金属材料的组织和性能，同一种金属材料采用不同的热处理工艺，可获得不同的金属组织和内部结构，从而具有不同的性能。钢的热处理对提高和改善零件的机械性能发挥着十分重要的作用。

热处理方法很多，常用的有退火、正火、淬火、回火和表面热处理等。热处理既可以作为预先热处理以消除上一道工序所遗留的某些缺陷，为下一道工序准备好条件，也可作为最终热处理进一步改善材料的性能，从而充分发挥材料的潜力，达到零件的使用要求。因此，不同的热处理工序常穿插在零件制造过程的各个热、冷加工工序中进行。

钢的热处理工艺规范如图 3-1 所示。通过控制加热温度和冷却速度，可以在很大范围内改变金属材料的性能。

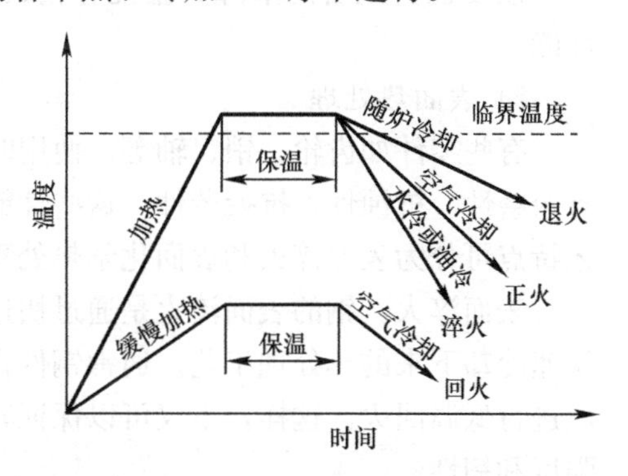

图 3-1 钢的热处理工艺曲线图

1）退火

退火是把工件加热到适当的温度（对碳钢一般加热至 780～900℃），保温一定时间后随炉子降温而冷却的热处理方法。

工具钢和某些重要结构零件的合金钢有时硬度较高，铸、锻、焊后的毛坯有时硬度不均匀，存在着内应力，为了便于切削加工，并保持加工后的精度，常对工件施以退火处理。退火后的工件硬度较低，消除了内应力，同时还可以使材料的内部组织均匀细化，为进行下一步热处理（淬火等）做好准备。

2）正火

将工件放到炉中加热到适当温度，保温后出炉空冷的热处理方法叫正火。

正火实质上是退火的另一种形式，其作用与退火相似。与退火不同之处是加热（对碳钢而言，一般加热至 800～930℃）和保温后，放在空气中冷却而不是随炉冷却。由于冷却速度比退火快，因此，正火工件获得的组织比较细密，比退火工件的强度和硬度稍高，而塑性和韧性稍低。

3）淬火

淬火是将工件加热到适当的温度（对碳钢一般加热到 760～820℃），保温后在水中或油中快速冷却的热处理方法。工件经淬火后可获得高硬度的组织，因此淬火可提高钢的强度和硬度。但工件淬火后脆性增加、内部产生很大的内应力，使工件变形甚至开裂。所以，工件淬火后一般都要及时进行回火处理，并在回火后获得适度的强度和韧性。

淬火操作时要注意工件浸入淬火剂的方法。如果浸入方式不正确，可能使工件各部分的冷却速度不一致而造成很大的内应力，使工件发生变形和裂纹，或产生局部淬不硬等缺陷。淬火操作时还必须穿戴防护用品，如工作服、手套、防护眼镜等，以防淬火液飞溅伤人。

4）回火

将淬火后的工件重新加热到某一温度范围并保温后，在油中或空气中冷却的操作称为回火。回火的温度大大低于退火、正火和淬火时的加热温度，因此回火并不使工件材料的组织发生转变。回火的目的是减小或消除工件在淬火时所形成的内应力，适当降低淬火钢的硬度，减小脆性，使工件获得较好的强度和韧性，即较好的综合机械性能。

根据回火温度不同，回火操作可分为低温回火、中温回火和高温回火。

低温回火：回火温度为 150～250℃。低温回火可以部分消除淬火造成的内应力，适当地降低钢的脆性，提高韧性，同时工件仍保持高硬度。低温回火一般多用于工具、量具。

中温回火：回火温度为300～450℃。淬火工件经中温回火后，可消除大部分内应力，硬度有较大的下降，但是具有一定的韧性和弹性。一般用于处理热锻模、弹簧等。

高温回火：回火温度为500～650℃。高温回火可以消除绝大部分因淬火产生的内应力，硬度也有显著的下降，塑性有较大的提高，使工件具有高强度和高韧性等综合机械性能。

5）表面热处理

有些零件如齿轮、销、轴等，使用时希望它的心部保持一定的韧性，又要求表面层具有耐磨性、抗蚀性、抗疲劳性。这些性能可通过表面热处理来得到。表面热处理按处理工艺特点可分为表面淬火和表面化学热处理两大类。

表面淬火：钢的表面淬火是通过快速加热，将钢件表面层迅速加热到淬火温度。然后快速冷却下来的热处理工艺。通常钢件在表面淬火前均进行正火或调质处理，表面淬火后应进行低温回火。这样，不仅可以保证其表面的高硬度和高耐磨性，而且可以保证心部的强度和韧性。

按照加热方法不同，表面淬火分为火焰淬火和高频感应加热表面淬火（简称高频淬火）。火焰表面淬火简单易行，但难以保证质量，这种方法现在使用不多。而高频淬火质量好，生产率高，可以使全部淬火过程机械化、自动化，适于成批及大量生产，因此被广泛使用。

表面化学热处理：化学热处理就是将钢件在含有活性的介质中加热一定时间，使某些金属元素（碳、氮、铝、铬等）渗透零件表层，改变零件表层的化学成分和组织，以提高零件表面的硬度、耐磨性、耐热性和耐蚀性等。常用的化学热处理有渗碳、渗氮、氰化（碳、氮共渗）以及渗入金属元素等方法。

渗碳是应用得比较广泛的一种化学方法。渗碳法分气体、液体和固体法等，而其中的气体渗碳法比较常用。

气体渗碳是将工件装入密封的井式气体渗碳炉中，加热至900～950℃，通入气体渗碳剂进行渗碳。目前，常采用的方法是将煤油、丙酮、酒精等液体碳氢化合物放入渗碳炉内，使其受热后分解出活性碳原子，深入工件表面。为了获得高硬度和高耐磨性的表面层，同时改善心部的组织，渗碳后还要进行淬火和低温回火。

3.1.2 铁碳合金及合金钢

1. 铁碳合金

合金是一种金属元素与其他元素或非金属元素，通过熔炼或其他方法结合成的具有金属特性的物质。组成合金的最基本的独立物质称为组元，简称元。在合金中具有相同的物理和化学性能并与其他部分以界面分开的一种物质部分称称为相。液态物质称为液相，固态物质称为固相。在铁碳合金中，碳可以与铁组成化合物，也可以形成固溶体，或者形成混合物。

1）合金的组织

固溶体：合金中一组元溶解其他组元，或组元之间相互溶解而形成的一种均匀固相。合金中与固溶体晶格相同的组元为溶剂，在合金中含量较多；另一组为溶质，含量较少。

根据溶质原子在溶剂晶格中所处位置不同，固溶体可分为置换固溶体和间隙固溶体两类，如图3-2所示。

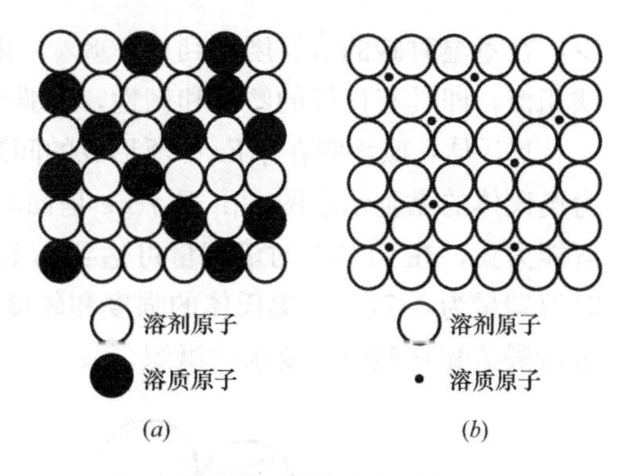

图3-2 固溶体结构示意图

(a) 置换固溶体；(b) 间隙固溶体

置换固溶体：溶质原子占据溶剂晶格中的结点位置而形成的固溶体称置换固溶体。当溶剂和溶质原子直径相差不大，一般在15%以内时，易于形成置换固溶体。

间隙固溶体：溶质原子分布于溶剂晶格间隙而形成的固溶体称间隙固溶体。间隙固溶体的溶剂是直径较大的过渡族金属，而溶质是直径很小的碳、氢等非金属元素。其形成条件是溶质原子与溶剂原子直径之比必须小于0.59。

在固溶体中，溶质的含量即固溶体的浓度，用质量百分数或原子百分数来表示。在固溶体中由于溶质原子的溶入而使溶剂晶格发生畸变，如图3-3所示。晶格畸变阻碍了位错的运动，使晶格间的滑移变得困难，从而提高了合金抵抗性变形的能力，使金属材料的强度、硬度升高，而塑性下降，这种现象称为固溶强化。它是提高金属材料力学性能的重要途径之一。

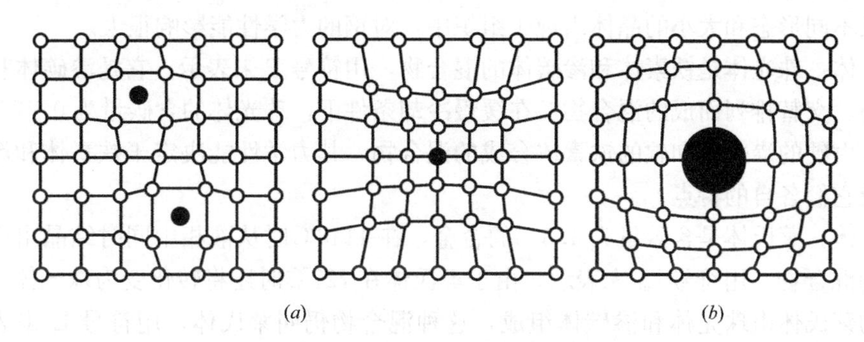

图3-3 形成固溶体时的晶格畸变

(a) 间隙固溶体；(b) 置换固溶体

金属化合物：合金组元间发生相互作用而形成一种具有金属特性的物质称为金属化合物。金属化合物的组成一般可用化学分子式表示。金属化合物的晶格类型和性能完全不同于任一组元。一般特点是熔点高，硬度大，脆性大。合金中含有金属化合物后，其强度、硬度和耐磨性有所提高，而塑性和韧性则降低，它是许多合金的重要组成相。

混合物：两种或两种以上的按一定质量百分数组成的物质称为混合物。混合物中各组成部分可以是纯金属、固溶体或化合物各自的混合，也可以是它们之间的混合。

2）铁碳合金的相及组织

在铁碳合金中，碳可以与铁组成化合物，也可以形成固溶体，或者形成混合物。

铁素体：碳溶解在α-Fe中形成的间隙固溶体，称为铁素体，用符号F表示，其晶胞如图3-4所示。

由于α-Fe是体心立方晶格，晶格间隙较小，所以碳在α-Fe中的溶解度较低。在727℃时，α-Fe中的最大溶解度仅为0.028%，随着温度的降低，α-Fe中的溶碳量逐渐减少，在室温时碳的溶解度降到0.008%，由于铁素体的含碳量低，所以铁素体的性能与纯铁相似，即具有良好的塑性和韧性，而强度和硬度却较低。

奥氏体：碳溶解在γ-Fe中所形成的间隙固溶体，称奥氏体，常用符号A来表示，图3-5为奥氏体的晶胞示意图。由于γ-Fe是面心立方晶格，晶格的间隙较大，故奥氏体的碳溶解能力强，在1148℃时溶碳量可达到2.11%，随着温度下降，溶解度逐渐减小，在727℃时溶碳量为0.77%。奥氏体的强度和硬度不高，但具有良好的塑性，是绝大多数钢在高温进行锻造和轧制时所要求的组织。

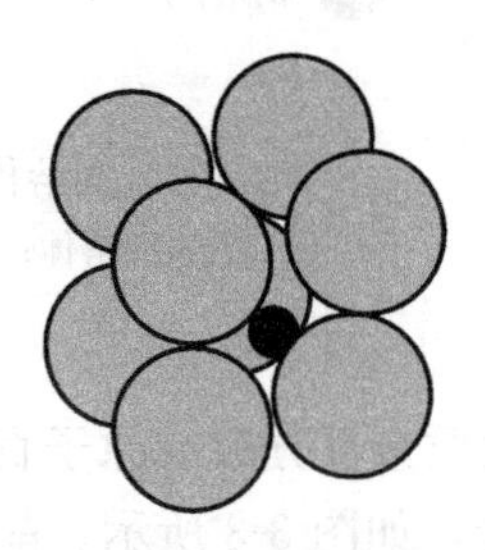
图3-4　铁素体的晶胞示意图

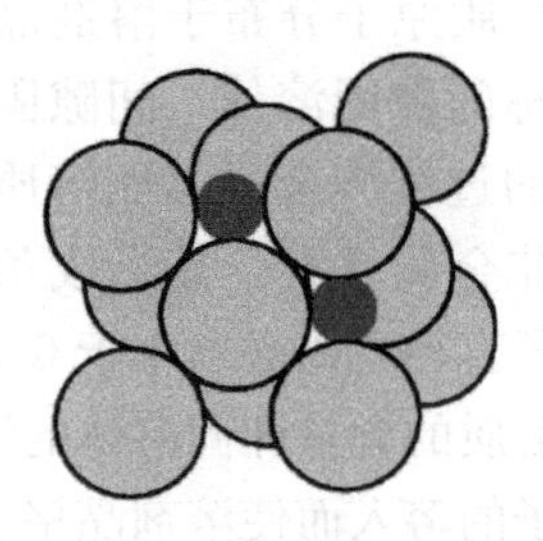
图3-5　奥氏体的晶胞示意图

渗碳体：渗碳体是含碳量为6.9%的铁与碳的金属化合物，其分子式为Fe_3C，常用符号C_m来表示，渗碳体具有复杂的斜方晶体结构。渗碳体的硬度很高，塑性很差。在钢中，渗碳体以不同形态和大小的晶体出现于组织中，对钢的力学性能影响很大。

珠光体：珠光体是铁素体和渗碳体的混合物，用符号P来表示。它是渗碳体和铁素体片层相间、交替排列而成的混合物。在缓慢冷却条件下，珠光体的含碳量为0.77%。由于珠光体是由硬的渗碳体和软的铁素体合成的混合物，其力学性能决定于铁素体和渗碳体的性质以及它们各自的特点。

莱氏体：莱氏体是含碳量为4.3%的合金，在1148℃时从液相中同时结晶出奥氏体和渗碳体的混合物。用符号L_d来表示。由于奥氏体在727℃时还将转化变为珠光体，所以在室温下的莱氏体由珠光体和渗碳体组成，这种混合物仍叫莱氏体，用符号L'_d来表示。莱氏体的硬度较高，塑性很差。

2. 合金钢

所谓合金钢是为了改善钢的性能，特意在冶炼过程中加入一种或数种合金元素的钢。这类钢中除含有硅、锰、硫、磷外，还根据钢种要求向钢中加入一定数量的合金元素，如铬、镍、钼、钨、钒、钴、硼、铝、钛和稀土等。

1）合金元素在钢材中的作用

合金元素在钢中的作用，是非常复杂的，它对钢的组织和性能产生很大影响。主要有以下几个作用。

① 溶于铁素体

大多数合金元素（除铅外）都能溶于铁素体，形成合金铁素体，由于合金元素与铁的晶格类型和原来半径的差异，引起铁素体的晶格畸变，产生固溶强化，使铁素体的强度、硬度提高，而塑性和韧性下降。合金元素对铁素体韧性的影响和它们的溶解度有关。

② 形成合金碳化物

根据合金元素与钢中碳的亲和力的大小，可分为碳化物形成元素和非碳化物形成元素两类。

常见的非碳化物形成元素有：镍、钴、铜、硅、铝和硼等。常见的碳化物形成元素有：锰、铬、钨、钒、铌、锆和钛等（按与碳形成化合物的稳定性程度由弱到强依次排列）。

合金碳化物的特点是：熔点高、硬度高，且很稳定，不易分解。在最终热处理后，呈细颗粒状均匀分布在基体上，不但不降低韧性，而且还可以进一步提高钢的机械性能。

③ 提高钢的回火稳定性

合金元素在回火过程中，由于自身的阻碍作用，推迟了马氏体的分解和残余奥氏体的转变，提高了铁素体的再结晶温度，使碳化物不易聚集长大，而保持较大的弥散度。因此，提高了钢对回火软化的抗力，即提高了钢的回火稳定性。

2）合金钢的分类和牌号

合金钢的种类很多，为了便于生产、管理和使用，必须对它进行分类、命名和编号，合金钢的分类方法有多种，常见的有按用途分类和按合金元素总含量多少分类两种。

按用途分：用于制造各种性能要求更高的机械零件和工程构件的合金结构钢；具有特殊物理和化学性能的钢，如不锈钢、耐热钢、耐磨钢等。

按合金元素总含量多少分：低合金钢（合金元素总含量小于5%）；中合金钢（合金元素总含量为5%～10%）；高合金钢（合金元素总含量大于10%）。

合金钢是按钢材的含碳量以及所含合金元素的种类和数量编号的。

合金结构钢的牌号采用两位数字（表示平均含碳质量）+元素符号（表示钢中含有主要合金元素）+数字（表示合金元素含量）。钢号首部是表示含碳量以及所含合金结构钢与碳素结构钢相同，以万分之一的碳作为单位，如首部数字为45，则表示平均含碳量为0.45%；合金工具钢以千分之一的碳作为单位，如首部数字为5，则表示平均含碳量为0.5%。在表示含碳量的数字后面，用元素的化学符号表示出所含的合金元素。合金元素的含量以百分之几表示，当平均含量小于1.5%时，只标明元素符号，不标含量，平均含量为2.5%～3.5%时标为3；以此类推。如25Mn2V，表示平均含碳量为0.25%，含锰量约为2%，含钒量小于1.5%的合金结构钢。又如9SiCr，表示平均含碳量为0.9%，含硅、铬都少于1.5%的合金工具钢。

对于含碳量超过1.0%的合金工具钢，则在牌号中不表示含碳量。如CrWMn钢，表示含碳量大于1.0%并含有铬、钨、锰三种合金元素的合金工具钢。但也有特例，高速钢的含碳量小于1.0%，牌号中也不表示含碳量。如W18Cr4V钢，其含碳量仅为0.7%～0.8%。

特殊性能钢牌号中也不表示（含碳量），方法基本上与合金工具钢相同。如2Cr13，表示平均含碳量为0.2%，含铬量约为13%的不锈钢。

有些特殊用钢，则用专门的表示方法，如滚动轴承钢，其牌号以G表示，不标含碳量，铬的平均含量用千分之几表示。如GCr15，表示含铬量为1.5%的滚动轴承钢。

对于高级优质钢，在钢号末尾加一个“A”字，如38CrMo Al A。

3.1.3 特种钢

特殊性能钢具有特殊的物理或化学性能，用来制造除要求具有一定的机械性能外，还要求具有特殊性能的零件。其种类很多，机械制造中主要使用不锈耐酸钢、耐热钢、耐磨钢。

1. 不锈钢

不锈钢是不锈耐酸钢的简称，耐空气、蒸汽、水等弱腐蚀介质或具有不锈性的钢种称为不锈钢；而将耐化学介质腐蚀（酸、碱、盐等化学浸蚀）的钢种称为耐酸钢。由于两者在化学成分上的差异而使它们的耐蚀性不同，普通不锈钢一般不耐化学介质腐蚀，而耐酸钢则一般均具有不锈性。常用不锈钢主要有铬不锈钢和铬镍不锈钢两种类型。

1）铬不锈钢

常用铬不锈钢的牌号有1Cr13、2Cr13和3Cr13等，通称Cr13型不锈钢，含碳量较低的1Cr13和2Cr13钢，具有良好的抗大气、海水、蒸汽等介质腐蚀的能力，塑形和韧性较好，主要用于制造在腐蚀条件下工作并承受冲击载荷的零件，含碳量较高的3Cr13钢主要用来制造弹簧、轴承、医疗器械及在弱腐蚀条件下具有较高硬度要求的耐腐蚀零件等。

2）铬镍不锈钢

常用铬镍不锈钢的牌号有06Cr19Ni910（我们常说的304不锈钢）、Cr18Ni9（我们常说的302不锈钢）等，通称18—8型不锈钢。这类钢含碳量低，含镍量高。经过处理后，呈单相奥氏体组织，无磁性，其耐蚀性、塑形和韧性都较Cr13型不锈钢好。铬镍不锈钢主要用于制造在强腐蚀介质（硝酸、磷酸、有机酸及碱水溶液等）中工作的设备，如吸收塔、管道、贮槽及容器等。302不锈钢一般用于制造建筑装饰部件，304不锈钢具有加工性能好、韧性高的特点，广泛使用于工业和家具装饰行业以及食品医疗行业。

2. 耐热钢

在高温下具有较高的强度和良好的化学稳定性的合金钢。它包括抗氧化钢（或称高温不起皮钢）和热强钢两类。

1）抗氧化钢

抗氧化钢一般要求在高温下有较好的化学稳定性，并具有一定的强度。抗氧化钢主要用于如加热炉底板、渗碳箱等的零件。抗氧化钢中加入的合金元素为铬、硅、铝等，它们在钢表面形成致密的、高熔点的、稳定的氧化膜（Cr_2O_3、SiO_2、Al_2O_3），严密而牢固地覆盖在钢的表面，使钢与高温氧化性气体隔绝，从而避免了钢的进一步氧化。常见牌号有4Cr9Si2、1Cr13SiAl等。

2）热强钢

热强钢是在高温下具有良好抗氧化能力，并有较高的高温强度的钢。钢的高温强度与再结晶温度有关。当钢的工作温度超过再结晶温度后，由于发生再结晶，消除了塑性变形引起的硬化，所以即使所受的应力小于常温下的屈服极限，钢也会发生缓慢而连续的塑性变化。为了提高钢的高温强度，可以加入难熔合金元素钨、钼等，以提高其再结晶温度。也可以加入钛、钒等形成稳定碳化物、氮化物，以阻碍其变形。热强钢主要适用于高温强度的汽油机、柴油机的排气阀、汽轮机叶片、转子等。常见牌号有15CrMo、4Cr14Ni4WMo。

3. 耐磨钢

耐磨钢主要用于承受严重磨损和强烈冲击的零件，如车辆履带、破碎机颚板、球磨机衬板、挖掘机铲斗和铁轨分道岔等。因此，要求耐磨钢具有良好的韧性和耐磨性。

高锰钢是目前最重要的耐磨钢。它的含碳量为0.9%～1.4%、含锰量为11%～14%。

其牌号为 ZGMn13。这种钢机械加工比较困难，基本上都是铸造成型。常用的高锰钢牌号有 ZGMn13-1、ZGMn13-2、ZGMn13-3 和 ZGMn13-4 等。

3.2 有色金属及硬质合金

通常把铁及其合金（钢铁）称为黑色金属，而把非铁金属及其合金称为有色金属。有色金属的种类很多，其产量和使用虽不及黑色金属，但是由于它们具有许多特殊的性能，如高的导电性和导热性、较低的密度和熔化温度、良好的力学性能和工艺性能，因此，也是现代工业中不可缺少的结构材料。

常用的有色金属有铜及其合金、铝及其合金和轴承合金等。

3.2.1 铜及其合金

根据成分不同，铜合金分为紫铜、黄铜和青铜等。

1. 紫铜

纯铜的新鲜表面是玫瑰红色的，当表面氧化成氧化亚铜（Cu_2O）后呈现紫色，所以纯铜常被称为紫铜。紫铜具有优良的导热性、导电性、延展性和耐蚀性，但强度、硬度较差一些，被广泛应用于导电器（如：电线、电缆、电器开关等），由于紫铜在大气、海水和某些酸（盐酸、稀硫酸）、碱、盐溶液及多种有机酸（醋酸、柠檬酸）中，有良好的耐蚀性，多用于化学工业。在供水行业中也常被用作氯瓶和地管的连接管件。

2. 黄铜

黄铜是以锌为主要合金元素的铜合金。按照化学成分，其分为普通铜和特殊黄铜两种。

1）普通黄铜

普通黄铜是铜锌二元合金。由于塑性好，适于制造板材、棒材、线材、管材及深冲零件，如冷凝管、散热管及机械、电器零件等。铜的平均含量为 62%和 59%的黄铜也可进行铸造，称为铸造黄铜。

2）特殊黄铜

为了获得更高的强度、抗蚀性和良好的铸造性能，在铜锌合金中加入铝、硅、锰、铅、锡等元素，就形成了特殊黄铜。如铅黄铜、锡黄铜、铝黄铜、硅黄铜、锰黄铜等。

铅黄铜的切削性能优良，耐磨性好，广泛用于制造钟表零件，经铸造制作轴瓦和衬套；锡黄铜的耐腐蚀性能好，广泛用于制造海船零件；铝黄铜中的铝能提高黄铜的强度和硬度，提高在大气中的抗蚀性，铝黄铜用于制造耐蚀零件；硅黄铜中的硅能提高铜的力学性能、耐磨性、耐蚀性，硅黄铜主要用于制造海船零件及化工机械零件。

3. 青铜

青铜原指铜锡合金，但工业上都习惯称含铝、硅、铅、铍、锰等的铜合金也为青铜，所以青铜实际上包括锡青铜、铝青铜、铍青铜、硅青铜、铅青铜等。

1）锡青铜

以锡为主要合金元素的铜基合金称锡青铜。工业中使用的锡青铜，锡含量大多在 3%～14%之间。锡含量小于 5%的锡青铜适于冷加工使用；锡含量为 5%～7%的锡青铜适于热加工；锡含量大于 10%的锡青铜适于铸造。锡青铜在造船、化工、机械、仪表等工业中广泛应用，主要用以制造轴承、轴套等耐磨零件和弹簧等弹性元件以及抗蚀、抗磁零件等。

2）铝青铜

以铝为主要合金元素的铜基合金称铝青铜。铝青铜的力学性能比黄铜和锡青铜高。实际应用的铝青铜的铝含量在5%～12%，含铝为5%～7%的铝青铜塑性最好，适于冷加工使用。铝含量大于7%～8%后，强度增加，但塑性急剧下降，因此多在铸态或经热加工后使用。铝青铜的耐磨性以及在大气、海水、海水碳酸和大多数有机酸中的耐蚀性，均比黄铜和锡青铜高。铝青铜可制造齿轮、轴套、涡轮等高强度抗磨零件以及高耐蚀性弹性元件。

3.2.2 铝及其合金

铝中加入合金元素就形成了铝合金。铝合金具有较高的强度和良好的加工性能。根据成分及加工特点，铝合金分为形变铝合金和铸造铝合金。

1. 形变铝合金

形变铝合金包括防锈铝合金、硬铝合金、超硬铝合金等。因其塑性好，故常利用压力加工方法制造冲压件、锻件等，如铆钉、焊接油箱、管道、容器、发动机叶片、飞机大梁及起落架、内燃机活塞等。

2. 铸造铝合金

铸造铝合金是用于制造铝合金铸件的材料，按主要合金元素的不同，铸造铝合金分为铝硅合金、铝铜合金、铝镁合金和铝锌合金。

1）铝硅铸造铝合金

铝硅合金是应用最广的铸造铝合金，通常称为硅铝明。其铸造性能好，密度小，并有相当好的抗蚀性和耐热性，适于制造形状复杂的零件，如泵体、电动机壳体、发动机的气缸头、活塞以及汽车、飞机、仪器上的零件，也可制造日用品。

2）铝铜铸造铝合金

铝铜合金的强度较高，耐热性较好，铸造性能较差，常用于铸造内燃机气缸头、活塞等零件，也可作为结构材料铸造承受中等载荷、形状较简便的零件。

3）铝镁铸造铝合金

铝镁合金强度高、密度小，有良好的耐蚀性，但铸造性能不好，多用于制造承受冲击载荷、在腐蚀性介质中工作、外形简单的零件，如舰船配件、氨用泵体等。

4）铝锌铸造铝合金

铝锌合金价格便宜、铸造性能优良、强度较高，但抗蚀性差、热裂倾向大，常用于制造汽车、拖拉机发动机零件及形状复杂的仪器元件，也可用于制造日用品。

3.2.3 轴承合金

轴承合金是用来制造滑动轴承的材料，轴承合金应具有如下性能：良好的减摩性能。要求由轴承合金制成的轴瓦与轴之间的摩擦系数要小，并有良好的可润滑性能；有一定的抗压强度和硬度，能承受转动着的轴施于的压力；但硬度不宜过高，以免磨损轴颈；塑性和冲击韧性良好，以便能承受振动和冲击载荷，使轴和轴承配合良好；表面性能好。即有良好的抗咬合性、顺应性和嵌藏性；有良好的导热性、耐腐蚀性和小的热胀系数。

可作轴承材料的有铜基合金、铝基合金、银基合金、镍基合金、镁基合金和铁基合金等。在这些轴承材料中，铜基合金、铝基合金使用最多。使用铝基轴承合金时，通常是将铝锡合金和钢背轧在一起，制成双金属应用。即通常所说的钢背轻金属三层轴承。其他合金只在特殊情况下使用，如为减轻重量，有些航空发动机用镁基合金作轴承；要求耐高温，用镍基合金作轴承；要求高度可靠性的机器，用银基合金作轴承。用粉末冶金方法制成的烧结减摩材料，也越来越多地用来制作轴承。

3.3 金属的腐蚀及防腐方法

金属腐蚀的危害是非常巨大的，金属材料的腐蚀可造成设备的损坏，污染环境，甚至发生中毒、火灾、爆炸等恶性事故以及资源和能源的严重浪费。因此，了解金属材料的腐蚀机理，弄清腐蚀发生的原因及采取有效的防护措施，对于延长设备寿命、降低成本、提高劳动生产力都具有十分重大的生产意义。

3.3.1 金属的腐蚀

金属材料的腐蚀，是指金属材料和周围介质接触时发生化学或电化学作用而引起的一种破坏现象。按照腐蚀的机理腐蚀可分为化学腐蚀及电化学腐蚀。

1. 化学腐蚀

化学腐蚀是指金属与非电解质直接发生化学作用而引起的破坏。其腐蚀过程是一种纯氧化和还原的纯化学反应，即腐蚀介质直接同金属表面的原子相互作用而形成腐蚀产物，在反应过程中没有电流产生。例如，金属与干燥气体如 O_2、H_2S、SO_2、Cl_2 等接触时。在金属表面上生成相应的化合物，如氧化物、硫化物、氯化物等，使金属损坏。

金属在高温下的氧化是典型的化学腐蚀，金属被氧化后，表面生成一层氧化膜，如果氧化膜很稳定，很致密，从而阻止腐蚀过程发展，能起到保护基体金属的作用。反之，如果形成的膜是不稳定的、疏松的，与基体金属不能牢固结合，则它不能起到保护作用，使腐蚀不断进行下去。

2. 电化学腐蚀

金属与电解质溶液构成微电池而引起的腐蚀称为电化学腐蚀。如金属在电解质溶液（酸、碱、盐水溶液）以及海水中发生的腐蚀；金属管道与土壤接触的腐蚀；在潮湿空气中的大气腐蚀等，均属于电化学腐蚀。

以铁铜原电池为例（图 3-6）来说明电化学腐蚀的实质。将铁板和铜板放入电解液中，用导线连接，由于两种金属的电极电位不同（表 3-2），就有电流通过，构成原电池。由于铁比铜活泼（铁电极电位低），铁易失去电子，故电流的产生必然是铁板上的电子往铜板移动。铁失去电子后，变成正离子而进入溶液，铁就被溶液破坏了，而铜没有遭到腐蚀。

从上可知，任意两种金属在电解液中相互接触时，就会形成原电池，而产生电化学腐蚀。其中，较活泼的金属（电极电位较低的金属）不断地溶解而被破坏。

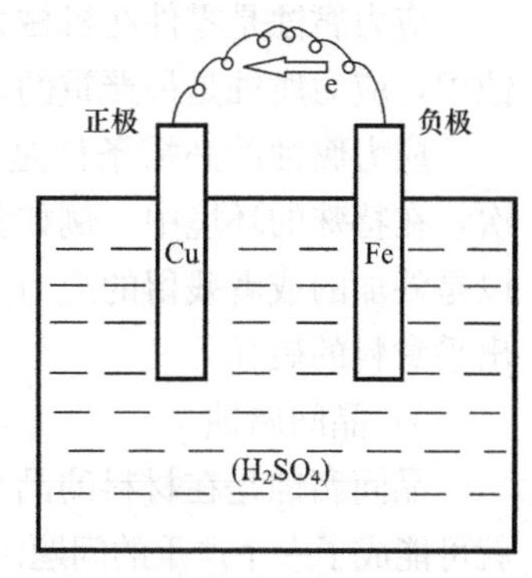

图 3-6 电化学腐蚀过程示意图

常见金属在25℃时的标准电极电位　表3-2

金属元素	Mg	Al	Zn	Fe	Sn	H	Cu	Ag	Pt	Au
电极电位（V）	−2.375	−1.66	−0.763	−0.409	−0.1364	0	+0.3402	+0.7996	+1.2	+1.42

实际上，即使是同一种金属材料，因内部有不同的组织（或杂质），这些不同组织的电极电位是不等的，当有电解液存在时，也会构成原电池，从而产生电化学腐蚀。

3. 腐蚀破坏的类型

根据腐蚀现象的不同，腐蚀有许多形式，下面是常见的几种腐蚀破坏类型。

1）全面腐蚀

全面腐蚀是最普遍的腐蚀形式。它的特点是暴露的表面普遍受到或大或小相同的腐蚀，而且侵蚀的深度上差别很小。全面腐蚀现象和速度可以用实验来测定。这些实验结果提供了在各种不同环境下普通工程材料的腐蚀速度等数据。因此，通常不会发生突然的，没有预见的事故。

2）电化学腐蚀

当两个或几个不同的金属救耦合并放在电解质中，会发生严重的腐蚀破坏，这是典型的电化学腐蚀，比较活泼的金属被腐蚀而破坏，在每一对金属中，接近活泼端的金属是阳极，阳极腐蚀加快；而比较惰性的金属得到保护。

3）局部溶蚀

局部溶蚀是合金中有一相优先腐蚀或者是一元素优先从固体溶体中溶解出来的一种腐蚀形式。例如黄铜的脱锌，当黄铜浸泡在海水中时，材料变成铜为基础的海绵状结构，这是由于部分黄铜发生溶解的结果，锌留在溶液中而铜原子再沉积在组织上。局部溶蚀的零件，其总的外形或几何形状可以不变，但当腐蚀件或腐蚀相具有连续的网状结构时，通常损坏得最厉害，使零件的强度锐减。

4）点蚀

点蚀是局部腐蚀的一种形式，在金属表面上形成无数的小孔。点蚀是一种特别危险的腐蚀类型，它不但能使工件发生穿孔而失效，也有可能在高应力下，点腐蚀孔成为疲劳源，使局部损伤扩展而产生疲劳断裂。点蚀可以发生在许多金属和合金中，但在不锈钢和铝合金中特别敏感。点蚀大多发生在接近中性pH值，含有卤素离子的溶液中。

5）应力腐蚀

应力腐蚀是零件在机械力与腐蚀环境的共同作用下形成的腐蚀。在各种形式的局部腐蚀中，应力腐蚀是最严重的。

应力腐蚀的必需条件是：首先是一种敏感的金属材料，例如高强度钢、黄铜等。其次，在特殊的环境中，例如黄铜、铵离子能引起应力腐蚀。而且必须有拉应力存在，它可以是外加的或者残留的应力。例如，热处理时不均匀的冷却，产生残余应力可以产生完全出乎意料的破坏。

6）晶间腐蚀

晶间腐蚀是在材料的晶粒界面上优先发生的腐蚀。由于大多数金属材料是多晶体的，这就可能成了一个严重的问题。晶间腐蚀的主要原因是腐蚀处化学成分不均匀（偏析或晶间沉淀引起局部成分不一致），例如奥氏体不锈钢的晶界处缺铬，则特别容易引起晶间腐蚀。

3.3.2 金属防腐方法

1. 提高金属内在的抗腐蚀性

在冶炼金属的过程中，加入一些合金元素，例如铬、镍、锰等，以增强其耐腐蚀能力。例如，铬不锈钢中加入一定量（≥12.5%）的铬，在钢表面形成一层纯化膜。铬镍不锈钢中同时加入铬和镍，使钢在常温下呈单相奥氏体组织，从而提高了抵抗电化学腐蚀的能力。也可以利用表面热处理（渗铬、渗铝、渗氮等），使金属表面产生一层耐腐蚀性强的表面层。

2. 镀或涂金属和非金属保护层

它是将金属和腐蚀介质分隔开来，以达到防腐的目的，一是用电镀、喷镀等方法镀上一层或多层金属；二是用油漆、搪瓷合成树脂等非金属材料覆盖在金属表面上；三是用发蓝、磷化等氧化方法，使得金属表面自身形成一层坚固的氧化膜，以防止金属的腐蚀。

3. 处理腐蚀介质

制造一个防腐的小环境，如干燥气体封存法：采用密封包装，在包装空间内放干燥剂或干燥气体（例如氮气），使包装空间内相对湿度控制在≤35%，从而使金属不易生锈。目前，已有许多国家采用此方法包装整架飞机、整台发动机及枪支等，取得了良好的效果。

4. 电化学保护

经常采用牺牲阳极法，即用电极电位较低的金属与被保护的金属接触，使被保护的金属成为阴极而不被腐蚀。牺牲阳极法广泛应用在海水及地下的金属设施的防腐，例如锌块牺牲阳极可防止船舶被腐蚀。

综上所述，在供水行业中选择水泵的叶轮材料时，除了要考虑在离心力作用下的机械强度以外，还要考虑材料的耐磨性和耐腐蚀性，目前多数叶轮采用铸铁、铸钢、不锈钢或青铜制成。水泵的轴承材料应有足够的抗扭强度和足够的刚度，多采用铜基合金、铝基合金、碳素钢以及不锈钢。水泵泵壳材料除了考虑介质对过流部分的腐蚀和磨损以外，还要有足够的机械强度，多采用不锈钢。水泵的联轴器材料应能承受足够的弯曲力和振动，多采用碳素钢以及不锈钢。水泵的轴承座是用来支撑轴承的，一般采用铸铁、不锈钢或青铜制成。

3.4 非金属材料

长期以来，机械工程材料一直是以金属材料为主。近十几年来，人工合成高分子材料发展非常迅速，越来越多地应用于工业、农业、国防和科学技术各个领域。非金属材料主要指电绝缘材料、塑料、橡胶、胶粘剂、润滑油与润滑脂等。

3.4.1 电绝缘材料

电绝缘材料是指用来使器件在电气上绝缘的材料，也就是能够阻止电流通过的材料，它的电阻率很高。如在电机中，导体周围的绝缘材料将匝间隔离并与接地的定子铁芯隔离开来，以保证电机的安全运行。

1. 电绝缘材料的分类

绝缘材料种类很多，可分气体、液体、固体三大类。常用的气体绝缘材料有空气、氮气、六氟化硫等。液体绝缘材料主要有矿物绝缘油、合成绝缘油（硅油、十二烷基苯、聚异丁烯、异丙基联苯、二芳基乙烷等）两类。固体绝缘材料可分有机、无机两类。有机固体绝缘材料包括绝缘漆、绝缘胶、绝缘纸、绝缘纤维制品、塑料、橡胶、电工用薄膜、电工用层压制品等。无机固体绝缘材料主要有云母、玻璃、陶瓷及其制品。

2. 常用的绝缘材料

绝缘材料的宏观性能如电性能、热性能、力学性能、耐化学药品、耐气候变化、耐腐蚀等性能与它的化学组成、分子结构等有密切关系。

不同的电工设备对绝缘材料性能的要求各有侧重。高压电工装置如高压电机、高压电缆等用的绝缘材料要求有高的击穿强度和低的介质损耗。低压电器则以机械强度、断裂伸长率、耐热等级等作为主要要求，常见的绝缘材料种类、性能特点及应用如表3-3所示。

常见的绝缘材料种类、性能特点及应用　　表3-3

名称	代号	主要特点	应用
聚乙烯	PE	良好的耐腐蚀性和电绝缘性 高压聚乙烯柔软性、透明性好 低压聚乙烯强度高、耐磨、耐腐蚀、绝缘性好	高压聚乙烯：薄膜、软管和塑料瓶。 低压聚乙烯：塑管、塑料板、塑料绳、承载不高的零件如齿轮、轴承等
聚氯乙烯	PVC	阻燃、耐腐蚀、绝缘性好	薄膜、包装袋、波纹管、软管、电缆和电线绝缘（适用于低压控制、信号、保护及测量系统接线，例如VV、KVV、RVV、RVVP、KVVR）、下水管、饮水管、电线套管、楼梯扶手、门窗等
ABS塑料	ABS	其抗冲击性、耐热性、耐低温性、耐化学药品性及电气性能优良，有易加工、制品尺寸稳定、表面光泽性好等特点	汽车工业、车身外板、方向盘、隔声板、门锁、保险杠、通风管、电气仪表、家用电器外壳等
环氧塑料	EP	强度高、韧性好、良好的电绝缘性、化学稳定性、耐有机溶剂性	塑料模具、精密量具、电气、电子元件及线圈的塑封与固定（如变压器、继电器、高压开关、绝缘子、互感器、阻抗器）
交联聚乙烯		良好的耐热、耐压、耐腐蚀、化学稳定性	冷热水管道、饮用水管道、电缆和电线绝缘（例如YJV、YJVR、YJVP）

3.4.2 塑料与橡胶

1. 塑料

塑料是以树脂为主要成分，加入添加剂（如填充剂、增塑剂、稳定剂、着色剂、润滑剂等）制成的。

1）塑料的组成

（1）合成树脂

合成树脂是塑料的最主要成分，其在塑料中的含量一般在40％～100％。由于含量大，而且树脂的性质常常决定了塑料的性质，所以人们常把树脂看成是塑料的同义词。例如，把聚氯乙烯树脂与聚氯乙烯塑料、酚醛树脂与酚醛塑料混为一谈。其实树脂与塑料是两个不同的概念。树脂是一种未加工的原始聚合物，它不仅用于制造塑料，而且还是涂料、胶粘剂以及合成纤维的原料。

（2）添加剂

添加剂可以提高塑料的强度和耐热性能，并降低成本。例如，酚醛树脂中加入木粉后可大大降低成本，使酚醛塑料成为最廉价的塑料之一，同时还能显著提高机械强度。加入云母、石棉粉可以改善塑料的电绝缘性、耐热性。加入 Al_2O_3、TiO_2、SiO_2 可以提高塑料的硬度和耐磨性。加入铝可以提高塑料对光的反射能力及防老化。填料可分为有机填料和无机填料两类，前者如木粉、碎布、纸张和各种织物纤维等，后者如玻璃纤维、硅藻土、石棉、炭黑等。填充剂在塑料中的含量一般控制在40%以下。

2）塑料的分类及应用

按塑料受热后所表现的行为分为热塑性塑料和热固性塑料。

热塑性塑料指加热后会熔化，可流动至模具冷却后成型，再加热后又会熔化的塑料；即可运用加热及冷却，使其产生可逆变化（液态↔固态），是所谓的物理变化，化学结构不变。通用的热塑性塑料其连续使用温度在100℃以下，聚乙烯、聚氯乙烯、聚丙烯、聚苯乙烯并称为四大通用塑料。热塑性塑料具有优良的电绝缘性，特别是聚四氟乙烯、聚苯乙烯、聚乙烯、聚丙烯都具有极低的介电常数和介质损耗，宜于作高频和高电压绝缘材料。热塑性塑料易于加工成型，但耐热性较低，易于蠕变，其蠕变程度随承受负荷、环境温度、溶剂、湿度而变化。为了克服热塑性塑料的这些弱点，开发可熔融成型的耐热性树脂，如聚醚酮、聚醚砜、聚砜、聚苯硫醚等，以它们作为基体树脂的复合材料具有较高的力学性能和耐化学腐蚀性，能热成型和焊接，层间剪切强度比环氧树脂好。

热固性塑料加热时软化，然后固化成型，这一过程不能重复进行。常用的有酚醛塑料、氨基塑料、环氧塑料等。这类塑料具有耐热性能高、受压不易变形等优点，但力学性能不好。为了克服缺点可以通过添加填料，制成层压材料或模压材料来提高其机械强度。如要求高绝缘性能的品种，可采用云母或玻璃纤维为填料；如要求耐热的品种，可采用石棉或其他耐热填料；如要求抗震的品种，可采用纤维或橡胶以及一些增韧剂制成的高韧性材料为填料。

塑料按使用范围可分为通用塑料、工程塑料以及耐热塑料三类。

通用塑料是指产量大、用途广、价格低而受力不大的塑料品种。主要有聚乙烯、聚丙烯、聚氯乙烯、聚苯乙烯、酚醛塑料和氨基塑料。

工程塑料是指力学性能较高，耐热、耐寒、耐蚀和电绝缘性能良好的塑料。它可以取代金属材料来制造机械零件和工程结构。这类塑料主要有聚碳酸酯、聚酰胺（即尼龙）、聚甲醛和聚砜等。

耐热塑料是指能在较高温度下工作的各种塑料，如聚四氟乙烯、环氧塑料和有机硅塑料等都能在100～200℃以上的温度下工作。

表3-3给出了几种常见绝缘材料的特点及应用。

2. 橡胶

橡胶是一种高分子材料。早期的橡胶是取自橡胶树等植物的胶乳，加工后制成的具有弹性、绝缘性、不透水和空气的材料。

1）橡胶的组成

橡胶是以生胶为基础加入适量的配合剂制成的。

（1）生胶

生胶（生橡胶）按原料来源可分为天然橡胶和合成橡胶两类。天然橡胶是以热带的橡树中流出的乳胶，经过凝固、干燥、加压等工序制成的片状固体，其单体为异戊二烯。合成橡胶是用化学合成的方法制成的与天然橡胶性质相似的高分子材料。合成橡胶的品种很多，如丁苯橡胶、氯丁橡胶等。

（2）配合剂

配合剂是为了提高和改善橡胶制品的性能而加入的物质，如硫化剂、防老剂、软化剂和填充剂等。硫化剂的作用类似热固性塑料的固化剂，天然橡胶常以硫磺作硫化剂，并加入氧化锌和硫化促进剂加速硫化，缩短硫化的时间；加入硬脂酸、精制石蜡以及一些油类等以增加橡胶的塑性，改善粘附力；加入炭黑、氧化硅、陶土、硫酸钡及滑石粉等填充剂，可以增加橡胶制品的强度，降低成本。

2）橡胶的种类及应用

橡胶按原料分为天然橡胶和合成橡胶。按形态分为块状生胶、乳胶、液体橡胶和粉末橡胶。乳胶为橡胶的胶体状水分散体；液体橡胶为橡胶的低聚物，未硫化前一般为黏稠的液体；粉末橡胶是将乳胶加工成粉末状，以利配料和加工制作。表3-4所示是工业上常用橡胶的种类、性能特点及应用举例。

常用橡胶的种类、性能特点及应用举例 表3-4

种类	主要特点	应用举例
天然橡胶	综合性能好，耐磨性、抗撕性良好。加工性能良好，但不耐高温，耐油和耐溶剂性差，耐臭氧和老化性较差	制造轮胎、胶带、胶管及通用橡胶制品等，不宜用在有臭氧的环境中
丁苯橡胶	优良的耐磨性、耐老化和耐热性，比天然橡胶好，力学性能与天然橡胶接近，但加工性能较天然橡胶差，特别是自粘性	制造轮胎、胶带、胶管及通用橡胶制品等，不宜用在有臭氧的环境中
氯丁橡胶	力学性能、耐臭氧的老化性能好，耐腐蚀、耐油性及耐溶剂性好。但密度大、电绝缘性差，加工时易粘辊、粘模	制造胶管、胶带、电缆胶粘剂、模压制品及汽车门窗嵌条，适用于臭氧环境
硅橡胶	可在－100～＋300℃下工作，良好的耐气候性、耐臭氧性，优良的电绝缘性。但强度低、耐油性不好	制造耐高温低温制品、电绝缘制品。如各种管道系统的接头、垫片、O形密封圈，适用于臭氧环境

3.4.3 胶粘剂

连接各种金属和非金属材料的方法除了焊接、铆接和螺钉外，还有胶接（粘接）。所谓胶粘剂是指能将同种或两种以上同质或异质的制件（或材料）连接在一起，固化后具有足够强度的有机或无机的、天然或合成的一类物质，统称为胶粘剂或粘接剂、粘合剂，习惯上简称为胶。

1. 胶粘剂的组成

合成胶粘剂由主剂和助剂组成，主剂又称为主料、基料或粘料；助剂有固化剂、稀释剂、增塑剂、填料、引发剂、增稠剂、防老剂、阻聚剂、阻燃剂、发泡剂、消泡剂、着色剂、防霉剂、稳定剂、络合剂、乳化剂等。

1）主剂

主剂是胶粘剂的主要成分，主导胶粘剂粘接性能，同时也是区别胶粘剂类别的重要标志。主剂一般由一种或两种，甚至三种高聚物构成，要求具有良好的粘附性和润湿性等。粘料主剂的物质主要有天然高分子、合成树脂以及橡胶与弹性体。

（1）天然高分子有淀粉、纤维素、单宁、阿拉伯胶及海藻酸钠等植物类粘料，以及骨胶、鱼胶、血蛋白胶、酪蛋白和紫胶等动物类粘料。

（2）合成树脂分为热固性树脂和热塑性树脂两大类。热固性树脂如环氧、酚醛、不饱和聚酯、聚氨酯、有机硅、聚酰亚胺、氨基树脂、醇酸树脂等；热塑性树脂如聚乙烯、聚丙烯、聚氯乙烯、聚苯乙烯、尼龙、聚甲醛、聚酮类、聚苯酯、液晶聚合物等，以及其改性树脂或聚合物合金等。

（3）橡胶主要有氯丁橡胶、氟橡胶、聚异丁烯、聚硫橡胶、天然橡胶、氯磺化聚乙烯橡胶等；弹性体主要是热塑性弹性体和聚氨酯弹性体等。

（4）此外，还有无机粘料，如硅酸盐、磷酸盐和磷酸-氧化铜等。

2）助剂

为了满足特定的物理化学特性，加入的各种辅助组分称为助剂，例如：为了使主体粘料形成网形或体形结构，增加胶层内聚强度而加入固化剂（它们与主体粘料反应并产生交联作用）；为了加速固化、降低反应温度而加入固化促进剂或催化剂；为了提高耐大气老化、热老化、电弧老化、臭氧老化等性能而加入防老剂；为了降低胶层刚性、增加韧性而加入增韧剂；为了改善工艺性降低粘度、延长使用寿命加入稀释剂等。

2. 胶粘剂的分类及应用

据不完全统计，迄今为止已有6000多种胶粘剂产品问世，由于其品种繁多，分组各异，尚无统一的分类方法。按固化方式的不同可将胶粘剂分为熔融固化型、挥发固化型、遇水固化型、反应固化型。

1）熔融固化型

熔融固化型胶粘剂是指胶粘剂在受热熔融状态下进行粘合的一类胶粘剂。其中，应用较普遍的为焊锡、银焊料等低熔点金属，棒状、粒状、膜状的EVA（聚乙烯、醋酸乙烯）热熔胶。

2）挥发固化型

挥发固化型胶粘剂是指胶粘剂中的水分或其他溶剂在空气中自然挥发，从而固化形成粘接的一类胶粘剂。如水玻璃系列胶粘剂、氯丁胶等。

3）遇水固化型

遇水固化型胶粘剂是指遇水后即发生化学反应并固化凝结的一类物质。其中，以石膏、各类水泥为代表。

4）反应固化型

反应固化型胶粘剂是指由粘料与水以外的物质发生化学反应固化形成粘接的一类胶粘剂。磷酸盐类胶粘剂、齿科胶泥、丙烯酸双酯厌氧胶水等都属于这一类。

第4章 机械基础

机械是人类进行生产劳动的重要工具，也是社会生产力发展水平的重要标志。蒸汽机的发明促进了工业革命，从而出现了由原动机、传动机、工作机组成的近代机器，从此机械有了迅猛的发展。本章主要介绍与供水行业相关的机械零件，如键、销及其连接、轴、轴承等，以及机械传动、机械润滑和密封。

4.1 机械零件

机械零件是组成机械和机器的单个制件，它是机械的基本单元。机械零件包括键、销及其连接、轴与轴承等。

4.1.1 键、销及其连接

键连接主要用于连接轴与轴上的零件（如带轮、齿轮和凸轮等），实现周向固定而传递扭矩。因为键连接的结构简单，工作可靠，装拆方便，并且键是标准零件，键连接根据装配时的松紧程度，可分为紧键连接和松键连接两大类。紧键连接有楔键连接和钩头键连接，如图 2-25（*a*）、（*b*）所示。楔键连接能在轴上作轴向固定零件，可以承受不大的单方向的轴向力，键的上下两面是工作面，上表面制成 1∶100 的斜度，装配时将键打入轴与轴上零件之间的键槽内连接成一整体，从而传递扭矩。键与键槽的两个侧面不互相接触，为非工作面，所以楔键连接的对中性差，在冲击或变载荷下容易松动，常应用在低速及对中性要求不高的场合。钩头楔键连接在装配后，因斜度影响，使轴与轴上的零件产生偏斜和偏心，所以不适合要求精度高的连接。

松键连接所用的键是没有斜度的，安装时也不需要打紧，常用的松键连接有：平键、花键、导向平键和半圆键连接。松键连接以键的两侧面为工作面，所以键宽和键槽需要紧密配合，而键的顶面与轴上零件之间留有一定空隙。因此，松键连接时轴与轴上零件连接时的对中性好，特别在高速精密传动中应用得更多，但松键连接不能承受轴向力，所以轴上的零件需要轴向固定时，则需要应用其他的固定办法。

1. 键

1）平键连接

普通平键连接，如图 2-25（*c*）、（*d*）所示，其应用特点是依靠键的侧面传递扭矩，对中性良好，装拆方便，适用于高速、高精度和承受变载冲击的场合，但不能实现轴上的零件的轴向定位，根据平键的头部形状不同，普通的平键有圆头（A 型）、平头（B 型）和单圆头（C 型）三种。其中，A 型平头平键，因为在键槽中不会发生轴向移动，所以应用最广，而 C 型单圆头平键，则多应用在轴的端部。对于轴上安装的零件，需要沿轴向作移动时，还可以将普通平键加长，如图 4-1 所示，由于轴上零件需要作相对的轴向移动，键的长度就较长，因此要用螺钉将键固定在轴上。工作时轴上零件可沿着导向平键在轴向移动，为了拆卸方便，在键的中部设有起键用的螺孔。

2）半圆键连接

如图 4-2 所示。它的应用特点是：工作时靠键两侧的工作面传递扭矩，键为半圆形，可以在轴槽中绕槽底圆弧摆动，这样能自动地适应轮毂的装配。半圆键由于键槽较深，所以对轴的削弱较大，一般多用于轻载或辅助性的连接，尤其适用于锥形轴与轮毂的连接。

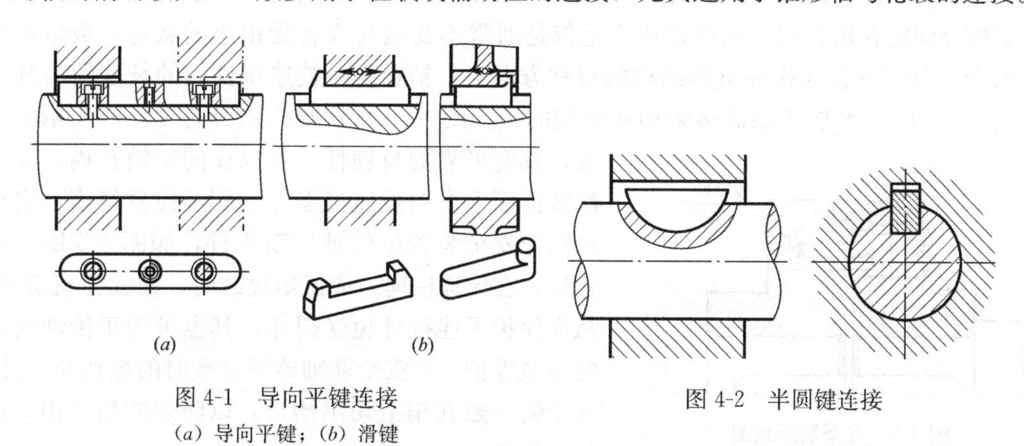

图 4-1 导向平键连接
（a）导向平键；（b）滑键

图 4-2 半圆键连接

3）花键连接

花键连接由内花键和外花键组成。内、外花键均为多齿零件，在内圆柱表面上的花键为内花键，在外圆柱表面上的花键为外花键，如图 4-3 所示。花键连接有矩形花键和渐开线花键，矩形花键的定心方式为小径定心，即外花键和内花键的小径为配合面。其特点是定心精度高，定心的稳定性好，能用磨削的方法消除热处理引起的变形，矩形花键连接是应用最为广泛的花键连接，如航空发动机、汽车、燃气轮机、机床、工程机械、拖拉机、农业机械及一般机械传动装置等。渐开线花键的定心方式为齿形定心，分度圆压力角有 30°、37.5°及 45°等形式，受载时齿上有径向力，能起自动定心作用，有利于各齿受力均匀，其强度高、寿命长，用于载荷较大、定心精度要求较高以及尺寸较大的连接，如航空发动机、燃气轮机、汽车等。压力角 45°的花键多用于轻载、小直径和薄型零件的连接，如图 4-4 所示。

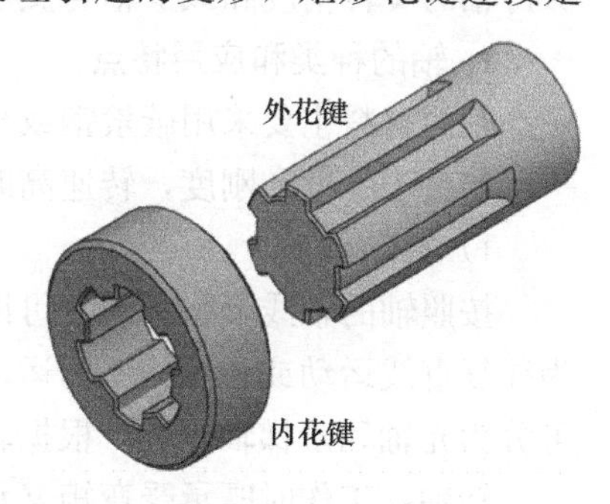

图 4-3 花键连接

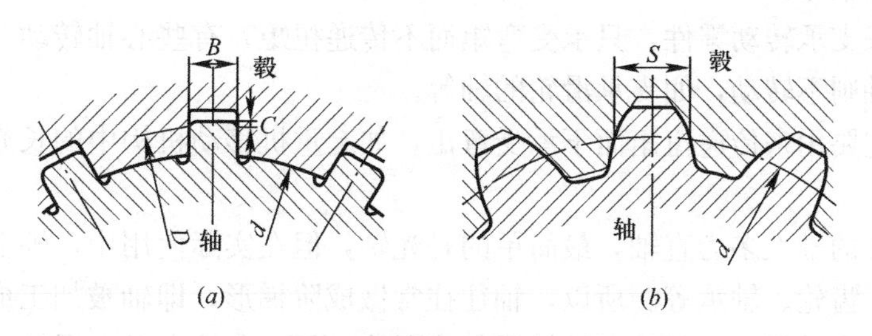

图 4-4 矩形花键连接与渐开花键连接
（a）矩形花键连接；（b）渐开花键连接

2. 销

销连接主要有圆柱销、圆锥销、开尾圆锥销、内螺纹圆锥销、开口销以及槽销，如第 2 章的图 2-26 所示。销连接的主要特点是，可以用来定位、传递动力或扭矩，以及用来作为安全装置中的被切断零件。

例如，圆柱销目前多应用优质碳素结构钢为原材料制造，圆柱销也有普通圆柱销、内螺纹圆柱销、螺纹圆柱销、带孔销、弹性圆柱销等几种主要用于定位，可用于连接，依靠过盈配合固定在销孔内，圆柱销用于定位是通常不受载荷或者受很小的载荷，数量不少于两个，分布在被连接件整体结构的对称方向上，销在每一被连接件内的长度约为其直径的 1～2 倍，水泵联轴器多采用此类型的销。图 2-26 所示圆锥销具有 1∶50 所示的锥度，具有可靠的自锁性，可以在同一销孔内，经多次装拆而不影响被连接零件的相互位置精度。安全销用作安全装置中的被切断零件，如图 4-5 所示的连接，在传递横向力或扭矩过载时，销就会被切断，从而保护了连接件免受损坏，其也可用于传动装置的过载保护，如安全联轴器等过载时的被切断零件，安全销一般在销上切出槽口，以防切断后飞出，也便于更换。

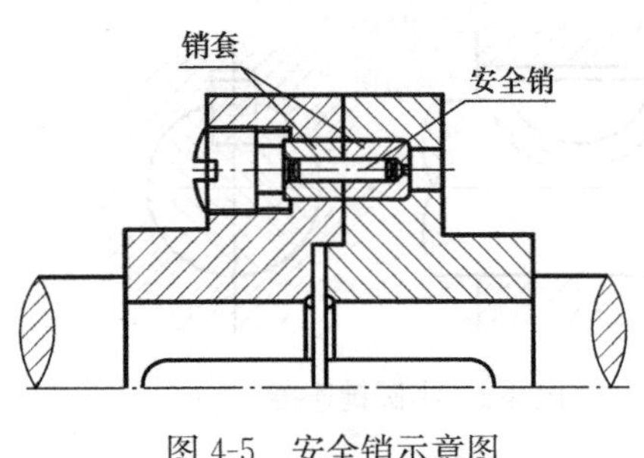

图 4-5　安全销示意图

4.1.2　轴与轴承

轴是组成机器中的最基本和最主要的零件，一切作旋转运动的传动零件（如带轮、齿轮、飞轮等），都必须安装在轴上才能实现旋转和传递动力。轴承是支承轴及轴上零件，保持轴的旋转精度和减少轴与支承间的摩擦和磨损。

1. 轴的种类和应用特点

轴的材料主要采用碳素钢或合金钢，也可采用球墨铸铁或合金铸铁等。轴的工作能力一般取决于强度和刚度，转速高时还取决于振动稳定性。

1）轴的种类

按照轴的轴线形状不同，可以把轴分为曲轴和直轴两大类。曲轴可以将旋转运动改变为往复直线运动或者作相反的运动转换。直轴在生产中应用最为广泛，直轴按照外形不同可分为光轴和阶梯轴两种。根据轴的承载情况又可分为转轴、心轴和传动轴三类。

转轴：工作时既承受弯矩又承受扭矩，是机械中最常见的轴，转轴本身是转动的，如各种减速器中的轴等。

心轴：用来支承转动零件，只承受弯矩而不传递扭矩，有些心轴转动，如铁路车辆的轴等，有些心轴则不转动，如支承滑轮的轴等。

传动轴：主要用来传递扭矩而不承受弯矩，如起重机移动机构中的长光轴、汽车的驱动轴等。

机械中常用的轴大多为直轴，最简单的是光轴，但在实际使用中，轴上总需安装一些零件，如带轮、齿轮、轴承等。所以，轴往往常做成阶梯形，即轴被加工成几段，相邻段的直径不同，中间轴段的直径比两端轴段的直径大。图 4-6 给出了常用轴的结构。在考虑轴的结构时，应满足三方面的要求，即：轴的受力合理，以利于提高轴的强度和刚度；安装在轴上的零件，要能牢固而可靠地相对固定（轴向、周向固定）；轴上结构应便于加工、便于装拆和调整，并尽量减少应力集中。

2）轴的固定方式

（1）轴向固定

轴向固定的目的是保证零件在轴上有确定的轴向位置，防止零件作轴向移动，并能承受轴向力。常见的轴向固定形式有：轴肩、轴环、弹性挡圈、圆螺母、轴套（套筒）、轴端挡圈（也称压板）、圆锥面和紧定螺钉等，可起到轴向固定，如图 4-6 所示。

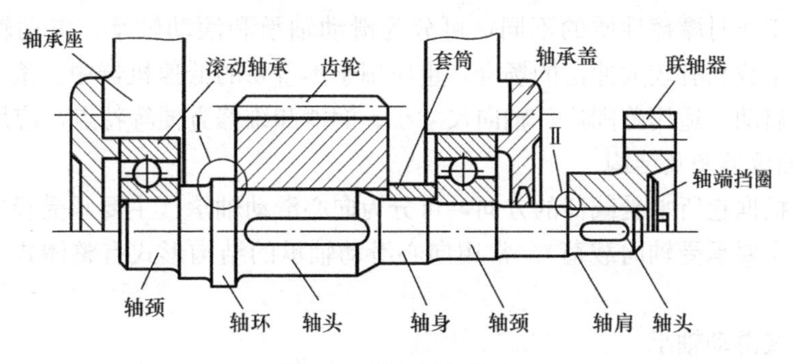

图 4-6 常用轴的结构

用轴肩或者轴环固定是一种常用的轴向固定方法，它具有结构简单、定位可靠和能够承受较大的轴向力等优点。轴端挡圈只适用于轴端零件的固定，而且是受力不大的部位，但它可以承受振动和冲击载荷。轴套用来作为轴向固定零件时，一般是用于两个零件的间距较小的场合，主要是依靠位置已定的零件来固定，利用轴套定位可以减少轴的直径变化，在轴上也不需要开槽、钻孔或切制螺纹等。圆螺母固定零件一般用在轴的中部或端部，用圆螺母来固定零件的优点是装拆方便，固定可靠，能承受较大的轴向力，缺点是要在轴上切制螺纹，为了防止圆螺母的松脱，常需采用双螺母或加止退垫圈防松。

（2）周向定位和固定

周向定位和固定是为了保证零件传递转矩和防止零件与轴产生相对转动。实际使用时，常采用键、花键、销、紧定螺钉、过盈配合等结构，均可起到周向定位和固定的作用。

用平键作周向固定，具有制造简单、拆装方便以及对中性好等优点，可以用于较高精度、较高转速及受冲击或变载荷作用下的固定连接。应用平键连接时，为了加工方便，对于在同一轴上轴径相差不大的轴段的键槽，应尽可能采用同一规格的键槽尺寸，并且要安装在同一加工直线上。楔键在传递扭矩的同时，还能承受单向的轴向力，但对中性较差。花键作周向固定时，具有较高的承载能力，对中性与导向性均很好，但制造成本较高。用过盈配合作周向固定，常用于轴与轮毂之间的连接，它的作用原理是使包容件轮毂的配合尺寸小于被包容件轴的配合尺寸，这样装配后在两者之间产生压力，工作时依靠此压力所产生的摩擦力来传递扭矩，这种周向固定连接结构简单，对轴削弱少，对中性好，承载能力和抗冲击性能也较高。

3）轴的结构工艺性

轴的结构应具有良好的加工和装配工艺性能。设计时可从以下几方面考虑：形状应简单，以便于加工，轴的台阶尽量少，台阶越多，加工工艺越复杂，成本也越高；磨削轴径和定位轴肩时，应留有砂轮越程槽，轴上切制螺纹时，应留有退刀槽。轴上沿长度方向开有几个键槽时，应将它们安排在同一母线上，且槽宽尽可能统一；轴的结构设计应满足轴上零件装拆方便的要求，一般设计成两头细，中间粗。同一轴上所有圆角半径和倒角的大小尽可能一致，以减少加工时刀具的数目；滚动轴承轴向固定的轴肩高度应低于轴承内圈高度，以便于滚动轴承的拆卸。

2. 轴承的分类及作用

轴承按照工作时摩擦性质的不同，可分为滑动轴承和滚动轴承。滑动轴承适用于高速、高精度、重载和有较大冲击的场合，也应用于不重要的低速机器中。滚动轴承具有摩擦阻力小、易启动、适用范围广、轴向尺寸小、润滑和维修方便等特点，应用广泛。

1）滑动轴承类型及结构

滑动轴承根据它所承受载荷的方向，可分为向心滑动轴承（主要承受径向载荷）和推力滑动轴承（主要承受轴向载荷）。常用向心滑动轴承的结构形式有整体式、对开式和调心式三种。

（1）整体式滑动轴承

整体式向心滑动轴承结构如图 4-7 所示。轴承座顶部设有安装润滑装置用的螺纹孔，轴瓦上开有油孔，并在内表面上开有油槽，以输送润滑油。整体式滑动轴承具有结构简单、成本低廉、刚度大等优点，但轴颈只能从端部装入，安装和检修不方便，且工作表面磨损后无法调整轴承与轴颈的间隙，间隙过大时，需更换轴瓦。通常只用于轻载、低速及间歇性工作的机器设备中，如绞车、手动起重机等。

整体式轴瓦的结构又称轴套，可分为内孔表面光滑和纵向带油槽两种，轴瓦与轴承采用过盈配合压紧，以实现永久性或半永久性的装配（图 4-8）。

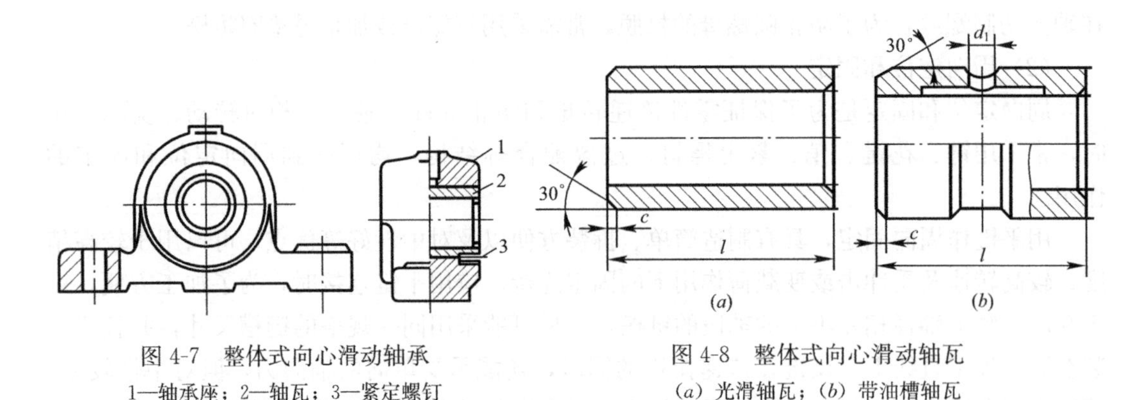

图 4-7　整体式向心滑动轴承

1—轴承座；2—轴瓦；3—紧定螺钉

图 4-8　整体式向心滑动轴瓦

（a）光滑轴瓦；（b）带油槽轴瓦

（2）对开式滑动轴承

对开式滑动轴承结构如图 4-9 所示，它由剖分轴瓦、轴承座、轴承盖、拉紧螺栓等组成。轴承座与轴承盖的剖分面做成阶梯形的配合止口，以便定位。可在剖分面间放置几片很薄的调整垫片，以便安装时或磨损后调整轴承的间隙，为保证垫片调整的有效性，径向力方向最好不超过剖分面垂直线左右 35°的范围，否则建议采用斜剖分式结构，如图 4-9 所示。这种轴承装拆方便，间隙调整容易，因此应用广泛。

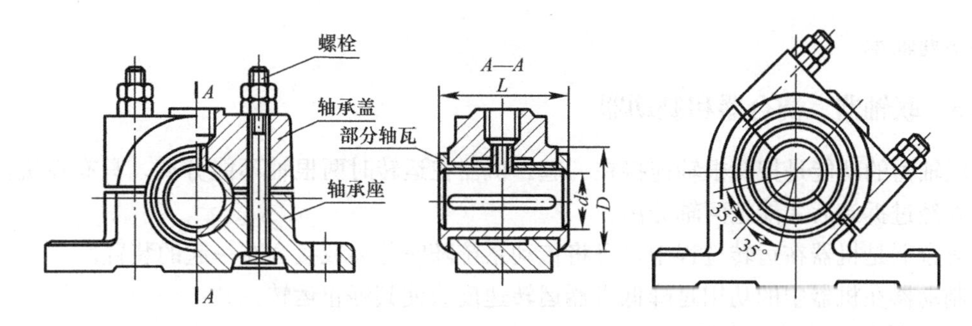

图 4-9 对开式滑动轴承

(3) 调心式滑动轴承

当轴承的宽度 B 较大(宽径比 $B/d>1.5\sim1.75$)时，受载后由于轴的变形或加工及装配的误差，引起轴颈或轴承孔的倾斜，使轴瓦两端与轴颈局部接触，如图 4-10 (*a*) 所示，为轴颈倾斜，致使轴瓦两端急剧磨损。这时可采用如图 4-10 (*b*) 所示的调心式滑动轴承。这种轴承利用球面支承，自动调整轴瓦的位置，以适应轴的偏斜。

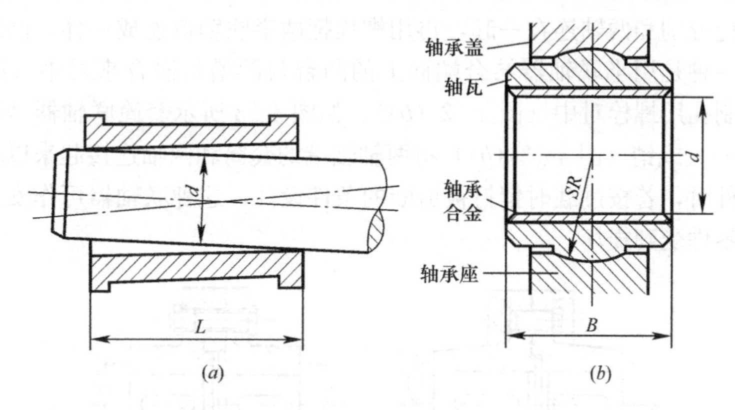

图 4-10 调心式滑动轴承

2) 滚动轴承类型及结构

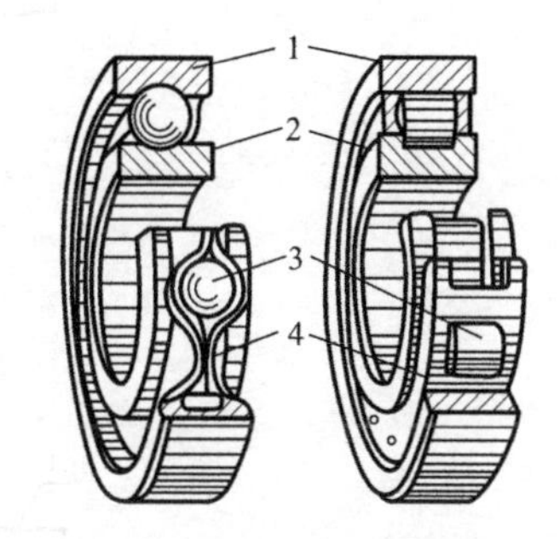

图 4-11 滚动轴承基本结构
1—内圈；2—外圈；
3—滚动体；4—保持架

滚动轴承的基本构造如图 4-11 所示，其内外圈上通常制有沟槽，其作用是限制滚动体轴向位移和降低滚动体与内外圈间的接触应力。内外圈分别与轴颈和轴承座配合，通常是内圈随轴颈转动而外圈固定不动，但也有外圈转动而内圈固定不动，当内、外圈相对转动时，滚动体就在滚道内滚动。保持架的作用是使滚动体等距分布，并减少滚动体间的摩擦和磨损，常用的滚动体有球、圆柱滚子、圆锥滚子、球面滚子和滚针等。滚动轴承具有摩擦阻力小，启动灵敏，效率高；可用预紧的方法提高支承刚度与旋转精度；润滑简便和有互换性等优点。主要缺点是抗冲击能力较差；高速时出现噪声和轴承径向尺寸大；与滑动轴承相比，寿命较低。

滚动轴承的基本类型很多，按滚动轴承所能承受载荷的方向分为：向心轴承、推力轴承、向心推力轴承；按滚动体形状分为：球轴承和滚子轴承；按轴承在工作中能否调心可分为：非调心轴承和调心轴承(球面型)；按一个轴承中滚动体的列数可分为：单列、双列和多列轴承。

4.1.3　联轴器、离合器和制动器

联轴器的功能是把两根轴连接在一起。机器在运转时两根轴不能分离，只有在机器停转，并经过拆卸后才能把两轴分离。

离合器是机器在运转过程中，可将传动系统随时分离或接合在一起的装置。

制动器在机器中的功用是降低机器运转速度或使其停止运转。

1. 联轴器的结构和应用

常用联轴器可分为刚性联轴器、弹性联轴器和安全联轴器三大类。

1）刚性联轴器

刚性联轴器是通过若干刚性零件将两轴连接在一起，其结构简单、成本较低，但对中性要求高，一般用于平稳载荷或只有轻微冲击的场合，可分为固定式和可移式两类。

（1）固定式刚性联轴器

固定式刚性联轴器有凸缘式和套筒式等。如图 4-12 所示，凸缘联轴器由两个带凸缘的半联轴器用键分别和两轴连在一起，再用螺栓把两半联轴器连成一体。凸缘联轴器有两种对中方法：一种是用半联轴器结合端面上的凸台与凹槽相嵌合来对中（图 4-12（*a*）），另一种是用铰制孔用螺栓对中（图 4-12（*b*））。如图 4-13 所示套筒联轴器是用连接零件如键（图 4-13（*a*））或销（图 4-13（*b*））将两轴轴端的套筒和两轴连接起来以传递转矩。当用销钉作连接件时，若按过载时销钉被剪断的条件设计，这种联轴器可作安全联轴器，以避免薄弱环节零件受到损坏。

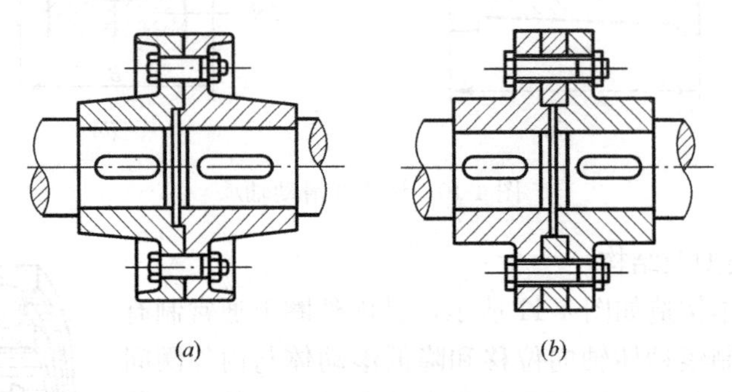

（*a*）　　（*b*）

图 4-12　凸缘式联轴器

（*a*）凹槽配合；（*b*）部分环配合

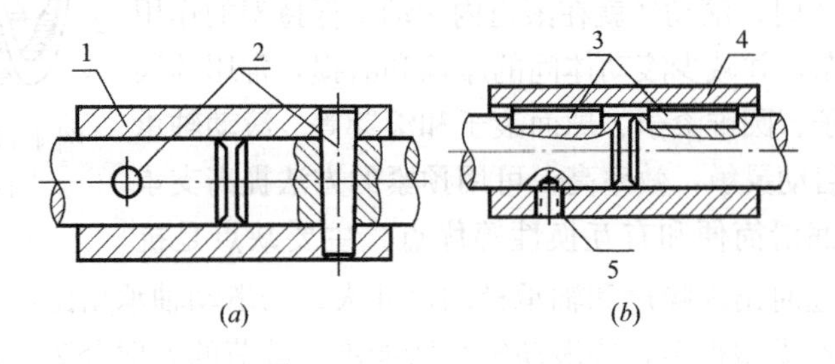

（*a*）　　（*b*）

图 4-13　套筒联轴器

（*a*）圆键销连接；（*b*）平键连接

1、4—套筒；2—键销；3—键；5—紧固螺钉

(2) 可移式刚性联轴器

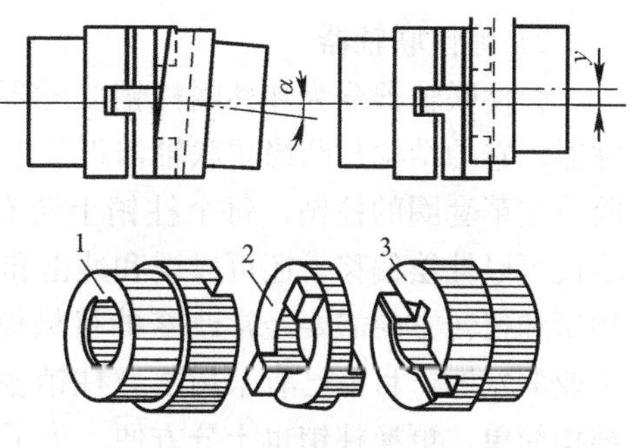

图 4-14 滑块联轴器

1、3—半联轴器；2—滑块

可移式刚性联轴器可以补偿被连接两轴间的位移，常用的有滑块联轴器、万向联轴器、膜片联轴器等。

如图 4-14 所示的滑块联轴器，它由两个带径向通的半联轴器 1、3 和一个两面具有相互垂直的凸榫的中间滑块 2 所组成，滑块 2 上的凸榫分别和两个半联轴器 1、3 的凹槽相嵌合，构成移动副，故可补偿两轴间的偏移。为减少磨损、提高寿命和效率，在榫槽间需定期施加润滑剂。当转速较高时，由于中间浮动盘的偏心将会产生较大的离心惯性力，给轴和轴承带来附加载荷，所以只适用于低速、冲击小的场合。

如图 4-15 所示的万向联轴器，它由两个万向接头 1 和 3 及一个十字销 2 通过刚性铰接构成，故又称铰链联轴器。它广泛用于两轴中心线相交成较大角度（可达 45°）的连接。万向联轴器结构紧凑、维护方便，广泛用于汽车、拖拉机、切削机床等机器的传动系统中。

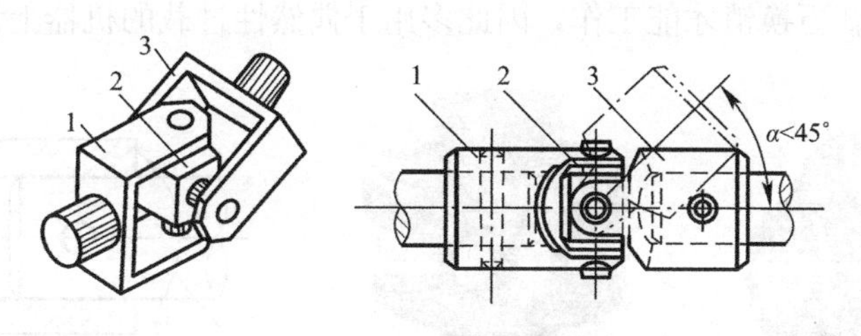

图 4-15 万向联轴器

1、3—万向接头；2—十字销

如图 4-16 所示的膜片联轴器由几组膜片（不锈钢薄板）用螺栓交错地与两半联轴器连接，每组膜片由数片叠集而成。靠膜片的弹性变形来补偿所联两轴的相对位移，是一种高性能的金属强元件挠性联轴器，不用润滑，结构较紧凑，强度高，使用寿命长，无旋转间隙，不受温度和油污影响，具有耐酸、耐碱、防腐蚀的特点，广泛用于各种机械装置的轴系传动，如水泵（尤其是大功率、化工泵）、风机、压缩机、液压机械、汽轮机、活塞式动力机械传动系统，以及发电机组高速、大功率机械传动系统，经动平衡后应用于高速传动轴系已比较普遍。

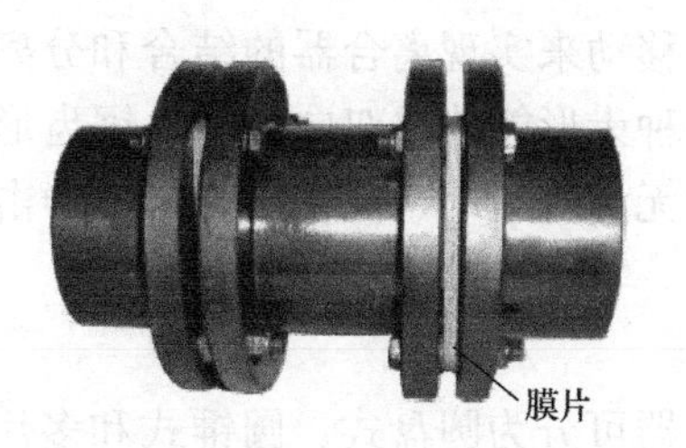

图 4-16 膜片联轴器

2）弹性联轴器

弹性联轴器分为弹性圈柱销联轴器和尼龙柱销联轴器。图 4-17 所示为弹性圈柱销联轴器。它的结构与凸缘式联轴器很接近，只是两个半联轴器的连接不是螺栓，而是用带橡胶或皮革套圈的柱销，每个柱销上装有好几个橡胶圈（或皮革圈）。这样利用圈的弹性，不仅可以补偿偏移，还可以缓和冲击和吸收振动。通常应用于传递小扭矩、高转速、启动频繁和扭转方向需要经常改变的机械设备中。图 4-18 所示为尼龙柱销联轴器，由于塑料工业的发展，目前已有采用尼龙柱销替代橡胶圈，这种联轴器与弹性圈柱销联轴器相似，结构简单，更换柱销也十分方便。为了防止柱销滑出，在两端可设置挡圈。柱销的材料不只限于尼龙，对其他具有弹性变形的材料也可应用，如酚醛、榆木、胡桃木等。这类联轴器的补偿量不大，若径向位移与偏角位移较大时，将会引起柱销迅速磨损。一般用于轻载的传动中。

3）安全联轴器

安全联轴器是在机器过载或受冲击时，避免薄弱环节零件受到损坏的一种安全保护装置，即当机器过载或承受冲击载荷超过额定值时，联轴器中的连接件即自动断开。安全联轴器的种类很多，常应用的有剪销式安全联轴器，如图 4-19 所示。为了改善或加强剪切效果，在销的欲剪断处，可以预先切出槽或在销的外面安装钢套等。这类联轴器由于销被剪切断后，必须重新更换销才能工作，因此多用于偶然性过载的机器上。

图 4-17　弹性圈柱销联轴器

图 4-18　尼龙柱销联轴器

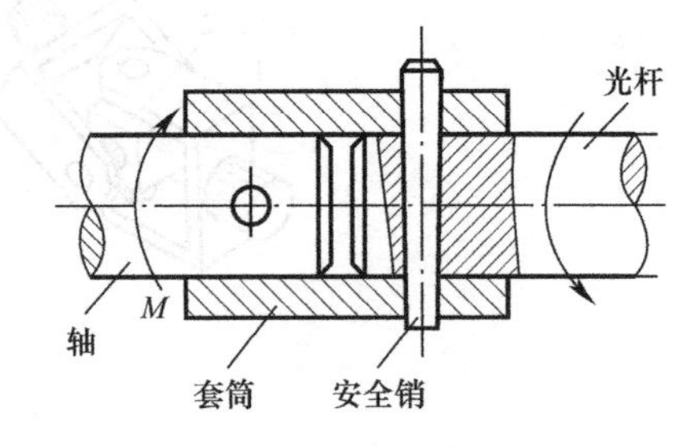

图 4-19　剪销式安全联轴器

2. 离合器的分类及性能

离合器的种类很多，常用的有牙嵌式离合器、摩擦式离合器和超越离合器。嵌入式离合器依靠齿的嵌合来传递转矩，摩擦式离合器则依靠工作表面的摩擦力来传递转矩，超越离合器可使同一轴上有两种不同的转速，从动件可以超越主动件。

1）牙嵌式离合器

如图 4-20 所示，牙嵌式离合器主要由两个端面带有牙齿的套筒所组成。其中，一个半离合器用键和螺钉固定在主动轴上，另一个半离合器则用导向平键（或花键）与从动轴构成动连接，利用操纵机构可使其沿轴向移动来实现离合器的结合和分离。牙嵌式离合器的牙形有矩形、梯形和锯齿形三种，前两种齿形能传递双向转矩，锯齿形只能传递单向转矩。牙嵌式离合器结构简单，两轴连接后无相对运动，但在接合时有冲击，只能在低速或停车状态下接合，否则容易将齿打坏。

2）摩擦式离合器

根据摩擦表面形状不同，摩擦式离合器可分为圆盘式、圆锥式和多片式等类型。前两种结构简单，但传递转矩的能力较小。在机器中，尤其是在金属切削机床中，广泛使用多片式摩擦离合器。

图 4-21 所示为圆盘式离合器，摩擦盘 1 紧配在主轴上，摩擦盘 2 可沿导向键在从动轴上移动，移动滑环 3 可使两摩擦盘接合或分离。摩擦离合器与侧齿离合器相比较具有以下优点，即在任何不同转速条件下，两轴都可以随时地分离或接合，摩擦面之间的接合较为平稳，故冲击和振动很小；过载时摩擦面之间打滑，故可防止其他零件的损坏。

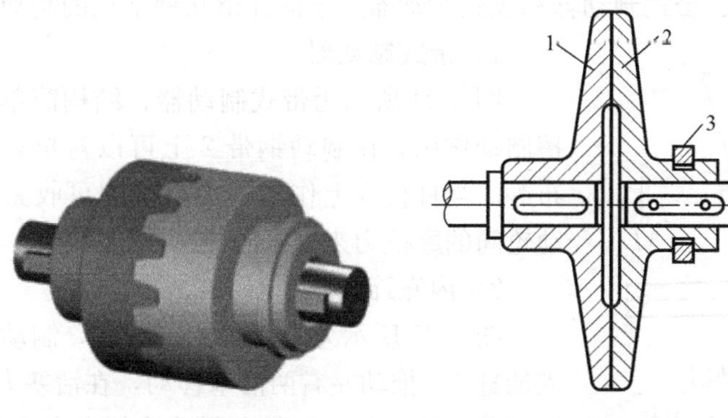

图 4-20 牙嵌式离合器　　图 4-21 圆盘式摩擦离合器

1、2—摩擦盘；3—滑环

图 4-22 所示为电磁操纵的摩擦离合器，它是利用电磁力来操纵摩擦片的离合器，当电磁绕组 2 通电时，磁力的作用可使电枢顶杆 1 压紧摩擦片组 3，离合器就属于分离状态。超越离合器有单向和双向之分。图 4-23 所示为单向超越离合器，星轮 1 通过键与轴 6 连接，外套 2 通常做成一个齿轮，空套在星轮 1 上，在星轮 1 的三个缺口内，各装有一个滚柱 3，每个滚柱又被弹簧 5、顶杆 4 推向由外套和星轮的缺口所形成的楔缝中。当外套 2 以慢速逆时针旋转时，滚柱 3 在楔紧摩擦力的作用下，便带动星轮 1 使轴 6 也慢速逆时针旋转。在外套以慢速作逆时针旋转的同时，若轴 6 由另一个快速电机带动，也作逆时针方向快速旋转，则此时星轮 1 将由轴 6 带动沿逆时针方向快速旋转。由于星轮的转速高于外套，使滚柱 3 从楔缝中回松，此时，外套 2 与星轮 1 便自动脱开，按各自的转速旋转而互不干扰。当电机不带动轴 6 旋转时，滚柱 3 又被楔紧在外套与星轮之间，外套仍作慢速旋

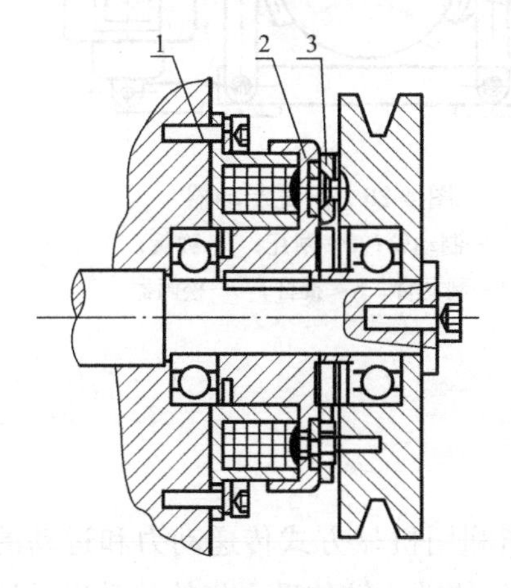

图 4-22 电磁操纵的摩擦离合器

1—电枢顶杆；2—电磁绕组；3—摩擦片组

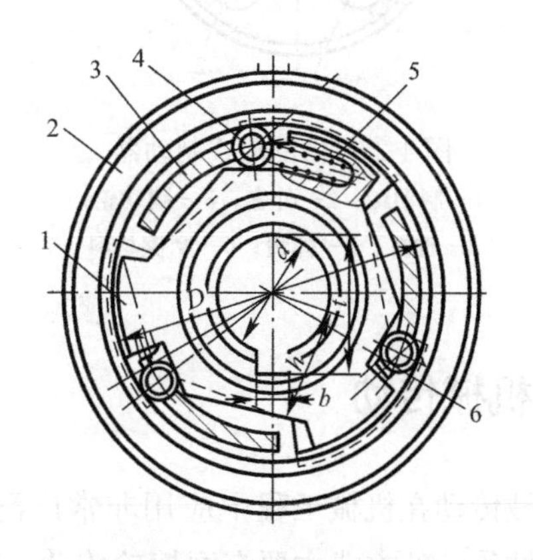

图 4-23 单向超越离合器

1—星轮；2—外套；3—滚柱；4—顶杆；5—弹簧；6—轴

转。所以，超越离合器可以使同一轴上有两种不同的转速，这种从动件（轴）可以超越主动件（外套）的特性。常应用在内燃机等启动装置中。

3. 制动器的分类及性能

制动器是利用摩擦副中所产生的摩擦力矩来实现制动的。制动器常安装在机器的高速轴上，这样所需的制动力矩小，可减小制动器的尺寸。制动器的种类很多，按摩擦表面形状可分为块式制动器、带式制动器和盘式制动器。下面介绍几种常见的制动器。

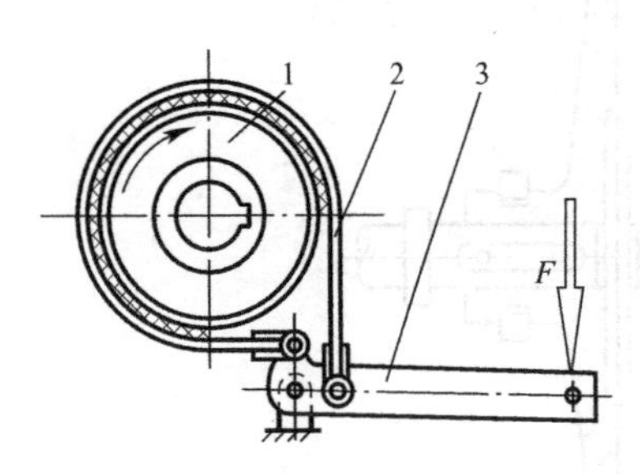

图 4-24　带式制动器

1—制动轮；2—制动带；3—杠杆

1）带式制动器

图 4-24 所示为带式制动器，结构简单。为了增强摩擦制动作用，在制动钢带 2 上可以衬垫石棉、橡胶或帆布等。当杠杆 3 上作用外力后，即可收紧制动带，靠制动轮间的摩擦力来制动。

2）内涨蹄式制动器

图 4-25 所示为内涨蹄式制动器，制动时，压力油进入油缸 4，推动左右两活塞移动，在活塞力的作用下，两制动蹄向外摆动，压紧在制动轮的内表面上，实现制动。油路卸压后，弹簧 5 使两制动蹄与两制动轮分离，制动器处于松开状态。

3）闸瓦制动器

图 4-26 所示为闸瓦制动器。它由位于制动轮 1 两旁的两个制动臂 4 及闸瓦 2 组成。当松闸器 6 通入电流时，利用作用电磁力，通过推杆 5 使制动器的两边闸瓦松开。松闸器可以用电磁铁，也可用人力、液压、气动操纵。

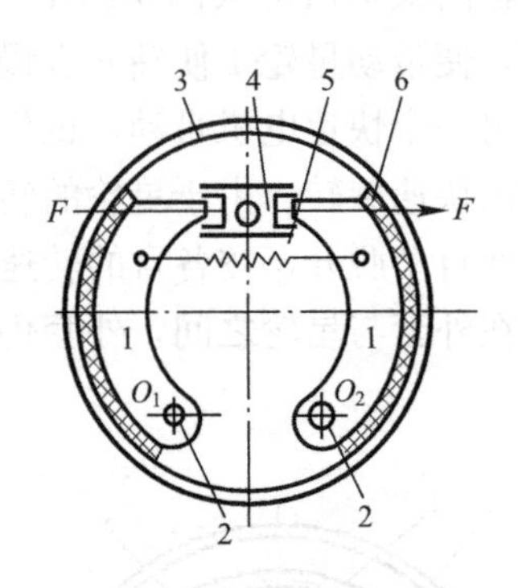

图 4-25　内涨蹄式制动器

1—制动蹄；2—外套；3—制动轮；4—油缸；5—弹簧；6—摩擦材料

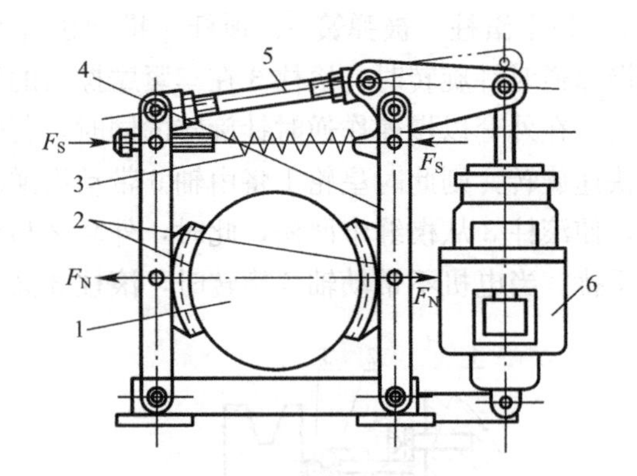

图 4-26　闸瓦制动器

1—制动轮；2—闸瓦；3—弹簧；4—制动臂；5—推杆；6—松闸器

4.2　机械传动

机械传动在机械工程中应用非常广泛，主要是指利用机械方式传递动力和运动的传动。机械传动的方式主要有摩擦轮传动、带传动、螺旋传动、链传动、齿轮传动以及液压传动。

4.2.1 摩擦轮传动和带传动

1. 摩擦传动

图 4-27 所示为最简单的摩擦传动，它是由两个相互压紧的柱摩擦轮所组成，在正常工作时，主动轮可依靠摩擦力的作用带动从动轮转动。为了使两摩擦轮在传动时，轮面上不打滑，则两侧轮面的接触处必须有足够大的摩擦力，也就是说摩擦力矩应足以克服从动轮上的阻力矩，否则在两轮接触处将会产生打滑。

最大静摩擦力＝静摩擦系数×正压力，所以要增大摩擦力就必须增大正压力或增大摩擦系数。增大正压力，可在摩擦轮上装置弹簧或其他施力装置，如图 4-27（*a*）所示，但这样会增加作用在轴和轴承上的载荷，增大传动件的尺寸，使机构笨重。因此，正压力只能适当地增加，并在增加正压力的同时，再增大摩擦系数。增大摩擦系数的方法，通常是将其中一个摩擦轮用钢或铸铁制成，在另一个摩擦轮的工作表面，衬上一层棉或皮革、橡胶布、塑料或纤维材料等。

为了避免打滑时从动轮的轮面受到局部磨损而影响传动质量，最好是将轮面较软的摩擦轮作为主动轮来使用，方较合理。

摩擦轮传动分为两轴平行和两轴相交两种。两轴平行的摩擦传动，有外接圆柱摩擦轮的传动，如图 4-27（*a*）所示，内接圆柱摩擦轮的传动，如图 4-27（*b*）所示。通常这两种传动类型多用于在高速小功率的传动中，前者两轴转动方向相反，后者相同。两轴相交的摩擦传动轮：两轴相交的摩擦传动，其摩擦轮为圆锥形，同样也有外接圆锥摩擦传动轮和内接圆锥摩擦传动轮，如图 4-28 所示。在安装使用中，两圆锥轮的顶锥必须重合，这样才能使两轮锥面上各接触点处的线速度相等。

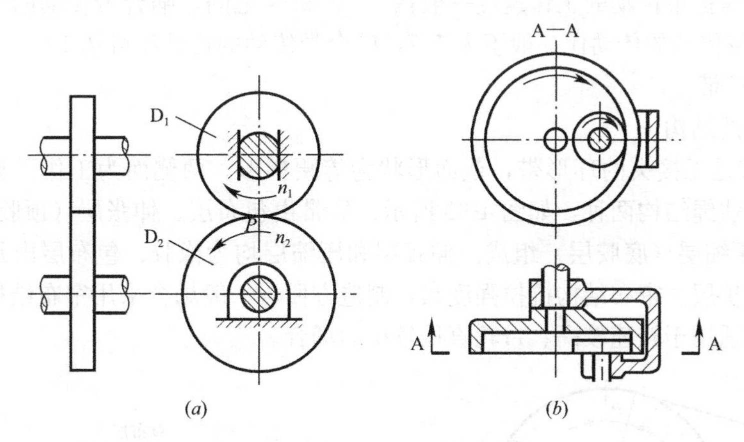

图 4-27 两轴平行的摩擦轮传动

（*a*）外接圆柱式；（*b*）内接圆柱式

2. 带传动

带传动是利用张紧在带轮上的传动带与带轮的摩擦或啮合来传递运动和动力的，如图 4-29 所示。如把一根连接成环形的传动带张紧在主动轮 D_1 和从动轮 D_2 上，使传动带与带轮之间的接触产生正压力，当主动轮 D_1 转动时，依靠传动带与带轮接触面之间的摩擦力来带动从动轮转动。这样主动轴的动力就可以通过传动带传递给从动轴了。

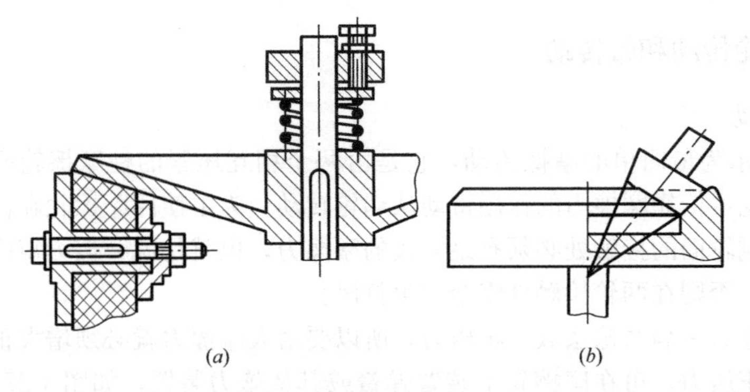

图4-28　两轴相交的摩擦轮传动

(a) 外接圆锥式；(b) 内接圆锥式

1）带传动的类型

带传动是由主动带轮、从动带轮和传动带所组成，分为摩擦带传动和啮合带传动两大类。按带横截面的形状，带传动可分为平带传动、V带传动、圆带传动和同步带传动等。其中，平带传动、V带传动、圆带传动为摩擦带传动，同步带传动为啮合带传动。

2）带传动的特点和应用

特点：传动带有弹性，能缓冲、吸振，传动较平稳，噪声小；摩擦带传动在过载时带在带轮上的打滑，可防止损坏其他零件，起安全保护作用，但不能保证准确的传动比；结构简单，制造成本低，适用于两轴中心距较大的传动；传动效率低，外廓尺寸大，对轴和轴承压力大，寿命短，不适合高温易燃场合。

带传动广泛应用在工程机械、矿山机械、化工机械、交通机械等。带传动常用于中小功率的传动；摩擦带传动的工作速度一般在5～25m/s之间，啮合带传动的工作速度可达50m/s；摩擦带传动的传动比一般不大于7，啮合带传动的传动比可达10。

3）普通V带

(1) V带的结构

普通V带是无接头的环形带，截面形状为等腰梯形，两侧面为工作面夹角。V带分为帘布结构和线绳结构两种，如图4-30所示。V带由包布层、伸张层（顶胶层）、强力层（抗拉层）和压缩层（底胶层）组成。伸张层和压缩层均为橡胶；包布层由几层橡胶布组成，是带的保护层。帘布结构抗拉强度高，制造方便，一般场合采用帘布结构；而线绳结构比较柔软，适用于转速较高、带轮直径较小的场合。

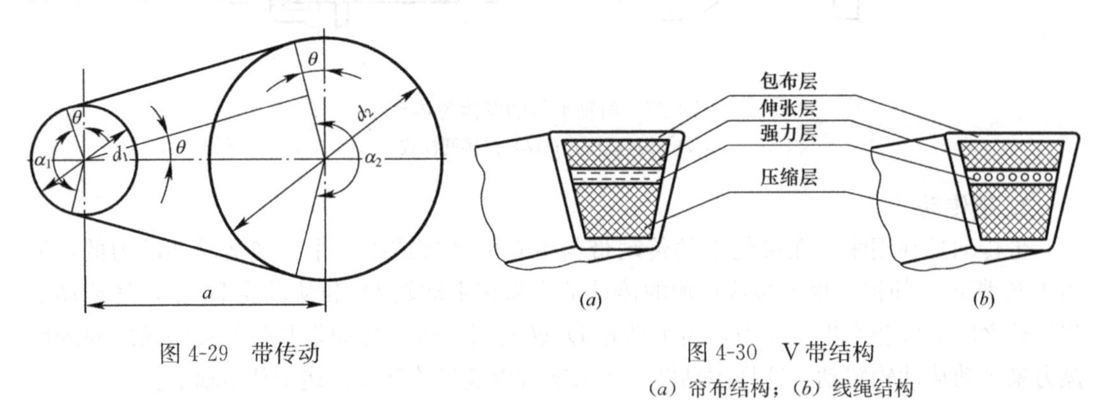

图4-29　带传动

图4-30　V带结构

(a) 帘布结构；(b) 线绳结构

(2) V带的型号

V带已标准化，按截面高度与节宽比值不同，V带又可分为普通V带、窄V带、半宽V带和宽V带等多种形式。普通V带按截面尺寸由小到大分别为Y、Z、A、B、C、D、E七种型号，其中E型截面积最大，其传递功率也最大，生产现场中使用最多的是A、B、C三种型号。

(3) V带的使用特点

V带与平带传动一样，都是依靠传动带与带轮之间的摩擦力来传递运动和动力的。但V带是利用带和带轮梯形槽面之间的摩擦力来传递动力的，所以传递能力比平带大，一般在相同条件下，可增大三倍。因此，在同样条件下，V带传动的结构较平带传动紧凑，故一般机械传动中广泛使用V带传动。但V带传动的效率低于平带传动，且价格较贵，寿命较短。V带传动多采用开口式，它的传动比、带轮包角、基准长度计算均与开口平带相同。

(4) V带传动的安装和维护

V带的外边缘应与带轮的轮缘取齐（新安装时可略高于轮缘）（图4-31左图）。使V带与轮槽的工作面充分接触。如果V带的外边缘高出轮缘太多（图4-31中图），则接触面积减小，会使传动能力降低，如果V带陷入轮缘太深（图4-31右图），则会使V带的底面与轮槽的底面接触，从而使V带的两工作侧面接触不良，V带与带轮之间的摩擦力丧失。

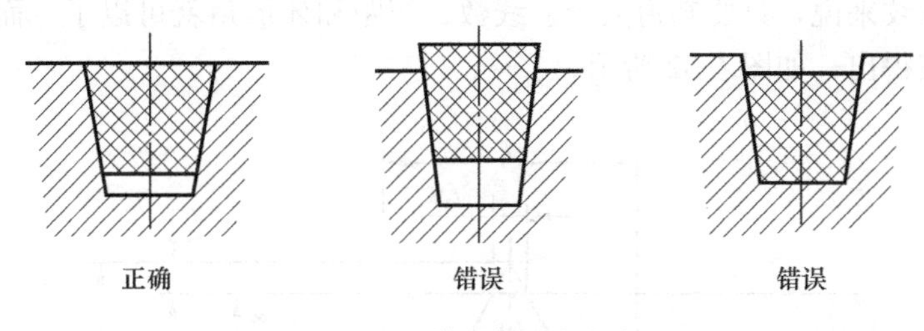

图4-31　V带在轮槽中的位置

安装带轮时，两带轮轴轴线应相互平行，主动轮和从动轮槽必须调整在同一平面内。在中等中心距的情况下，V带的张紧程度，以大拇指能按下15mm左右为合适。套装带时不得强行撬入，应先将中心距缩小，将带套在带轮轮槽上后，再慢慢调大中心距，使带张紧。对V带传动应定期检查有无松弛和断裂现象，以便及时张紧和更换V带；更换时必须使一组V带中的各根带的实际长度尽量相等，以使各根V带传动时受力均匀，所以要求成组更换。V带传动装置必须装安全防护罩，以防止绞伤人，也可防止油、酸、碱和其他杂物飞溅到V带上而对V带形成腐蚀和影响传动，另外使用防护罩还可防止V带在露天作业下的曝晒和灰尘，避免过早老化。

4) 带传动的张紧装置

带传动中由于传动带长期受到拉力的作用，将会产生永久变形，使带的长度增加。因而容易造成张紧能力减小，张紧变为松弛和传动能力的降低。为了保持带在传动中的能力，可使用张紧装置来调整。通常带传动的张紧装置使用两种方法，即调整中心距和使用张紧轮。

4.2.2 螺旋传动

螺旋是靠螺旋与螺纹牙面旋合实现回转运动与直线运动转换的机械传动。螺旋传动的结构主要是指螺杆、螺母的固定和支承的结构形式。螺旋传动的工作刚度与精度等和支承结构有直接关系，当螺杆短而粗且垂直布置时，如起重及加压装置的传力螺旋，可以利用螺母本身作为支承。当螺杆细长且水平布置时，如机床的传导螺旋（丝杠）等，应在螺杆两端或中间附加支承，以提高螺杆的工作刚度。此外，对于轴向尺寸较大的螺杆，应采用对接的组合结构代替整体结构，以减少制造工艺上的困难。

螺纹

螺纹是指在圆柱或圆锥母体表面上制出的螺旋线形的、具有特定截面的连续凸起部分。

1）螺纹的种类

螺纹的种类很多，按螺旋线绕行方向，螺纹可分为右旋螺纹和左旋螺纹，顺时针旋入的为右螺纹，逆时针旋入的为左螺纹。按螺旋线的数目，螺纹可分为单线螺纹和多线螺纹。单线螺纹一般用于连接，多线螺纹多用于传动。按螺纹截面形状，螺纹可分为三角形、梯形、锯齿形、矩形等。按用途不同，一般可将螺纹分为连接螺纹和传动螺纹。

2）普通螺纹的主要参数

普通螺纹主要参数有8个，即大径、小径、中径、螺距、线数、导程、牙形角和螺纹升角。对标准螺纹来说，只要知道大径、线数、螺距和牙形角就可以了，而其他参数，可通过计算或查表得出，如图4-32所示。

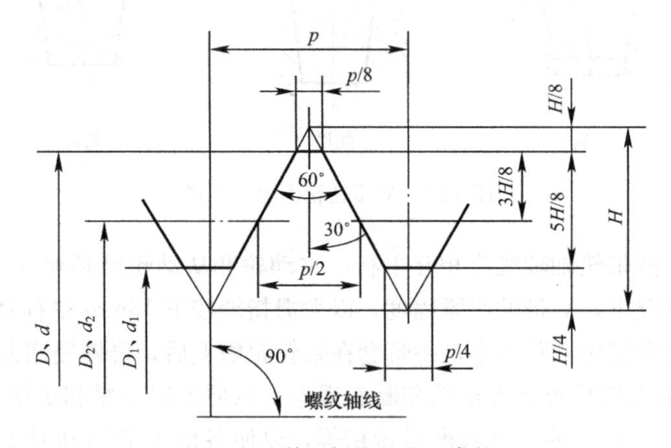

图4-32 普通螺纹的主要参数

大径（D、d）是指与外螺纹牙顶（或内螺纹牙底）相重合的假想圆柱面的直径。内螺纹用D表示，外螺纹用d表示，标准中将螺纹大径的基本尺寸定为公称直径，是代表螺纹尺寸的直径。

小径（D_1、d_1）是指与外螺纹牙底或内螺纹牙顶相重合的假想圆柱面的直径。内螺纹用D_1表示，外螺纹用d_1表示。

中径（D_2、d_2）是一个假想圆柱的直径。该圆柱的母线通过牙形上沟槽和凸起宽度相等的地方，假想圆柱称为中径圆柱。内螺纹用D_2表示，外螺纹用d_2表示。

螺距（P）是相邻两牙在中径线上对应两点间的轴向距离，用 P 表示。

线数（z）是指一个螺纹零件的螺旋线数目，用 z 表示。

导程（S）是指同一条螺旋线上的相邻两牙在中径上对应两点间的轴向距离。

牙形角和牙侧角（α，β）是指在螺纹牙形上相邻两牙侧间的夹角，并用 α 表示，普通螺纹 $\alpha=60°$。牙侧角是指在螺纹牙形上牙侧与螺纹轴线的垂线间夹角，并用 β 表示。

螺纹升角（φ）是指在中径圆柱面上，螺旋线的切线于垂直于螺纹轴线的平面的夹角。

螺纹旋合长度是指两个相互配合的螺纹，沿螺纹轴线方向相互旋合部分的长度。

3）螺纹的代号与标记

（1）普通螺纹

螺纹代号由特征代号和尺寸代号组成。粗牙普通螺纹用字母 M 与公称直径表示；细牙普通螺纹用字母 M 与公称直径×螺距表示。当螺纹为左旋时，在代号之后加“左”字。

M24—表示公称直径为 40mm 的粗牙普通螺纹。

M24×1.5—表示公称直径为 24mm，螺距为 1.5mm 的细牙普通螺纹。

M24×1.5 左—表示公称直径为 24mm，螺距为 1.5mm 的左旋细牙普通螺纹。

螺纹完整的标记由螺纹代号、螺纹公差带代号和螺纹旋合长度代号组成。

螺纹公差带代号，包括中径公差带代号与顶径公差带代号。公差带代号是由表示其公差等级数字和表示公差带位置的字母所组成。标准规定内螺纹有 G、H 两种基本偏差代号，外螺纹规定了 g、h、e、f 四种，如 6H、6g 等，“6”为公差等级数字，“H”或“g”为基本偏差代号。

（2）梯形螺纹

梯形螺纹标记与普通螺纹相类似，由规格代号、公差带代号和旋合长度三部分组成。配水渠闸板阀常用梯形螺纹传动。

例如，Tr40×7LH—7H—L 中“Tr”指梯形螺纹，“40”指公称直径为 40mm，“7”指螺距为 7mm，“LH”指左旋（右旋不注），“7H”指中径公差带代号（顶径公差带代号不注），“L”指旋合长度。

4）螺纹连接

螺纹连接是利用螺纹零件构成可拆卸的固定连接。螺纹连接具有结构简单、紧固可靠、装拆迅速方便的特点，因此应用极为广泛。螺纹连接的基本类型有螺栓连接、双头螺柱连接、螺钉连接和紧定螺钉连接四种。

4.2.3 链传动和齿轮传动

链传动由从动链轮、主动链轮和传动链组成。链传动靠链条与链轮轮齿的啮合来传递平行轴间的运动和动力。

齿轮传动是依靠主动轮的轮齿与从动轮的轮齿啮合来传递运动和动力的，是现代机械中应用最广泛的机械传动形式之一。

1. 链传动

如图 4-33 所示，链传动中主动链轮的齿数为 z_1，转速为 n_1，从动链轮的齿数为 z_2，转速为 n_2。由于是啮合传动，在单位时间里两链轮转过的齿数应相等，即 $z_1 \cdot n_1 = z_2 \cdot n_2$；$n_1/n_2 = z_2/z_1$ 并用 i 表示传动比，所以 $i = n_1/n_2 = z_2/z_1$。

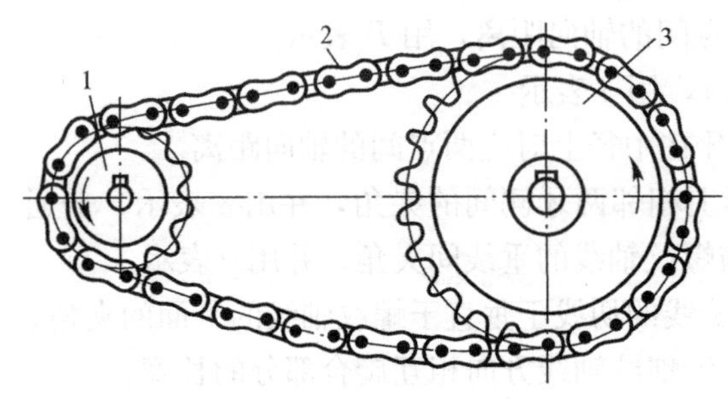

图 4-33　链传动
1—从动链轮；2—链条；3—主动链轮

链传动的类型很多，按用途不同，链传动分为传动链、起重链和牵引链。传动链用于传递运动和动力；起重链用于起重机械中提升重物；牵引链用于运输机械驱动输送带等。传动链种类繁多，最常用的是滚子链和齿形链。

1）滚子链

滚子链又称套筒滚子链，其结构如图 4-34 所示，是由内链板 1、外链板 2、销轴 3、套筒 4 和滚子 5 组成。

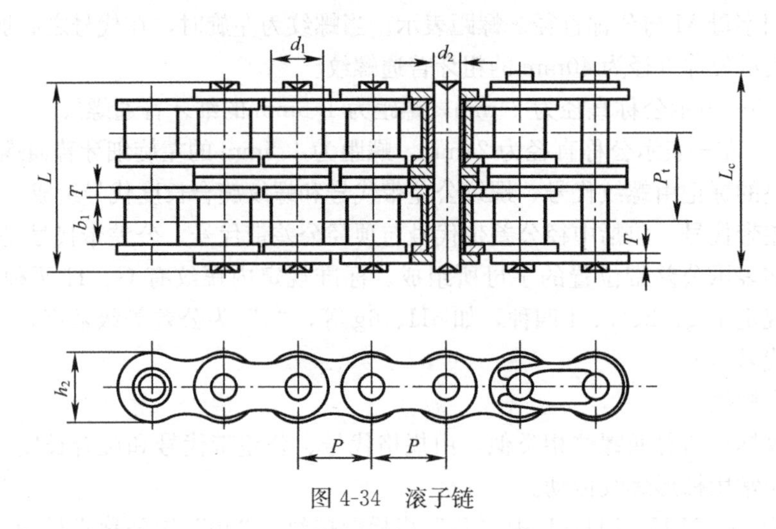

图 4-34　滚子链

滚子链的主要参数是链条的节距，节距是指滚子链上相邻两销轴中心的距离，用 p 表示，节距越大，链的各元件尺寸越大，承载能力越大；但当链轮齿数一定时，节距增大将使链轮直径增大。因此，在承受较大载荷，传递功率较大时，可用多排链，它相当于几个普通单排链之间用长销轴连接而成。但排数越多，就越难使各排受力均匀，故排数不能过多，常用双排链或三排链，四排以上的很少用。

链条的长度常以链节数表示。根据需要确定链节数后，将其连接成环形，接头形式如图 4-35 所示，如果链节数目正好是偶数，链条连成环形时可以将内、外链板搭接，入销

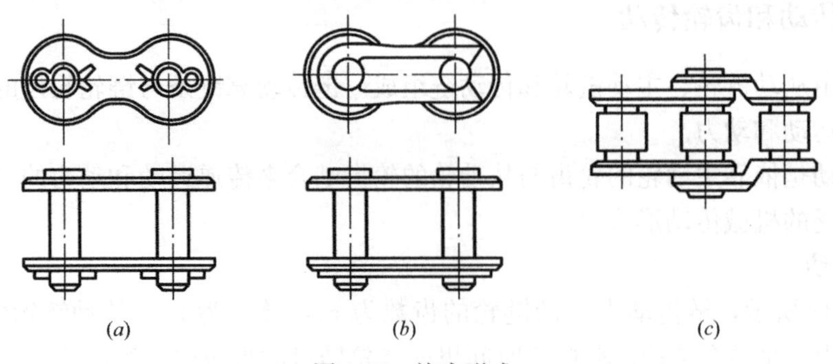

图 4-35　接头形式
（a）开口销；（b）弹簧夹；（c）过渡链接

轴后可以用开口销或弹簧夹锁住；如果链节数为奇数，则需采用过渡链节，才能首尾相连，链条受拉时，过渡链节将受到附加弯矩。故一般情况下要尽量采用偶数链节的链条。

2）齿形链

齿形链根据铰接的结构不同，可分圆销铰链式、轴瓦铰链式和滚子铰链式三种。如图 4-36 所示为圆销铰链式齿形链。主要由套筒 1、齿形板 2、销轴 3 和外链板 4 组成。销轴 3 与套筒为间隙配合。这种铰链的承压面仅为宽度的一半，故比压大，易磨损，成本较高。但它比套筒滚子链传动平稳，传动速度高，且噪声小，因而齿形链又叫无声链。

2. 齿轮传动

1）齿轮传动的类型和应用特点

齿轮传动由主动轮、从动轮和机架组成。齿轮传动是靠主动轮的轮齿与从动轮的轮齿直接啮合来传递运动和动力的装置。如图 4-37 所示，当一对齿轮相互啮合而工作时，主动轮 O_1 的轮齿 1、2、3，…，通过啮合点法向力 Fn 的作用逐个地推动从动轮 O_2 的轮齿 1′、2′、3′，…，使从动轮转动，从而将主动轮的动力和运动传递给从动轮。

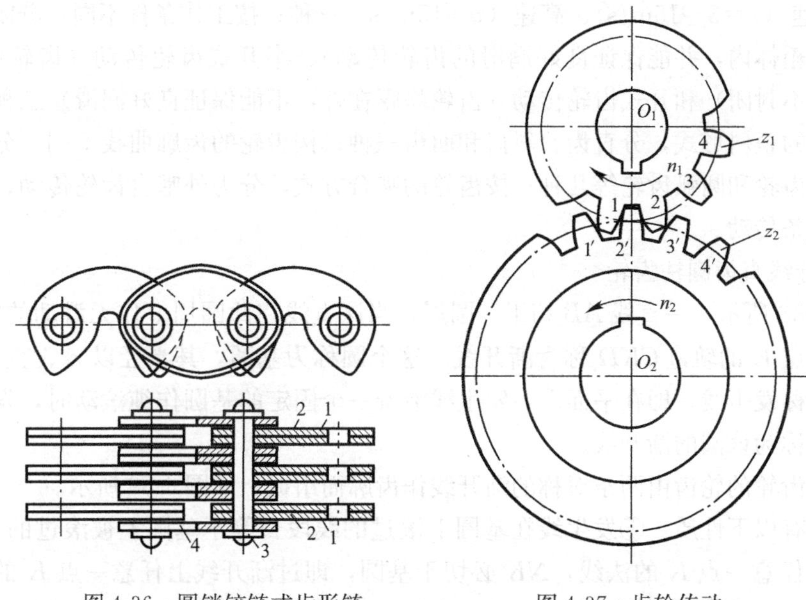

图 4-36 圆销铰链式齿形链　　图 4-37 齿轮传动

如图所示的一对齿轮中，设主动齿轮的转速为 n_1，齿数为 z_1，从动齿轮的转速为 n_2，齿数为 z_2，由于是啮合传动，在单位时间里两轮转过的齿数应相等，即 $z_1 \cdot n_1 = z_2 \cdot n_2$，由此可得一对齿轮的传动比为：

$$i = \frac{n_1}{n_2} = \frac{z_2}{z_1} \tag{4-1}$$

上式说明一对齿轮传动比，就是主动齿轮与从动齿轮转速（角速度）之比，与其齿数成反比。若两齿轮的旋转方向相同，规定传动比为正；若两齿轮的旋转方向相反，规定传动比为负，则一对齿轮的传动比可写为：

$$i = \pm \frac{n_1}{n_2} = \pm \frac{z_2}{z_1} \tag{4-2}$$

在机械传动中，齿轮传动应用最广泛，齿轮传动所传递的功率从几瓦至几万千瓦；它的直径从不到1mm的仪表齿轮，到10m以上的重型齿轮；它的圆周速度从很低到100m/s以上。大部分齿轮是用来传递旋转运动的，但也可以把旋转运动变为直线往复运动，如齿轮齿条传动。

与其他传动相比齿轮传动有如下特点：瞬时传动比恒定，平稳性较高，传递运动准确可靠；适用范围广（可实现平行轴、相交轴、交错轴之间的传动）；传递的功率和速度范围较大；结构紧凑、工作可靠，可实现较大的传动比；传动效率高、使用寿命长；齿轮的制造、安装要求较高；不适宜远距离两轴之间的传动。

采用齿轮传动时，因啮合传动是个比较复杂的运动过程，对其要求是：传动要平稳，要求齿轮在传动过程中，任何瞬时的传动比保持恒定不变，以保持传动的平稳性，避免或减少传动中的噪声、冲击和振动；承载能力强，要求齿轮的尺寸小，重量轻，而承受载荷的能力大。即要求强度高，耐磨性好，寿命长。

齿轮的种类很多，可以按不同方法进行分类。根据轴的相对位置，分为平面齿轮传动（两轴平行）与空间齿轮传动（两轴不平行）；按工作时圆周速度的不同，分低速（$v<3$m/s）、中速（$v=3\sim15$m/s）、高速（$v>15$m/s）三种；按工作条件不同，分闭式齿轮传动（封闭在箱体内，并能保证良好润滑的齿轮传动）、半开式齿轮传动（齿轮浸入油池，有护罩，但不封闭）和开式齿轮传动（齿轮暴露在外，不能保证良好润滑）三种；按齿宽方向齿与轴的歪斜形式，分直齿、斜齿和曲齿三种；按齿轮的齿廓曲线不同，分为渐开线齿轮、摆线齿轮和圆弧齿轮等几种；按齿轮的啮合方式，分为外啮合齿轮传动、内啮合齿轮传动和齿条传动。

2）渐开线直齿圆柱齿轮

如图4-38所示，一直线AB切于一圆周，当该直线在此圆周上作无滑动的纯滚动时，直线上任一点K的轨迹CKD称为渐开线。这个圆称为基圆，其半径以r_b、直径以d_b表示；该直线称发生线。即在平面上，发生线沿着一个固定的基圆作纯滚动时，发生线上一点的轨迹，称为该圆的渐开线。

渐开线齿轮的轮齿由两条对称的渐开线作齿廓而组成，如图4-39所示。

渐开线有以下性质：①发生线在基圆上滚过的线段长等于基圆上被滚过的一段弧长。②渐开线上任意一点K的法线，NK必切于基圆，即过渐开线上任意一点K的法线与过K点的基圆切线重合，并且也与发生线重合。③渐开线上各点的曲率半径不相等。K点离

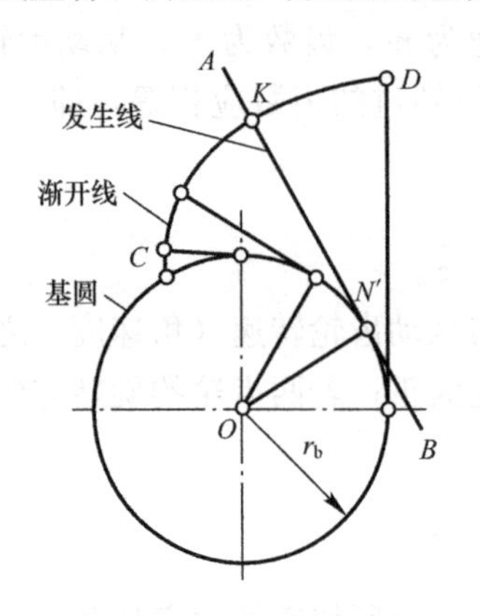

图4-38　渐开线的形成

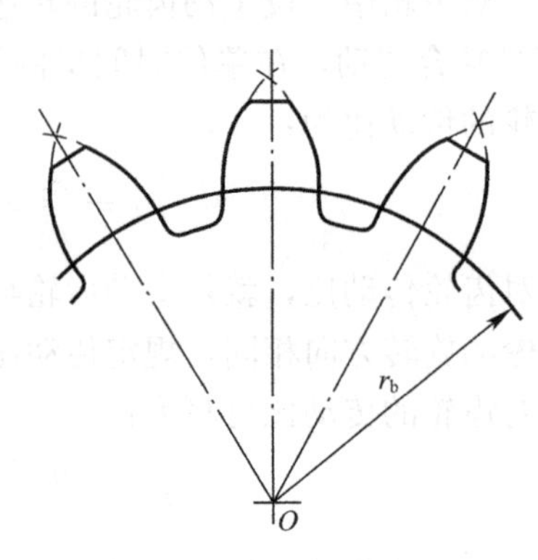

图4-39　渐开线轮廓的形成

基圆越远，其曲率半径越大，渐开线越平直。反之，曲率半径越小，渐开线越弯曲。④渐开线的形状取决于基圆的大小。基圆相同，渐开线形状完全相同。基圆越小，渐开线越弯曲。基圆越大，渐开线越平直。当基圆半径趋于无穷大时，渐开线就变成一条直线。此时，齿轮就变成了齿条。⑤同一基圆形成的任意两条反向渐开线间的公法线长度处处相等。⑥因为发生线是沿基圆滚动的，所以基圆内无渐开线。⑦渐开线上各点压力角不相等，越远离基圆压力角越大，基圆上的压力角等于零。

图 4-40 所示为渐开线直齿圆柱齿轮的一部分，各部分名称如下：

齿顶圆：在圆柱齿轮上，其齿顶所在的圆称齿顶圆，其直径用 d_a 表示，半径用 r_a 表示。

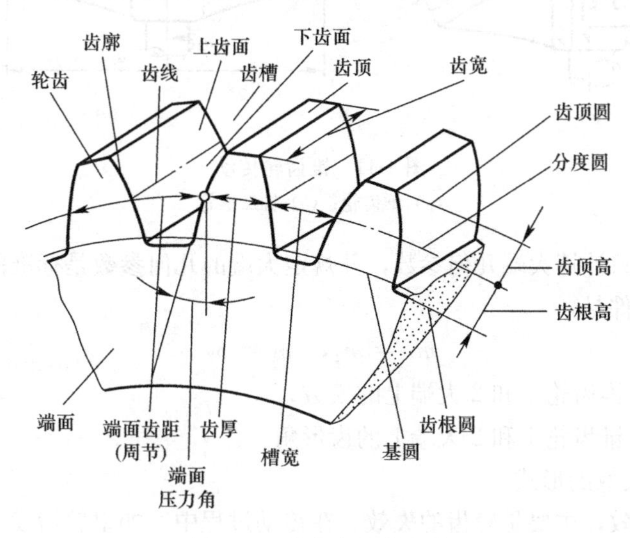

图 4-40 齿轮各部分名称

齿根圆：在圆柱齿轮上，齿槽底所在的圆称齿根圆，其直径用 d_f 表示，半径用 r_f 表示。

分度圆：齿轮上作为齿轮尺寸基准的圆称分度圆，其直径用 d 表示，半径用 r 表示。对于标准齿轮，分度圆上的齿厚和槽宽相等。

齿距（周节）：在齿轮上，两个相邻而同侧的端面齿廓之间的分度圆弧长，称为齿距，用 p 表示。

齿厚：在圆柱齿轮上，一个齿的两侧端面齿廓之间的分度圆弧长称齿厚，用 s 表示。

槽宽：齿轮上两相邻轮齿之间的空间叫齿槽，一个齿槽的两侧齿廓之间的分度圆弧长，称槽宽，并用 e 表示。

齿顶高：齿顶圆与分度圆之间的径向距离称为齿顶高，用 h_a 表示。

齿根高：齿根圆与分度圆之间的径向距离称为齿根高，用 h_f 表示。

齿高：齿顶圆和齿根圆之间的径向距离称为齿高，用 h 表示，$h=h_a+h_f$。

齿宽：齿轮的有齿部位沿分度圆柱面的直线方向量度的宽度，用 b 表示。

3）圆锥齿轮传动

锥齿轮传动用于传递两相交轴之间的运动和动力。两轴的夹角可以是任意值，但常用的轴交角为 90°，即 $\Sigma=\delta_1+\delta_2=90°$。$\delta_1$ 和 δ_2 分别是锥齿轮 1 和 2 的分度圆锥角。锥齿轮的轮齿也有直齿、斜齿和曲齿三种。

如图 4-41 所示，圆锥齿轮是分度曲面为圆锥面的齿轮。当齿线是分度圆锥面的直母线时，称直齿圆锥齿轮，其轮齿是分布在圆锥面上的。所以，圆锥齿轮的轮齿从大端逐渐向锥顶缩小，沿齿宽各截面尺寸不相等，大端尺寸最大。

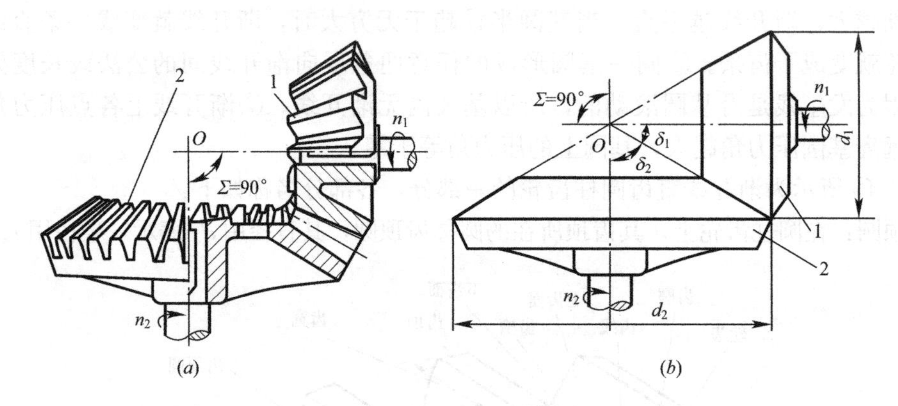

图 4-41 锥齿轮传动

(a) 锥齿轮；(b) 锥摩擦轮

因为圆锥齿轮只计算大端几何参数，并规定大端的几何参数是标准的，所以直齿圆锥齿轮的正确啮合条件是：

$$m_1 = m_2, \quad \alpha_1 = \alpha_2 \tag{4-3}$$

式中：m_1、m_2——锥齿轮 1 和 2 大端上的模数；

α_1、α_2——锥齿轮 1 和 2 大端上的齿形角。

4）齿轮传动失效的形式

齿轮传动的失效，主要是轮齿的失效。在传动过程中，如果轮齿发生折断、齿面损坏等现象，则齿轮就失去了正常的工作能力，称为失效。常见的轮齿失效形式有以下几种。

（1）轮齿折断

齿轮传动时，轮齿的受力使其在齿根处受到很大的弯矩，并产生应力集中。而弯矩值在啮合过程中随着接触点的移动，又是变化的，在脱离啮合后，轮齿所受弯矩值就变为零。这样，轮齿在变载荷作用下，重复一定次数后，齿根部分应力集中处便会产生疲劳裂纹，并且逐渐扩展，直至断裂。这种现象称为疲劳折断。另一种折断是短期过载或受到过大冲击载荷时突然折断，称为过载折断。

（2）齿面点蚀

轮齿在传递动力时，在接触部位产生的应力称接触应力，该应力是由零增加到最大值，又由最大值降到零，即按脉动循环变化。当接触应力和它重复的次数超过某一限度时，工作齿面便发生细小的疲劳裂纹，裂纹的扩展使表面层上有小块金属剥落，形成小坑，这种现象称为点蚀。点蚀后，齿廓工作表面被损坏，造成传动不平稳和产生噪声，从而使轮齿失效。齿面点蚀主要有局限性点蚀、扩展性点蚀和片蚀三种。

（3）齿面胶合

在高速重载的闭式传动中，由于轮齿啮合部位局部温度升高，润滑油油温急剧上升，黏度降低，使齿面间油膜被严重破坏，失去润滑作用。另外，由于工作齿面间压力很大，易将润滑油膜挤破，致使啮合齿轮两齿面金属直接接触。这时，齿面产生瞬时高温，较软齿的表面金属会熔焊在与之相啮合的另一齿轮的齿面上。当齿轮继续旋转时，由于两齿面的相对滑动，在较软工作齿面上形成与滑动方向一致的撕裂沟痕，这种现象称为齿面胶合。

（4）齿面磨损

齿轮传动过程中的磨损有两种，一种是跑合性磨损，能起抛光作用，消除加工痕迹，改善传动啮合情况；另一种是由于硬质颗粒杂物进入轮齿的工作表面而引起的磨粒性磨损。但齿面磨损严重时，将使渐开线齿面损坏。在开式传动中，由于润滑条件不好，会加剧齿面磨损。所以，齿面磨损是开式齿轮传动的主要失效形式。

（5）塑性变形

若轮齿的材料较软，当其频繁启动和严重过载时，轮齿在很大的载荷和摩擦力作用下，可能使齿面表层金属沿相对滑动方向发生局部的塑性流动，而出现塑性变形。主动轮产生塑性变形后，齿面沿节线处就形成凹沟，从动轮齿面沿节线处形成凸棱。严重塑性变形时，在齿顶边缘处会出现飞边，在主动轮上更易出现。若整个轮齿发生永久性变形，就会使齿轮传动丧失工作能力。

齿轮的失效形式与齿轮传动的工作条件、齿轮材料的性能及不同的热处理工艺，齿轮自身的尺寸、齿廓形状、加工精度等密切相关。实践证明：在闭式传动中可能发生齿面点蚀、齿面胶合和轮齿折断；在开式传动中可能发生齿面磨损和轮齿折断。

4.2.4 液压传动

液压传动是以液体作为工作介质，并利用液体的压力实现机械设备的运动或能量传递和控制功能。随着现代科技的发展，液压传动在机床、工程机械、交通运输机械、农业机械、化工机械等领域都得到了广泛的应用。

1. 液压常用的控制元件

在液压系统中，为使机构完成各种动作，就必须设置各种相应的控制元件——液压控制阀，以用来控制或调节液压系统中液流的方向、压力和流量，以满足执行机构运动和力的要求。液压控制阀根据其在系统中的用途不同，可分为方向控制阀、压力控制阀和流量控制阀三大类。

1）方向控制阀

在液压系统中，用以控制液流的方向的阀，称为方向控制阀，简称方向阀。按其功能不同，可分为单向阀和换向阀两大类。

（1）单向阀

主要作用是控制油液流动方向。按阀芯的结构不同，可分为球阀式和锥阀式两种，如图 4-42 所示。它主要由阀体、阀芯和回位弹簧等组成，工作时压力油从进油口 P_1 流入，作用在阀芯上的液压力克服弹簧力和摩擦力将阀芯顶开，于是油液从出油口 P_2 流出。当油液反向流入时，液压力和弹簧力将阀芯紧压在阀座上，阀口关闭，油路不通。单向阀常安装在泵的出口，防止系统的压力冲击影响泵的正常工作，或泵不工作时防止油液倒流回油箱。为了减小油液正向通过时的阻力损失，弹簧刚度很小。

除了一般的单向阀外，还有液控单向阀，如图 4-43 所示，它由锥形阀阀芯和活塞组成。当控制油口 K 不通压力油时，作用同普通单向阀，即只允许油液由 P_1 流向 P_2 口；当控制油口 K 通压力油时，推动活塞 1 右移并通过顶杆 2 使单向阀阀芯 3 顶起，P_1 与 P_2 相通，油液可以在两个方向自由流通。当控制油进口的控制油路切断后，恢复单向流动。

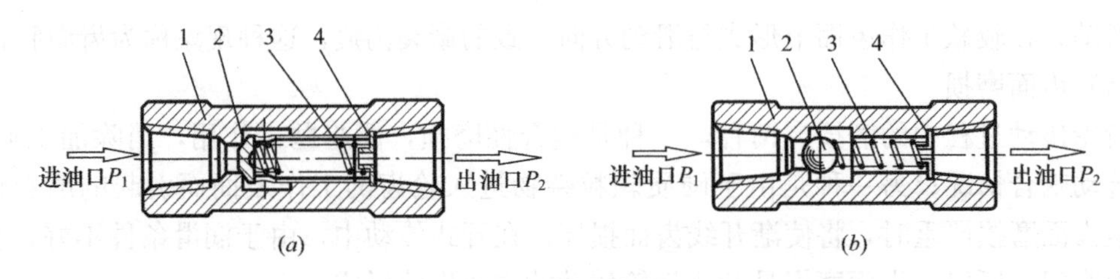

图 4-42　单向阀

(a) 球阀式（1—阀体；2—钢球；3—弹簧；4—挡圈）；

(b) 锥阀式（1—阀体；2—锥阀芯；3—弹簧；4—挡圈）

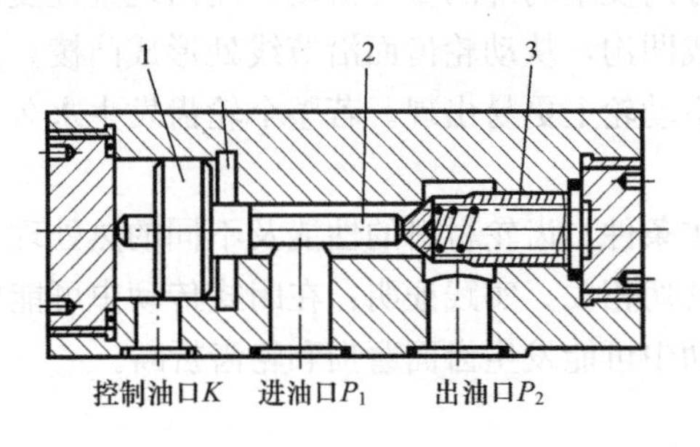

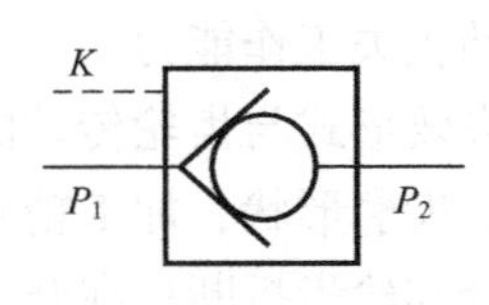

图 4-43　液控单向阀

1—活塞；2—顶杆；3—阀芯

(2) 换向阀

换向阀是借助于阀芯与阀体之间的相对运动来改变油液流动方向的阀类。按阀芯相对于阀体的运动方式不同，换向阀可分为滑阀（阀芯移动）和转阀（阀芯转动）。按阀体连通的主要油路数不同，换向阀可分为二通、三通、四通等；按阀芯在阀体内的工作位置数不同，换向阀可分为二位、三位、四位等；按操作方式不同，换向阀可分为手动、机动、电磁动、液动等；按阀芯的定位方式不同，换向阀可分为钢球定位和弹簧复位两种。

如图 4-44 所示的阀芯有三个工作位置（左、中、右称为三位），左、右两位是使执行元件产生不同的运动方向，而在中间位置时的油口连接关系称为滑阀机能（即中位机能），阀体上有四个通路 O、A、B、P 称为四通（P 为进油口，O 为回油口，A、B 为通往执行元件两端的油口），此阀称为三位四通阀。当阀芯处于中位时（图 4-44 (a)），各通道均堵住。油缸两腔既不能进油，又不能回油，此时活塞锁住不动。当阀芯处于右位时（图 4-44 (b)），压力油从 P 口流入，A 口流出；回油从 B 口流入，O 口流回油箱。当阀芯处于左位时（图 4-44 (c)），压力油从 P 口流入，B 口流出；回油由 A 口流入，O 口流回油箱。图 4-44 (d) 所示为三位四通阀的图形符号。

一个换向阀的完整图形符号应表明位置数、通数及操纵方式、复位方式和定位方式的符号。方框表示阀的作用位置，方框数即“位数”，换向滑阀的位数分二位和三位。在一个方框内，箭头或“⊥”与方框交点数为油口通路数，即“通数”，通数有二通、三通、四通、五通等。通常在相应位置的方框内表示油口的数目及通道的方向，其中“↑”“↓”表示通路，“⊥”和“⊤”表示通路被阀芯堵死。滑阀的操纵方式有手动、机动、液动、电磁和电液动等多种形式。

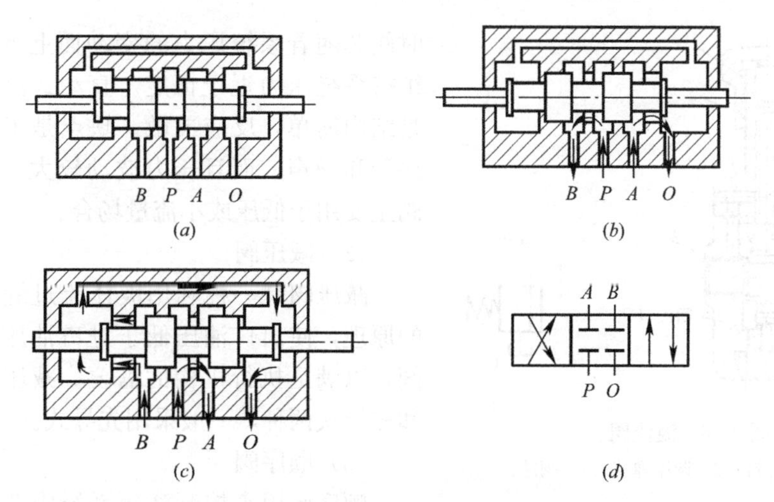

图 4-44 滑阀式换向阀的换向原理

(*a*) 滑阀处于中位；(*b*) 滑阀处于左位；(*c*) 滑阀处于右位；(*d*) 图形符号

图 4-45 (*a*) 所示为二位二通常闭式行程换向阀。当挡铁没有压住滚轮时，右位接入系统，油腔 P 与 A 不通。当挡铁压住滚轮使阀芯移动时，左位接入系统，油腔 P 和 A 接通。图 4-45 (*b*) 所示为三位四通电磁换向阀。当 1DT 通电时，左位接入系统，这时进油口 P 和 A 相通，油口 B 和回油口 O 相通；当 2DT 通电时，右位接入系统，这时进油口 P 与 B 相通，油口 A 和回油口 O 相通；当 1DT 与 2DT 均断电时，处于中位，各油路均堵住。

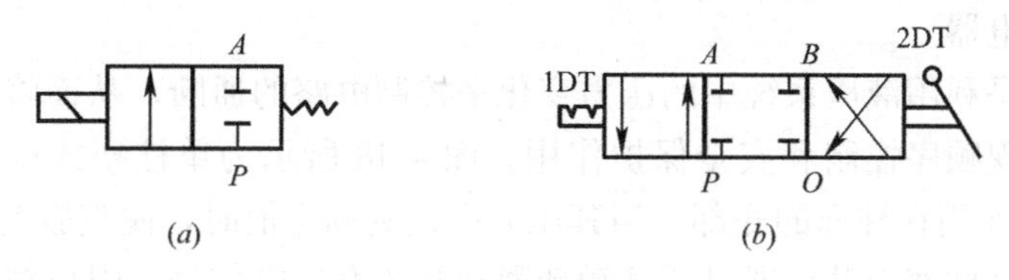

图 4-45 换向阀

(*a*) 二位二通；(*b*) 三位四通电磁换向阀

2) 压力控制阀

控制液压系统压力或利用压力作为信号来控制其他元件动作的阀称为压力控制阀。常用的压力阀有溢流阀、减压阀、顺序阀和压力继电器等。它们的共同特点是：利用油液压力和弹簧力相平衡的原理来进行工作。

(1) 溢流阀

溢流阀一般安装在泵的出口处，并联在系统中使用。它的作用是：溢流和稳压；限压保护作用（又称安全阀）；起背压阀作用。溢流阀按结构类型及工作原理可分为直动式和先导式两种。图 4-46 所示为直动式溢流阀及工作原理图，直动式溢流阀主要由阀体、阀芯、调压弹簧和调压螺钉等组成。压力油从进油口 P 作用于阀芯底面，阀芯底部受到的向上的液压作用力 $F=PA$（设工作腔有效面积为 A），而弹簧力为 F_S。当进油压力较小时，因 $F<F_S$，故阀芯被推至最下端，阀口关闭，没有油液流回油箱。当进油压力升高到使 $F>F_S$ 时，弹簧被压缩，阀芯上移，阀口打开，部分油液经回油口 O 流回油箱，限制系统压力继续升高，使压力保持在 $p=\dfrac{F_S}{A}$。改变弹簧压力即可调节系统压力的大小，所以溢流阀工作

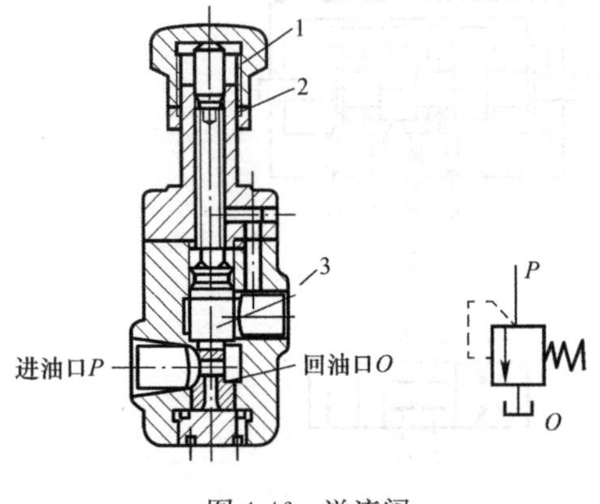

图4-46　溢流阀

1—调压螺钉；2—调压弹簧；3—阀芯

时阀芯随着系统压力的变动而上下移动，从而维持系统压力近于恒定。直动式溢流阀的特点是结构简单，反应灵敏。缺点是工作时易产生振动和噪声，而且压力波动较大。直动式溢流阀主要用于低压或小流量场合。

（2）减压阀

减压阀是一种利用液体流过缝隙产生压降的原理，使出口油压低于进口油压的压力控制阀，以满足执行机构的需要。减压阀有直动式和先导式两种，一般采用先导式。

（3）顺序阀

顺序阀用来控制液压系统中两个或两个以上工作机构的先后顺序。顺序串联于回路上，它是利用系统中的压力变化来控制油路通断的。顺序阀分为直动式和先导式，又可分为内控式和外控式，压力也有高低压之分。应用较广的是直动式。图4-47所示是一种直动式顺序阀的结构，其结构和工作原理与直动式溢流阀基本相似。不同的是顺序阀的出口不是通油箱，而是通往另一工作油路，故需要单独的泄油口L。P_1为进油口，P_2为出油口。当进口油压低于弹簧调定值时，阀芯处于最低位置，阀口封闭，油液不能通过顺序阀；当进口油压高于弹簧调定值时，阀芯被向上顶起，使阀口开启，形成通路，使油液通过顺序阀流向执行元件。

（4）压力继电器

压力继电器是利用液压系统中的压力变化来控制电路的通断，从而将液压信号转变为电器信号，以实现顺序控制和安全保护作用。图4-48所示为单柱塞式压力继电器，压力油自油口P通入作用在柱塞的底部。当其压力已达到调定值时，便克服上方弹簧阻力和柱塞摩擦力作用推动柱塞上升，通过顶杆触动微动开关发出电信号。限位挡块可在压力超载时保护微动开关。

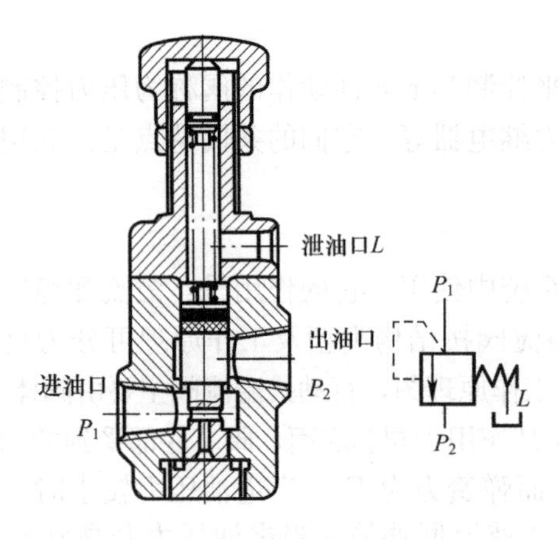

图4-47　直动式顺序阀

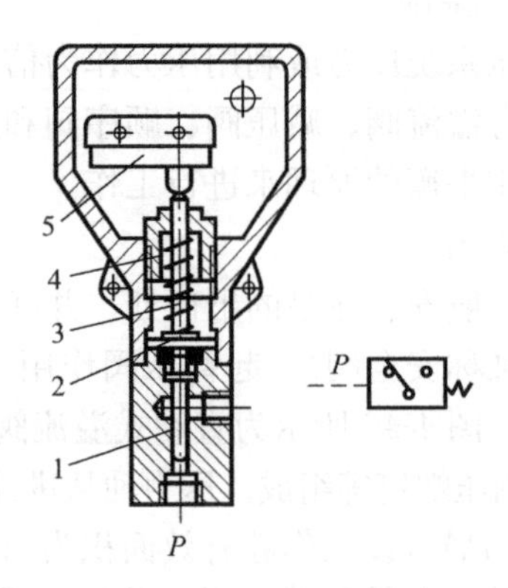

图4-48　压力继电器

1—柱塞；2—限位挡块；3—顶杆；4—调节螺杆；5—微动开关

3）流量控制阀

流量控制阀是通过改变液流的通流截面来控制系统工作流量，以改变执行元件运动速度的阀，简称流量阀。常用的流量阀有节流阀和调速阀等。

（1）节流阀

节流阀有一个节流部分称节流口。节流口的形式很多，最常用的如图 4-49 所示。图 4-49（*a*）所示为针阀式节流口，针阀作轴向移动，调节环形通道大小以调节流量。图 4-49（*b*）所示是偏心式，在阀芯上开了一个截面为三角形的偏心槽，转动阀芯时，就可以调节通道的大小以调节流量。图 4-49（*c*）所示是轴向三角槽式。可改变三角沟通道截面的大小。图 4-49（*d*）所示为周向缝隙式，油可以通过狭缝流入阀芯内孔，再经左边的孔流出，旋转阀芯就可以改变缝隙的通流面积的大小。

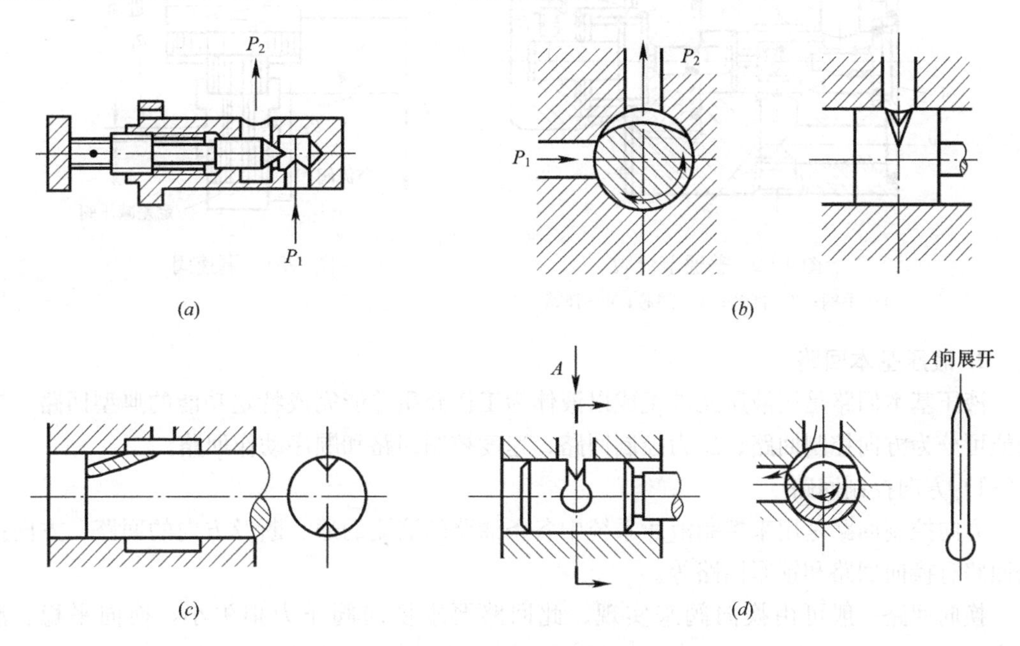

图 4-49 节流口的形式

（*a*）针阀式；（*b*）偏心式；（*c*）轴向三角槽式；（*d*）周向缝隙式

图 4-50 所示为普通节流阀的结构图，节流口形式为轴向三角槽式。压力油从进油口 P_1 流入，经孔道 *b* 和阀芯 3 右端的节流沟槽进入孔道 *a*，再从出油口 P_2 流出。旋转手柄 1，可使推杆 2 沿轴向移动，推杆左移时，阀芯也左移，节流口 *A* 开大，流量增大；推杆右移时，阀芯也右移，节流口关小，流量减小。这种节流阀结构简单，制造容易，但负载和温度的变化对流量的稳定影响较大，因此只适用于负载和温度变化不大或速度稳定性要求较低的液压系统。

（2）调速阀

调速阀的工作原理如图 4-51 所示。调速阀是由减压阀和节流阀串联而组成的阀，这里采用的减压阀称定差减压阀，它与节流阀串联在油路中，可以使节流阀前后的压力差保持恒定，使执行机构的运动速度保持稳定。调速阀进油压力为 P_1，经减压阀的开口流至节流阀入口处的压力为 P_2 在节流阀开启一定时，工作机构有相应的运动速度。当工作机构的负载变化时，调速阀的出口压力随之发生变化。但由于其中的定差减压阀的作用，使节流阀前后的压力差（P_3-P_2）保持不变，从而使工作机构的速度不受负载的变化而波动，保持了速度的稳定性。当出口压力 P_3 增大时，作用在减压阀的阀芯上的液压力 F_2 也随之增大，于是滑阀不再保持平衡，而是向下移动一段距离后处于平衡，减压阀节流口增大，压力降减小，使 P_2 增大，直至（P_3-P_2）近于保持不变。当出口压力 P_3 减小时，液压力 F_2 也随之减小，于是滑阀不再保持平衡，而是向上移动一段距离后处于平衡，减压阀节流口减小，压力降增大，使 P_2 减小，以保证（P_3-P_2）近于保持不变。

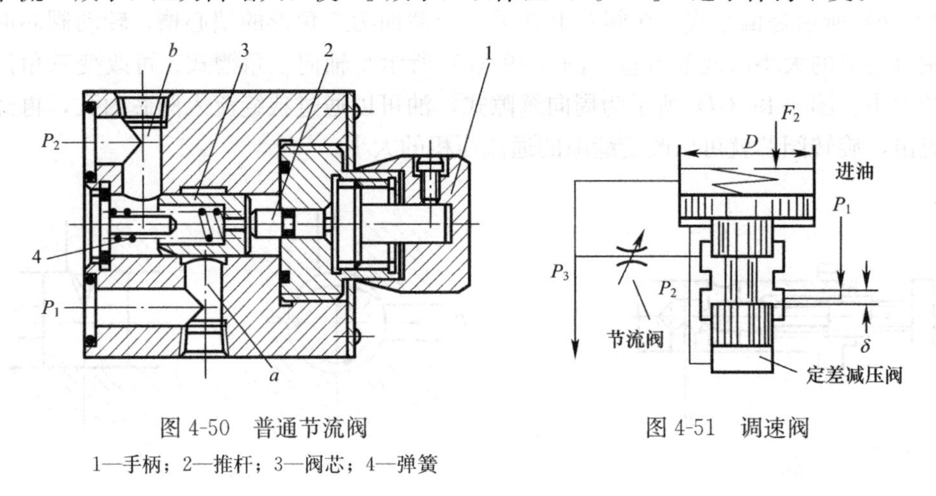

图 4-50　普通节流阀

1—手柄；2—推杆；3—阀芯；4—弹簧

图 4-51　调速阀

2. 液压基本回路

液压基本回路是用液压元件组成以液体为工作介质并能完成特定功能的典型回路。按功能可分为方向控制回路、压力控制回路、速度控制回路和顺序动作回路。

1）方向控制回路

方向控制回路是用来控制液压系统中各条油路的液流的通、断及方向的回路。方向控制回路有换向回路和锁紧回路等。

换向回路一般可由换向阀来实现。此回路要求换向阀压力损失小，换向平稳、泄漏小。

锁紧回路通过回路的控制使执行元件在运动过程中的某一位置上停留一段时间保持不动，并防止停止后窜动。

2）压力控制回路

压力控制回路用压力阀来调节系统或系统的某一部分的压力，以实现调压、减压、增压、卸载等控制，以满足执行元件对压力的要求。

（1）调压回路

调压回路是指控制系统的工作压力，使其不超过某预先调好的数值，或者使执行机构在工作过程中不同阶段实现多级压力转换。一般由溢流阀实现这一功能。一般分为单级调压回路和多级调压回路。

（2）减压回路

用单泵供油的液压系统中，在主油路上工作压力往往较高，而在夹紧、润滑等支路上所需的压力较低，这时可采用减压回路。减压回路的控制元件为减压阀。在定量泵液压系统中，溢流阀按主系统的工作压力进行调定，但控制系统的压力较低，润滑系统的工作压力更低。

(3) 卸载回路

能使液压泵输出的油液以最小压力直接回油箱，使液压泵在很小的输出功率下运转，以节省功率、减少油液发热和液压泵的磨损，延长液压泵使用寿命，适用于低压、小流量的液压系统。

3) 速度控制回路

此回路是控制和调节液压执行元件的运动速度。包括调速回路和速度换接回路等。

调速回路主要有节流调速回路、容积调速回路和容积节流调速。

节流调速回路是指在液压系统中，利用节流阀构成的调速回路，是通过通流截面变化来调节进入执行元件的流量，实现调速目的。根据节流阀在回路中的位置不同，分为进油节流、回油节流和旁路节流调速三种基本形式。

容积调速回路是通过改变变量泵或变量马达的排量来实现调速，一般采用变量泵和定量执行元件组成调速回路，通过调节变量泵输油量的大小即可改变执行元件的运动速度。这种调速回路效率高（压力、流量损失小）、发热少，但结构复杂、成本高。适用于负载功率大，运动速度高的液压系统。

容积节流调速是用变量泵（限压式变量泵或压力反馈式变量泵等），由流量阀改变进入执行元件的流量，并使泵的流量与通过流量阀的流量相适应来实现调速。

4) 液压系统在水生产中的应用

图 4-52 所示为缓闭止回阀液控原理图。在启动水泵打开闸板 1 的同时，压力水进入隔膜式油罐 5 上腔，压力油经单向阀 3 流入缓闭口 2，把油缸活塞推到预定的工作位置。紧急停泵时，压力水瞬间断流，闸板 1 借助弹簧力迅速关闭到油缸活塞上。当水倒流时，闸板 1 上产生背压，推动油缸活塞回位，缓闭缸 2 内的油通过可调节流阀 4 缓慢压回到隔膜式油罐 5 下腔，闸板缓慢地平稳关闭。

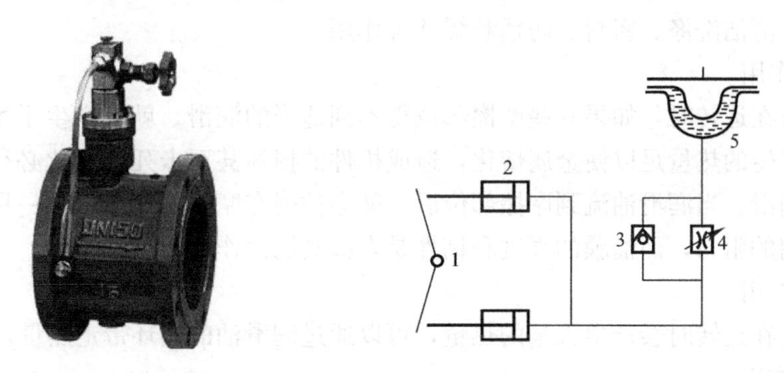

图 4-52　缓闭止回阀

1—闸板；2—缓闭缸；3—单向阀；4—可调节流阀；5—隔膜式油罐

4.3　机械润滑与密封

机械中的可动零部件，在压力下接触而作相对运动时，其接触表面间就会产生摩擦，造成能量损耗和机械磨损，影响机械运动精度和使用寿命。因此，在机械设备的运行当中，考虑降低摩擦，减轻磨损，是非常重要的问题，其措施之一就是采用润滑。

密封技术被广泛应用于机械设备和管道连接中。其目的是为了防止在不同压力、温度、工作介质等条件下使各个空间隔开，防止外来介质侵入和工作介质流出。由于种种原因，许多设备往往达不到密封要求，造成泄漏。比如离心泵、离心机和压缩机等设备。由于传动轴贯穿在设备内外，这样，轴与设备之间存在一个圆周间隙，设备中的介质通过该间隙向外泄漏，如果设备内压力低于大气压，则空气向设备内泄漏，因此必须有一个阻止泄漏的轴封装置。

4.3.1 机械润滑

在水厂中机械设备的润滑一般采用润滑油和润滑脂。

1. 润滑油与润滑脂

1）润滑油

润滑油是从石油中提炼而来，组成石油的主要元素是碳和氢，这两种元素占石油含量的96%～99.5%，其中碳约占85%～87%，氢约占11%～12%，碳和氢的化合物简称烃，根据其组成和结构的不同可分为烷烃、环烷烃、芳香烃和不饱和烃等，润滑油主要由碳氢化合物组成并含有各种不同的添加剂。现代润滑油主要是指用在各种类型的汽车、机械设备上以减少摩擦，保护机械及加工件的液体或半固体润滑剂。

（1）润滑油的组成

润滑油一般由基础油和添加剂两部分组成。基础油是润滑油的主要成分，决定着润滑油的基本性质，添加剂则可弥补和改善基础油性能方面的不足，赋予某些新的性能，是润滑油的重要组成部分。

（2）润滑油的作用

润滑油是用在各种类型机械上以减少摩擦，保护机械及加工件的液体润滑剂，主要起润滑、冷却、清洁洗涤、密封、防锈和缓冲等作用。

① 润滑作用

机械设备在运转时，如果一些摩擦部位得不到适当的润滑，就会产生干摩擦。干摩擦在短时间内产生的热量足以使金属熔化，造成机件的损坏甚至卡死，因此必须对摩擦部位给予良好的润滑。当润滑油流到摩擦部位后，就会粘附在摩擦表面上形成一层油膜，减少摩擦机件之间的阻力，而油膜的强度和韧性是发挥其润滑作用的关键。

② 冷却作用

机械设备在运转时会产生大量的热量，可以通过润滑油的循环带走热量，防止烧结。

③ 洗涤作用

机械设备工作中，会产生许多污物。如空气中带来的沙土、灰尘，润滑油氧化后生成的胶状物，机件间摩擦产生的金属屑等。这些污物会附着在机件的摩擦表面上，如不清洗下来，就会加大机件的磨损。可以依靠润滑油在机体内循环流动来完成清洗。

④ 密封作用

有些设备如发动机，其气缸与活塞、活塞环与环槽以及气门与气门座间均存在一定间隙，这样能保证各运动副之间不会卡滞。但这些间隙可造成气缸密封不好，燃烧室漏气，结果是降低气缸压力及发动机输出功率。润滑油在这些间隙中形成的油膜，保证了气缸的密封性，保持气缸压力及发动机输出功率，并能阻止废气向下窜入曲轴箱。

⑤ 防锈作用

机械设备在运转或存放时，大气、润滑油、燃油中的水分以及燃烧产生的酸性气体，会对机件造成腐蚀和锈蚀，从而加大摩擦面的损坏。润滑油在机件表面形成的油膜，可以避免机件与水及酸性气体直接接触，防止产生腐蚀、锈蚀。

⑥ 消除冲击负荷

在发动机的压缩行程结束时，混合气开始燃烧，气缸压力急剧上升。这时，轴承间隙中的润滑油将缓和活塞、活塞销、连杆、曲轴等机件所受到的冲击载荷，使发动机平稳工作，并防止金属直接接触，减少磨损。

(3) 润滑油的分类

原油经过初馏和常压蒸馏，提取低沸点的汽油、煤油和柴油后剩下常压渣油。按照提取的方法不同，又可分为馏分润滑油、残渣润滑油、调合润滑油三大类。

① 馏分润滑油：黏度小，馏分较轻，通常含有沥青和胶质较少。如高速机械油、汽缸油、齿轮油等。

② 残渣润滑油：黏度大，质量较重。如航空机油、轧钢机油、汽缸油、齿轮油等。

③ 调合润滑油：由馏分润滑油与残渣润滑油调合而成的润滑油。如汽油机油、柴油机油、压缩机油、工业齿轮油等。

(4) 润滑油的存储

桶装及罐装润滑油在可能范围内应存储于仓库内，以免受气候影响，已开桶的润滑油必须存储在仓库内。油桶以卧放为宜，桶的两端均用木楔楔紧，以防滚动，此外应经常检查油桶有无泄漏及桶面上的标志是否清晰。如必须将桶直放时，宜将桶倒置，使桶盖向下，或将桶略微倾斜。取油时，应将油桶卧置于一高度适当的木架上，在桶面的盖口处配以龙头放油，并在龙头下放一容器，以防滴溅。或将油桶直放从桶盖口插入油管通过手摇泵取油。

2) 润滑脂

将稠化剂均匀地分散在润滑油中，得到一种黏稠半流体胶状的物质，这种物质被统称为润滑脂。

(1) 润滑脂的组成

它是由稠化剂、基础油（润滑油）和添加剂三大部分组成，通常稠化剂占 10%～20%，润滑油占 75%～90%，其余为添加剂。

(2) 润滑脂的型号及应用

润滑脂根据稠化剂不同可分为皂基脂和非皂基脂两类。皂基脂的稠化剂常用锂、钠、钙、铝、锌等金属皂，也用钾、钡、铅、锰等金属皂。非皂基脂的稠化剂用石墨、炭黑、石棉，根据用途不同可分为通用润滑脂和专用润滑脂两种，前者用于一般机械零件，后者用于拖拉机、铁道机车、船舶机械、石油钻井机械、阀门等。通用锂基润滑脂具有良好的抗水性、机械安定性、防锈性和氧化安定性等特点，通用锂基润滑脂一般用在温度－20～120℃内各种机械设备的滚动轴承和滑动轴承及其他摩擦部位的润滑，其分为 1 号、2 号、3 号，其牌号越高稠度越高，一般设备运行温度越高所选的稠度越高，1 号适用于集中供脂系统；2 号适用于中转速、中负荷的机械设备，如汽车、拖拉机轴承，中小型电动机、水泵和鼓风机等；3号适用于矿山机械、汽车、拖拉机轮毂轴承，大中型电动机等设备。轴承的润滑不能将不同的润滑脂混合使用，加润滑脂时应将溢油孔（出油孔）打开，轴承温度会随着环境温度的变化而变化，不同的轴承温度所加的润滑脂量不同，具体润滑脂的型号以及每次加的量应参照各自型号的说明书。

2. 润滑方法

润滑方法有分散润滑和集中润滑两大类。分散润滑是各个润滑点用独立的、分散的润滑装置来润滑，这种润滑可以是连续的或间断的，有压的或无压的；集中润滑则是一台机器或一个车间的许多润滑点由一个润滑系统来同时润滑。选择润滑方法主要考虑机器零部件的工作状况、采用的润滑剂及供油量要求。

低速、轻载或不连续运转的机械需要油量少，一般采用简单的手工定期加油、加脂、滴油或油绳、油垫润滑。中速、中载、较重要的机械，要求连续供油并起一定的冷却作用，常用油浴（浸油）、油环、溅油润滑或压力供油润滑。高速、轻载齿轮及轴承发热大，用喷雾润滑效果较好。高速、重载、供油量要求大的重要部件应采用循环压力供油润滑。

3. 部分零部件的润滑

1）闭式齿轮传动的润滑

齿轮的圆周速度小于0.8m/s时，一般采用润滑脂润滑，否则应采用润滑油润滑。润滑油的黏度可根据齿轮的材料和圆周速度，查阅机械设计手册选定润滑油的牌号。用润滑油的齿轮润滑方法有浸油润滑和压力喷油润滑等。

2）开式、半开式齿轮传动的润滑

开式齿轮传动一般速度较低、载荷较大、接触灰尘和水分、工作条件差且油易流失。为维持润滑油膜，应采用黏度很高、防锈性好的开式齿轮油。速度不高的开式齿轮也可采用脂润滑。开式齿轮传动的润滑可用手工、滴油、油池浸油等方式供油。

3）滚动轴承的润滑

滚动轴承的润滑除减少摩擦、磨损外，同时起到冷却、吸振、防锈和减少噪声的作用。根据轴颈圆周速度大小分别采用脂润滑或油润滑。

润滑脂润滑：轴颈圆周速度小于4～5m/s时采用。优点是润滑脂不易流失，便于密封和维护，一次填充可运转较长时间。装填润滑脂时一般不超过轴承内空隙的1/3～1/2，以免因润滑脂过多引起轴承发热，影响轴承的正常工作。

润滑油润滑：当轴颈速度过高时采用，润滑油润滑不仅摩擦阻力小，还可起到散热、冷却作用。一般采用浸油或飞溅润滑方式，浸油润滑时，油面不应高于最下方滚动体中心，以免因搅油能量损失较大，使轴承过热。高速轴承可采用喷油或喷雾润滑。

4）滑动轴承的润滑

常用润滑方式有间歇式润滑和连续式润滑：

间歇式润滑：用油壶定期将润滑油直接注入轴承油孔中，或经压配式压注油杯、旋套式注油油杯，定期将润滑油注入轴承中。以上方法主要用于低速、轻载和次要场合。另外，采用脂润滑只能是间歇供油，将润滑脂贮存在黄油杯中，定期旋转杯盖，可将润滑脂压送到轴承中，也可用黄油枪向轴承中补充润滑油。

连续式润滑：针阀式注油杯润滑，用手柄控制针阀运动，使油孔关闭或开启，供油量的大小可用调节螺母来调节。油芯式油杯润滑：利用纱线的毛细管作用把油引到轴承中。

油环带油润滑：油环浸到油池中，当轴转动时，油环旋转把油带入轴承。飞溅润滑：利用转动件（如齿轮）的转动将油飞溅到箱体四周内壁面上，然后通过刮油板或适当的沟槽把油导入到轴承中进行润滑。压力润滑：用油泵把一定压力的油注入轴承中，可以有充足的油量来润滑和冷却轴承。连续供油润滑比较可靠。

4.3.2 机械密封的种类及要求

1. 密封的作用

机械装置密封的主要作用是：阻止液体、气体工作介质以及润滑剂泄漏；防止灰尘、水分及其他杂质进入润滑部位。

2. 密封方法

密封装置有许多类型，两个具有相对运动的结合面之间的密封称为动密封。两个相对静止的结合面之间的密封称为静密封。

所有的静密封和大部分动密封都是借助密封力使密封面互相靠近或嵌入以减少或消除间隙，达到密封的目的，这类密封方式称为接触式密封。密封面间预留固定间隙，依靠各种方法减少密封间隙两侧的压力差而阻漏的密封方式，称为非接触式密封。

1）静密封

静密封只要求结合面间有连续闭合的压力区，没有相对运动，因此没有因密封件而带来的摩擦、磨损问题。常见的静密封方式有以下几种。

（1）研磨面密封

这是最简单的静密封方法。要求将结合面研磨加工平整、光洁，并在压力下贴紧（间隙小于 5μm）。但加工要求高、密封要求高时不理想。

（2）垫片密封

这是较普遍的静密封方法。是在结合面间加垫片，并在压力下使垫片产生弹性或塑性变形填满密封面上的凹凸不平，消除间隙，达到密封的目的。在常温、低压、普通介质工作时可用纸、橡胶等垫片，在高压及特殊高温和低温场合可用聚四氟乙烯垫片，一般高温、高压下可用金属垫片。

（3）密封胶密封

在结合面上涂密封胶是一种简便、良好的静密封方法。密封胶有一定的流动性，容易充满结合面的间隙，粘附在金属面上能大大减少泄漏，即使在较粗糙的表面上密封效果也很好。密封胶型号很多，使用时可查机械设计手册。

（4）密封圈密封

在结合面上开密封圈槽，装入密封圈，利用其在结合面间形成严密的压力区来达到密封的目的，效果甚好。

2）动密封

由于动密封两个结合面之间具有相对运动，所以选择动密封件时，既要考虑密封性能，又要避免或减少由于密封件而带来的摩擦发热和磨损，以保证一定的寿命。回转轴的动密封有接触式、非接触式和组合式三种类型。

（1）接触式密封

接触式密封包括毡圈密封、橡胶密封等。由于密封件与轴或其他配合件直接接触，工作时产生摩擦磨损并使温度升高，所以适用于中、低速运转条件下轴承的密封。

(2) 非接触式密封

非接触式密封中密封件不与轴或配合件直接接触，可用于高速运转轴承的密封。主要有间隙式密封、迷宫式密封和挡油环（板）式密封。迷宫式密封可用于油润滑和脂润滑的轴承中，防尘防漏油效果较好，密封可靠，无摩擦损失，基本上不受圆周速度的限制。但结构复杂，制造安装不便。

(3) 组合式密封

在工作中可以把以上介绍的各种密封装置适当组合起来使用，会使密封效果更为有效和可靠。

3. 水泵常用密封

泵轴穿出泵壳时，在轴与壳之间存在着间隙，如不采取措施，间隙处就会有泄漏。当间隙处的液体压力大于大气压力（如单吸式离心泵）时，泵壳内的高压水就会通过此间隙向外大量泄漏；当间隙处的液体压力为真空（如双吸式离心泵）时，则大气就会从间隙处漏入泵内，从而降低泵的吸水性能。为此，需在轴与壳之间的间隙处设置密封装置，称为轴封。目前，应用较多的轴封装置有填料密封、机械密封。

1) 填料密封

(1) 填料密封的结构

如图4-53 (*a*) 所示，为使用得最广的带水封环的压盖填料式密封装置，主要由填料3、水封环5、填料筒4和填料压盖2组成。填料又名盘根，在轴封装置中起着阻水或阻气的密封作用。常用的填料是浸油、浸石墨的石棉绳填料。近年来，随着工业的发展，出现了各种耐高温、耐磨损以及耐强腐蚀的填料，如用碳素纤维、不锈钢纤维及合成树脂纤维编织成的填料等。为了提高密封效果，填料绳一般做成矩形断面。填料是用压盖来压紧的，它对填料的压紧程度可通过拧松拧紧压盖上的螺栓来进行调节。填料密封装置结构简单、成本低、适用范围广。不足之处是使用寿命短、密封性能不甚理想。

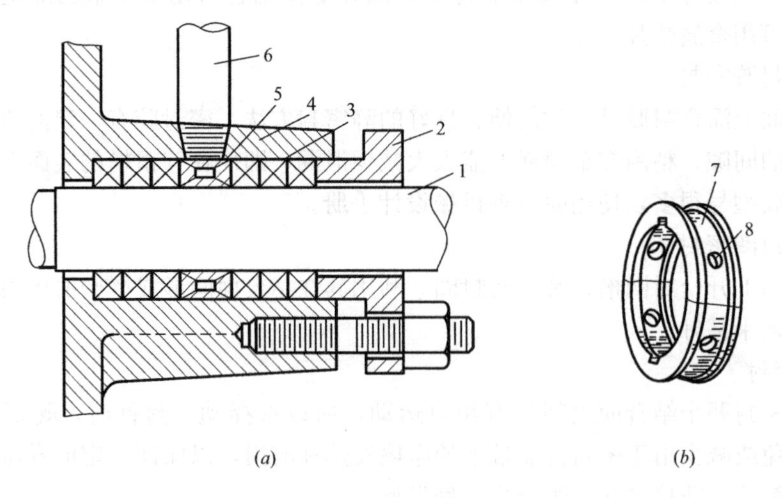

图4-53 带水封环的填料密封

(*a*) 压盖填料型填料盒；(*b*) 水封环

1—轴；2—填料压盖；3—填料；4—填料筒；5—水封环；6—水封管；7—环圈空间；8—水孔

(2) 填料密封的原理

将该密封装置安装完毕拧紧填料压盖螺母，则压盖对填料作轴向压缩，由于填料具有塑性，因而产生径向力，并与泵轴1紧密接触。与此同时，填料中浸渍的润滑剂被挤出，在接触面上形成油膜，以利润滑。显然，良好的密封在于保持良好的润滑和适当的压紧，若润滑不良或压得过紧，都会使油膜中断，造成填料与轴之间出现干摩擦，最后导致烧轴事故。填料筒中水封环5的作用是将水泵高压液体均匀地扩散到泵轴与填料的圆周方向，然后一部分沿轴表面（或轴套表面）进入泵体内，而另一部分泄到泵体外边，这部分液体起到润滑和冷却双重作用。当泵内压力小于泵外压力时，还起到阻止空气进入泵内的作用。

2) 机械密封

(1) 机械密封的结构

如图4-54所示，机械密封主要由动环5（随轴一起旋转并能作轴向移动）、静环6、压紧元件（弹簧2）和密封元件（密封圈4、7）等组成。

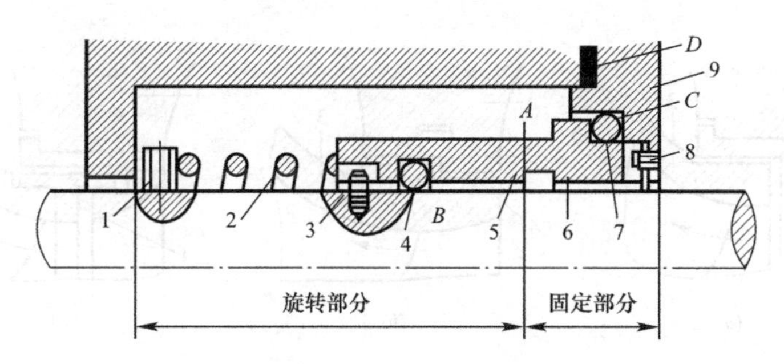

图4-54 机械密封结构

1—弹簧座；2—弹簧；3—传动销；4—动环密封圈；5—动环；6—静环；7—静环密封圈；8—防转销；9—压盖

(2) 机械密封的原理

机械密封又称端面密封，其工作原理是动环借密封腔中液体的压力和压紧元件的压力，使其端面贴合在静环的端面上，并在两环端面 A 上产生适当的比压（单位面积上的压紧力）和保持一层极薄的液体膜而达到密封的目的。而动环和轴之间的间隙 B 由动环密封圈4密封，静环和压盖之间的间隙 C 由静环密封圈7密封。如此构成的三道密封（即 A、B、C 三个界面之密封），封堵了密封腔中液体向外泄漏的全部可能的途径。密封元件除了密封作用以外，还与作为压紧元件的弹簧一道起到了缓冲补偿作用。泵在运转中，轴的振动如果不加缓冲地直接传递到密封端面上，那么密封端面不能紧密贴合而会使泄漏量增加，或者由于过大的轴向载荷而导致密封端面磨损严重，使密封失效。另外，端面因摩擦必然会产生磨损，如果没有缓冲补偿，势必会造成端面的间隙越来越大而无法密封。

和填料密封相比较，机械密封有许多优点：密封可靠，在较长时期内的使用中，不会泄漏或很少泄漏；使用寿命长；维修周期长，一般情况下可以免去日常维修；摩擦损失小，一般仅占填料密封方式的10%～50%；轴或轴套不受磨损。

机械密封虽然有以上优点，但它存在着结构复杂、加工精度要求高、安装技术要求高、材料价格高等不足。

3）密封环

密封环一般装在水泵叶轮水流进口处相配合的泵壳上，密封环的作用是保持叶轮进口外缘与泵壳间有适宜的转动间隙，以减少液体由高压区至低压区的泄漏，因此一般将密封环称为减漏环或口环。密封环的另一作用是准备用来承磨的，因为，在实际运行中，在叶轮吸入口的外圆与泵壳内壁的接缝部位上，摩擦常是难免的，泵中有了密封环，当间隙磨大后，只须更换该部件而不致使叶轮和泵壳报废，因此，密封环又称承磨环，是一个易损件，一般用铸铁或其他耐磨金属制成，磨损后可以更换。

离心泵密封环的结构形式较多，接缝面可以做成多齿形，以增加水流回流时的阻力，提高减漏效果，图 4-55 所示为三种不同形式的密封环。

密封环接缝间隙既不能过大，也不能过小。间隙过大时，漏失增大，容积损失也加大；间隙过小时，叶轮与口环之间可能产生摩擦增大机械损失，有时还会引起振动及设备事故。通常，根据不同泵型，密封间隙保持在 0.25～1.10mm 之间为宜，否则应更换适宜的密封环。

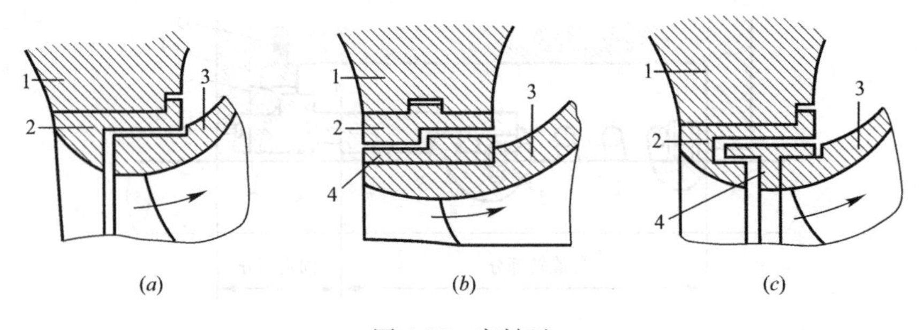

图 4-55　密封环

(*a*) 单环型；(*b*) 双环型；(*c*) 双环迷宫型

1—泵壳；2—镶在泵壳上的密封环；3—叶轮；4—镶在叶轮上的密封环

第 5 章　电 气 基 础

水厂安全可靠供水离不开电气设备，因此使一切电气设备保持安全、可靠、经济地运转，在水厂运行中非常重要，作为泵站运行工应当了解相关的电气基础知识。

5.1　交流电路

5.1.1　正弦交流电路

1. 正弦交流电的定义与物理意义

电路中电压和电流作周期性变化，且在一个周期内其平均值为零，这样的电路就称为交流电路。如果电压和电流随着时间呈正弦规律变化，那么就称之为正弦交流电路，如图 5-1 所示。

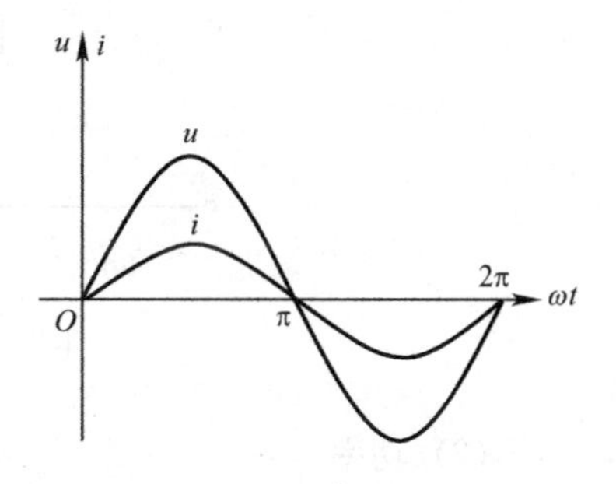

图 5-1　正弦交流量

1）表示交流电大小的物理量

表示交流电大小的物理量之间有着如下的关系（以交流电流为例）：$I=0.707I_m$ 或者 $I=I_m/\sqrt{2}$、$I_P=0.637I_m$

其中：I——电流的有效值；

I_m——电流的最大值；

I_P——电流的平均值。

2）表示交流电变化快慢的物理量

表示交流电变化快慢的物理量三者之间的关系为：$T=1/f$ 或 $f=1/T$、$\omega=2\pi f$ 或 $f=\omega/2\pi$

其中：T——周期；

f——频率；

ω——角频率。

我国的工频交流电的频率为 50Hz，也就是说周期为 0.02s，角频率为 314rad/s（取 $\pi=3.14$）。

3）正弦交流电的初相角、相位、相位差

以正弦交流电流的瞬时表达式为例：

$$i=I_m\sin(\omega t+\phi) \tag{5-1}$$

式中：ϕ——交流电流的初相角，即时间 t 为 0 时刻交流电流的相位角；

$\omega t+\phi$——交流电流的相位。

两个同频率的交流电量之间的相位之差，或初相角之差就是这两个交流电的相位差。

2. 电路三大元件在交流电路中的计算

1）纯电阻元件在交流电路中的计算

仅由正弦交流电源和电阻构成的电路便是纯电阻交流电路。例如，白炽灯、电炉和电烙铁正常使用时的电路，都可以近似地看成纯电阻电路。

（1）电压与电流的关系

如图 5-2（*a*）所示给出了一种简单的纯电阻交流电路，它仅由一个理想的正弦交流电压源 u 和一个电阻 R 构成。由图 5-2（*b*）可知，电阻中电压和电流为同相位，它们的瞬时值、有效值都服从欧姆定律。

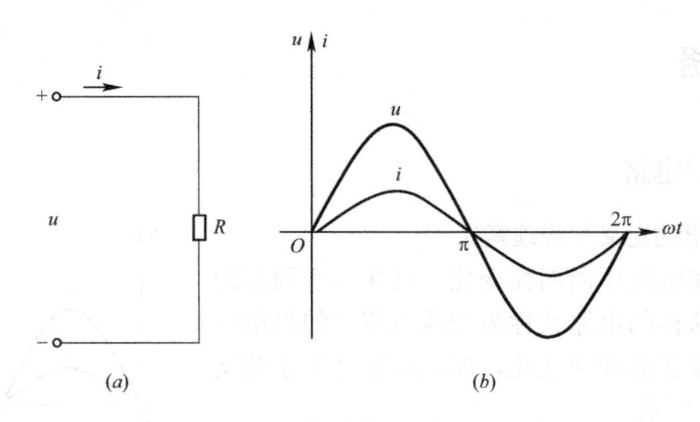

图 5-2　纯电阻电路中电压与电流的关系

（2）功率

瞬时功率是指电阻中某一时刻消耗的电功率，单位是瓦特。它等于电压 u 与电流 i 瞬时值的乘积，并用小写字母 $p(t)$ 表示，即 $p(t)=u(t)i(t)$。

电阻元件的瞬时功率 p_{R} 为（设 $\phi_{\mathrm{u}}=\phi_i=0$）

$$\begin{aligned} p_{\mathrm{R}}(t) &= u_{\mathrm{R}}(t)\cdot i(t) = \sqrt{2}U_{\mathrm{R}}\sin\omega t\cdot\sqrt{2}I\sin\omega t \\ &= U_{\mathrm{R}}I - U_{\mathrm{R}}I\cos 2\omega t \end{aligned} \tag{5-2}$$

由式（5-2）可知，不管怎么变化，$|\cos 2\omega t|\leqslant 1$，所以电阻上的功率永远大于零，说明电阻是一个耗能元件。

平均功率是指功率在一个周期内的平均值，用大写字母 P 表示，对于纯电阻电路，正弦交流电的平均功率计算公式与直流电路中功率的计算公式相同，它代表了电路实际消耗的功率大小，单位是瓦特（W）。即：

$$P = U_{\mathrm{R}}I = I^2R = \frac{U_{\mathrm{R}}^2}{R} \tag{5-3}$$

2）纯电感元件在交流电路中的计算

（1）电压与电流的关系

纯电感线圈电路如图 5-3（*a*）所示，给出了一个理想的纯电感电路。由图 5-3（*b*）和图 5-4 可知电感两端电压 u 和电流 i 是同频率的正弦量，电压的相位超前电流 $\frac{\pi}{2}$，即：$\phi_{\mathrm{u}}=\phi_i+\frac{\pi}{2}$。电压与电流在数值上满足关系式

$$U_L = \omega L I_L \tag{5-4}$$

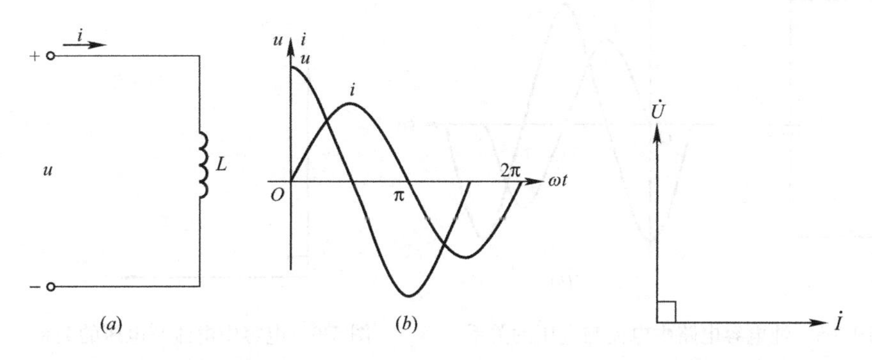

图 5-3 纯电感电路中电流与电压的关系　　图 5-4 电感中电流与电压的关系

(2) 感抗的概念

由式 (5-4) 可知，令

$$X_L = \omega L = \frac{U_L}{I_L} \tag{5-5}$$

X_L 称为感抗，感抗表示线圈对交流电流阻碍作用的大小。当 $f=0$ 时 $X_L=0$，表明线圈对直流电流相当于短路。这就是线圈本身所固有的“直流畅通，高频受阻”作用。L 的单位是 H（亨利），X_L 的单位是欧姆（Ω）。

(3) 功率

瞬时功率：设 $i=\sqrt{2}I_L\sin\omega t$，则 $u_L=\sqrt{2}U_L\sin\left(\omega t+\frac{\pi}{2}\right)$，则瞬时功率如式 (5-6) 所示：

$$P_L = U_L I_L \sin 2\omega t \tag{5-6}$$

平均功率：由式 (5-6) 可见，在 $0\sim\frac{\pi}{4}$之间，P_L 为正值，表示电感吸收能量；在$\frac{\pi}{4}\sim\frac{\pi}{2}$之间，$P_L$ 为负值，说明电感提供能量，把之前储存在磁场中的能量释放出来。所以，电感在一个周期内的平均功率为 0，说明电感是一个储能元件，不消耗能量，即 $P=0$。

工程中为了表示能量交换的规模大小，将电感瞬时功率的最大值定义为电感的无功功率，简称感性无功功率，用 Q_L 表示。即：

$$Q_L = U_L I_L = I_L^2 X_L = \frac{U_L^2}{X_L} \tag{5-7}$$

其中：Q_L 的单位是乏（var）。

3) 纯电容元件在交流电路中的计算

(1) 电压与电流的关系

纯电容电路如图 5-5 (*a*) 所示，为一个理想的纯电容电路。由图 5-5 (*b*) 及图 5-6 所知，电容两端电压 u 和电流 i 也是同频率的正弦量，电流的相位超前电压$\frac{\pi}{2}$，及 $\phi_i^2=\phi_u+\frac{\pi}{2}$。电压与电流在数值上满足关系式 (5-8)：

$$I_C = \omega C U_C \quad 或 \quad U_C = \frac{1}{\omega C} I_C \tag{5-8}$$

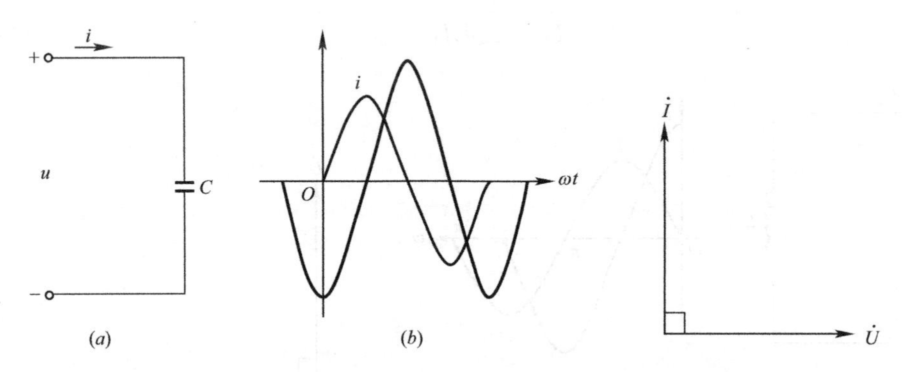

图 5-5　纯电容电路中电流与电压的关系　　　　图 5-6　电容中电流与电压的关系

(2) 容抗的概念

由式（5-8）可知，令

$$X_C = \frac{1}{\omega L} = \frac{U_C}{I_C} \tag{5-9}$$

X_C 称为容抗，容抗表示电容对交流电压变化阻碍作用的大小。当 $f=0$ 时，$X_C=\infty$，表明电容对直流电相当于开路。这就是电容本身所固有的“高频畅通，直流受阻”作用。C 的单位是 C（库伦），X_C 的单位是欧姆（Ω）。

(3) 功率

瞬时功率：设 $i_C=\sqrt{2}I_C\sin\omega t$，则 $u_C=\sqrt{2}U_C\sin\left(\omega t-\frac{\pi}{2}\right)$，则瞬时功率如式（5-10）所示：

$$P_C = -U_C I\sin 2\omega t \tag{5-10}$$

由式可见，在 $0\sim\frac{\pi}{4}$之间，P_C 为负值，表示电容释放能量，把之前储存在电容中的能量释放出来；在$\frac{\pi}{4}\sim\frac{\pi}{2}$之间，$P_C$ 为正值，说明电容存储能量。所以，电容在一个周期内的平均功率同样为 0，说明电容也是一个储能元件，不消耗能量，即 $P=0$。

工程中为了表示能量交换的规模大小，将电容瞬时功率的最大值定义为电容的无功功率，简称容性无功功率，用 Q_C 表示。即

$$Q_C = U_C I_C = {I_C}^2 X_C = \frac{U_C^2}{X_C} \tag{5-11}$$

其中：Q_C 的单位是乏（var）。

3. 功率因素及其补偿

1) 功率因素的概念及要求

在交流电路中，电压与电流之间的相位差（Φ）的余弦叫做功率因数，用符号 $\cos\Phi$ 表示，在数值上，功率因数是有功功率和视在功率的比值，即 $\cos\Phi=P/S$，功率三角形如图 5-7 所示。

电网中的电力负荷如电动机、变压器、日光灯及电弧炉等，大多属于电感性负荷，水务企业中的主要设备水泵大部分用电动机作为动力机械，这些电感性的设备在运行过程中不仅需要向电力系统吸收有功功率，还同时吸收无功功率。《供电营业规则》规定：用户在当地供电企业规定的电网高峰负荷时的功率因数应达到下列规定：100kVA 及以上高压

供电的用户功率因数为 0.90 以上。其他电力用户和大、中型电力排灌站、趸购转售企业，功率因数为 0.85 以上。并规定，凡功率因数未达到上述规定的，应增添无功补偿装置，通常采用并联电容器进行补偿。因此，在电网中安装并联电容器无功补偿设备后，将可以提供补偿感性负荷所消耗的无功功率，减少了电网电源侧向感性负荷提供及由线路输送的无功功率。减少了无功功率在电网中的流动，可以降低输配电线路中变压器及母线因输送无功功率造成的电能损耗，这种措施称作功率因数补偿。

由于功率因数提高的根本原因在于无功功率的减少，因此功率因数补偿通常称之为无功补偿。

那么电力系统功率因数的提高对电力用户的益处有：①通过改善功率因数，可以减少线路中的总电流，那么供电系统中的电气设备，如变压器、电气设备、导线等的容量同样可以减小，因此不但减少了投资费用，而且降低了本身电能的损耗；②确保良好的功率因数，可以减少供电系统中的电压损失，使负载电压更稳定，改善电能的质量；③可以增加系统的裕度，挖掘出供电设备的潜力。如果系统的功率因数低，那么在既有设备容量不变的情况下，装设电容器后，可以提高功率因数，增加负载的容量。

例如一台总容量为 1000kVA 的变压器如果功率因数为 0.8，那么变压器可以提供的最大有功功率为 1000×0.8kW=800kW。如果将其提高到 0.98，此时变压器可以提供的最大有功功率为 1000×0.98kW=980kW。由此可见，同样一台 1000kVA 的变压器，功率因数从 0.8 提高到 0.98，它就可以多承担 180kW 的负载。

2）功率因数补偿的计算

图 5-8 表示功率因数的提高与无功功率和视在功率变化的关系。假设功率因数由 $\cos\varphi$ 提高到 $\cos\varphi'$，这时在用户需用的有功功率 P_{30} 不变的条件下，无功功率将由 Q_{30} 减小到 Q'_{30}，视在功率将由 S_{30} 减小到 S'_{30}。相应地，负荷电流 I_{30} 也将有所减小，这将使系统的电能损耗和电压损耗相应降低，既节约了电能，又提高了电压质量，而且可选择较小容量的供电设备和导线电缆，因此提高功率因数对供电系统大有好处。其中，P_{30}、Q_{30}、S_{30}、I_{30} 分别表示有功计算负荷、无功计算负荷、视在计算负荷、计算电流。

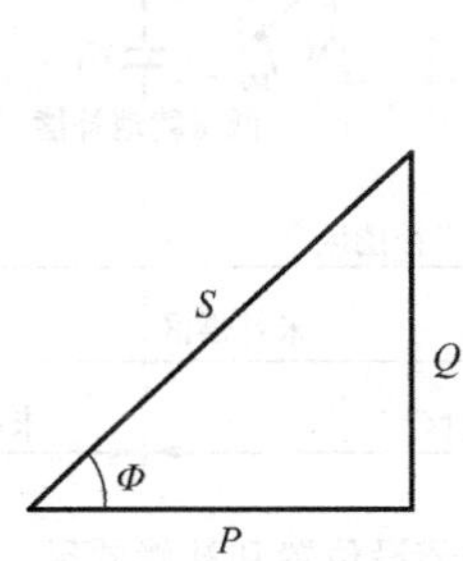

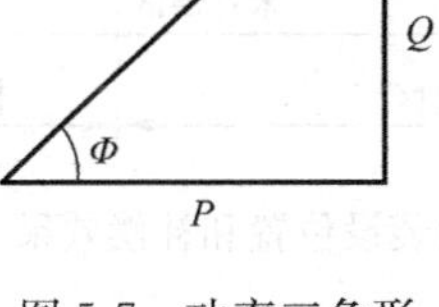

图 5-7 功率三角形

图 5-8 功率因数提高与无功功率、视在功率变化的关系

由图 5-8 可知，要使功率因数由 $\cos\varphi$ 提高到 $\cos\varphi'$，必须装设无功补偿装置（并联电容器），其容量为

$$Q_C = Q_{30} - Q'_{30} = P_{30}(\tan\varphi - \tan\varphi') \tag{5-12}$$

或

$$Q_C = \Delta q_C P_{30} \tag{5-13}$$

式中：$\Delta q_C = \tan\varphi - \tan\varphi'$，称为无功补偿率，或比补偿容量。无功补偿率，是表示要使1kW的有功功率由$\cos\varphi$提高到$\cos\varphi'$所需要的无功补偿容量值。

3）并联电容器功率因数补偿

（1）并联电容器的接线

并联补偿的电力电容器大多数采用Δ形接线（除部分容量较大的高压电容器外）。低压并联电容器，绝大多数是做成三相的，而且内部已接成Δ形。

三个电容为C的电容器接成Δ形，其容量$Q_{C(\Delta)} = 3\omega CU^2$，式中$U$为三相线路的线电压。如果三个电容为$C$的电容器接成Y形，则其容量为$Q_{C(Y)} = 3\omega CU_{\varphi}^2$，式中$U_{\varphi}$为三相线路的相电压。由于$U = \sqrt{3}U_{\varphi}$，因此$Q_{C(\Delta)} = 3Q_{C(Y)}$。这说明电容器接成Δ形时的容量为同一电路中接成Y形时容量的3倍，因此无功补偿的效果更好，这显然是并联电容器接成Δ形的一大优点。另外，电容器采用Δ接线时，任一边电容器断线时，三相线路仍得到无功补偿；而采用Y接线时，某一相电容器断线时，该相就失去了无功补偿。

但是也必须指出：电容器采用Δ接线，任一边电容器击穿短路时，将造成三相线路的两相短路，短路电流很大，有可能引起电容器爆炸。这对高压电容器特别危险。如果电容器采用Y接线，其中一相电容器击穿短路，其短路电流仅为正常工作电流的3倍，故其运行就安全多了。因此，《20kV及以下变电所设计规范》GB 50053—2013规定：高压电容器组宜接成中性点不接地星形（即Y形），容量较小时（450kvar及以下）宜接成三角形（即Δ形）。低压电容器组应接成三角形。

（2）并联电容器的装设位置

并联电容器在工厂供电系统中的装设位置，有高压集中补偿、低压集中补偿和分散就地补偿（个别补偿）等三种方式，如图5-9所示。

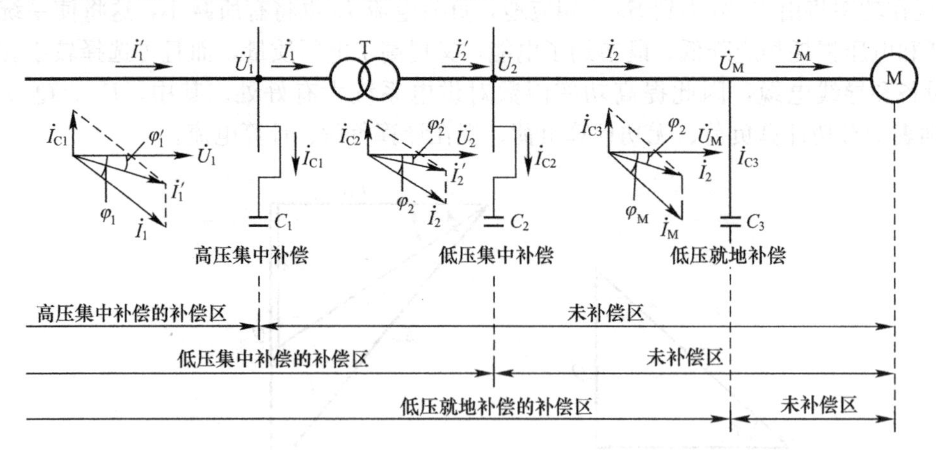

图5-9 并联电容器在工厂供电系统中的装设位置和补偿效果

① 高压集中补偿

高压集中补偿是将高压电容器组集中装设在工厂变配电所的6～10kV母线上。这种补偿方式只能补偿6～10kV母线以前所有线路上的无功功率，而此母线后的厂内线路的无功功率得不到补偿，所以这种补偿方式的补偿效果没有后两种补偿方式好。但是这种补偿方式的初期投资较少，便于集中运行维护，而且能对工厂高压侧的无功功率进行有效的补偿，以满足工厂总的功率因数的要求，所以这种补偿方式在一些大中型工厂中应用相当普遍。

图 5-10 所示是高压集中补偿的电容器组接线图。这里的高压电容器组采用Δ形接线，装在高压电容器柜内。为防止电容器击穿时引起相间短路，所以Δ形接线的各边，均接有高压熔断器保护。

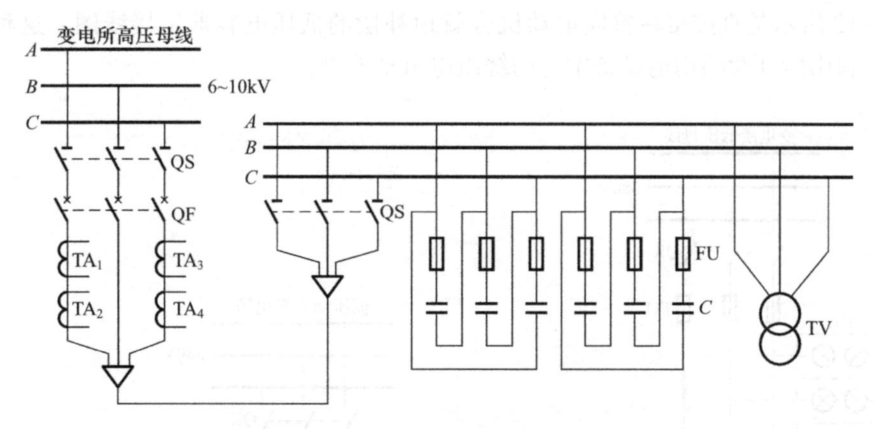

图 5-10 高压集中补偿的电容器组接线

由于电容器从电网上切除后有残余电压，残余电压最高可达电网电压的峰值，这对人身是很危险的。因此，《20kV 及以下变电所设计规范》GB 50053—2013 规定：电容器组应装设放电装置，使电容器组两端的电压从峰值（$\sqrt{2}U_{N.C}$）降至 50V 所需的时间，高压电容器不大于 5s，低压电容器不应超过 3min。对高压电容器组，通常利用电压互感器（如图 5-10 中的 TV）的一次绕组来放电。为了确保可靠放电，电容器组的放电回路中不得装设熔断器或开关，以免放电回路断开，危及人身安全。

高压电容器装置宜设置在单独的高压电容器室内。当电容器组容量较小时，亦可设置在高压配电室内，但与高压配电装置的距离不应小于 1.5m。

② 低压集中补偿

低压集中补偿是将低压电容器集中装设在车间变电所的低压母线上。这种补偿方式能补偿车间变电所低压母线以前包括车间变压器和前面高压配电线路及电力系统的无功功率。由于这种补偿方式能使车间变压器的视在功率减小从而可使变压器的容量选得较小，因此比较经济。而且这种补偿的低压电容器柜一般可安装在低压配电室内（只有电容器柜较多时才考虑单设低压电容器室），运行维护安全、方便，因此这种补偿方式在工厂中相当普遍。

图 5-11 所示是低压集中补偿的电容器组接线图。这种电容器组，都采用Δ形接线，一般利用 220V、15～25W 的白炽灯灯丝电阻来放电，但是也有采用专门的放电电阻来放电的。放电用的白炽灯同时兼作电容器组正常运行的指示灯。

③ 单独就地补偿

单独就地补偿也称分散就地补偿，是将并联电容器组装设在需要进行无功补偿的各个用电设备旁边。这种补偿方式能够补偿安装部位以前的所有高低压线路和电力变压器的无功功率，因此其补偿范围最大，补偿效果最好，应予优先选用。但是这种补偿方式总的投资较大，而且电容器组在被补偿的用电设备停止工作时，它也将一并被切除，因此其利用率较低。这种分散就地补偿方式特别适用于负荷平稳、长期运转而容量又大的设备如大容量感应电动机、高频电热炉等，也适用于容量虽小但数量多且长期稳定运行的一些电器如荧光灯等。对于供电系统中高压侧和低压侧的基本无功功率的补偿，仍宜采用高压集中补偿和低压集中补偿的方式。

图5-12所示是直接接在感应电动机旁就地补偿的低压电容器组接线图。这种电容器组通常就利用所补偿的用电设备本身的绕组电阻来放电。

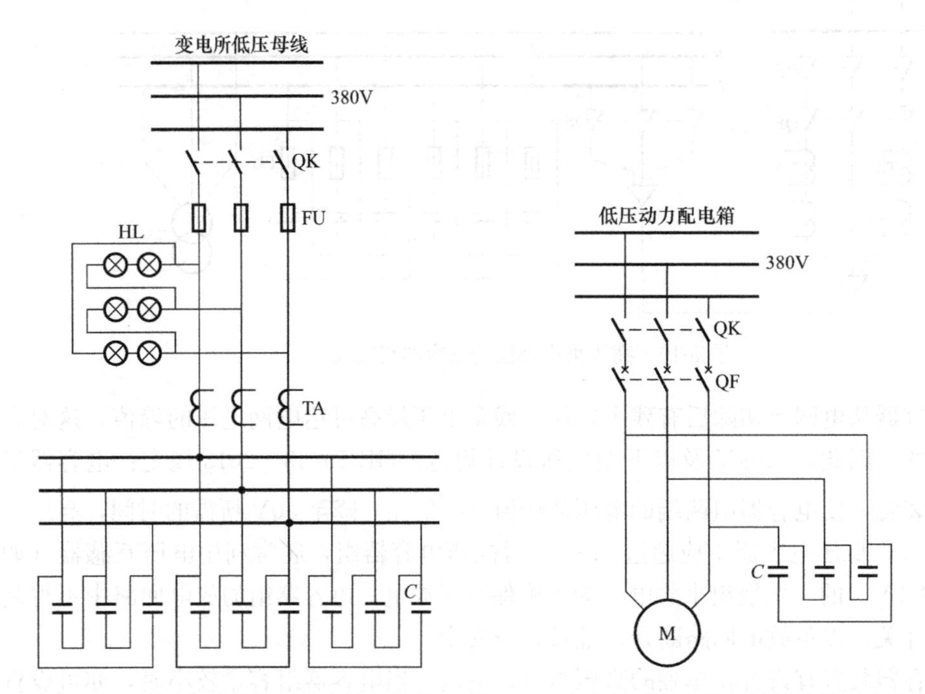

图5-11 低压集中补偿的电容器组接线 图5-12 感应电动机旁就地补偿的低压电容器组接线

在工厂供电设计中，实际上多是综合采用上述各种补偿方式，以求经济合理地达到总的无功补偿要求，使工厂电源进线处在最大负荷时的功率因数不低于规定值（高压进线时为0.9）。

(3) 并联电容器的控制

并联电容器有手动投切和自动调节两种控制方式。

① 手动投切并联电容器组

并联电容器组采用手动投切，具有简单经济、便于维护的优点，但是不便于调节补偿容量，更不能按负荷变动情况进行无功补偿，达到理想的补偿要求。具有下列情况之一时，宜采用手动投切的并联电容器组补偿：补偿低压基本无功功率；常年稳定的无功功率补偿；长期投入运行的变压器或变配电所投切次数较少的高压电容器组。

对集中补偿的高压电容器组（见图5-10），采用高压断路器进行手动投切。

对集中补偿的低压电容器组，可按补偿容量分组投切。图5-13（*a*）所示是利用接触器KM进行分组投切的电容器组；图5-13（*b*）所示是利用低压断路器QF进行分组投切的电容器组。对分散就地补偿的电容器组，就利用被补偿用电设备的控制开关来进行投切。

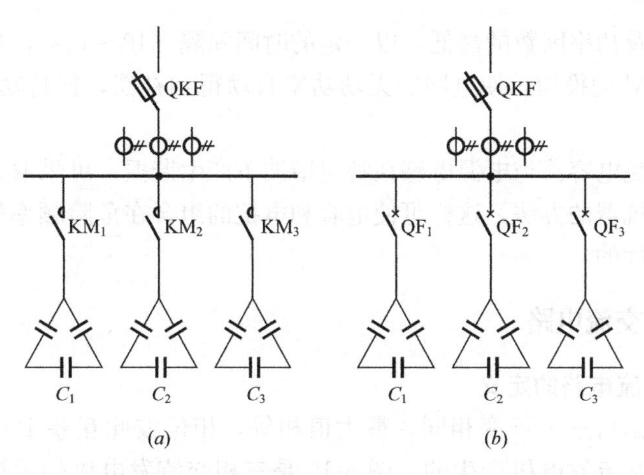

图 5-13 手动投切的低压电容器组

（a）利用接触器分组投切；（b）利用低压断路器分组投切

② 自动调节的并联电容器组

具有自动调节功能的并联电容器组，通称无功自动补偿装置。采用无功自动补偿装置可以按负荷变动情况进行无功补偿，达到比较理想的无功补偿要求。但是这种补偿装置投资较大，且维修比较麻烦。因此，凡可不用自动补偿或者采用自动补偿效果不大的地方，均不必装设自动补偿装置。

具有下列情况之一时，宜装设无功自动补偿装置：为避免过补偿，装设无功自动补偿装置在经济上合理时；为避免轻载时电压过高，造成某些用电设备损坏而装设无功自动补偿装置在经济上合理时；只有装设无功自动补偿装置才能满足在各种运行负荷情况下的允许电压偏差值时。

由于高压电容器组采用自动补偿时对电容器组回路中的切换元件要求较高，价格较贵，而且维修比较困难，因此当补偿效果相同或相近时，宜优先选用低压自动补偿装置。

低压自动补偿装置的原理电路如图 5-14 所示。电路中的功率因数自动补偿控制器，

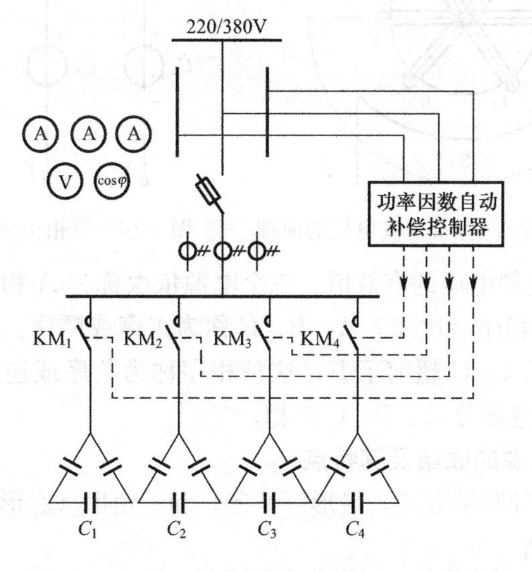

图 5-14 低压自动补偿装置的原理电路

按电力负荷的变动及功率因数的高低，以一定的时间间隔（10～15s），自动控制各组电容器回路中接触器KM的投切，使电网的无功功率自动得到补偿，保持功率因数在0.95以上，而不致过补偿。

此外，为了避免电容器与电源电感在特定谐波下产生谐振，可采取在每一组电容器组的开关段上加装电抗器的方法，这样可使电容和电抗的组合在危险频率处是感性的，而在基本频率处则是容性的。

5.1.2　三相正弦交流电路

1. 三相正弦交流电路的定义

对称三相电源是指三个频率相同，最大值相等，相位彼此互差120°的正弦交流电压源，通常是由三相交流发电机产生的。图5-15是三相交流发电机的示意图。三相交流发电机最主要的组成部分是定子和转子。在定子铁芯内圆的槽孔里安装有三个完全相同的线圈，分别称为AX、BY和CZ线圈。其中，A、B、C是线圈的始端，X、Y、Z是线圈的末端，三个线圈在空间位置上彼此相隔120°。在转子的铁芯上绕有励磁绕组，用直流励磁。只要选择合适的结构，可使在定子与转子气隙中的磁场按正弦规律分布。

三相正弦电压源是三相电路中最基本的组成部分，电力系统中，就是三相交流发电机的三相绕组，如图5-16所示。它的解析式为式（5-14）所示：

$$
\begin{aligned}
u_A &= \sqrt{2}U_P\cos\omega t \text{（V）} \\
u_B &= \sqrt{2}U_P\cos(\omega t-120°) \text{（V）} \\
u_C &= \sqrt{2}U_P\cos(\omega t+120°) \text{（V）}
\end{aligned}
\quad (5\text{-}14)
$$

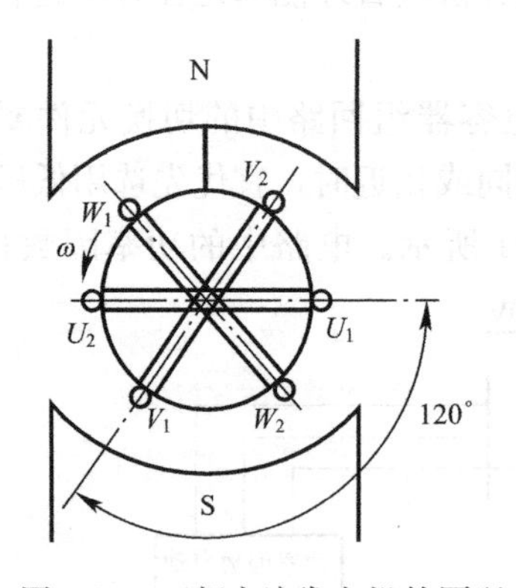

图5-15　三相交流发电机的原理

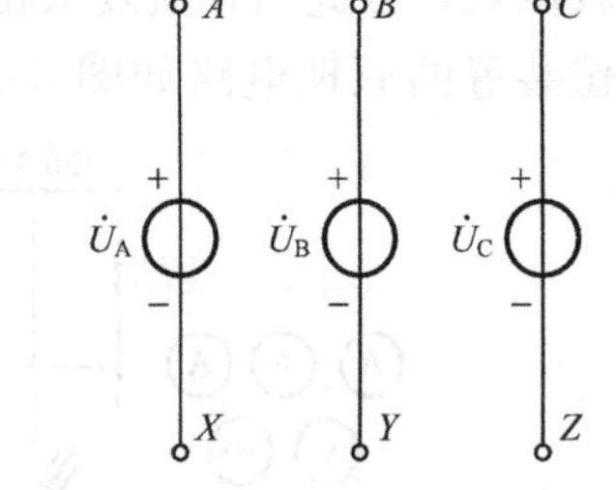

图5-16　三相正弦电压源

式中：U_P为每相电源电压的有效值。三个电源依次称为A相、B相和C相。三相电压相位依次落后120°的相序（次序）A、B、C称为正序或顺序。与此相反，若相位依次超前120°，即B超前于A，C超前于B，这种相序称为负序或逆序。工程上一般采用正序，并用黄、绿、红三色区分A、B、C三相。

2. 三相正弦交流电源的联结及其特点

对称三相电源有两种联结方式，星形（Y形）和三角形（△形）（图5-17）。

1）电源的星形联结

图5-18所示是三相电源的Y形联结方式。把三相电源的首端连接在一起，形成一个

中（性）点 N，从三个首端引出三条导线，这种星形联结方式的三相电源，简称星形或 Y 形电源。从中点引出的导线称为中线，从端点 A、B、C 引出的三根导线称为端线或火线。端线之间的电压称为线电压，每一相电源的电压称为相电压。

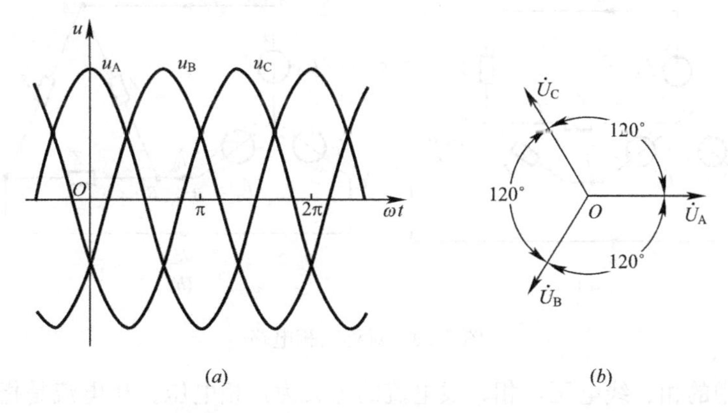

图 5-17　对称三相电压的波形及相量图

（a）对称三相电压波形图；（b）对称三相电压相量图

2）三相电源的△形联结

将三个电压源的首、末端顺次序相连，再从三个联结点引出三根端线 A、B、C。这样就构成△形联结，如图 5-19（a）所示。

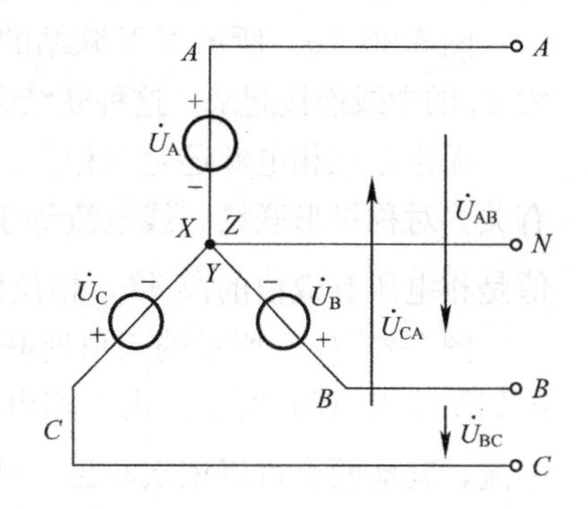

图 5-18　三相电源的星形联结

从图中可以看出三相电源三角形连接时，线电压等于对应的相电压。

三相电源作三角形联结时，要注意接线的正确性。当三相电压源联结正确时，在三角形闭合回路中总的电压为零。三相电源接成三角形时，为保证联结正确，可先把三个绕组接成一个开口三角形，经一电压表闭合。若电压表读数为零，说明联结正确，可撤去电压表将回路闭合。

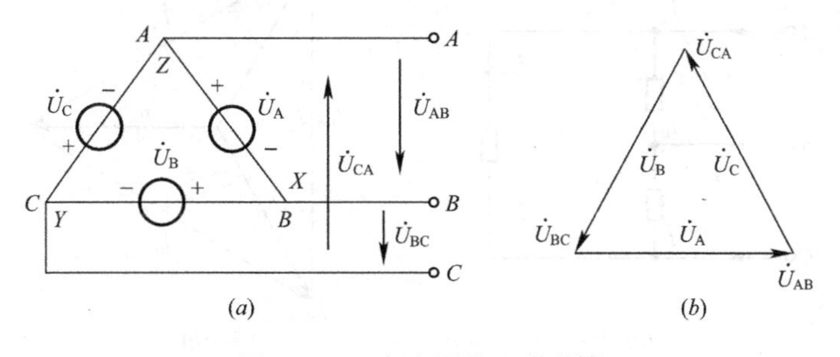

图 5-19　三相电源的△形联结

3. 三相交流负载的联结及其特点

1）三相对称负载的联结及其特点

三相电路的负载也是由三个阻抗联结成星形（Y）或三角形（△）组成的。当这三个阻抗相等时，称为对称三相负载。将对称三相电源与对称三相负载进行适当的联结就形成了对称三相电路。根据三相电源与负载的不同联结方式可以组成Y-Y、Y-△、△-Y、△-△联结的三相电路。图5-20（a）所示为Y-Y联结方式，图5-20（b）所示为Y-△联结方式。

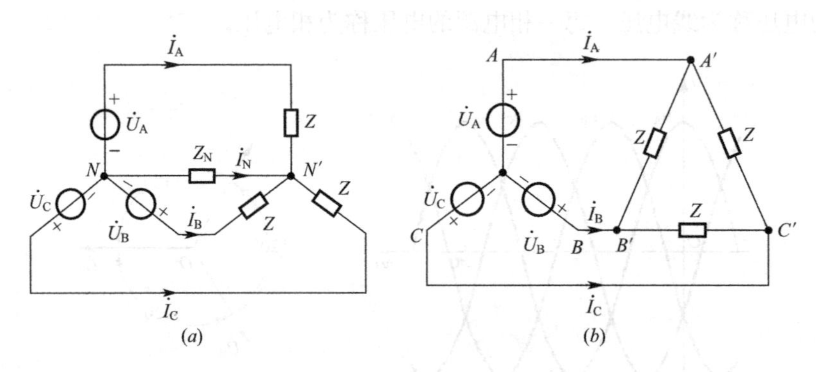

图5-20　对称三相电路

三相负载中的相、线电压，相、线电流的定义为：相电压、相电流是指各相负载阻抗的电压、电流。三相负载的三个端子A'、B'、C'向外引出的导线中的电流称为负载的线电流，任意两个端子之间的电压称为负载的线电压。

图5-20（a）所示Y-Y联结的对称三相电路中，电源中点N和负载中点N'用一条阻抗为Z_n的中线连接起来，这种联结方式称为三相四线制，其他种联结方式均属三相三线制。

无论是三相电源还是三相负载，其相、线电压及相、线电流之间的关系都与联结方式有关。对称星形联结，线电流等于相电流，相电压对称时，线电压也一定对称，它的有效值是相电压有效值的$\sqrt{3}$倍，相位依次超前相电压30°。

图5-21（a）所示的三角形联结，线电压等于相电压。三角形联结相、线电流的相量图如图5-21（b）所示。由于相电流是对称的，所以线电流也是对称的。只要求出一个线电流，其他两个可以依次写出。线电流有效值是相电流有效值的$\sqrt{3}$倍，相位依次滞后线电流的相位为30°。

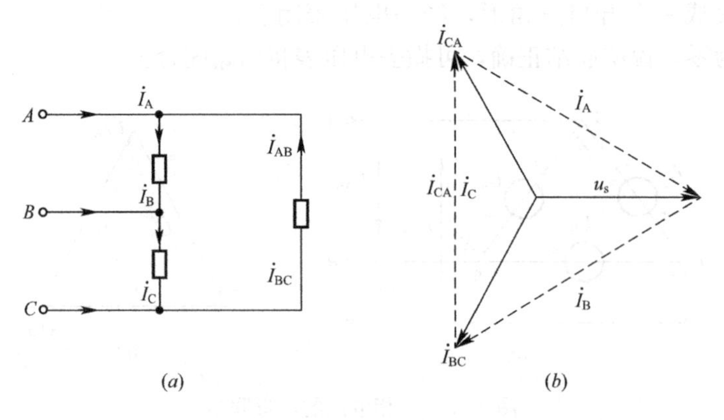

图5-21　对称三角形联结负载及相、线电压相量图

2）不对称三相电路的特点及分析

三相电力系统是由三相电源、三相负载和三相输电线路三部分组成，只要有一部分不对称就称为不对称三相电路。不对称三相电路中各相电流之间一般不存在幅值相等、相位相差120°的关系，所以不能直接化为单相电路计算，而要作为一般正弦稳态电路分析。产生不对

称的原因很多，例如对称三相电路发生短路、断路等故障时，就称为不对称三相电路。其次，有的电气设备或仪器正是利用不对称三相电路的某些特性而工作的。

图 5-22（*a*）所示为 Y-Y 联结的三相三线制不对称三相电路。

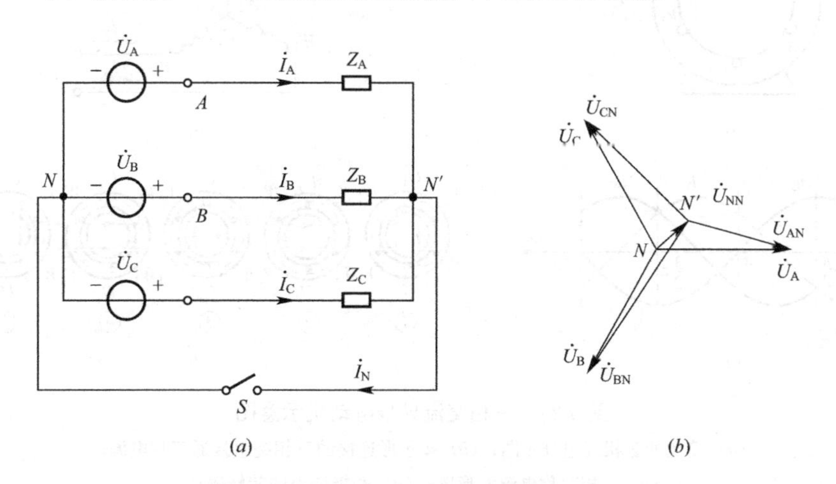

图 5-22　不对称三相电路

虽然电源是对称的，但由于负载的不对称，一般 $\dot{U}_{N'N} \neq 0$，即 N'点和 N 点电位不同了。负载电压与电源电压的相量图如图 5-22（*b*）所示，由图可见，N'点和 N 点不再重合，工程上称其为中点位移，这导致负载电压不对称。当中点位移较大时，会造成负载电压的严重不对称，可能会使负载工作不正常，甚至损坏设备。另外，由于负载电压相互关联，每一相负载的变动都会对其他相造成影响。因此，工程中常采用三相四线制，在 NN' 间用一阻抗趋于零的中线连接，$Z_N \approx 0$。则可强使 $\dot{U}_{N'N} = 0$。这样尽管负载阻抗不对称也能保持负载相电压对称，彼此独立，各相可单独计算。这就克服了无中线带来的缺点。因此，在负载不对称的情况下中线的存在是非常重要的。为了避免因中线断路而造成负载相电压严重不对称，要求中线安装牢固，而且在中线上不安装开关、熔断器。由于相电流不对称，一般情况下中线电流不为零。

5.2　三相交流异步电动机

5.2.1　三相交流异步电动机工作原理

三相异步电动机的工作原理是根据电磁感应原理而工作的，当定子绕组通过三相对称交流电，则在定子与转子间产生旋转磁场，该旋转磁场切割转子绕组，在转子回路中产生感应电动势和电流，转子导体的电流在旋转磁场的作用下，受到力的作用而使转子旋转。

如图 5-23 所示的一个电流周期，旋转磁场在空间转过 360°。则同步转速 n_0（旋转磁场的速度）为：

$$n_0' = 60f \quad (\text{转} / \text{分}) \tag{5-15}$$

其中：n_0——同步转速；

　　　f——电源频率。

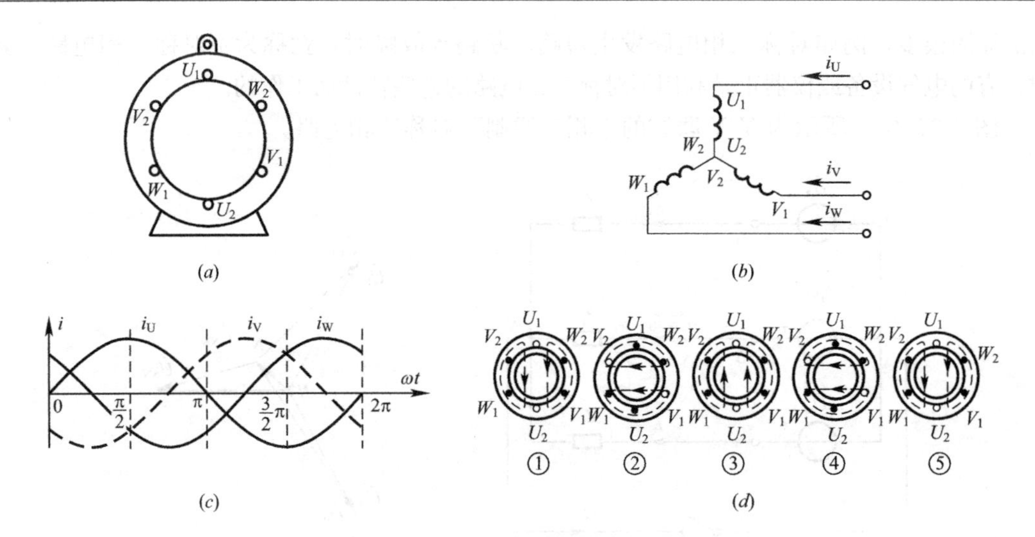

图 5-23　三相交流异步电动机示意图

(a) 简化的三相绕组分布图；(b) 按星形连接的三相绕组接通三相电源；(c) 三相对称电流波形图；(d) 两极绕组的旋转磁场

如果将三相交流异步电动机的每相绕组分成两段，按照一定的规则嵌入到定子槽内，那么就会形成两对磁极。以此类推，那么同步转速公式为：

$$n_0 = \frac{60f}{p} \quad (\text{转/分}) \tag{5-16}$$

其中：p——极对数。

既然叫“异步”电动机，顾名思义其转子转速 n 与同步转速 n_0 是不相等的，即：$n < n_0$。转差率 s 为旋转磁场的同步转速和电动机转速之差。即：

$$s = \left(\frac{n_0 - n}{n_0}\right) \times 100\% \tag{5-17}$$

5.2.2　三相交流异步电动机的技术参数

(1) 额定电压是指电动机定子三相绕组规定应加的线电压值。用符号“Ue”表示，单位是“V”或“伏”。若铭牌上标有两个额定值，220/380V，这表示定子绕组作三角形（△形）连接时，其额定电压应是220V，而作星形（Y形）连接时，其额定电压应是380V。

(2) 额定电流表示电动机在额定状态下运行时定子电路输入的线电流。用“Ie”表示，单位是“A”或“安”。

(3) 额定功率表示电动机在额定工作状态下运行时转轴上输出的机械功率。用符号“P”表示，单位用“kW”或“千瓦”表示。

(4) 额定转速是指铭牌上的转速即指电动机在额定状态下的转速。用符号“n”表示，单位为“rpm”或“转/分”。

(5) 额定转矩指电机在额定电压下，以额定转速运行，输出额定功率时，电机转轴上输出的转矩。

(6) 绝缘等级是指电动机定子绕组所用的绝缘材料的等级，它表明电动机所允许的最高工作温度。绝缘材料的等级共分为七级，分别是：Y：90℃、A：105℃、E：120℃、

B：130℃、F：155℃、R：180℃、C：180℃以上。

5.2.3 三相交流异步电动机的结构

1. 定子（绕组、铁芯、机座）

1）定子铁芯

定子铁芯是构成电机磁通回路和固定定子线圈的重要部件，它由冲片及各种紧固件压紧构成一个整体。

定子铁芯的基本要求：①导磁性能好，损耗低。②刚度好，振动好。③在结构布置上有良好的通风效果。④叠压后铁芯内径和槽形尺寸应满足设计精度要求。

定子铁芯冲片厚度一般为0.5mm或0.35mm的热轧、冷轧硅钢片或铁镍软磁合金薄板冲制而成。冲片外径小于1m的用整圆冲片，大于0.99m的用扇形冲片。

通风槽片由槽钢和槽片组成，槽片上的每个齿上点焊一根或两根槽钢。

定子铁芯的紧固：通畅整圆冲片采用外压装，扇形冲片采用内压装。

2）定子绕组

定子绕组是电动机的电路部分，通入三相交流电，产生旋转磁场。定子绕组必须有一定的绝缘强度，其主要绝缘项目有三种：①对地绝缘；②相间绝缘；③匝间绝缘。

三相异步电动机的接线盒如图5-24所示：由于三相绕组的两端六个接线柱是上下错一个位置分布的，所以当其为星形（Y）接法时，秩序将三相绕组的末端短接，首端接入三相电源即可；当其为三角形（△）接法时，将上下接线柱两两短接之后，再接入三相电源。

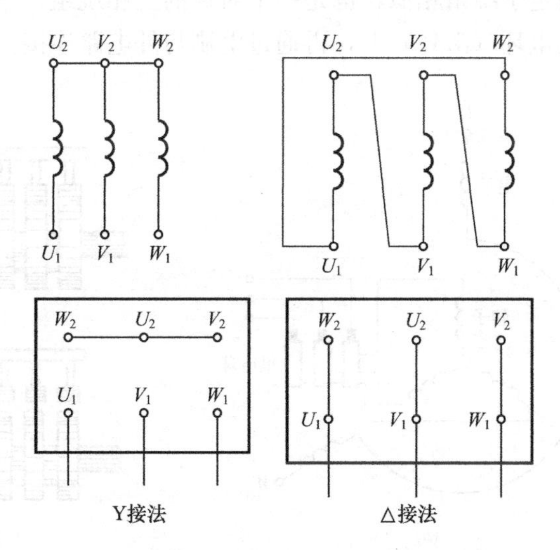

图5-24 三相异步电动机的接线盒

3）机座

电机机座就是电气设备的底架或部件，以便电气设备的使用或安装。机座材料应根据其结构、工艺、成本、生产批量和生产周期等要求正确选择。

2. 转子（绕组、铁芯）

转子是电动机的旋转部分，包括转子铁芯、转子绕组和转轴等部件。

1）转子铁芯

作用：电机磁路的一部分，并放置转子绕组。一般用0.5mm厚的硅钢片冲制、叠压而成，硅钢片外圆冲有均匀分布的孔，用来安置转子绕组。

2）转子绕组

作用是切割定子旋转磁场产生感应电动势及电流，并形成电磁转矩而使电动机旋转。根据构造的不同分为鼠笼式转子和绕线式转子。

（1）笼式转子

若去掉转子铁芯，整个绕组的外形像一个鼠笼，故称笼形绕组。小型笼形电动机采用铸铝转子绕组，对于100kW以上的电动机采用铜条和铜端环焊接而成，如图5-25所示。

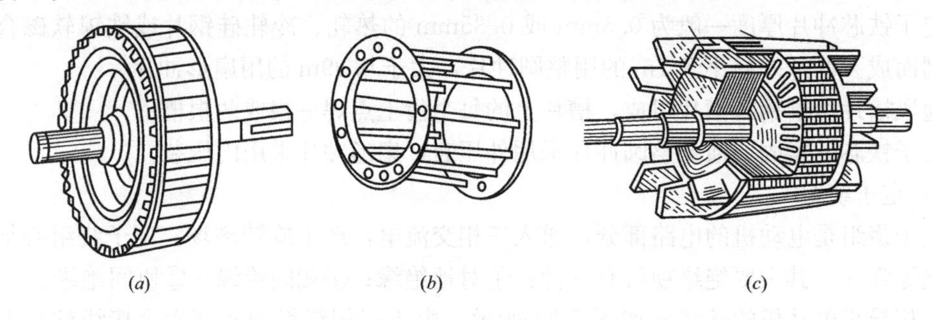

图5-25 笼形转子

（a）笼形绕组；（b）转子外形；（c）铸铝笼形转子

（2）绕线式转子

绕线式转子绕组与定子绕组相似，也是一个对称的三相绕组，一般接成星形，三个出线头接到转轴的三个集电环（滑环）上，再通过电刷与外电路连接，如图5-26所示。

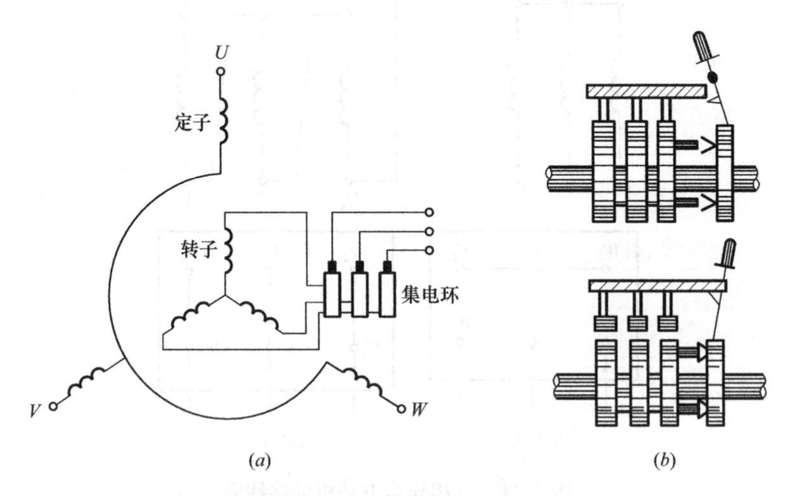

图5-26 绕线式转子异步电动机的转子接线示意图

（a）接线图；（b）提刷装置

3）转轴

转轴用以传递转矩及支撑转子的重量，一般由中碳钢或合金钢制成。

3. 附件（风扇、接线盒等）

三相异步电动机的其他附件包括：端盖、轴承、轴承端盖、风扇等。

5.3 变压器

5.3.1 变压器的工作原理及技术参数

1. 工作原理

变压器是一种静止的电气设备，它利用电磁感应原理将一种电压等级的交流电能转变成另一种电压等级的交流电能。图 5-27 所示是单相变压器的原理图。图中在闭合的铁芯上，绕有两个互相绝缘的绕组，其中，接入电源的一侧叫一次侧绕组，输出电能的一侧为二次侧绕组。当二次侧绕组开路，交流电源电压 u_1 加到一次侧绕组后，就有交流电流 i_0 通过该绕组，电流 i_0 就是变压器的励磁电流。这时在铁芯中产生交流磁通 Φ，这个交变磁通不仅穿过一次侧绕组，同时也穿过二次侧绕组，两个绕组分别产生感应电势 e_1 和 e_2。这时，如果二次侧绕组与外电路的负荷接通，便有电流 i_2 流入负荷，即二次侧绕组有电能输出。为保证变压器输出功率，一次侧电流由 i_0 变为 i_1。

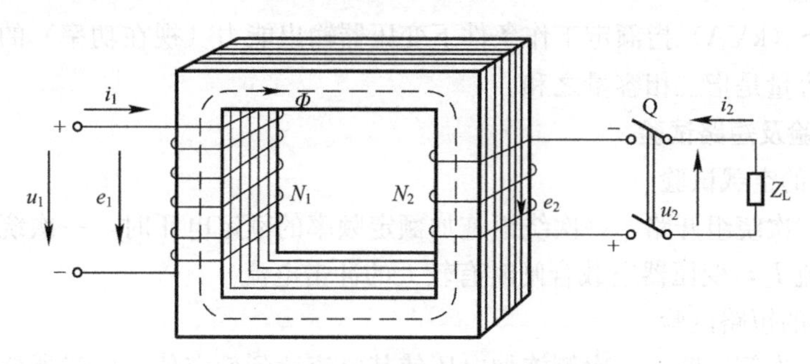

图 5-27 单相变压器的原理图

变压器一、二次侧感应电势之比等于一、二次侧绕组匝数之比。由于变压器一、二次侧的漏电抗和电阻都比较小，可以忽略不计，因此可近似地认为：一次电压有效值为 U_1，二次电压有效值为 U_2，于是

$$\frac{U_1}{U_2}=\frac{N_1}{N_2}=k \tag{5-18}$$

式中：k——变压器的变比。

变压器一、二次侧绕组因匝数不同将导致一、二次侧绕组的电压高低不等，匝数多的一边电压高，匝数少的一边电压低，这就是变压器能够改变电压的原理。

如果忽略变压器的内损耗，可认为变压器二次输出功率等于变压器一次输入功率，即

$$U_1I_1=U_2I_2 \tag{5-19}$$

式中：I_1、I_2 分别为变压器一次、二次电流的有效值。由此可得出：

$$\frac{I_1}{I_2}=\frac{U_2}{U_1}=\frac{1}{k} \tag{5-20}$$

由此可见，变压器一、二次电流之比与一、二次绕组的匝数比成反比。即变压器匝数多的一侧电流小，匝数少的一侧电流大。

2. 额定电压

一次绕组的额定电压 U_{1N}(kV) 是根据变压器的绝缘强度和容许发热条件规定的一次

绕组正常工作电压值。二次绕组的额定电压 U_{2N} 指一次绕组加上额定电压，分接开关位于额定分接头时，二次绕组的空载电压值。

对三相电力变压器，额定电压指线电压。它应与所连接的输变电线路电压相符合。我国输变电线路的电压等级（即线路终端电压）为 0.38、3.6、10、35、63、110、220、330、500kV。故连接于线路终端的变压器（称为降压变压器）其一次侧额定电压与上列数值相同。

考虑线路的电压降，线路始端（电源端）电压将高于等级电压，35kV 以下的要高 5%，35kV 及以上的高 10%，即线路始端电压为 0.4、10.5、38.5、121、242、363、550kV。故连接于线路始端的变压器（即升压变压器），其二次侧额定电压与上列数值相同。

变压器产品系列是以高压的电压等级区分的，分为 10kV 及以下、20kV、35kV、66kV、110kV 系列和 220kV 系列等。

3. 额定电流

额定电流 I_{1N} 和 I_{2N}(A) 是根据容许发热条件而规定的绕组长期容许通过的最大电流值。对三相变压器，额定电流指线电流。

4. 额定容量

额定容量 S_N(kVA) 指额定工作条件下变压器输出能力（视在功率）的保证值。三相变压器的额定容量是指三相容量之和。

5. 空载试验及短路试验

1）变压器的空载试验

当变压器二次绕组开路，一次绕组施加额定频率的额定电压时，一次绕组中所流过的电流称空载电流 I_0，变压器空载合闸时有较大的冲击电流。

2）变压器的短路试验

当变压器二次侧短路，一次侧施加电压使其电流达到额定值，此时所施加的电压称为阻抗电压 U_Z，变压器从电源吸取的功率即为短路损耗。以阻抗电压与额定电压 U_N 之比的百分数表示，即

$$U_Z\% = U_Z/U_N \times 100\% \tag{5-21}$$

6. 连接组别

变压器同侧绕组是按一定形式联结的。

三相变压器或组成三相变压器组的单相变压器，则可以联结成星形、三角形等。星形联结是各相线圈的一端接成一个公共点（中性点），其余接线接到相应的套管下端；三角形联结是三个相线圈互相串联形成闭合回路，由串联处接至相应的套管下端。

星形、三角形、曲折形联结，对于高压绕组分别用符号 Y、D、Z 表示；对于中压和低压绕组分别用符号 y、d、z 表示。有中性点引出时则分别用符号 Y_N、Z_N 和 y_n、z_n 表示。

变压器按高压、中压和低压绕组联结的顺序组合起来就是绕组的联结组，例如：变压器按高压为 D、低压为 y_n 联结，则绕组联结组为 Dyn（Dyn11）。

5.3.2 三相电力变压器的结构

1. 三相电力变压器的型号含义

型号

变压器的技术参数一般都标在铭牌上。按照国家标准，铭牌上除标出变压器名称、型

号、产品代号、标准代号、制造厂名、出厂序号、制造年月以外，还需标出变压器的技术参数数据。需要标出的技术数据见表 5-1。

电力变压器铭牌所标出的项目 **表 5-1**

标准项目		附加说明
必须标志的项目（任何情况下）	相数（单相、三相）	
	额定容量（kVA、MVA）	多绕组变压器应该给出每个绕组的额定容量
	额定频率（Hz）	
	各绕组额定电压（V、kV）	
	各绕组额定电流（A）	三绕组自耦变压器应注公共线圈中、长期允许电流
	连接组标号、绕组连接示意图	6300kVA 以下变压器可以不画连接示意图
	额定电流下的阻抗电压	实测值，如果需要应给出参考容量，多绕组变压器应表示出相当于 100%额定容量时的阻抗电压
	冷却方式	有几种冷却方式时，还应以额定容量百分数表示出相应的冷却容量；强迫油循环变压器还应注满载时潜油泵和风扇电动机的运行工作时限
	使用条件	户内、户外使用，超过或低于 1000m 海拔等
	总重量（kg、t）	
	绝缘油重量（kg、t）	
附加项目（在适用的情况下）	绝缘的温度等级	油浸变压器 A 级绝缘可不标
	温升	当温升不是标准规定值时
	接线图	当连接组标号不能说明内部连接的全部情况时
	绝缘水平	额定电压在 3kV 及以上的绕组和分级绝缘绕组的中性端
	运输重（kg、t）	8000kVA 及以上变压器
	器身吊重、上节油箱重（kg、t）	器身吊重在变压器总重超过 5t 时标注，钟罩式油箱注上节油箱重
	绝缘液体名称	在非矿物油时
	有分接开关的详细说明	8000kVA 及以上的变压器标带有分接绕组的示意图，每一绕组的分接电压、分接电流和分接容量，极限分接和主分接的短路阻抗值，以及超过分接电压 105%时的运行能力等
	空载电流	实测值，8000kVA 或 63kV 及以上的变压器
	空载损耗和负载损耗（W、kW）	实测值，8000kVA 或 63kV 及以上的变压器，多绕组变压器的负载损耗应表示各对绕组工作状态的损耗值

变压器除装设标有以上项目的主铭牌外，还应装设标有关于附件性能的铭牌，需分别按所用附件（套管、分接开关、电流互感器、冷却装置）的相应标准列出。

变压器的型号表示方法如图 5-28 所示。

例如：SFZ－10000/110 表示三相自然循环风冷有载调压，额定容量为 10000kVA，高压绕组额定电压为 110kV 电力变压器。

S9－160/10 表示三相油浸自冷式，双绕组无励磁调压，额定容量 160kVA，高压侧绕组额定电压为 10kV 电力变压器。

SC8－315/10 表示三相干式浇注绝缘，双绕组无励磁调压，额定容量 315kVA，高压侧绕组额定电压为 10kV 电力变压器。

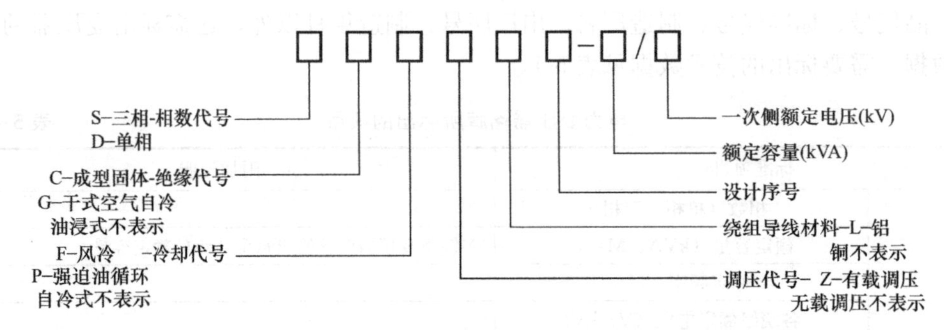

图 5-28 电力变压器型号表示方法

S11－M（R）－100/10 表示三相油浸自冷式，双绕组无励磁调压，卷绕式铁芯（圆截面），密封式，额定容量 100kVA，高压侧绕组额定电压为 10kV 电力变压器。

SH11－M－50/10 表示三相油浸自冷式，双绕组无励磁调压，非晶态合金铁芯，密封式，额定容量 50kVA，高压侧绕组额定电压为 10kVA 的电力变压器。

电力变压器可以按绕组耦合方式、相数、冷却方式、绕组数、绕组导线材质和调压方式分类。但是，这种分类还不足以表达变压器的全部特征，所以在变压器型号中除要把分类特征表达出来外，还需标记其额定容量和高压绕组额定电压等级。

一些新型的特殊结构的配电变压器，如非晶态合金铁芯、卷绕式铁芯和密封式变压器，在型号中分别加以 H、R 和 M 表示。

2. 油浸变压器的主要结构

中小型油浸电力变压器的典型结构如图 5-29 所示。

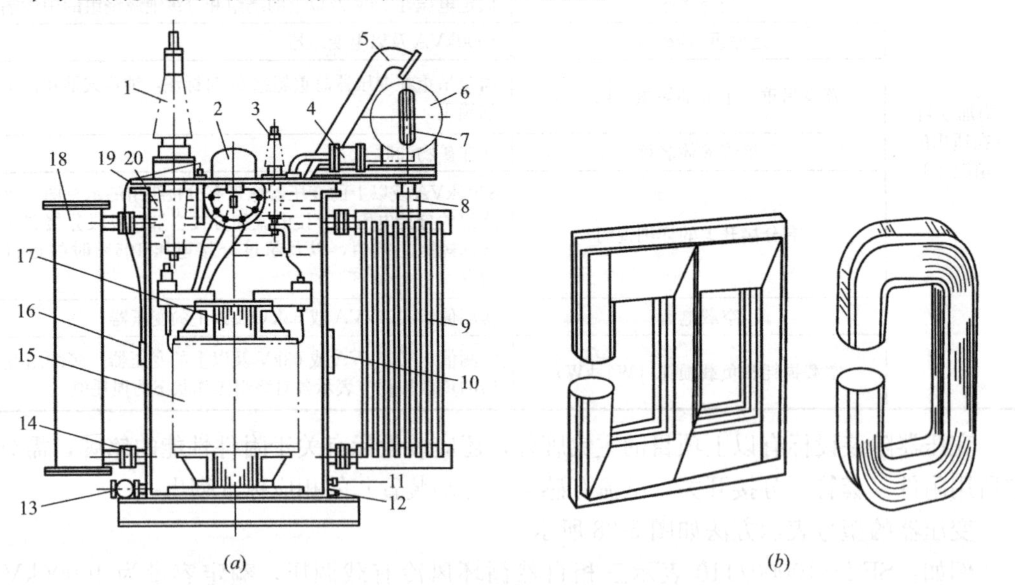

图 5-29 变压器结构示意图

(a) 三相三柱式截面图；(b) 单相卷铁芯截面图

1—高压套管；2—分接开关；3—低压套管；4—气体继电器；5—安全气道（防爆管）；6—油枕（储油柜）；7—油表；8—呼吸器；9—散热器；10—铭牌；11—接地螺丝；12—油样活门；13—放油活门；14—活门；15—绕组；16—温度计；17—铁芯；18—净油器；19—油箱；20—变压器油

1）铁芯

（1）铁芯结构

变压器的铁芯是磁路部分。由铁芯柱和铁轭两部分组成。绕组套装在铁芯柱上，而铁轭则用来使整个磁路闭合。铁芯的结构一般分为心式和壳式两类。

心式铁芯的特点是铁轭靠着绕组的顶面和底面，但不包围绕组的侧面。壳式铁芯的特点是铁轭不仅包围绕组的顶面和底面，而且还包围绕组的侧面。由于心式铁芯结构比较简单，绕组的布置和绝缘也比较容易，因此我国电力变压器主要采用心式铁芯，只在一些特种变压器（如电炉变压器）中才采用壳式铁芯。常用的心式铁芯如图 5-29（*a*）所示。近年来，大量涌现的节能性配电变压器均采用卷铁芯结构。

（2）铁芯材料

由于铁芯为变压器的磁路，所以其材料要求导磁性能好，导磁性能好，才能使铁损小。故变压器的铁芯采用硅钢片叠制而成。硅钢片有热轧和冷轧两种。由于冷轧硅钢片在沿着辗轧的方向磁化时有较高的导磁系数和较小的单位损耗，其性能优于热轧的，国产变压器均采用冷轧硅钢片。国产冷轧硅钢片的厚度为 0.35mm、0.30mm、0.27mm 等几种。片厚则涡流损耗大，片薄则叠片系数小，因为硅钢片的表面必须涂覆一层绝缘漆以使片与片之间绝缘。

2）绕组

绕组是变压器的电路部分，一般用绝缘纸包的铝线或铜线烧制而成。根据高、低压绕组排列方式的不同，绕组分为同心式和交叠式两种。对于同心式绕组，为了便于绕组和铁芯绝缘，通常将低压绕组靠近铁芯柱。对于交叠式绕组，为了减小绝缘距离，通常将低压绕组靠近铁轭。

3）绝缘

变压器内部主要绝缘材料有变压器油、绝缘纸板、电缆纸、皱纹纸等。

4）分接开关

为了供给稳定的电压、控制电力潮流或调节负载电流，均需对变压器进行电压调整。目前，变压器调整电压的方法是在其某一侧绕组上设置分接，以切除或增加一部分绕组的线匝，以改变绕组的匝数，从而达到改变电压比的有级调整电压的方法。这种绕组抽出分接以供调压的电路，称为调压电路；变换分接以进行调压所采用的开关，称为分接开关。一般情况下是在高压绕组上抽出适当的分接。这是因为高压绕组一则常套在外面，引出分接方便；二则高压侧电流小，分接引线和分接开关的载流部分截面小，开关接触触头也较容易制造。

变压器二次不带负载，一次也与电网断开（无电源励磁）的调压，称为无励磁调压。带负载进行变换绕组分接的调压，称为有载调压。

5）油箱

油箱是油浸式变压器的外壳，变压器的器身置于油箱内，箱内灌满变压器油。油箱结构根据变压器的大小分别为吊器身式油箱和吊箱壳式油箱两种。

（1）吊器身式油箱

多用于 6300kVA 及以下的变压器，其箱沿设在顶部，箱盖是平的，由于变压器容量小，所以重量轻，检修时易将器身吊起。

（2）吊箱壳式油箱

多用于8000kVA及以上的变压器，其箱沿设在下部，上节箱身做成钟罩形，故又称钟罩式油箱。检修时无需吊器身，只将上节箱身吊起即可。

6）冷却装置

变压器运行时，由绕组和铁芯中产生的损耗转化为热量，必须及时散热，以免变压器过热造成事故。变压器的冷却装置是起散热作用的。根据变压器容量大小不同，采用不同的冷却装置。

对于小容量的变压器，绕组和铁芯所产生的热量经过变压器油与油箱内壁的接触，以及油箱外壁与外界冷空气的接触而自然地散热冷却，无须任何附加的冷却装置。若变压器容量稍大些，可以在油箱外壁上焊接散热管，以增大散热面积。

对于容量更大的变压器，则应安装冷却风扇，以增强冷却效果。

当变压器容量在50000kVA及以上时，则采用强迫油循环水冷却器或强迫油循环风冷却器。与前者的区别在于循环油路中增设一台潜油泵，对油加压以增加冷却效果。这两种强迫循环冷却器的主要差别为冷却介质不同，前者为水，后者为风。

7）储油柜（又称油枕）

储油柜位于变压器油箱上方，通过气体继电器与油箱相通，图5-30所示为防爆管与变压器油枕间的连通。

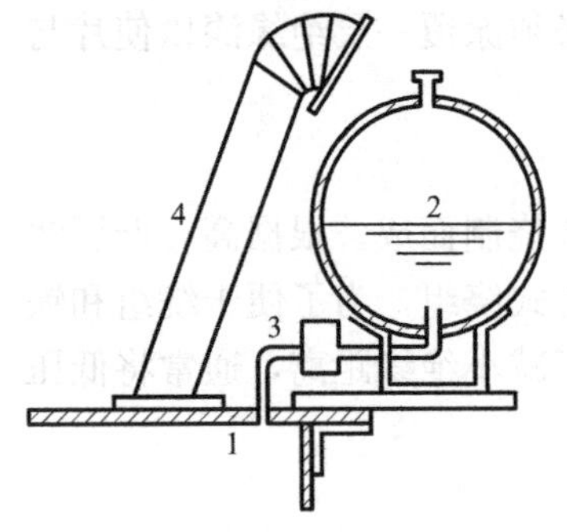

图5-30　储油柜

1—主油箱；2—储油柜；3—气体继电器；4—安全气道

当变压器的油温变化时，其体积会膨胀或收缩。储油柜的作用就是保证油箱内总是充满油，并减小油面与空气的接触面，从而减缓油的老化。

8）安全气道（又称防爆管）

位于变压器的顶盖上，其出口用玻璃防爆膜封住。当变压器内部发生严重故障，而气体继电器失灵时，油箱内部的气体便冲破防爆膜从安全气道喷出，保护变压器不受严重损害。

9）吸湿器

为了使储油柜内上部的空气保持干燥，避免工业粉尘的污染，储油柜通过吸湿器与大气相通。吸湿器内装有用氯化钙或氯化钴浸渍过的硅胶，它能吸收空气中的水分。当它受潮到一定程度时，其颜色由蓝色变为粉红色。

10）气体继电器

位于储油柜与箱盖的联管之间。在变压器内部发生故障（如绝缘击穿、匝间短路、铁芯事故等）产生气体或油箱漏油等使油面降低时，接通信号或跳闸回路，保护变压器。

11）高、低压绝缘套管

变压器内部的高、低压引线是经绝缘套管引到油箱外部的，它起着固定引线和对地绝缘的作用。套管由带电部分和绝缘部分组成。带电部分包括导电杆、导电管、电缆或铜排。绝缘部分分外绝缘和内绝缘。外绝缘为瓷管，内绝缘为变压器油、附加绝缘和电容性绝缘。

3. 干式变压器的主要结构

干式变压器分类有很多种方法，如按型号分，有SC（环氧树脂浇注包封式）、SCR

(非环氧树脂浇注固体绝缘包封式)、SG(敞开式)。也可按绝缘等级分，有B级、F级、H级和C级，国外有些国家在H和C级之间还有一个N级。当前主要存在着以欧洲为代表的树脂浇注干式变压器(CRDT)及以美国为代表的浸漆式干式变压器(OVDT)两种类型。我国及一些新兴工业国家(如日、韩等)与欧洲相似，由早期采用浸漆式干变发展到采用树脂真空浇注干变，该项技术在我国得以飞速发展。近来，有几个厂家从国外引进了用NOMEX纸作绝缘的浸漆式干变(OVDT)，因各方面的原因，尚未占据国内较大市场。

如图5-31所示，以环氧树脂浇注绝缘的三相干式电力变压器为例介绍其主要结构。

环氧树脂浇注绝缘的三相干式变压器主要由1—高压出线套管和接线端子、2—吊环、3—上夹件、4—低压出线套管和接线端子、5—铭牌、6—环氧树脂浇注绝缘绕组(内低压，外高压)、7—上下夹件拉杆、8—警示标牌、9—铁芯、10—下夹件、11—小车、12—高压绕组间连接导杆、13—高压分接头连接片组成。

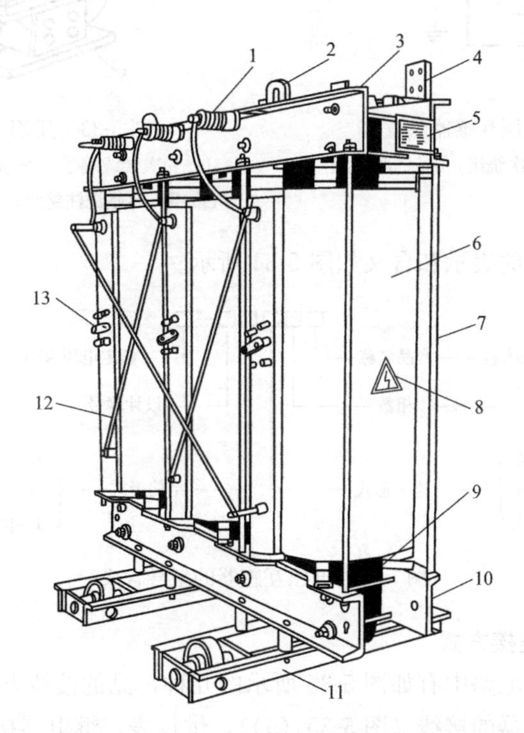

图5-31 环氧树脂浇注绝缘的三相干式电力变压器

5.3.3 互感器

1. 电压互感器型号含义

电压互感器(缩写PT，文字符号TV)，又称为仪用变压器，其基本结构原理图如图5-32所示。它的结构特点是：一次绕组匝数很多，二次绕组匝数较少，相当于降压变压器。其接线特点是：一次绕组并联在一次电路中，而二次绕组则并联仪表、继电器的电压线圈。由于电压线圈的阻抗一般都很大，所以电压互感器工作时其二次侧接近于空载状态。二次绕组的额定电压一般为100V。

电压互感器按相数分，有单相和三相两类。按绝缘及其冷却方式分，有干式（含环氧树脂浇注式）和油浸式两类。图5-33所示是应用广泛的JDZJ-10型单相三绕组、环氧树脂浇注绝缘的户内电压互感器外形图。

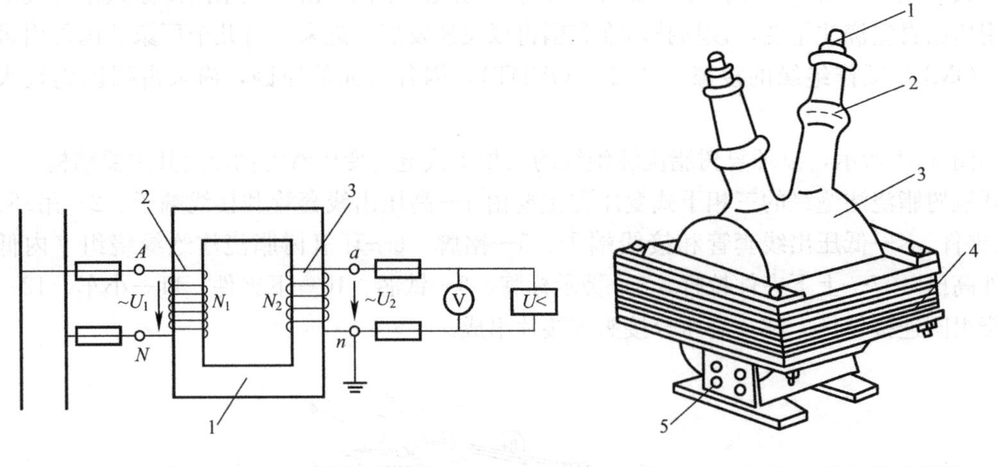

图5-32　电压互感器示意图

1—铁芯；2—一次绕组；3—二次绕组

图5-33　JDZJ-10型电压互感器

1—一次接线端子；2—高压绝缘套管；3—一、二次绕组，树脂浇注绝缘；4—铁芯；5—二次接线端子

电压互感器全型号的表示和含义如图5-34所示。

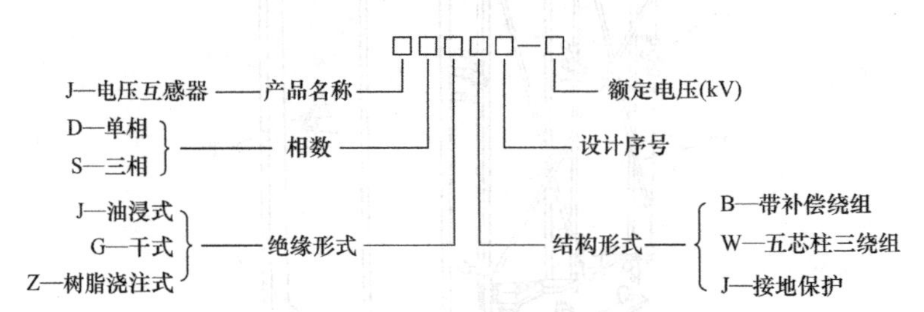

图5-34　电压互感器的型号含义

2. 电压互感器的连接方式

电压互感器在三相电路中有如图5-35所示的几种常见的接线方案。

一个单相电压互感器的接线（图5-35（*a*）），供仪表、继电器接于一个线电压。

两个单相电压互感器接成V/V形（图5-35（*b*）），供仪表、继电器接于三相三线制电路的各个线电压，广泛用在工厂变配电所的6～10kV高压配电装置中。

三个单相电压互感器接成Y_0/Y_0形（图5-35（*c*）），供电给要求线电压的仪表、继电器，并供电给接相电压的绝缘监视电压表。由于小接地电流电力系统在一次电路发生单相接地时，另两个完好相的相电压要升高到线电压，所以绝缘监视电压表要按线电压选择，否则在一次电路发生单相接地时，电压表有可能被烧毁。

三个单相三绕组电压互感器或一个三相五芯柱三绕组电压互感器接成$Y_0/Y_0/\triangle$（开口三角形）（图5-35（*d*））。

其接成Y_0的二次绕组，供电给接线电压的仪表、继电器及接相电压的绝缘监视用电压表；接成△（开口三角形）的辅助二次绕组，接电压继电器。一次电压正常时，由于三个相电压对称，因此开口三角形两端的电压接近于零。但当某一相接地时，开口三角形两端将出现近100V的零序电压，使电压继电器动作，发出信号。

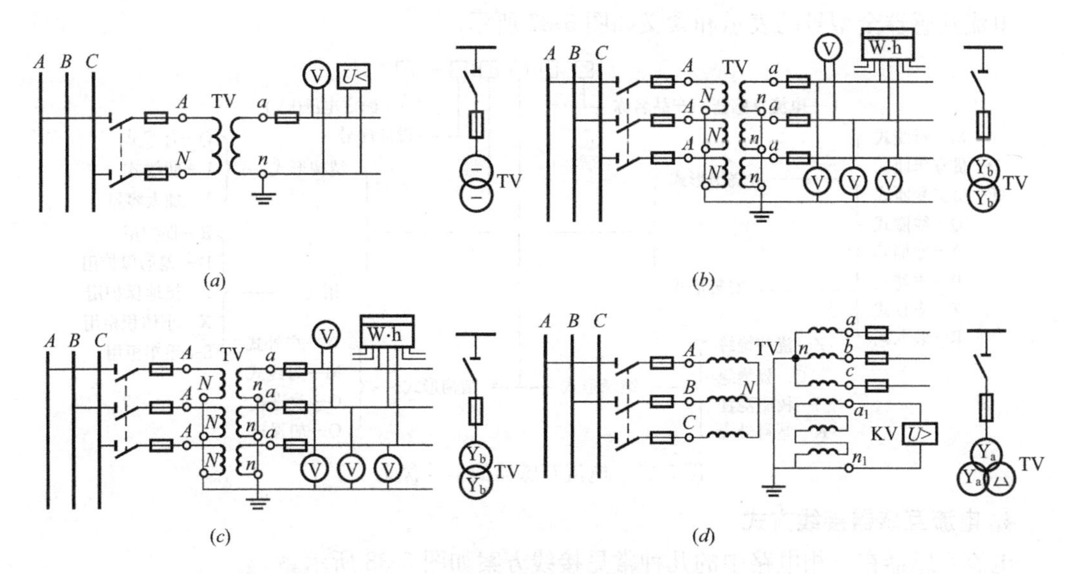

图5-35 电压互感器的接线方案

(a) 一个单相电压互感器；(b) 两个单相电压互感器接成V/V形；(c) 三个单相电压互感器接成Y_0/Y_0形；(d) 三个单相三绕组电压互感器或一个三相五芯柱三绕组电压互感器接成$Y_0/Y_0/$△（开口三角形）

3. 电流互感器型号含义

电流互感器（缩写CT，文字符号TA），又称为仪用变流器，其与电压互感器合称仪用互感器，简称互感器。从基本结构和原理来说，互感器也就是一种特殊变压器。

互感器的功能主要是以下两方面。

1）用来使仪表、继电器等二次设备与主电路绝缘

这既可避免主电路的高电压直接引入仪表、继电器等二次设备，又可防止仪表、继电器等二次设备的故障影响主电路，提高一、二次电路的安全性和可靠性，并有利于人身安全。

2）用来扩大仪表、继电器等二次设备的应用范围

例如，用一只5A的电流表，通过不同变流比的电流互感器就可测量任意大的电流。同样，用一只100V的电压表，通过不同电压比的电压互感器就可测量任意高的电压。而且，由于采用了互感器，可使二次仪表、继电器等设备的规格统一，有利于设备的批量生产。

电流互感器的基本结构原理如图5-36所示。

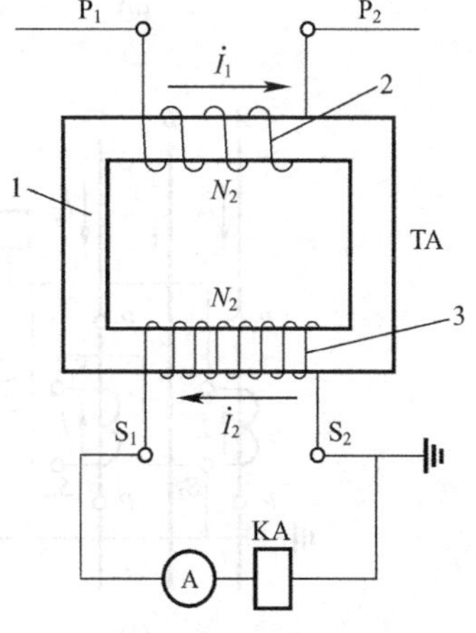

图5-36 电流互感器

1—铁芯；2—一次绕组；3—二次绕组

它的结构特点是：一次绕组匝数很少，导体相当粗，有的电流互感器（例如母线式）还没有一次绕组，而是利用穿过其铁心的一次电路（如母线）作为一次绕组（相当于匝数为1）；其二次绕组匝数很多，导体较细。其接线特

点是：一次绕组串联在被测的一次电路中，而二次绕组则与仪表、继电器等的电流线圈串联，形成一个闭合回路。由于这些电流线圈的阻抗很小，因此电流互感器工作时其二次回路接近于短路状态。二次绕组的额定电流一般为 5A。

电流互感器全型号的表示和含义如图 5-37 所示。

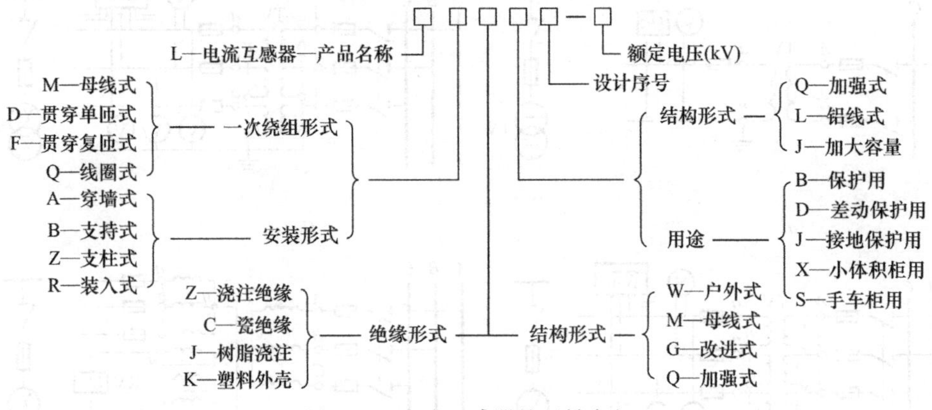

图 5-37　电流互感器的型号含义

4. 电流互感器接线方式

电流互感器在三相电路中的几种常见接线方案如图 5-38 所示。

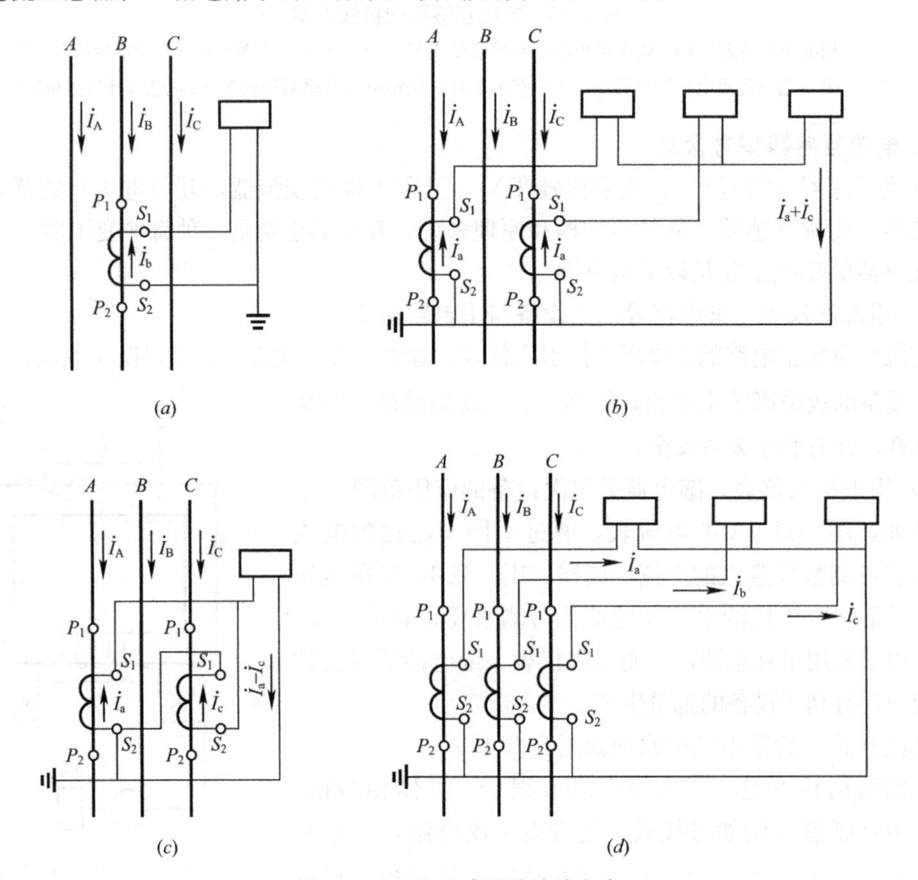

图 5-38　电流互感器的接线方案

(a) 一相式接线；(b) 两相 V 形接线；(c) 两相电流差接线；(d) 三相星形接线

1）一相式接线（图 5-38*a*）

电流线圈通过的电流，反映一次电路相应的电流。通常用于负荷平衡的三相电路如低压动力线路中，供测量电流、电能或接过负荷保护装置之用。

2）两相 V 形接线（图 5-38*b*）

两相 V 形接线也称为两相不完全星形接线。在继电保护装置中称为两相两继电器接线。这种接线在中性点不接地的三相三线制电路中（如 6～10kV 电路中），广泛用于测量三相电流、电能及作为过电流继电保护之用。由图 5-39 所示的相量图可知，两相 V 形接线的公共线上的电流为$\dot{I}_a+\dot{I}_b=-\dot{I}_c$，反映的是未接电流互感器的那一相电流。

3）两相电流差接线（图 5-38*c*）

由图 5-40 所示相量图可知，互感器二次侧公共线上的电流为$\dot{I}_a-\dot{I}_c$，其量值为相电流的$\sqrt{3}$倍。这种接线适于中性点不接地的三相三线制电路中（如 6～10kV 电路中）供作过电流保护之用。在继电器保护装置中，此接线称为两相一继电器接线。

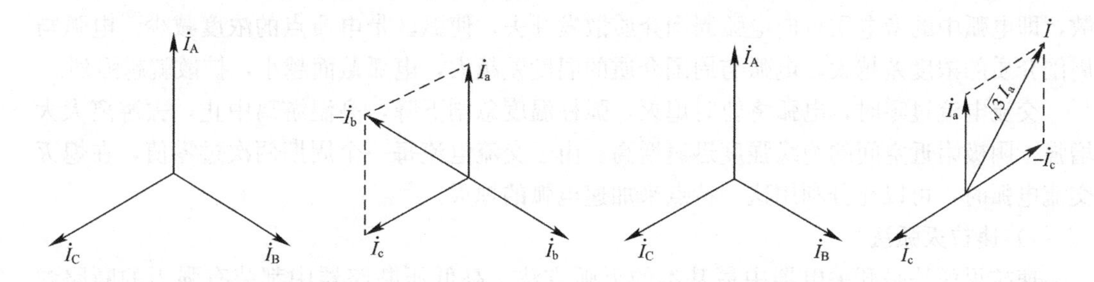

图 5-39 两相 V 形接线的一、二次电流相量图　　图 5-40 两相电流差接线的一、二次电流相量图

4）三相星形接线（图 5-38*d*）

这种接线中的三个电流线圈，正好反映各相的电流，广泛用在负荷一般不平衡的三相四线制系统如低压 TN 系统中，也用在负荷可能不平衡的三相三线制系统中，作三相电流、电能测量和过电流继电保护之用。

5.4 高、低压电器及成套装置

5.4.1 电弧、配电装置的安全距离

1. 电弧的形成及特点

电弧是一种高温、强光的电游离现象，开关电器和线路中一种必然的物理现象，是电流的延续。

电弧的主要特征表现为能量集中，发出高温、强光；自持放电，维持电弧稳定燃烧所需电压很低；游离的气体，质轻易变。

电弧的危害主要表现为延长了电路的开断时间，从而使故障对供配电系统造成更大的损坏；高温使开关触头变形、熔化，从而导致接触不良甚至损坏，还可能造成人员灼伤甚至直接或间接的死亡，强光可能损害人的视力；引起弧光短路，严重时造成爆炸事故。

产生电弧的根本原因是触头间很大的电场强度和很高的温度导致触头本身的电子及触

头周围介质中的电子被游离而形成电弧电流。产生电弧的游离方式主要有如下几种：①高电场发射即强电场把触头表面的电子拉出，形成自由电子并发射到触头间隙中。②热电发射即触头表面的电子吸收足够的热能而发射到触头间隙中形成自由电子向间隙四周发射出去。③碰撞游离即高速移动的自由电子碰撞中性质点，使中性质点游离成带正电的正离子和自由电子。不断的碰撞使触头间隙中正离子和自由电子数越来越多，形成“雪崩”现象，当离子浓度足够大时，介质被击穿而产生电弧。④高温游离即电弧形成后的高温，加强了正离子和自由电子的游离。触头越分开，电弧越大，高温游离也越显著。

高电场发射和热电发射的游离方式在触头分开之初占主导作用，碰撞游离和高温游离使电弧持续和发展。它们是互相影响，互相作用的。

2. 熄灭电弧的方法

电弧熄灭的条件是去游离率大于游离率，即其中离子消失的速率大于离子产生的速率。去游离方式主要有以下两种：①复合，即正、负带电质点重新结合为中性质点。电弧中温度越低，电场强度越弱，截面越小，介质的性质越稳定，密度越高，复合愈快。②扩散，即电弧中的带电质点向电弧周围介质散发开去，使弧区带电质点的浓度减少。电弧与周围介质的浓度差越大，电弧与周围介质的温度差越大，电弧截面越小，扩散就越强烈。

交流电流过零时，电弧将暂时熄灭，弧柱温度急剧下降，高温游离中止，去游离大大增强，阴极附近空间的绝缘强度迅速增高。由于交流电流每一个周期两次过零值，在熄灭交流电弧时，可以充分利用这一特点来加速电弧的熄灭。

1）速拉灭弧法

速拉灭弧法是开关电器中最基本的灭弧方法。高低压断路器中都装有强力的断路弹簧，目的就是加快触头的分断速度。

2）冷却灭弧法

冷却灭弧法是利用介质如油等来降低电弧的温度从而增强去游离来加速电弧的熄灭。

3）吹弧灭弧法

吹弧灭弧法是利用外力如气流、油流或电磁力来吹动电弧，使电弧拉长，同时也使电弧冷却，电弧中的电场强度降低，复合和扩散增强，加速电弧熄灭。

按吹弧的方向（相对电弧方向）分横吹和纵吹两种。如图5-41所示。

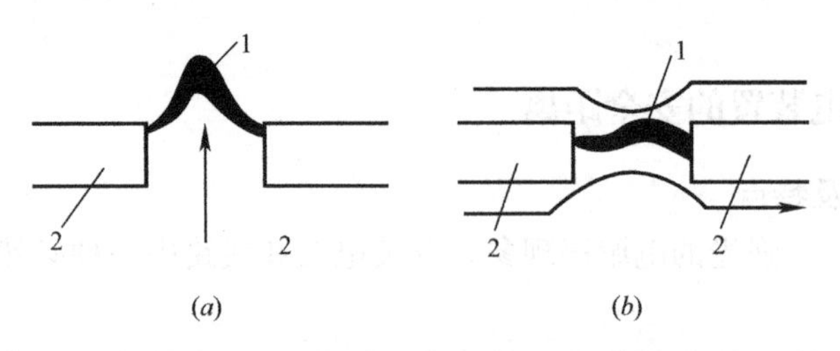

图5-41 吹弧方式

(a) 横吹；(b) 纵吹

1—电弧；2—触头

按施加外力的性质来分有气吹、油吹、磁力吹和电动力吹等方式。图5-42所示的是低压刀开关迅速拉开刀闸时电动力吹弧使电弧加速拉长。图5-43所示的是采用专门的磁吹线圈来吹弧。图5-44所示为利用铁磁物质钢片来吸动电弧，这相当于反向吹弧。

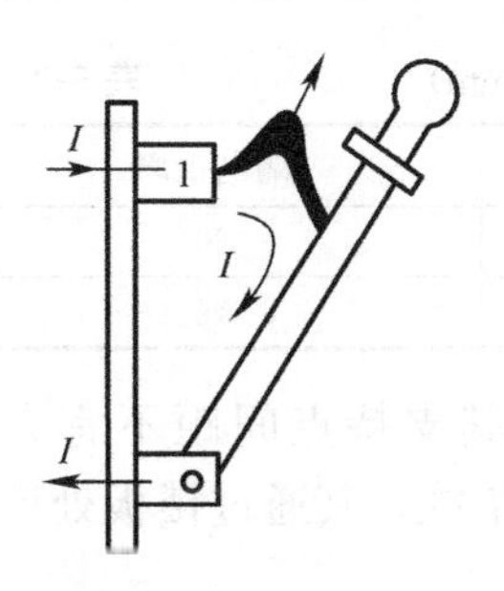

图 5-42 利用本身电动力吹弧

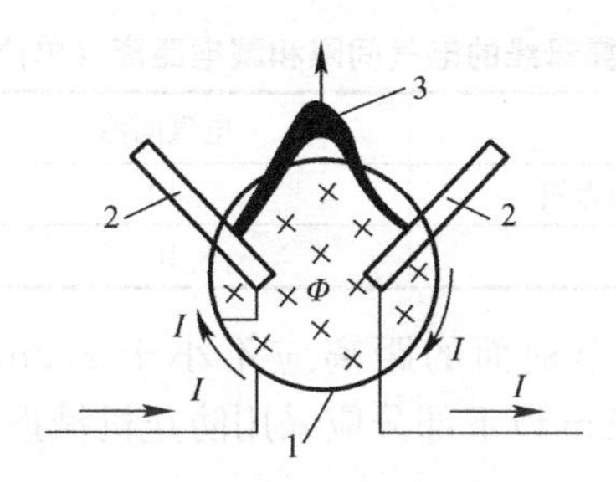

图 5-43 利用磁吹线圈吹弧
1—磁吹线圈；2—灭弧触头；3—电弧

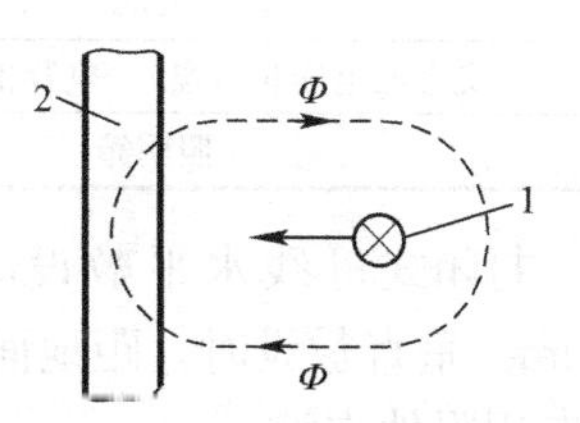

图 5-44 利用吸吹弧片吸弧
1—电弧；2—钢片

4）长弧切短灭弧法

如图 5-45 所示，利用金属片（如钢栅片）将长弧切成若干短弧。当外施电压（触头间）小于电弧上的电压降时，电弧不能维持而迅速熄灭。低压断路器和部分刀开关的灭弧罩就是利用这个原理来灭弧的。

5）粗弧分细灭弧法

将粗弧分成若干平行的细小电弧，增大了接触面，降低电弧的温度，从而使带电质点的复合和扩散得到加强，使电弧加速熄灭。

6）狭沟灭弧法

如图 5-46 所示，陶瓷制成的绝缘灭弧栅使电弧在固体介质所形成的狭沟中燃烧，冷却条件改善，电弧与介质表面接触使带电质点的复合增强，从而加速电弧的熄灭。如有的熔断器在熔管中充填石英砂，就是利用狭沟灭弧原理。

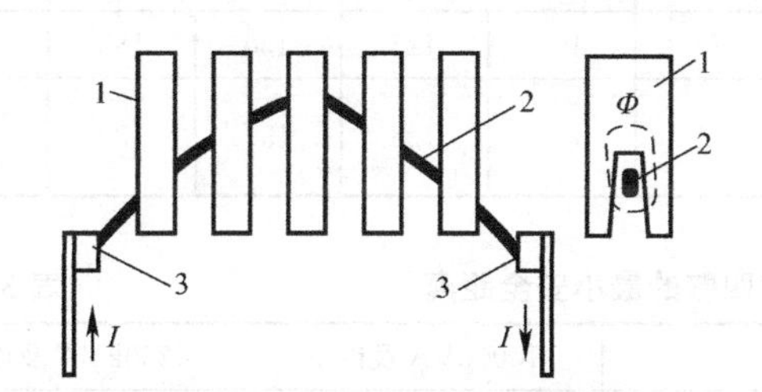

图 5-45 钢灭弧栅（长弧切短）
1—钢栅片；2—电弧；3—触头

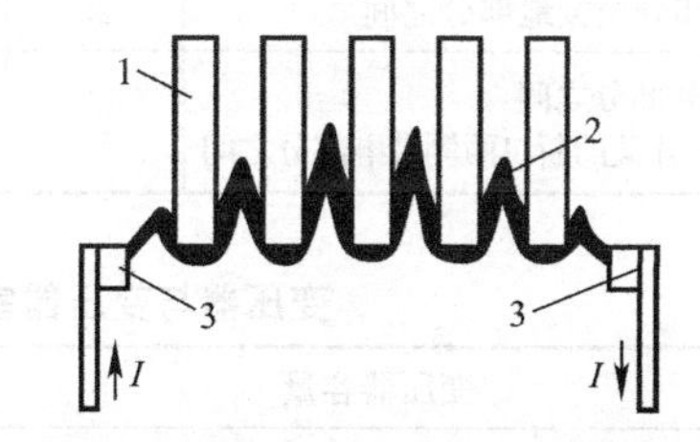

图 5-46 绝缘灭弧栅（狭沟灭弧）
1—绝缘栅片；2—电弧；3—触头

7）真空灭弧法

将开关触头装在真空容器内，产生的电弧（真空电弧）较小，且在电流第一次过零时就能将电弧熄灭。真空断路器就是利用这种原理来熄灭电弧的。

8）六氟化硫（SF_6）灭弧法

SF_6 气体具有优良的绝缘性能和灭弧性能，绝缘强度约为空气的 3 倍，而绝缘强度的恢复速度约比空气快 100 倍，可极大地提高开关的断流容量和减少灭弧所需时间。

电气设备的灭弧性能往往是衡量其运行可靠性和安全性的重要指标之一。

3. 配电装置的安全距离

1）低压配电装置安全距离

配电柜裸露母线的电气间隙和漏电距离应符合表 5-2 的规定：

柜（盘）裸露母线的电气间隙和漏电距离（单位：mm）　　表5-2

类别	电气间隙	漏电距离
交直流电压柜（盘）、电容柜、动力箱	12	20
照明箱	10	15

封闭式母线水平敷设时，至地面的距离应不小于2.2m，其支持点间距不宜大于2.0m。垂直敷设时，距地面1.8m以下部分应采用防止机械损伤措施，其通过楼板处应采用专用附件支撑。

固定敷设的导线和支持物间距离应符合《电气装置安装工程母线装置施工及验收规范》GB 50149。

2）高压配电装置安全距离

当户内变电所采用双回路架空线接入时，宜在不同的墙面进入，如果在同一墙面进线时，两回路最近套管带电部分之间的距离应该符合表5-3的规定。室内配电装置的安全净距应不小于表5-4所列数值。变压器外廓与变压器室四壁的安全净距应不小于表5-5所示。

同一墙面进线两回路最近套管带电部分之间距离　　表5-3

电压等级（kV）	10	20	35	110	220
距离（m）	≥2.2	≥2.3	≥2.4	≥2.9	≥3.8

室内配电装置的最小安全距离　　表5-4

适用范围	额定电压（kV）						
	0.4	1～3	6	10	15	20	35
带电部分至接地部分之间	20	75	100	125	150	180	300
1. 不同相的带电部分之间 2. 断路器和隔离开关的断口两侧带电部分之间	20	75	100	125	150	180	300

变压器与变压器室四壁的最小安全距离　　表5-5

变压器容量		1000kVA及以下	1250kVA及以上
油浸变压器	变压器与后壁侧壁之间	600mm	800mm
	变压器与门之间	800mm	1000mm
干式变压器	无外壳干式变压器其外廓与四壁的净距不应小于600mm，变压器之间距离应不小于1000mm。全封闭型可不受此限制		

3）作业安全距离

工作中设备不停电的安全距离应符合20/35kV不小于1.0m，10kV及以下不小于0.7m。当工作中人与带电体之间的安全距离小于以上要求时应装设临时遮拦，当工作中人与带电体之间的最小安全距离20/35kV小于0.6m、10kV及以下小于0.35m时，应停电工作。

5.4.2　常见的电气设备分类、型号含义及其结构特点

1. 断路器

断路器（文字符号为QF）的功能是，不仅能通断正常的负荷电流，而且能接通和承

受一定时间的短路电流，并能在保护装置作用下自动跳闸，切除短路故障。

高压断路器按其采用的灭弧介质分，有油断路器、真空断路器、六氟化硫（SF_6）断路器以及压缩空气断路器等。过去，35kV及以下的户内配电装置中大多采用少油断路器，而现在大多采用真空断路器，也有的采用六氟化硫断路器，压缩空气断路器一直应用很少。

高压断路器全型号的表示和含义如图5-47所示。

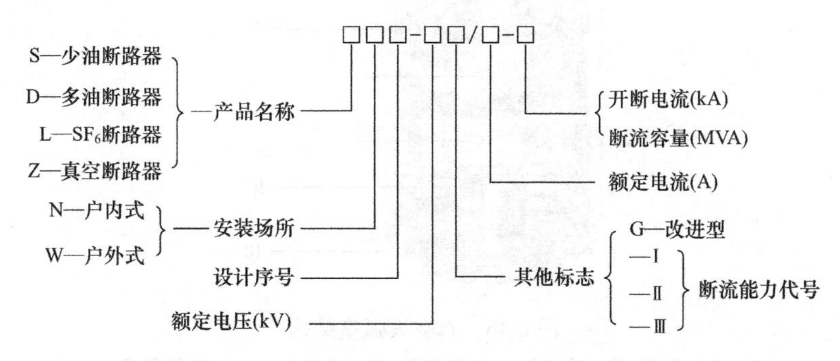

图5-47　断路器全型号的表示和含义

例如ZN4—10/600型断路器，表示该断路器为室内式真空断路器，设计序号为4，额定电压为10kV，额定电流为600A。

额定电压是指高压断路器正常工作时所能承受的电压等级，它决定了断路器的绝缘水平。额定电压（U_N）是指其线电压。常用的断路器的额定电压等级为3kV、10kV、20kV、35kV、60kV、110kV……为了适应断路器在不同安装地点耐压的需要，国家相关标准中规定了断路器可承受的最高工作电压。上述不同额定电压断路器的最高工作电压分别为3.6kV、12kV、24kV、40.5kV、72.5kV、126kV等。

额定电流是在规定的环境温度下，断路器长期允许通过的最大工作电流（有效值）。断路器规定的环境温度为40℃。常用断路器的额定电流等级为200A、400A、630A、1000A、1250A、1600A、2000A、3150A等。

额定开断电流是指在额定电压下断路器能够可靠开断的最大短路电流值，它是表明断路器灭弧能力的技术参数。

关合电流是指保证断路器能可靠关合而又不会发生触头熔焊或其他损伤时，断路器所允许接通的最大短路电流。在断路器合闸前，如果线路上存在短路故障，则在断路器合闸时将有短路电流通过触头，并会产生巨大的电动力与热量，因此可能会造成触头的机械损伤或熔焊。

下面分别介绍我国现在应用日益广泛的真空断路器和六氟化硫断路器。

1）真空断路器

真空断路器虽价格较高，但具有体积小、重量轻、噪声小、无可燃物、维护工作量少等突出的优点，它将逐步成为发电厂、变电所和高压用户变电所3～10kV电压等级中广泛使用的断路器。

（1）真空灭弧室

真空断路器的关键元件是真空灭弧室。真空断路器的动、静触头安装在真空灭弧室内，其结构如图5-48所示。

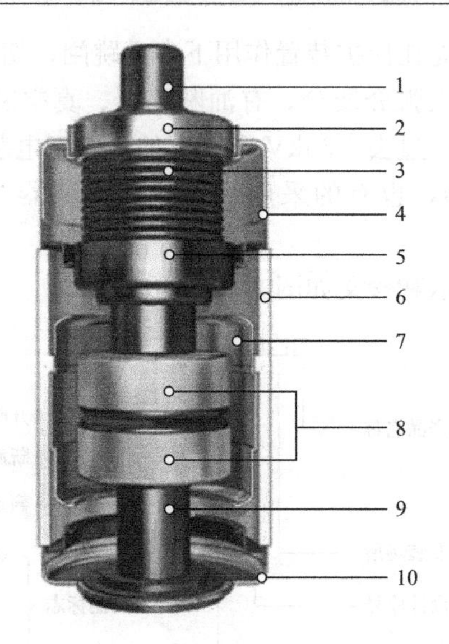

图 5-48 真空灭弧室结构

1—动导电杆；2—导向套；3—波纹管；4—动盖板；5—波纹管屏蔽罩；6—瓷壳；7—屏蔽筒；8—触头系统；9—静导电杆；10—静盖板

真空灭弧室的结构像一个大的真空管，它是一个真空的密闭容器。真空灭弧室的绝缘外壳主要用玻璃或陶瓷材料制作。玻璃材料制成的真空灭弧室的外壳具有容易加工、具有一定的机械强度、易于与金属封接、透明性好等优点。它的缺点是承受冲击的机械强度差。陶瓷真空灭弧室瓷外壳材料多用高氧化铝陶瓷，它的机械强度远大于玻璃，但与金属密封端盖的装配焊接工艺较复杂。

波纹管 3 是真空灭弧室的重要部件，要求它既要保证动触头能作直线运动（10kV 真空断路器动静触头之间的断开距离一般为 10～15mm)，同时又不能破坏灭弧室的真空度。因此，波纹管通常采用 0.12～0.14mm 的铬—镍—钛不锈钢材料经液压或机械滚压焊接成型，以保证其密封性。真空断跳器在每次跳合闸时，波纹管都会有一次伸缩变形，是易损坏的部件，它的寿命通常决定了断路器的机械寿命。

触头材料对真空断路器的灭弧性能影响很大，通常要求它具有导电好、耐弧性好、含气量低、导热好、机械强度高和加工方便等特点。常用触头材料是铜铬合金、铜合金等。

静导电杆 9 焊接在静盖板 10 上，静盖板与绝缘外壳 6 之间密封。动触头杆与波纹管一端焊接，波纹管另一端与动盖板焊接，动盖板与绝缘外壳封闭，以保证真空灭弧室的密封性。断路器动触头杆在波纹管允许的压缩变形范围内运动，而不破坏灭弧室真空。

屏蔽罩 7 是包围在触头周围用金属材料制成的圆筒，它的主要作用是吸附电弧燃烧时释放出的金属蒸气，提高弧隙的击穿电压，并防止弧隙的金属喷溅到绝缘外壳内壁上，降低外壳的绝缘强度。

真空灭弧室中的触头断开过程中，依靠触头产生的金属蒸气使触头间产生电弧。当电流接近零值时，电弧熄灭。一般情况下，电弧熄灭后，弧隙中残存的带电质点继续向外扩散，在电流过零值后很短时间（约几微秒）内弧隙便没有多少金属蒸气，立刻恢复到原有的“真空”状态，使触头之间的介质击穿电压迅速恢复，达到触头间介质击穿电压大于触头间恢复电压条件，使电弧彻底熄灭。

（2）ZN12-12 型户内式真空断路

ZN12-12 型户内式真空断路结构如图 5-49 所示。ZN12-12 型户内真空断路器为分相结构，真空灭弧室 3 用支持绝缘子 1 固定在操作机构箱 12 上。框架安装在墙壁或开关柜的架构上，支持绝缘子支撑固定真空灭弧室，并起着各相对地绝缘的作用。断路器合闸后，通过断路器电流的流经路径是由上出线端 2 流入，经静触头杆、静触头、动触头、动触头杆、出线导电夹 4、出线软连接 5、下出线端 6 流出。断路器主轴 11 的拐臂末端连有绝缘拉杆 9，绝缘拉杆的另一端连接转向杠杆 8，由拐臂驱动断路器的动触头杆运动实现分、合闸操作。

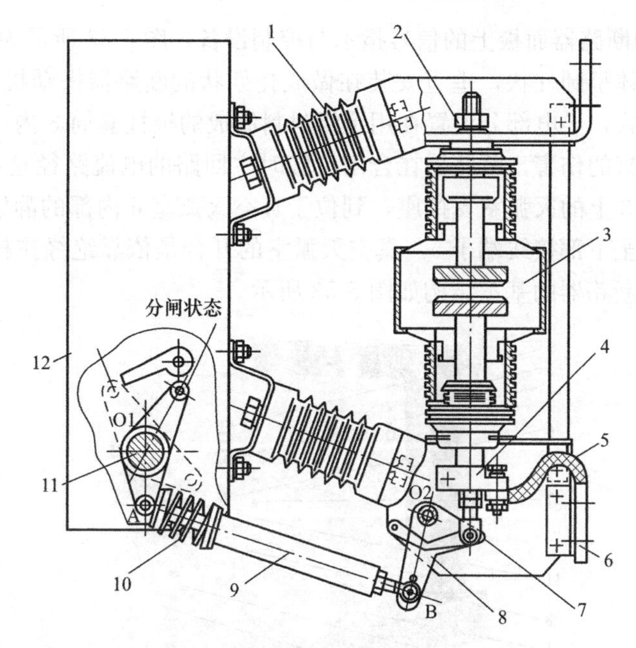

图 5-49 ZN12-12 型户内式真空断路

1—绝缘子；2—上出线端；3—真空灭弧室；4—出线导电夹；5—出线软连接；
6—下出线端；7—万向杆端轴承；8—转向杠杆；9—绝缘拉杆；
10—触头压力弹簧；11—主轴；12—操作机构箱
（注：虚线为合闸位置，实线为分闸位置。）

（3）VD4 真空断路器

VD4 真空断路器适用在以空气为绝缘的户内式开关系统中。只要在正常的使用条件及断路器的技术参数范围内，就可以满足电网在正常或事故状态下的各种操作，包括关合和开断短路电流；在需进行频繁操作或需要开断短路电流的场合下具有极为优良的性能；其完全满足自动重合闸的要求并具有极高的操作可靠性与使用寿命。VD4 真空断路器在开关柜内的安装形式既可以是固定式，也可以是安装于手车底盘上的可抽出式，还可安装于框架上使用。对于可抽出式 VD4，可根据需要增设电动机驱动装置，实现断路器手车在开关柜内移进/移出的电动操作。图 5-50 所示为 VD4 真空断路器操作机构侧视图，图 5-51 所示为 VD4 真空断路器极柱侧视图。

图 5-50　12kV VD4 真空断路器操作机构图

图 5-51　12kV VD4 真空断路器极柱图

图 5-52 所示为断路器面板上的信号指示与控制设备，图 5-53 所示为 VD4 真空断路器剖视图。断路器本体呈圆柱状，垂直安装在做成托架状的断路器操动机构外壳 1 的后部。断路器本体为组装式，导电部分设置在用绝缘材料制成的极柱套筒 3 内，使得真空灭弧室免受外界影响和机械的伤害。断路器在合闸位置时主回路的电流路径是：从上部接线端 4 经固定在极柱套筒 3 上的灭弧室支撑座，到位于真空灭弧室 6 内部的静触头，而后经过动触头及滚子触头，至下部接线端子 5。真空灭弧室的开合是依靠绝缘拉杆 9 与触头压力弹簧 8 推动的。真空断路器的基本结构如图 5-53 所示。

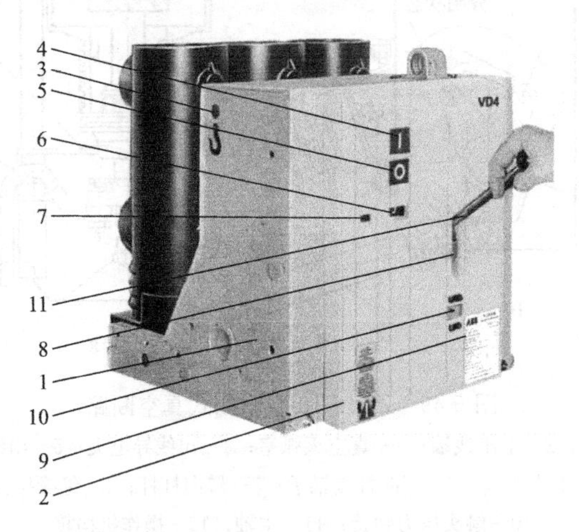

图 5-52　断路器面板上的信号指示与控制设备

1—断路器操动机构外壳；2—面板；3—两侧的起吊孔；
4—手动合闸按钮；5—手动分闸按钮；6—断路器分合闸位置指示器；
7—断路器动作计数器；8—储能手柄的插孔；9—铭牌；
10—储能状态指示器；11—储能手柄

2）六氟化硫断路器

六氟化硫（SF_6）断路器，是利用 SF_6 气体作灭弧和绝缘介质的一种断路器。SF_6 是一种无色、无味、无毒且不易燃的惰性气体。在 150℃以下时，其化学性能相当稳定。但它在电弧高温（高达几千度）作用下要分解出氟（F_2），氟有较强的腐蚀性和毒性，且能与触头的金属蒸气化合为一种具有绝缘性能的白色粉末状的氟化物。因此，这种断路器的

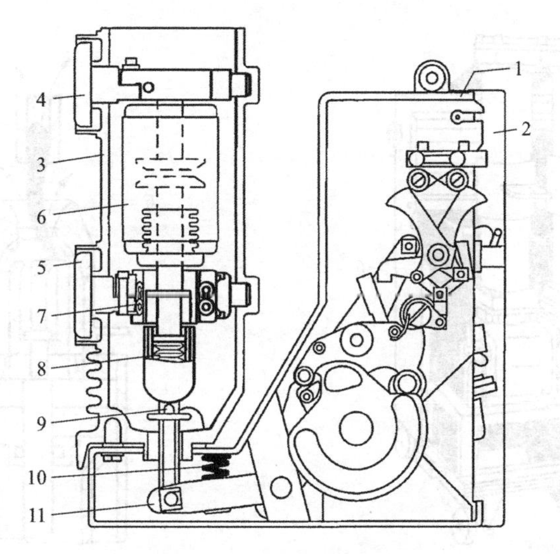

图 5-53 VD4 真空断路器剖视图

1—断路器操动机构外壳；2—可拆卸的面板；3—极柱绝缘套筒；
4—上部接线端子；5—下部接线端子；6—真空灭弧室；7—滚动触头；
8—触头压力弹簧；9—绝缘拉杆；10—分闸弹簧；11—拨叉

触头一般都设计成具有自动净化的作用。然而，由于上述的分解和化合作用所产生的活性杂质，大部分能在电弧熄灭后几微秒的极短时间内自动还原，而且残余杂质可用特殊的吸附剂（如活性氧化铝）清除，因此对人身和设备都不会有什么危害。SF_6 不含碳元素(C)，这对于灭弧和绝缘介质来说，是极为优越的特性。前面所讲的油断路器是用油作灭弧和绝缘介质的，而油在电弧高温作用下要分解出碳（C），使油中的含碳量增高，从而降低了油的绝缘和灭弧性能。因此，油断路器在运行中要经常注意监视油色，适时分析油样，必要时要更换新油，而 SF_6 就无这些麻烦。SF_6 又不含氧元素（O），因此它不存在触头氧化的问题。所以，SF_6 断路器较之空气断路器，其触头的磨损较少，使用寿命增长。SF_6 除具有上述优良的物理、化学性能外，还具有优良的绝缘性能，在 300kPa 下，其绝缘强度与一般绝缘油的绝缘强度大体相当。SF_6 特别优越的性能是在电流过零时，电弧暂时熄灭后，它具有迅速恢复绝缘强度的能力，从而使电弧难以复燃而很快熄灭。

图 5-54 所示为 LN2-10 型户内式 SF_6 断路器的外形结构图，其灭弧室结构和工作示意图如图 5-55 所示。SF_6 断路器的结构，按其灭弧方式分，有双压式和单压式两类。双压式具有两个气压系统，压力低的作为绝缘，压力高的作为灭弧。单压式只有一个气压系统，灭弧时，SF_6 的气流靠压气活塞产生。单压式的结构简单，LN1、LN2 等型断路器均为单压式。

由图 5-55 可以看出，断路器的静触头与灭弧室中的压气活塞是相对固定不动的。分闸时，装有动触头和绝缘喷嘴的气缸由断路器操作机构通过连杆带动，离开静触头，造成气缸与活塞的相对运动，压缩 SF_6 气体，使之通过喷嘴吹弧，从而使电弧迅速熄灭。

与油断路器比较，SF_6 断路器具有断流能力大、灭弧速度快、绝缘性能好和检修周期长等优点，适于频繁操作，且无易燃易爆危险；但其缺点是，要求制造加工的精度很高，对其密封性能要求更严，因此价格较贵。

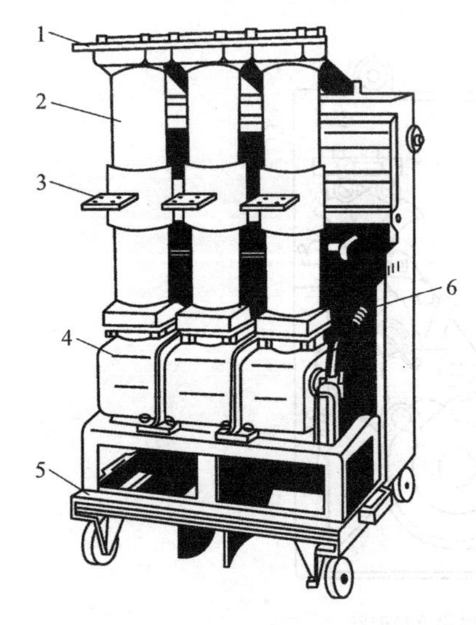

图 5-54 LN2-10 型高压 SF_6 断路器

1—上接线端子；2—绝缘筒（内有气缸和触头）；3—下接线端子；4—操作机构箱；5—小车；6—断路弹簧

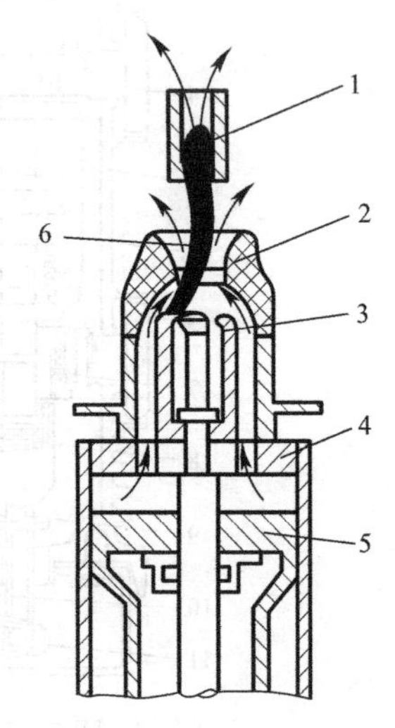

图 5-55 SF_6 断路器灭弧室的结构和工作示意图

1—静触头；2—绝缘喷嘴；3—动触头；4—气缸（连同动触头由操作机构传动）；5—压气活塞（固定）；6—电弧

SF_6 断路器主要用于需频繁操作及有易燃易爆危险的场所，特别是用作全封闭式组合电器。SF_6 断路器与真空断路器一样，也配用 CD10 等型电磁操作机构或 CT7 等型弹簧操作机构。

3）断路器操作机构

（1）作用与要求

断路器的操作机构，是用来控制断路器跳闸、合闸和维持合闸状态的设备。其性能好坏将直接影响断路器的工作性能，因此，操动机构应符合以下基本要求：足够的操作功——为保证断路器具有足够的合闸速度；较高的可靠性（动作快、不拒动、不误动等特点）——断路器工作的可靠性，在很大程度上由操动机构来决定；具有自由脱扣装置——自由脱扣装置是保证在合闸过程中，若继电保护装置动作需要跳闸时，能使断路器立即跳闸，而不受合闸机构位置状态限制的连杆机构。

（2）操作机构分类

断路器操作机构一般按合闸能源取得方式的不同进行分类，目前常用的可分为手动操作机构、电磁操作机构、弹簧储能操作机构、气动操作机构和液压操作机构等。

弹簧储能操作机构简称为弹簧机构，它是一种利用合闸弹簧张力合闸的操作机构，是现代断路器常用的操作机构。合闸前，采用电动机或人力使合闸弹簧拉伸储能。合闸时，合闸弹簧收缩释放已储存的能量将断路器合闸。其优点是只需要小容量合闸电源，对电源要求不高（直流、交流均可），缺点是操作机构的结构复杂，加工工艺要求高、机件强度要求高、安装调试困难。

（3）CT20 弹簧操作机构动作原理

CT20 型弹簧操作机构利用电动机给合闸弹簧储能，断路器在合闸弹簧的作用下合闸，同时使分闸弹簧储能。储存在分闸弹簧的能量使断路器分闸。

① 分闸动作过程

图 5-56 所示状态为开关处于合闸位置，合闸弹簧已储能（同时分闸弹簧也已储能完

毕)。此时储能的分闸弹簧使主拐臂受到偏向分闸位置的力，但在分闸触发器和分闸保持掣子的作用下将其锁住，开关保持在合闸位置。

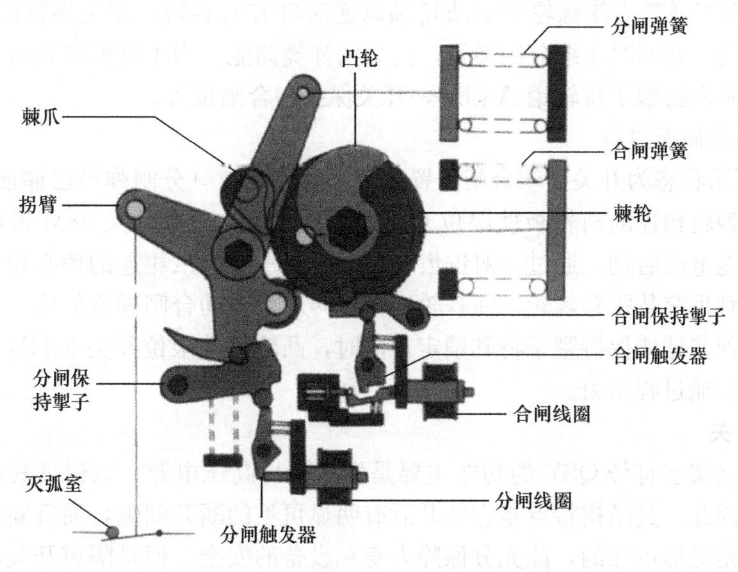

图 5-56 合闸位置（合闸弹簧储能）

② 分闸操作（图 5-56、图 5-57）

分闸信号使分闸线圈带电并使分闸撞杆撞击分闸触发器，分闸触发器以顺时针方向旋转并释放分闸保持掣子，分闸保持掣子也以顺时针方向旋转释放主拐臂上的轴销 A，分闸弹簧力使主拐臂逆时针旋转，断路器分闸。

③ 合闸操作过程

图 5-57 所示状态为开关处于分闸位置，此时合闸弹簧为储能（分闸弹簧已释放）状态，凸轮通过凸轮轴与棘轮相连，棘轮受到已储能的合闸弹簧力的作用存在顺时针方向的力矩，但合闸触发器和合闸弹簧储能保持掣子的作用下使其锁住，开关保持在分闸位置。

④ 合闸操作（图 5-57、图 5-58）

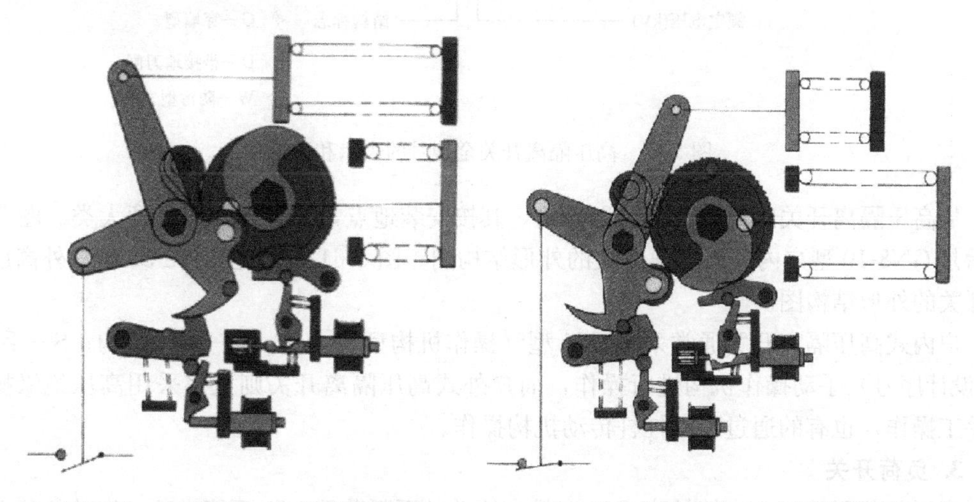

图 5-57 分闸位置（合闸弹簧储能） 图 5-58 合闸位置（合闸弹簧释放）

合闸信号使合闸线圈带电，并使合闸撞杆撞击合闸触发器。合闸触发器以顺时针方向旋转，并释放合闸弹簧储能保持掣子，合闸弹簧储能保持掣子逆时针方向旋转，释放棘轮上的轴销B。合闸弹簧力使棘轮带动凸轮轴以逆时针方向旋转，使主拐臂以顺时针旋转，断路器完成合闸。并同时压缩分闸弹簧，使分闸弹簧储能。当主拐臂转到行程末端时，分闸触发器和合闸保持掣子将轴销A锁住，开关保持在合闸位置。

⑤ 合闸弹簧储能过程

图5-58所示状态为开关处于合闸位置，合闸弹簧释放（分闸弹簧已储能）。断路器合闸操作后，与棘轮相连的凸轮板使限位开关33HB闭合，磁力开关88M带电，接通电动机回路，使储能电机启动，通过一对锥齿轮传动至与一对棘爪相连的偏心轮上，偏心轮的转动使这一对棘爪交替蹬踏棘轮，使棘轮逆时针转动，带动合闸弹簧储能，合闸弹簧储能到位后由合闸弹簧储能保持掣子将其锁定。同时，凸轮板使限位开关33HB切断电动机回路，合闸弹簧储能过程结束。

2. 隔离开关

隔离开关（文字符号QS）的功能主要是用来隔离高压电源，以保证其他设备和线路的安全检修。因此，其结构特点是它断开后有明显可见的断开间隙，而且断开间隙的绝缘及相间绝缘都是足够可靠的，能充分保障人身和设备的安全。但是隔离开关没有专门的灭弧装置，因此它不允许带负荷操作。然而，可用来通断一定的小电流，如励磁电流（空载电流）不超过2A的空载变压器，电容电流（空载电流）不超过5A的空载线路以及电压互感器、避雷器电路等。

高压隔离开关全型号的表示和含义如图5-59所示。

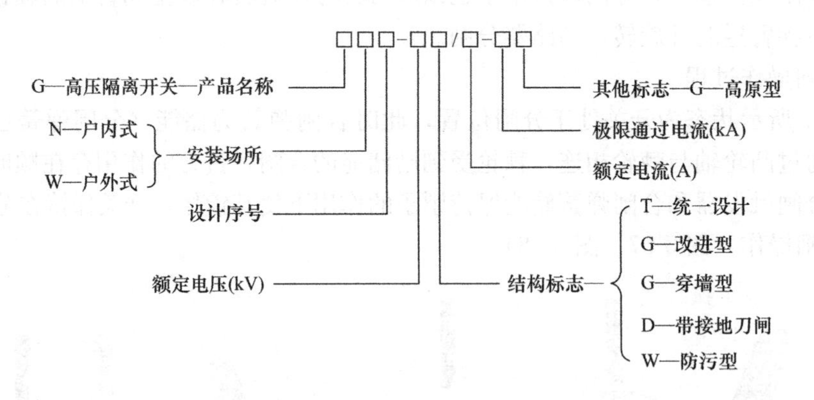

图5-59 高压隔离开关全型号的表示和含义

从高压隔离开关的型号含义可以看出，其按安装地点，分户内和户外两大类。图5-60所示是GN8-10型户内高压隔离开关的外形结构图。图5-61所示是GW2-35型户外高压隔离开关的外形结构图。

户内式高压隔离开关通常采用CS6型（操作机构型号含义：C—操作机构；S—手动；6—设计序号）手动操作机构进行操作，而户外式高压隔离开关则大多采用高压绝缘操作棒手工操作，也有的通过手动杠杆传动机构操作。

3. 负荷开关

高压负荷开关（文字符号为QL），具有简单的灭弧装置，因而能通断一定的负荷电流

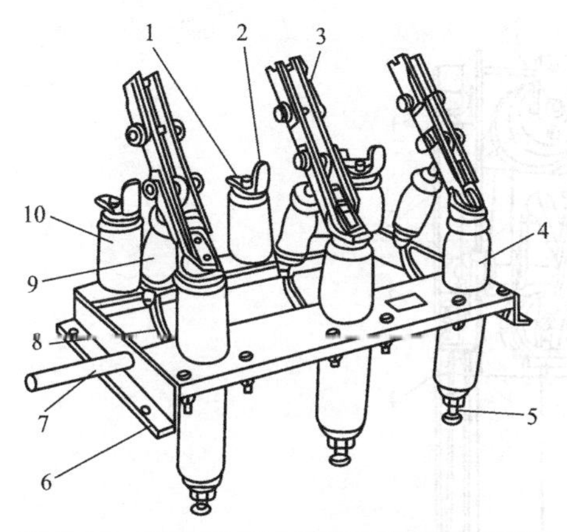

图 5-60 GN8-10/600 型户内高压隔离开关

1—上接线端子；2—静触头；3—闸刀；4—绝缘套管；5—下接线端子；6—框架；7—转轴；8—拐臂；9—升降瓷瓶；10—支柱瓷瓶

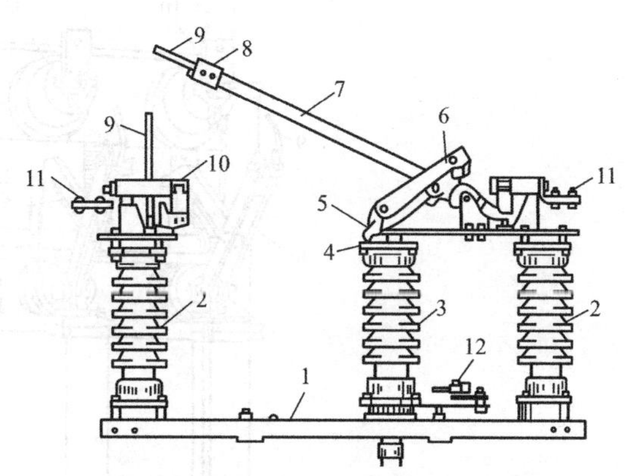

图 5-61 GW2-35 型户外高压隔离开关

1—角钢架；2—支柱瓷瓶；3—旋转瓷瓶；4—曲柄；5—轴套；6—传动框架；7—管形闸刀；8—工作触头；9—灭弧角条；10—插座；11—接线端子；12—曲柄传动机构

和过负荷电流。但是它不能断开短路电流，所以它一般与高压熔断器串联使用，借助熔断器来进行短路保护。负荷开关断开后，与隔离开关一样，也有明显可见的断开间隙，因此也具有隔离高压电源、保证安全检修的功能。

高压负荷开关全型号的表示和含义如图 5-62 所示。

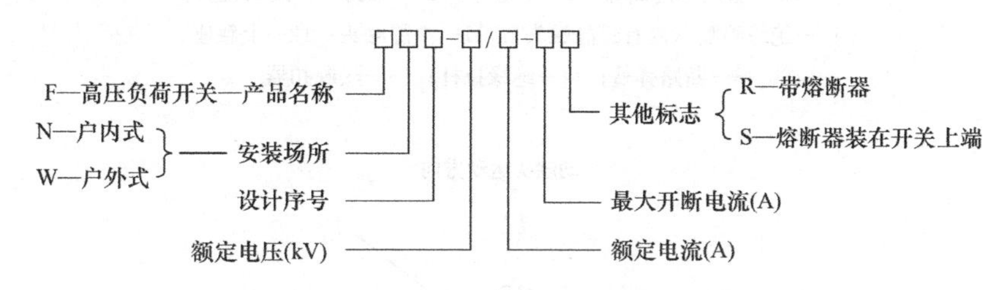

图 5-62 高压负荷开关全型号的表示和含义

高压负荷开关的类型较多，这里主要介绍一种应用最广的户内压气式高压负荷开关。

图 5-63 所示是 FN3-10RT 型户内压气式负荷开关的外形结构图。由图可以看出，上半部为负荷开关本身，外形与高压隔离开关类似，实际上它也就是在隔离开关的基础上加一个简单的灭弧装置。负荷开关上端的绝缘子就是一个简单的灭弧室，其内部结构如图 5-64 所示。该绝缘子不仅起支柱绝缘子的作用，而且内部是一个气缸，装有由操作机构主轴传动的活塞，其作用类似打气筒。绝缘子上部装有绝缘喷嘴和弧静触头。

当负荷开关分闸时，在闸刀一端的弧动触头与绝缘子上的弧静触头之间产生电弧。由于分闸时主轴转动而带动活塞，压缩气缸内的空气从喷嘴往外吹弧，使电弧迅速熄灭。当然，分闸时还有迅速拉长电弧及电流回路本身的电磁吹弧的作用，加强了灭弧。但总的来说，负荷开关的断流灭弧能力是很有限的，只能分断一定的负荷电流和过负荷电流，因此负荷开关不能配置短路保护装置来自动跳闸，但可以装设热脱扣器用于过负荷保护。

上述负荷开关一般配用 CS2 等型手动操作机构进行操作。图 5-65 所示是 CS2 型手动操作机构的外形及其与 FN3 型负荷开关配合的一种安装方式。

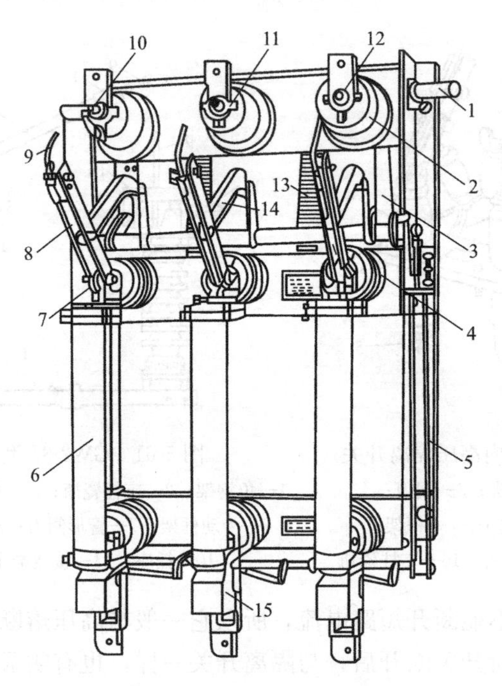

图 5-63　FN3-10RT 型高压负荷开关外形结构

1—主轴；2—上绝缘子兼气缸；3—连杆；4—下绝缘子；5—框架；
6—RN1 型高压熔断器；7—下触座；8—闸刀；9—弧动触头；
10—绝缘喷嘴（内有弧静触头）；11—主静触头；12—上触座；
13—断路弹簧；14—绝缘拉杆；15—热脱扣器

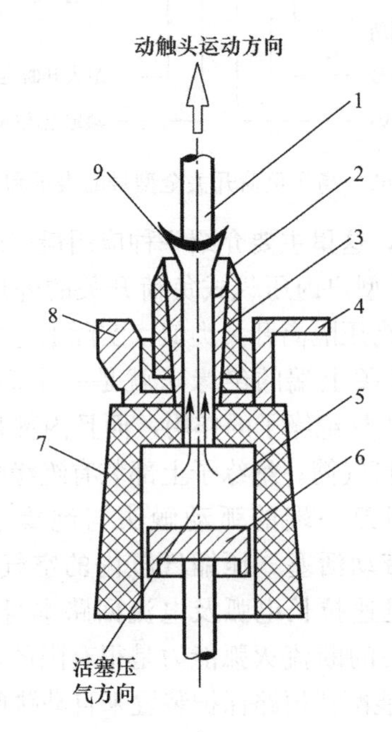

图 5-64　FN3-10RT 型高压负荷开关的压气式灭弧装置工作示意图

1—弧动触头；2—绝缘喷嘴；3—弧静触头；4—接线端子；5—气缸；
6—活塞；7—上绝缘子；8—主静触头；9—电弧

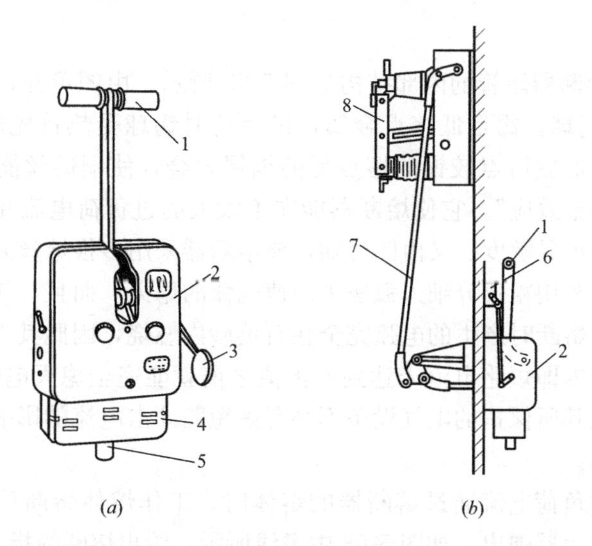

图 5-65 CS2 型手动操作机构的外形及其与 FN3 型负荷开关配合的一种安装方式

(a) CS2 型操作机构外形；(b) CS2 型与负荷开关配合安装方式

1—操作手柄；2—操作机构外壳；3—分闸指示牌（掉牌）；4—脱扣器盒；

5—分闸铁心；6—辅助开关（联动触头）；7—传动连杆；8—负荷开关

4. 熔断器

熔断器（文字符号为 FU），是一种在电路电流超过规定值并经一定时间后，使其熔体（文字符号为 FE）熔化而分断电流、断开电路的一种保护电器。熔断器的功能主要是对电路和设备进行短路保护，有的熔断器还具有过负荷保护的功能。

高压熔断器全型号的表示和含义如图 5-66 所示。

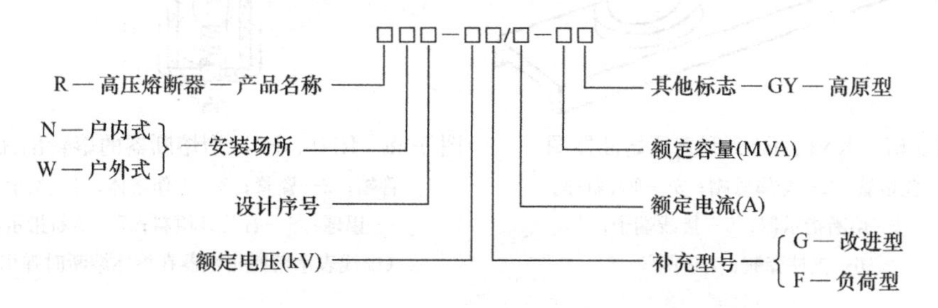

图 5-66 高压熔断器全型号的表示和含义

工厂供电系统中，室内广泛采用 RN1、RN2 等型高压管式限流熔断器，室外则广泛采用 RW4-10、RW10-10（F）等型高压跌开式熔断器和 RW10-35 等型高压限流熔断器。

1）RN1 和 RN2 型户内高压管式熔断器

RN1 型和 RN2 型的结构基本相同，都是瓷质熔管内充石英砂填料的密封管式熔断器。其外形结构如图 5-67 所示。

RN1 型主要用作高压电路和设备的短路保护，也能起过负荷保护的作用。其熔体要通过主电路的大电流，因此其结构尺寸较大，额定电流可达 100A。而 RN2 型只用作高压电压互感器一次侧的短路保护。由于电压互感器二次侧全部连接阻抗很大的电压线圈，致使它接近于空载工作，其一次电流很小，因此 RN2 型的结构尺寸较小，其熔体额定电流一般为 5A。

RN1、RN2 型熔断器熔管的内部结构如图 5-68 所示。由图可知，熔断器的工作熔体（铜熔丝）上焊有小锡球。锡是低熔点金属，过负荷时锡球受热首先熔化，包围铜熔丝，铜锡分子相互渗透而形成熔点较铜的熔点低的铜锡合金，使铜熔丝能在较低的温度下熔断，这就是所谓“冶金效应”。它使熔断器能在不太大的过负荷电流和较小的短路电流下动作，从而提高了保护灵敏度。又由图可知，该熔断器采用多根熔丝并联，熔断时产生多根并行的细小电弧，利用粗弧分细灭弧法来加速电弧的熄灭。而且，该熔断器熔管内是充填有石英砂的，熔丝熔断时产生的电弧完全在石英砂内燃烧，因此其灭弧能力很强，能在短路后不到半个周期内即短路电流未达到冲击值之前就能完全熄灭电弧，切断短路电流，从而使熔断器本身及其所保护的电气设备不必考虑短路冲击电流的影响，因此这种熔断器属于“限流”熔断器。

当短路电流或过负荷电流通过熔断器的熔体时，工作熔体熔断后，指示熔体相继熔断，其红色的熔断指示器弹出，如图 5-68 中虚线所示，给出熔断的指示信号。

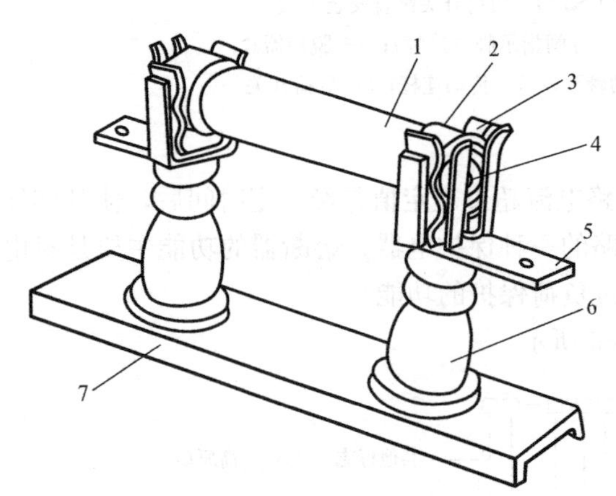

图 5-67　RN1、RN2 型高压熔断器图

1—瓷熔管；2—金属管帽；3—弹性触座；4—熔断指示器；5—接线端子；6—支柱瓷瓶；7—底座

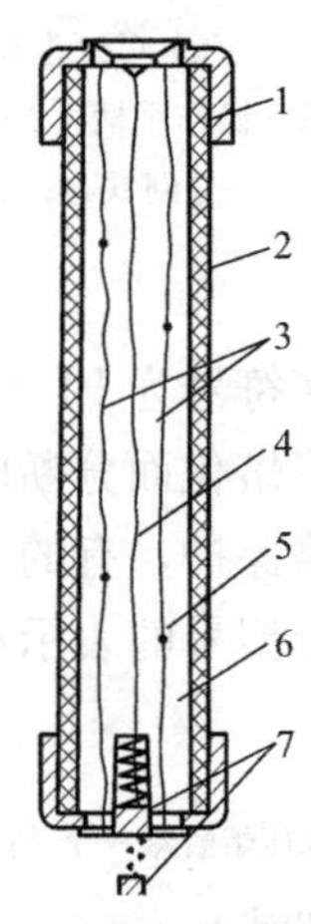

图 5-68　RN1、RN2 型熔断器的熔管剖面示意图

1—管帽；2—瓷管；3—工作熔体；4—指示熔体；5—锡球；6—石英砂填料；7—熔断指示器

（虚线表示熔断指示器在熔体熔断时弹出）

2）RW4 和 RW10（F）型户外高压跌开式熔断器

跌开式熔断器（其文字符号一般型用 FD，负荷型用 FDL），又称跌落式熔断器，广泛用于环境正常的室外场所。其功能是，既可作 6～10kV 线路和设备的短路保护，又可在一定条件下，直接用高压绝缘操作棒（俗称令克棒）来操作熔管的分合，兼起高压隔离开关的作用。一般的跌开式熔断器如 RW4-10（G）型等，只能在无负荷下操作，或通断小容量的空载变压器和空载线路等，其操作要求与后面即将介绍的高压隔离开关相同。而负荷型跌开式熔断器如 RW10-10（F）型，则能带负荷操作，其操作要求则与后面将要介绍的高压负荷开关相同。

图 5-69 所示是 RW4-10（G）型跌开式熔断器的基本结构。这种跌开式熔断器串接在线路上。正常运行时，其熔管上端的动触头借熔丝的张力拉紧后，利用绝缘操作棒将此动触头推入上静触头内锁紧，同时下动触头与下静触头也相互压紧，从而使电路接通。当线

路上发生短路时，短路电流使熔丝熔断，形成电弧。熔管（消弧管）内壁由于电弧烧灼而分解出大量气体，使管内气压剧增，并沿管道形成强烈的气流纵向吹弧，使电弧迅速熄灭。熔管的上动触头因熔丝熔断后失去张力而下翻，使锁紧机构释放熔管，在触头弹力及熔管自重的作用下，回转跌开，造成明显可见的断开间隙。

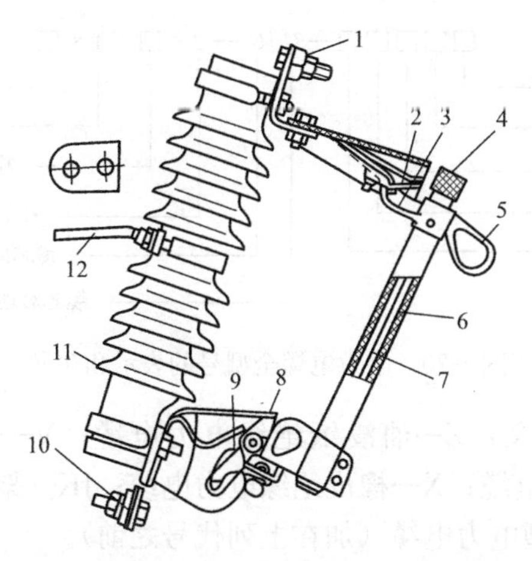

图 5-69 RW4-10（G）型跌开式熔断器

1—上接线端子；2—上静触头；3—上动触头；4—管帽（带薄膜）；5—操作扣环；6—熔管（外层为酚醛纸管或环氧玻璃布管，内套纤维质消弧管）；7—铜熔丝；8—下动触头；9—下静触头；10—下接线端子；11—绝缘瓷瓶；12—固定安装板

这种跌开式熔断器还采用了“逐级排气”的结构。其熔管上端在正常时是被一薄膜封闭的，可以防止雨水浸入。在分断小的短路电流时，由于熔管上端封闭而形成单端排气，使管内保持足够大的气压，这样有助于熄灭小的短路电流所产生的电弧。而在分断大的短路电流时，由于管内产生的气压大，致使上端薄膜冲开而形成两端排气，这样有助于防止分断大的短路电流时可能造成的熔管爆裂，从而较好地解决了自产气熔断器分断大小故障电流的矛盾。

RW10-10（F）型跌开式熔断器是在一般跌开式熔断器的上静触头上面加装一个简单的灭弧室，因而能够带负荷操作。这种负荷型跌开式熔断器既能实现短路保护，又能带负荷操作，且能起隔离开关的作用，因此应用较广。

跌开式熔断器利用电弧燃烧使消弧管内壁分解产生气体来熄灭电弧，即使负荷型跌开式熔断器加装有简单的灭弧室，其灭弧能力都不强，灭弧速度也不快，不能在短路电流达到冲击值之前熄灭电弧，因此这种跌开式熔断器属于“非限流”熔断器。

5. 电力电缆

电缆是一种特殊结构的导线，在其几根绞绕的（或单根）绝缘导电芯线外面，统包有绝缘层和保护层。保护层又分内护层和外护层。内护层用以保护绝缘层，而外护层用以防止内护层受到机械损伤和腐蚀。外护层通常为钢丝或钢带构成的钢铠，外覆麻被、沥青或塑料护套。

电缆线路与架空线路相比，具有成本高、投资大、维修不便等缺点，但是电缆线路具有运行可靠、不受外界影响、不需架设电杆、不占地面、不碍观瞻等优点，特别是在有腐蚀性气体和易燃易爆场所，不宜架设架空线路时，只有敷设电缆线路。在现代化工厂和城市中，电缆线路得到了越来越广泛的应用。

供电系统中常用的电力电缆，按其缆芯材质分，有铜芯电缆和铝芯电缆两大类。按其采用的绝缘介质分，有油浸纸绝缘电缆和塑料绝缘电缆两大类。

电力电缆全型号的表示和含义如图5-70所示。

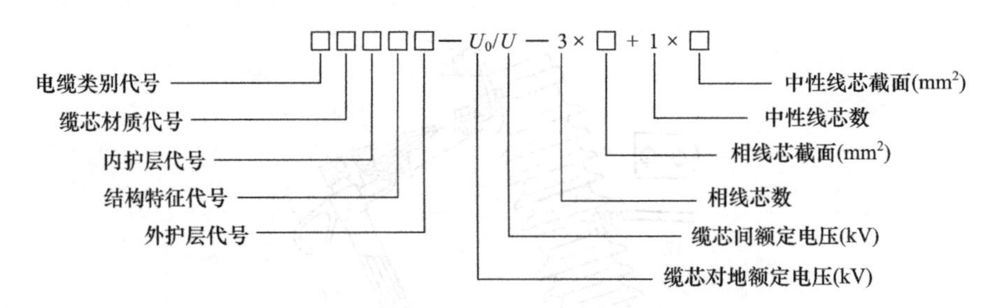

图5-70　电力电缆全型号的表示和含义

(1) 电缆类别代号含义：Z—油浸纸绝缘电力电缆；V—聚氯乙烯绝缘电力电缆；YJ—交联聚乙烯绝缘电力电缆；X—橡皮绝缘电力电缆；JK—架空电力电缆（加在上列代号之前）；ZR或Z—阻燃型电力电缆（加在上列代号之前）。

(2) 缆芯材质代号含义：L—铝芯；LH—铝合金芯；T—铜芯（一般不标）；TR—软铜芯。

(3) 内护层代号含义：Q—铅包；L—铝包；V—聚氯乙烯护套。

(4) 结构特征代号含义：P—滴干式；D—不滴流式；F—分相铅包式。

(5) 外护层代号含义：02—聚氯乙烯套；03—聚乙烯套；20—裸钢带铠装；22—钢带铠装聚氯乙烯套；23—钢带铠装聚乙烯套；30—裸细钢丝铠装；32—细钢丝铠装聚氯乙烯套；33—细钢丝铠装聚乙烯套；40—裸粗钢丝铠装；41—粗钢丝铠装纤维外被；42—粗钢丝铠装聚氯乙烯套；43—粗钢丝铠装聚乙烯套；441—双粗钢丝铠装纤维外被；241—钢带粗钢丝铠装纤维外被。

5.4.3　成套装置的安全要求

开关柜（又称成套开关或成套配电装置）：它是以断路器为主的电气设备；是指生产厂家根据电气一次主接线图的要求，将有关的高低压电器（包括控制电器、保护电器、测量电器）以及母线、载流导体、绝缘子等装配在封闭的或敞开的金属柜体内，作为电力系统中接收和分配电能的装置。

高压开关柜装设了防止电气误操作和保障人身安全的闭锁装置，即所谓“五防”：①防止误分、误合断路器；②防止带负荷误拉、误合隔离开关；③防止带电误挂接地线；④防止带接地线或在接地开关闭合时误合隔离开关或断路器；⑤防止人员误入带电间隔。

5.4.4　典型成套装置的结构

1. 产品KYN28A-12

KYN28A-12型户内金属铠装抽出式开关设备主要用于发电厂、工矿企事业配电以及电力系统的二次变电站的受电、送电及大型电动机的启动等。实行控制、保护、实时监控和测量之用，有完善的五防功能。可配用由ABB公司生产的VD4真空断路器、由上海富士电机开关有限公司生产的 HS 型（ZN82-12）真空断路器、中外合资厦门华电开关有限公司生产的 VEP 型（ZN95-12）真空断路器。

1）开关柜基本参数

柜体外形尺寸：（标准架空进出线方案；电缆进出线方案）

电缆进出线及联络柜标准方案：宽 800（1000）mm×深 1500mm×高 2300mm

架空进出线标准方案：宽 800（1000）mm×深 1660mm×高 2300mm

注：GZS1 电缆进出线及联络柜标准方案：宽 650mm×深 1500mm×高 2300mm，相间距为 150mm；GZS1 柜宽为 800mm 的相间距为 210mm；柜宽为 1000mm 的相间距为 275mm。图 5-71 所示为产品结构外形。开关柜基本参数见表 5-6。

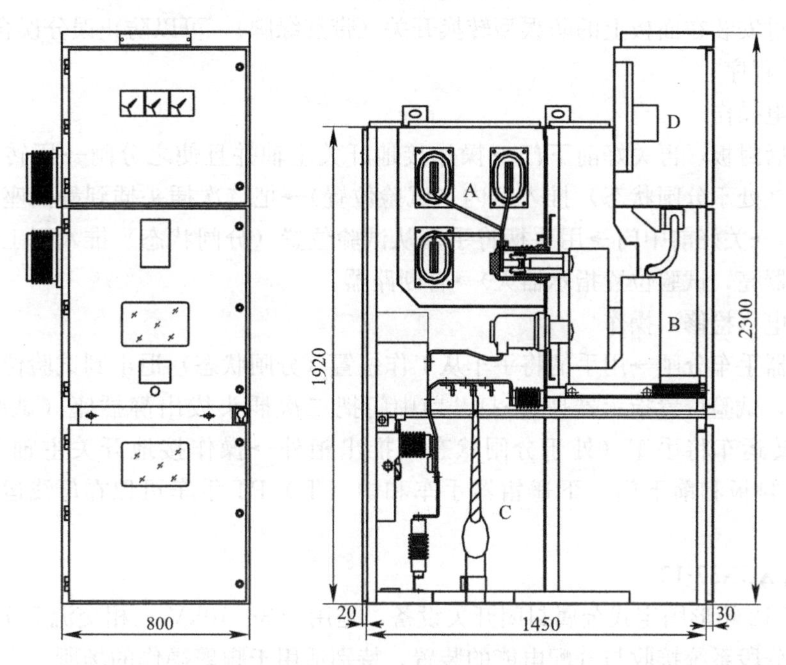

图 5-71　KYN28A-12 结构外形

A—母线室；B—电路器手车室；C—电线室；D—继电器仪表室

开关柜基本参数　　**表 5-6**

项目	单位	数据
额定电压	kV	12
1min 工频耐受电压（额定绝缘水平）	kV	42（相对地及相间） 48（隔离断口）
雷电冲击耐受电压（额定绝缘水平）	kV	75（相对地及相间） 85（隔离断口）
额定频率	Hz	50
主母线额定电流	A	630　1250　1600　2000　2500　3150
分支母线额定电流	A	630　1250　1600　2000　2500　3150
4S 热稳定电流	kA	16　20　25　31.5　40
额定动稳定电流	kA	40　50　63　80　100
防护等级		外壳为 IP4X，隔室间和门打开时为 IP2X

2）五防联锁简介

（1）当手车在柜体的工作位置合闸后，在底盘车内部的闭锁电磁铁被锁定在丝杆上，而不会被拉动，以防止带负荷误拉断路器手车。

（2）当接地开关处在合闸位置时，接地开关主轴联锁机构中的推杆被推入柜中的手车导轨上，于是所配断路器手车不能被推进柜内。

（3）断路器手车在工作位置合闸后，出线侧带电，此时接地开关不能合闸。接地开关主轴联锁机构中的推杆被阻止，其操作手柄无法操作接地开关主轴。

（4）对于电缆进线柜：由于进线电缆侧带电，下门上装电磁锁，来确保在电缆侧带电时不能进入电缆室。

（5）通过安装在面板上的防误型转换开关（带红绿牌），可以防止误分误合断路器。

3）操作程序

（1）送电操作

先装好后封板，再关好前下门→操作接地开关主轴并且使之分闸→用转运车（平台车）将手车（处于分闸状态）推入柜内（试验位置）→把二次插头插到静插座上（试验位置指示器亮）→关好前中门→用手柄将手车从试验位置（分闸状态）推入到工作位置（工作位置指示器亮，试验位置指示器灭）→合断路器。

（2）停电（检修）操作

将断路器手车分闸→用手柄将手车从工作位置（分闸状态）退出到试验位置（工作位置指示器灭，试验位置指示器亮）→打开前中门把二次插头拔出静插座（试验位置指示器灭）→用转运车将手车（处于分闸状态）推出柜外→操作接地开关主轴并且使之合闸→打开后封板和前下门。下避雷器手车和中（下）PT手车可以在母线运行时直接拉出柜外。

2. 产品XGN37-12

XGN37-12箱形固定式金属封闭开关设备，是用于3～10kV三相交流50Hz作为单母线和单母线分段系统接收与分配电能的装置，特别适用于频繁操作的场所。主要用于发电厂、工矿企事业配电以及电力系统的二次变电站的受电、送电及大型电动机的启动等。实行控制、保护、实时监控和测量。柜体为全组装式结构，有完善的五防功能，配用固定式ZN63A-12（VS1）真空断路器或ABB公司生产的固定式VD4真空断路器。上隔离用GN30-12型，下隔离用GN19-12型，接地开关用JN15-12W型，大电流柜的上隔离开关可用GN25-12型。

1）开关柜基本参数（表5-7）

开关柜基本参数 **表5-7**

项目		单位	数据
系统的标称电压		kV	3,6,10
设备额定电压		kV	3.6,7.2,12
额定绝缘水平	1min工频耐受电压（有效值）	kV	42（相间及对地） 48（隔离断口）
	雷电冲击耐受电压（峰值）	kV	75（相间及对地） 85（隔离断口）

续表

项目	单位	数据
最大额定电流	A	1000
额定短路开断电流	kA	16,20,25,31.5
额定短路关合电流	kA	40,50,63,80
额定峰值耐受电流	kA	40,50,63,80
额定短时耐受电流（4S有效值）	kA	16,20,25,31.5
防护等级		IP4X，门打时为IP3X

电缆进出线及其联络柜标准方案：宽840mm×深1300mm×高2300mm；架空进出线时：宽840mm×深（1300＋400）mm×高2300mm。所用变电方案：当变压器容量大于30kVA时，柜宽为1000mm。（注：柜深不包括前门及后封板尺寸，相间距离为210mm。）

其外形图见5-72，内部结构图见5-73。

图5-72　XGN37-12外形

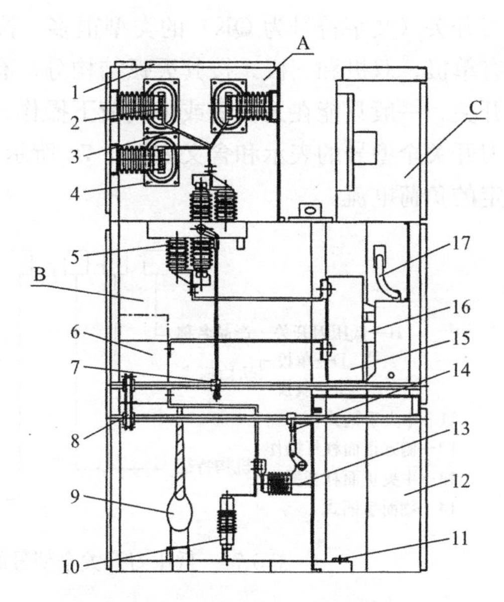

图5-73　XGN37-12内部结构

A—母线室；B—断路器室；C—继电器仪表室；1—泄压装置；2—主母线；3—分支母线；4—母线套管；5—隔离开关；6—电流互感器；7—隔离开关操作机构；8—联锁机构；9—电缆；10—避雷器；11—接地主母线；12—控制小母线；13—接地开关；14—接地开关操作机构；15—真空断路器；16—加热装置；17—二次插头

2）产品特点

（1）开关设备的外壳选用进口敷铝锌板采取多重折边工艺制作而成，具有很强的抗腐蚀性和抗氧化性，外形美观。

（2）柜体采用组装式结构，用高强度的螺栓联结而成，整个柜体精度高、机械强度好；仪表室、母线室单独设计，可缩短加工生产周期，便于组织生产。

（3）开关柜内元器件布置紧凑，柜体外形尺寸小，柜体内主开关可选用全绝缘的VS1型真空断路器，可实现少（免）维护。

(4) 开关设备的联锁简洁、完备，灵活，安全可靠性高，完全满足了“五防”的要求。

(5) 开关柜外壳防护等级为IP4X，柜门打开时为IP3X，带电体对地距离不小于125mm。

(6) 下隔离开关、接地开关布置灵活，柜体可以靠墙安装，进行正面维护；也可以离墙安装，进行双面维护。

3) 操作程序

(1) 送电操作：关好下门→操作接地开关分闸→拔出定位销→操作隔离开关合闸，定位销自动复位→断路器合闸。

(2) 停电操作：断路器分闸→拔出定位销→操作隔离开关分闸，定位销自动复位→操作接地开关合闸→打开下门。

5.4.5 低压电器及成套装置

1. 刀开关

低压刀开关（文字符号为QK）的类型很多。按其操作方式分，有单投和双投。按其极数分，有单极、双极和三极。按其灭弧结构分，有不带灭弧罩和带灭弧罩两种。不带灭弧罩的刀开关，一般只能在无负荷或小负荷下操作，作隔离开关使用。

低压刀开关全型号的表示和含义如图5-74所示。带有灭弧罩的刀开关（图5-75），则能通断一定的负荷电流。

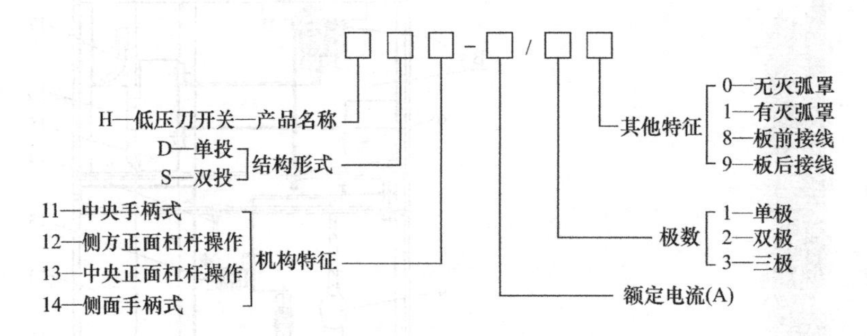

图5-74 低压刀开关全型号的表示和含义

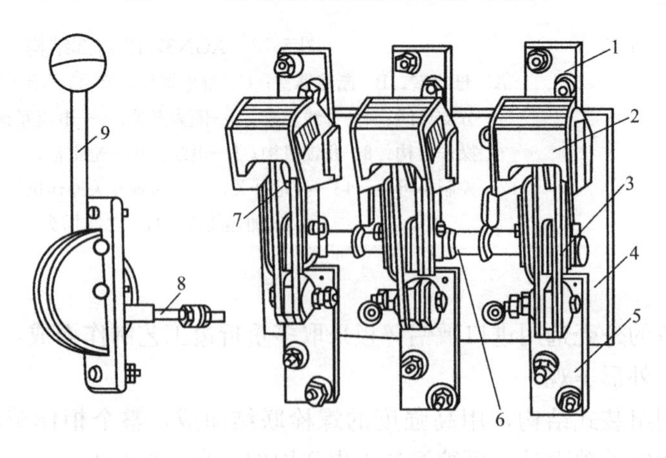

图5-75 HD13型低压刀开关

1—上接线端子；2—钢片灭弧罩；3—闸刀；4—底座；
5—下接线端子；6—主轴；7—静触头；8—传动连杆；9—操作手柄

低压刀熔开关又称熔断器式刀开关，俗称刀熔开关，是低压刀开关与低压熔断器组合而成的开关电器。

低压刀熔开关全型号的表示和含义如图 5-76 所示。

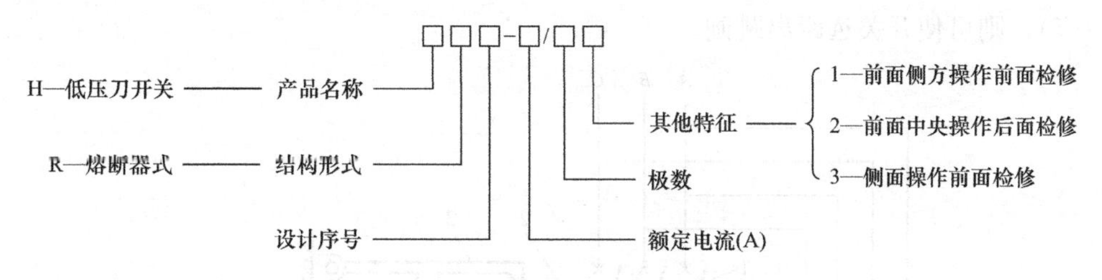

图 5-76 低压刀熔开关全型号的表示和含义

最常见的 HH3 型刀开关如图 5-77 所示，是将 HD 型刀开关的闸刀换以 RTO 型熔断器的具有刀形触头的熔管，具有刀开关和熔断器的双重功能。采用这种组合型开关电器，可以简化配电装置的结构，广泛应用于低压动力配电屏中。

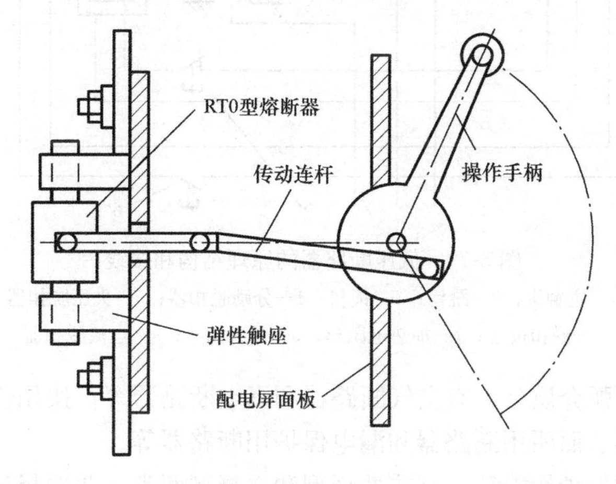

图 5-77 刀熔开关

低压负荷开关（文字符号为 QL）是由低压刀开关和熔断器串联组合而成，外装封闭式铁壳或开启式胶盖的开关电器。低压负荷开关具有带灭弧罩刀开关和熔断器的双重功能，既可带负荷操作，又能进行短路保护，但短路熔断后需更换熔体后才能恢复供电。

低压负荷开关全型号的表示和含义如图 5-78 所示。

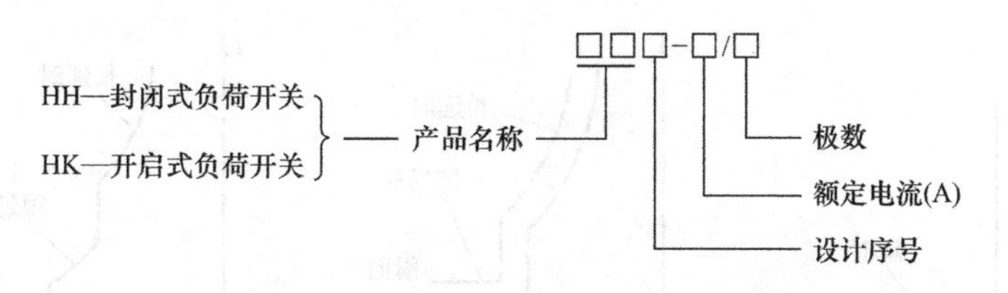

图 5-78 低压负荷开关全型号的表示和含义

2. 低压空气断路器

低压断路器（文字符号为 QF），又称低压自动开关，它既能带负荷通断电路，又能在短路、过负荷和低电压（失压）下自动跳闸，其功能与高压断路器类似，其原理结构和接线如图5-79所示。当线路上出现短路故障时，其过流脱扣器动作，使开关跳闸。如果出现过负荷时，其串联在一次电路上的加热电阻丝加热，使双金属片弯曲，也使开关跳闸。当线路电压严重下降或失压时，其失压脱扣器动作，同样使开关跳闸。如果按下脱扣按钮（图中6），则可使开关远距离跳闸。

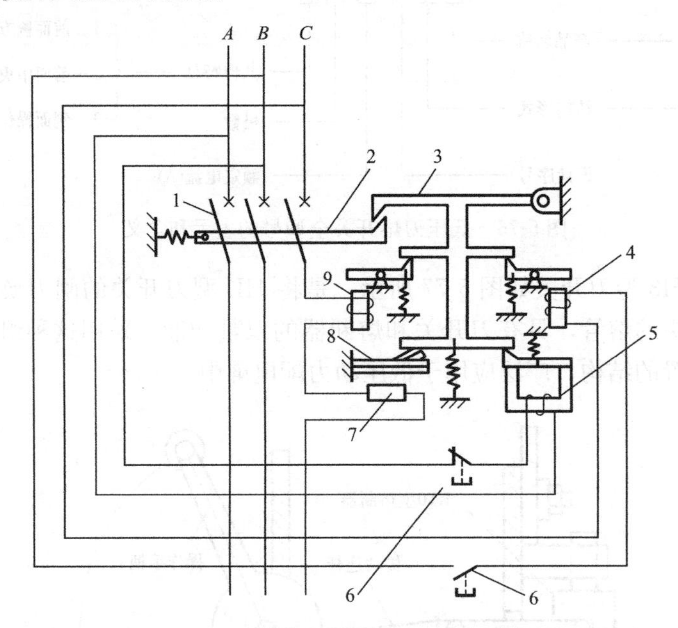

图5-79　低压断路器的原理结构和接线

1—主触头；2—跳钩；3—锁扣；4—分励脱扣器；5—失压脱扣器

6—脱扣按钮；7—加热电阻丝；8—热脱扣器；9—过流脱扣器

低压断路器按灭弧介质分，有空气断路器和真空断路器等；按用途分，有配电用断路器、电动机用断路器、照明用断路器和漏电保护用断路器等。

配电用断路器按保护性能分，有非选择型和选择型两类。非选择型断路器，一般为瞬时动作，只作短路保护用；也有的为长延时动作，只作过负荷保护。选择型断路器，有两段保护、三段保护和智能化保护。两段保护为瞬时-长延时特性或短延时-长延时特性。三段保护为瞬时-短延时-长延时特性。瞬时和短延时特性适于短路保护，长延时特性适于过负荷保护。图5-80所示为低压断路器的上述三种保护特性曲线。而智能化保护，其脱扣器为微处理器或单片机控制，保护功能更多，选择性更好，这种断路器称为智能型断路器。

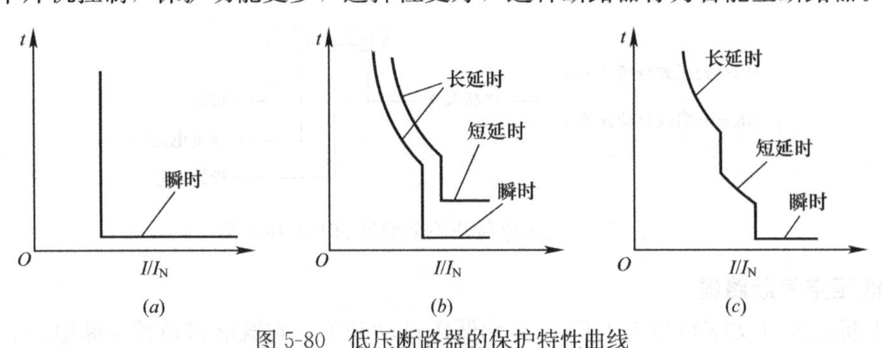

图5-80　低压断路器的保护特性曲线

（a）瞬时动作式；（b）两段保护式；（c）三段保护式

配电用低压断路器按结构形式分，有万能式和塑料外壳式两大类。

国产低压断路器全型号的表示和含义如图 5-81 所示。

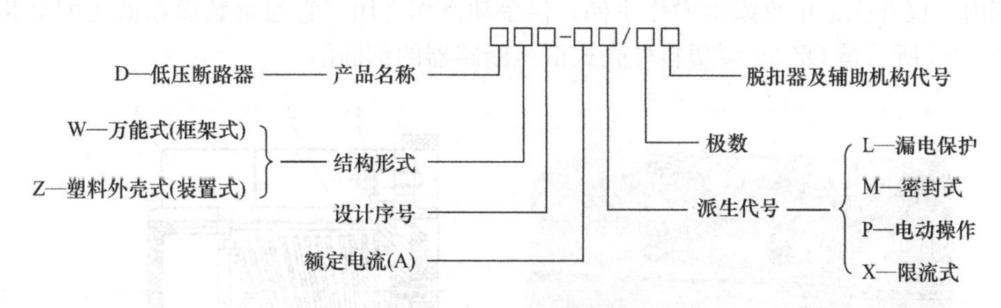

图 5-81 低压断路器全型号的表示和含义

1）万能式低压断路器

万能式低压断路器又称框架式自动开关。它是敞开地装设在金属框架上的，而其保护方案和操作方式较多，装设地点也较灵活，故名“万能式”或“框架式”。

万能式断路器适用于交流 50Hz/60Hz、电压至 690V、电流至 5000A 的配电网络，主要用来分配电能以及保护线路、电机设备免受过载、欠电压、短路、接地故障等的危害，亦可作电动机的不频繁启动之用。下面以常熟开关设备有限公司的 CW1 系列框架断路器为例。

CW1 系列智能型万能式断路器有固定式（图 5-82）和抽屉式（图 5-83）之分，把固定式断路器的本体装入专用的抽屉座就成为抽屉式。本体由触头系统、灭弧系统、操作机构、电流互感器（电流互感器按有效值采样）、智能控制器和辅助开关、二次回路接线端子、欠压脱扣器、分励脱扣器等部件组成；抽屉座由带有导轨的左右侧板、底架和支架组成。

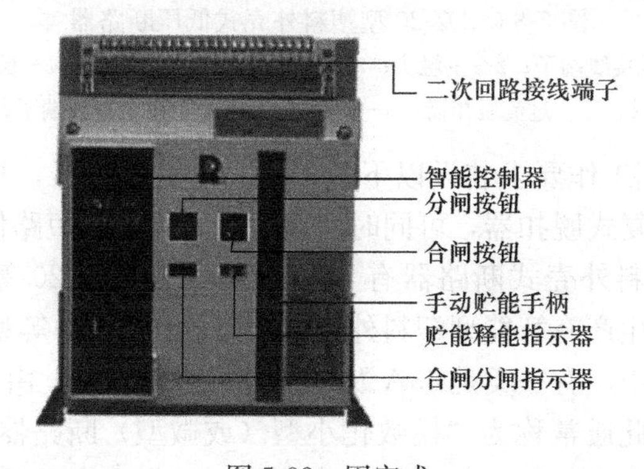

图 5-82 固定式

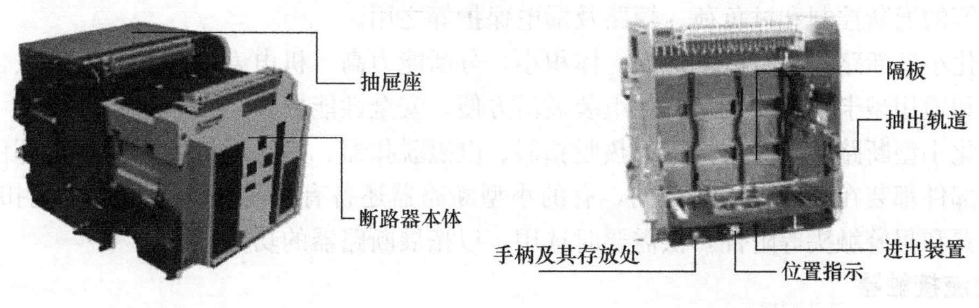

图 5-83 抽屉式

图 5-84 抽屉座外观

2）塑料外壳式低压断路器及模数化小型断路器

塑料外壳式低压断路器又称装置式自动开关，其全部机构和导电部分都装设在一个塑料外壳内，仅在壳盖中央露出操作手柄，供手动操作之用。它通常装设在低压配电装置之中。图5-85所示是DZ-20型塑料外壳式低压断路器的剖面图。

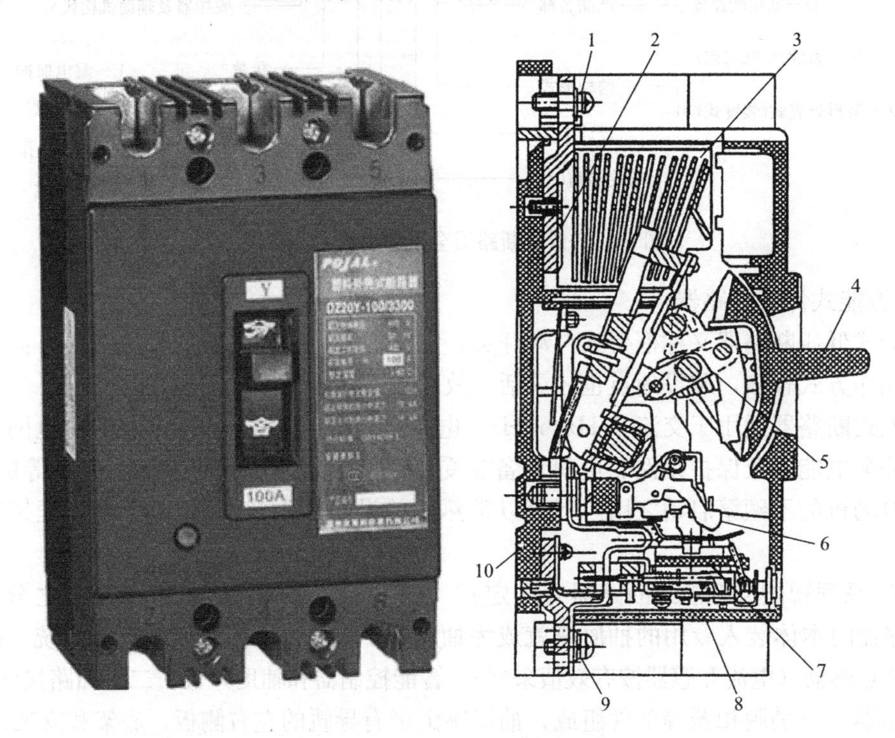

图5-85　DZ-20型塑料外壳式低压断路器

1—引入线接线端子；2—主触头；3—灭弧室（钢片灭弧栅）；4—操作手柄；5—跳钩；6—锁扣；7—过流脱扣器；8—塑料外壳；9—引出线接线端子；10—塑料底座

DZ型断路器可根据工作要求装设以下脱扣器：电磁脱扣器，只作短路保护；热脱扣器，只作过负荷保护；复式脱扣器，可同时实现过负荷保护和短路保护。

目前推广应用的塑料外壳式断路器有DZX10、DZ15、DZ20等型及引进技术生产的H、3VE等型，此外还生产有智能型塑料外壳式断路器如DZ40等型。

塑料外壳式断路器中，有一类是63A及以下的小型断路器。由于它具有模数化结构和小型（微型）尺寸，因此通常称为“模数化小型（或微型）断路器”。它现在广泛应用在低压配电系统的终端，作为各种工业和民用建筑特别是住宅中照明线路及小型动力设备、家用电器等的通断控制和过负荷、短路及漏电保护等之用。

模数化小型断路器具有以下优点：体积小，分断能力高，机电寿命长，具有模数化的结构尺寸和通用型卡轨式安装结构，组装灵活方便，安全性能好。

模数化小型断路器由操作机构、热脱扣器、电磁脱扣器、触头系统和灭弧室等部件组成，所有部件都装在一塑料外壳之内，有的小型断路器还备有分励脱扣器、失压脱扣器、漏电脱扣器和报警触头等附件，供需要时选用，以拓展断路器的功能。

3. 交流接触器

接触器是一种电磁式自动开关，操作方便、动作迅速、灭弧性能好，主要用于远距离频繁接通和分断交直流主电路及大容量控制电路。其主要的控制对象为电动机。根据主触点通过电流的种类的不同，接触器有交流接触器与直流接触器之分。接触器的动力来源是电磁机构。由于接触器不能单独切断短路电流和过载电流，所以电动机控制电路通常用空气开关、熔断器等配合接触器来实现自动控制和保护功能。

接触器是利用电磁吸力的原理工作的，主要由电磁机构和触头系统组成。电磁机构通常包括吸引线圈、铁芯和衔铁三部分。图 5-86 为接触器的结构示意图与图文符号。图中，1-2、3-4 是静触点，5-6 是动触点，7-8 是吸引线圈，9-10 分别是动、静铁芯，11 是弹簧。

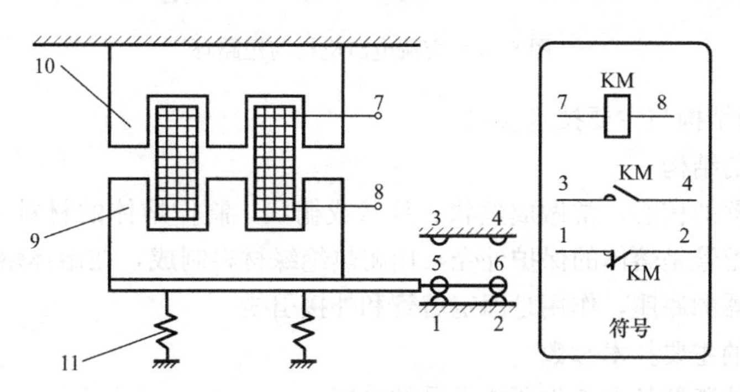

图 5-86 接触器工作原理示意图

当吸引线圈 7、8 两端加上额定电压时，动、静铁芯间产生大于反作用弹簧弹力的电磁吸力，动、静铁芯 9、10 吸合，带动动铁芯上的触头动作，即常闭触头 1-5 和 2-6 断开，常开触头 3-5 和 4-6 闭合。当吸引线圈 7、8 两端电压消失后，电磁吸力消失，触头在反弹力（弹簧弹力）作用下恢复常态。

交流接触器主要由触头系统、电磁系统以及灭弧系统三部分组成。

交流接触器的触头系统通常包括主触头和辅助触头，通常采用双断点桥式触头结构。主触头一般有三对常开形式，指式或桥式，用来接通主电路。辅助触头一般为桥式触头，主要起接通信号、电气联锁或自保持的作用。交流接触器的电磁系统包括动、静铁芯，吸引线圈和反作用弹簧。主要有螺旋管式和直动式，适合额定电流较小的电路；转动式，适合额定电流较大的电路。大容量的接触器（20A 以上）采用缝隙灭弧罩及灭弧栅片灭弧，小容量接触器采用双断口触头灭弧、电动力灭弧、相间弧板隔弧及陶土灭弧罩、石棉水泥灭弧罩灭弧。

根据吸引线圈通电电流的性质分类，电磁机构分为直流电磁机构与交流电磁机构。交流电磁机构最为常见（如图 5-87 所示的交流电磁机构与短路环），设置障碍消除衔铁的机械振动，通常采用短路环来解决。短路环起到磁分相的作用，把极面上的交变磁通分成两个相位不同的交变磁通，这样，两部分吸力就不会同时达到零值，当然合成后的吸力就不会有零值的时刻。如果使合成后的吸力在任一时刻都大于弹簧拉力，振动就消除了。

4. 熔断器

熔断器是低压配电网络和电力拖动系统中主要用作短路保护的电器，主要由熔体、安装熔体的熔管和熔座三部分组成。使用时，熔断器应串联在被保护的电路中。正常情况下，熔断器的熔体相当于一段导线；而当电路发生短路故障时，熔体能迅速熔断分断电路，起到保护线路和电气设备的作用。

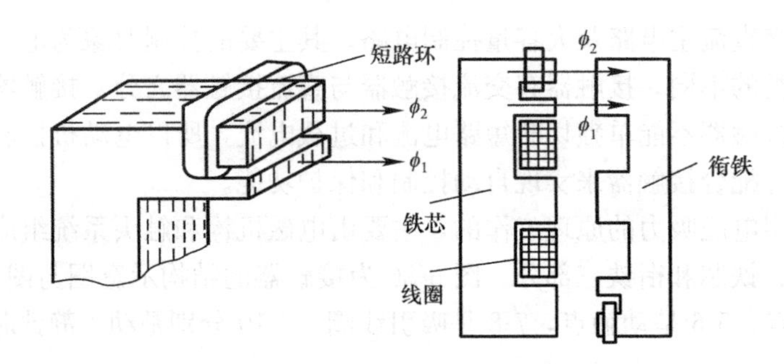

图5-87 交流电磁机构与短路环

1）熔断器的结构与主要技术参数

（1）熔断器的结构

熔体是熔断器的核心，常做成丝状、片状或栅状，制作熔体的材料一般有铅锡合金、锌、铜、银等。熔管是熔体的保护外壳，用耐热绝缘材料制成，在熔体熔断时兼有灭弧作用。熔座是熔断器的底座，作用是固定熔管和外接引线。

（2）熔断器的主要技术参数

额定电压：熔断器长期工作所能承受的电压。

额定电流：保证熔断器能长期正常工作的电流。

分断能力：在规定的使用和性能条件下，在规定电压下熔断器能分断的预期分断电流值。

时间—电流特性：在规定的条件下，表征流过熔体的电流与熔体熔断时间的关系曲线。

熔断器的熔断电流与熔断时间的关系如表5-8所示。

熔断器的熔断电流与熔断时间的关系 **表5-8**

熔断电流 I_S（A）	$1.25I_N$	$1.6I_N$	$2.0I_N$	$2.5I_N$	$3.0I_N$	$4.0I_N$	$8.0I_N$	$10.0I_N$
熔断时间 t（s）	∞	3600	40	8	4.5	2.5	1	0.4

2）常用低压熔断器

（1）RM10系列封闭管式熔断器

RM10系列封闭管式熔断器的特点是熔断管为钢纸管制成，两端为黄铜制成的可拆式管帽，管内熔体为变截面的熔片，更换熔体较方便，如图5-88所示。

应用于交流额定电压380V及以下、直流440V及以下、电流在600A以下的电力线路中。

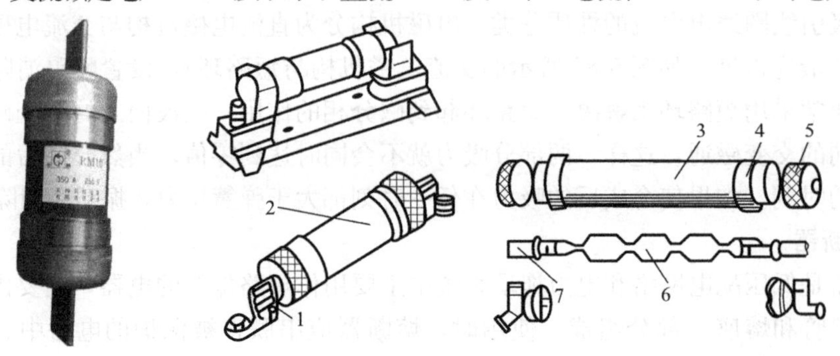

图5-88 RM10系列封闭管式熔断器

1—夹座；2—熔断管；3—钢纸管；4—黄铜套管；5—黄铜帽；6—熔体；7—刀形夹头

（2）RT0 系列有填料封闭管式熔断器

RT0 系列的特点：熔体是两片网状紫铜片，中间用锡桥连接。熔体周围填满石英砂起灭弧作用，如图 5-89 所示。应用于交流 380V 及以下、短路电流较大的电力输配电系统中，作为线路及电气设备的短路保护及过载保护。

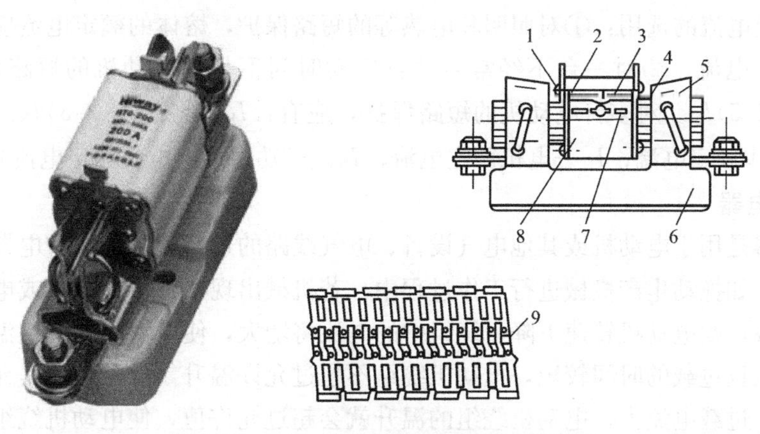

图 5-89　RT0 系列有填料封闭管式熔断器

1—熔断指示器；2—石英砂填料；3—指示器熔丝；4—夹头；5—夹座；
6—底座；7—熔体；8—熔管；9—锡桥

（3）NG30 系列有填料封闭管式圆筒帽形熔断器

NG30 系列的熔断体由熔管、熔体、填料组成，由纯铜片制成的变截面熔体封装于高强度熔管内，熔管内充满高纯度石英砂作为灭弧介质，熔体两端采用点焊与端帽牢固连接，如图 5-90 所示。应用于交流 50Hz、额定电压 380V、额定电流 63A 及以下工业电气装置的配电线路中。

（4）RS0、RS3 系列有填料快速熔断器

RS0、RS3 系列的特点：在 6 倍额定电流时，熔断时间不大于 20ms，熔断时间短，动作迅速，主要用于半导体硅整流元件的过电流保护。外形如图 5-91 所示。

图 5-90　NG30 系列有填料封闭管式圆筒帽形熔断器

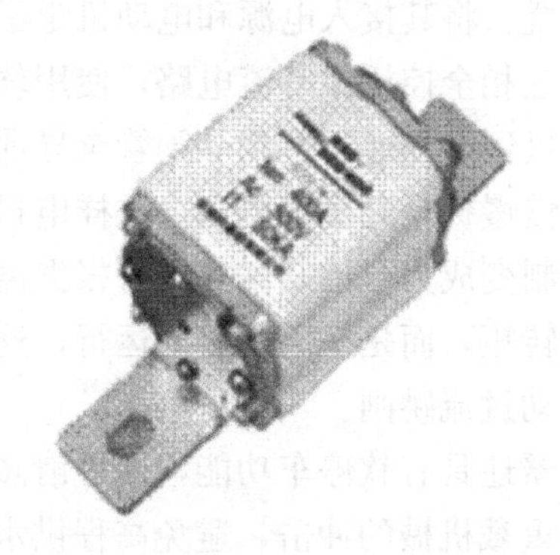

图 5-91　RS0、RS3 系列有填料快速熔断器

3）熔断器的选用

熔断器类型的选用：根据使用环境、负载性质和短路电流的大小选用适当类型的熔

断器。

熔断器额定电压和额定电流的选用：熔断器的额定电压必须等于或大于线路的额定电压。

熔断器的额定电流必须等于或大于所装熔体的额定电流。

熔体额定电流的选用：①对照明和电热等的短路保护，熔体的额定电流应等于或稍大于负载的额定电流。②对一台不经常启动且启动时间不长的电动机的短路保护，应有：$I_{RN} \geqslant (1.5 \sim 2.5) I_N$。对多台电动机的短路保护，应有：$I_{RN} \geqslant (1.5 \sim 2.5) I_{Nmax} + \sum I_N$（其中：$I_{RN}$—熔体额定电流；$I_N$—电机额定电流；$I_{Nmax}$—功率最大电机额定电流）。

5. 热继电器

热继电器是用于电动机或其他电气设备、电气线路的过载保护的保护电器。电动机在实际运行中，如拖动生产机械进行工作过程中，若机械出现不正常的情况或电路异常使电动机遇到过载，则电动机转速下降、绕组中的电流将增大，使电动机的绕组温度升高。若过载电流不大且过载的时间较短，电动机绕组不超过允许温升，这种过载是允许的。但若过载时间长，过载电流大，电动机绕组的温升就会超过允许值，使电动机绕组老化，缩短电动机的使用寿命，严重时甚至会使电动机绕组烧毁。所以，这种过载是电动机不能承受的。热继电器就是利用电流的热效应原理，在出现电动机不能承受的过载时切断电动机电路，为电动机提供过载保护的保护电器。

6. 中间继电器

中间继电器：用于继电保护与自动控制系统中，以增加触点的数量及容量。它用于在控制电路中传递中间信号。中间继电器的结构和原理与交流接触器基本相同，与接触器的主要区别在于：接触器的主触头可以通过大电流，而中间继电器的触头只能通过小电流。所以，它只能用于控制电路中。它一般是没有主触点的，因为过载能力比较小。所以，它用的全部都是辅助触头，数量比较多。

7. 软启动器

软启动器（soft starter）是一种集电机软启动、软停车、多种保护功能于一体的新颖电机控制装置。将其接入电源和电动机定子之间，采用三相反并联晶闸管作为调压器，用这种电路如三相全控桥式整流电路，使用软启动器启动电动机时，晶闸管的输出电压逐渐增加，电动机逐渐加速，直到晶闸管全导通，使电动机工作在额定电压的机械特性上。因为电压由零慢慢提升到额定电压，这样电机在启动过程中的启动电流，就由过去过载冲击电流不可控制变成为可控制。并且可根据需要调节启动电流的大小。电机启动的全过程都不存在冲击转矩，而是平滑的启动运行，这样实现电动机平滑启动，降低启动电流，可以有效避免启动过流跳闸。

软启动器还具有软停车功能，即平滑减速，逐渐停机，它可以克服瞬间断电停机的弊病，减轻对重载机械的冲击，避免高程供水系统的水锤效应，减少设备损坏。

软启动器的启动参数可调。根据负载情况及电网继电保护特性选择，可自由地无级调整至最佳的启动电流。

软启动器一般有下面几种启动方式：斜坡升压软启动；斜坡恒流软启动；阶跃启动；脉冲冲击启动。

8. 低压变频器

低压变频器是指电压等级低于690V的可调输出频率交流电机驱动装置。其应用变频技术与微电子技术，通过改变电机工作电源频率方式来控制交流电动机的电力控制设备。变频器主要由整流（交流变直流）、滤波、逆变（直流变交流）、制动单元、驱动单元、检测单元、微处理单元等组成。变频器靠内部IGBT的开断来调整输出电源的电压和频率，根据电机的实际需要来提供其所需要的电源电压，进而达到节能、调速的目的，另外，变频器还有很多的保护功能，如过流、过压、过载保护等。随着工业自动化程度的不断提高，变频器也得到了非常广泛的应用。

随着低压变频器技术的不断成熟，低压变频的应用场合决定了它不同的分类。单从技术角度来看，低压变频器的控制方式也在一定程度上表明了它的技术流派。其主要方式有正弦脉宽调制（SPWM）、电压空间矢量（SVPWM）、直接转矩控制（DTC）等。

9. 低压成套装置的分类

将低压线路上所需要的刀开关、断路器、熔断器等设备和测量仪表以及辅助设备，根据接线方案，组织安装在金属柜体内，成为一种组合电气设备。按其用途大致可分成电能计量柜、总柜（进线柜）、出线柜、电容补偿柜等，出线柜又分动力柜和照明柜。

配电柜形式基本可分固定式和抽屉式两类，柜体有焊接式和拼装式两种。从柜型号技术指标，分低级型和高级型。目前，具有代表性的低压配电柜，固定式有PGL型、GGD型，抽屉式有GCL、GCK、GCS、MNS等型号。

1）PGL型

PGL型低压配电柜常用的有PGL1型和PGL2型，1型分断能力为15kA，2型分断能力为30kA。柜体采用型钢和钢板焊接而成，柜前、后开门，柜前上部为仪表箱，中间固定钢板安装刀开关操作机构，下部为双开门、操作断路器用。柜顶部有母线防护板，柜两侧有防护插板，中性线母排设在柜底部绝缘子上。该型配电柜已很少选用，已被GGD型替代。

2）GGD型

GGD型低压配电柜由电力主管部门组织设计作为低压成套装置的更新换代产品。

柜体构架用8MF冷弯型钢，局部焊接，主要拼装而成，构架零件及专用配套零件，由型钢定点生产厂配套供应，保证柜体精度和质量。通用柜的零部件按模块原理设计，并有2u模的安装孔，通用系数高，内部零部件安装架，采用螺栓固定，灵活方便。

柜体运行中的散热，通过柜体上下两端的散热槽孔，柜体其余部分是密封的，只能下部进冷风，上部排热，形成自然通风点。

柜体造型设计美观大方，柜门用转轴式活动内铰链，安装、拆卸方便，门折边嵌有橡塑封条，防止门与柜体直接碰撞，也提高了防护等级。柜体防护等级为IP30。

柜门与框架有完整的接地保护电路。

柜体和门表面经喷塑、橘纹、烘漆，内部零件经电镀处理。

元件选择遵循安全、经济、合理、可靠的原则，优先选用国产较先进产品。

具有分断能力高、动热稳定性好等优点，可选择15kA、30kA、50kA三种。

改变了柜门不设固定操作机构的做法，改成临时操作插孔，改变过去的上下推拉操作为转动操作。可按三相五线制，设工作零线排和保护接零排。

3）GCK、GCL 型低压配电柜

GCK 柜主要用于电动机控制中心，GCL 型主要用于动力中心，柜体结构上基本相同，元件配置上有所区别。

柜体采用钢板弯制焊接组装而成，密封结构，防护功能 IP30。

柜分上、中、下三部，上部为水平母线室，中间为抽屉箱，按 220mm 为 1 个模数组合，可容纳 1～8 个单元，总高为 1760mm，下部空隔室 220mm，利用率不高，可作联络母线排用。抽屉具有工作、试验和分离三个位置。每个单元门在打开位置，断路器就不能合闸，当断路器在合闸状态时，门不能打开。每个单元的电气设备装在抽屉框架上，抽屉与分支母线进行接插，同模数的抽屉能互换。

由于初期 GCL 型开关柜运行中发现在柜后接线时，刚好与带电垂直分支母线非常接近，在分支母排带电情况下去连接停电回路的出线，易发生工具触及带电部分造成触电事故。后经改进在带电体上加罩透明塑料绝缘护板，这方面设计不够完善，所以在带电情况下去更换或施放出线要特别注意安全。

第二篇　专业知识与操作技能

第 6 章　水泵与阀门

水泵属于通用机械类中的水力机械，广泛地应用于工业生产中。各种形式的泵有很多，通常将输送和提升液体，使液体压力增加的机器统称为泵。从能量观点来说，泵是一种转换能量的机器，它把原动机的机械能转化为被输送液体的能量，使得液体动能和势能增加。阀门是流体输送系统中的控制部件，具有调节压力、流向、流速等作用。

6.1　泵的分类及型号含义

6.1.1　常用泵的分类

泵的品种系列繁多，按照其工作原理可以分为以下三类。

1. 叶片式泵

利用安装在泵轴上的叶轮旋转，叶片与被输送液体发生力的作用，使液体获得能量，以达到输送液体的目的。根据叶轮出水的水流方向可以将叶片式水泵分为径向流、轴向流和斜向流三种。有径向流叶轮的水泵称为离心泵，液体质点在叶轮中流动主要受到离心力的作用；有轴向流叶轮的水泵称为轴流泵，液体质点在叶轮中流动时主要受到轴向升力的作用；有斜向流叶轮的水泵称为混流泵，它是上述两种叶轮的过渡形式，液体质点在叶轮中流动时，既受到离心力的作用，又受到轴向升力的作用。叶片泵具有效率高、启动迅速、工作稳定、性能可靠、容易调节等优点，供水企业广泛地采用这类泵。

2. 容积式泵

利用泵内机械运动的作用，使泵内工作室的容积发生周期性的变化，对液体产生吸入和压出的作用，使液体获得能量，以达到输送液体的目的。一般使工作室容积改变的方式有往复运动和旋转运动两种。属于往复运动的容积式泵有活塞式往复泵、柱塞式往复泵等；属于旋转运动的容积式泵有转子泵等。在供水企业中这类泵多应用于加药、计量系统中。

3. 其他类型泵

其他类型泵是指除叶片式泵和容积式泵以外的特殊泵。如射流泵、水锤泵、水环式真空泵等。这些泵的工作原理各不相同，如射流泵是利用高速蒸汽或液体在一种特殊形状的管段（喉管）中运动，产生负压的抽吸作用来输送液体，供水企业中的加氯机即采用这种装置将氯送入到压力水管中。水锤泵是利用水流由高处下泄的冲力，在阀门突然关闭时产生的水锤压力，把水送到更高的位置。水环式真空泵是靠泵腔内偏心叶轮不断旋转，使得泵腔容积不断变化来实现吸气、压缩和排气。

以上各类泵是供水企业和其他行业经常使用的一些主要泵型。就其数量而言，以叶片泵拥有的数量最多，应用范围最广泛，特别是叶片泵中的离心泵尤其如此。本章节主要以离心泵作为对象来进行介绍。

各种类型的泵使用范围是不相同的，图6-1所示为常用的几种类型泵的总型谱图。由图可知各类叶片泵的使用范围非常广泛。其中，离心泵、轴流泵、混流泵、往复泵的使用范围各不相同，往复泵使用侧重于高扬程，小流量。轴流泵和混流泵使用侧重于低扬程、大流量。而离心泵使用范围介于两者之间，其工作区域最广，产品的品种、规格也最多。

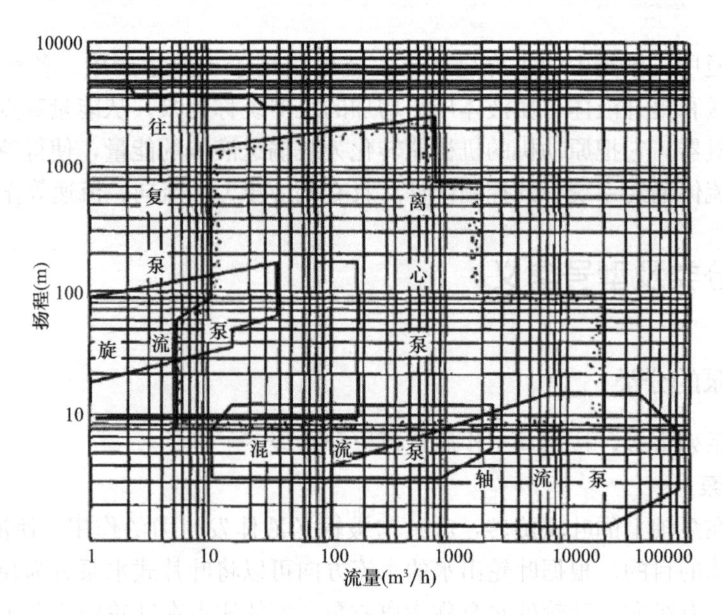

图6-1　常用几种泵的总型谱图

6.1.2　常用泵的型号

泵的型号，根据我国规定一般由数字和汉语拼音字母两部分组成。数字一般表示该泵的吸入口直径、流量、扬程等，拼音字母用来表示该泵的类型、结构特点等。

1. 单级单吸悬臂式离心泵

该泵适合于工矿企业、城市给水、排水、农田排灌，供输送温度不高于80℃的清水使用，其外形如图6-2所示。该泵是根据国际标准ISO 2858所规定的技术标准所设计的。

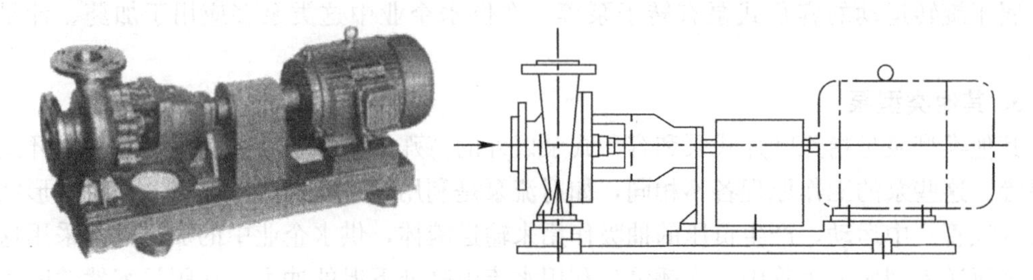

图6-2　IS型单级单吸离心泵

例：IS200-150-400A型

IS—采用ISO国际标准的单级单吸清水离心泵；200—泵吸入口直径（mm）；150—泵压出口直径（mm）；400—泵叶轮名义直径（mm）；A—叶轮第一次切削（mm）。

2. 单级双吸离心泵

该泵体为水平中开式，吸入口和压出口与下半部泵体铸在一起，无需拆卸管路及原动机即能检修泵的转动部件。该泵型通常用字母 Sh、S、SA 来表示，其外形如图 6-3 所示。

目前，市场上也有以厂家自定义型号的水泵，特别是一些合资企业使用较多。例如 800×600CJNM 型，其泵吸入口直径是 800mm，泵压出口直径是 600mm。又如 SFWP60-500 型，60 为最佳流量时的扬程（m），500 为出口法兰公称直径（mm）。

例：10SAP-6JA 型

10—泵吸入口直径（in）；SAP—单级双吸中开式离心清水泵；6—泵的比转速除以 10 的整数值；J—表示额定转速变化；A—叶轮第一次切削（mm）。

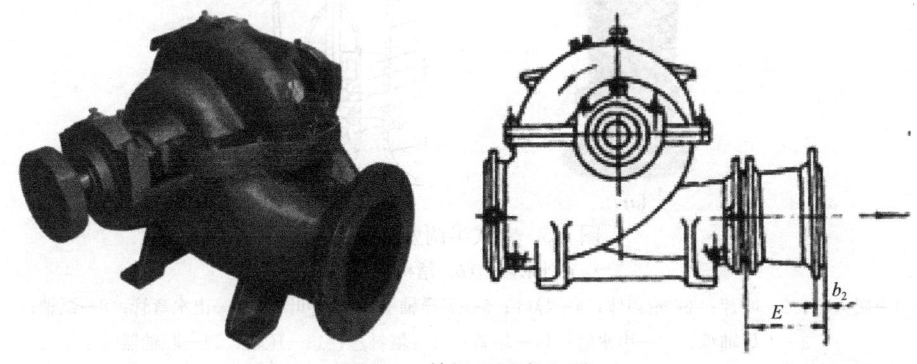

图 6-3 单级双吸离心泵

3. 多级离心泵

该泵是清水泵，适合矿山、工厂、城市给水、排水用。泵的吸入口为水平方向，压出口为垂直向上。泵的转子轴上安装有多个叶轮。多级离心泵通常用字母 D、DA 来表示，其外形如图 6-4 所示。

例：200D-43×9 型

200—泵吸入口直径（mm）；D—分段式多级离心清水泵；43—泵设计点单级扬程值（m）；9—泵的级数（即叶轮个数）。

图 6-4 多级离心泵

4. 轴流泵

该泵的特点是流量大，扬程低，适合输送清水。可供电厂循环水、城市给水、农田排灌。轴流泵通常用字母 ZLB、QZW 表示，其外形如图 6-5 所示。

例：32ZLB-100 型

32—泵出口直径（in）；ZL—立式轴流泵；B—叶片为半调节式；100—泵的比转速除以 10 的整数值。

5. 混流泵

该泵的特点是介于离心泵与轴流泵之间的一种泵。流量比离心泵大，但较轴流泵小；扬程比离心泵低，但较轴流泵高；泵的高效区范围较轴流泵宽广；流量变化时，轴功率变化较小，有利于动力配套；汽蚀性能好，能适应水位的变化；结构简单，使用维修方便。混流泵通常用字母 LKX、HB、HD 表示，其外形如图 6-6 所示。

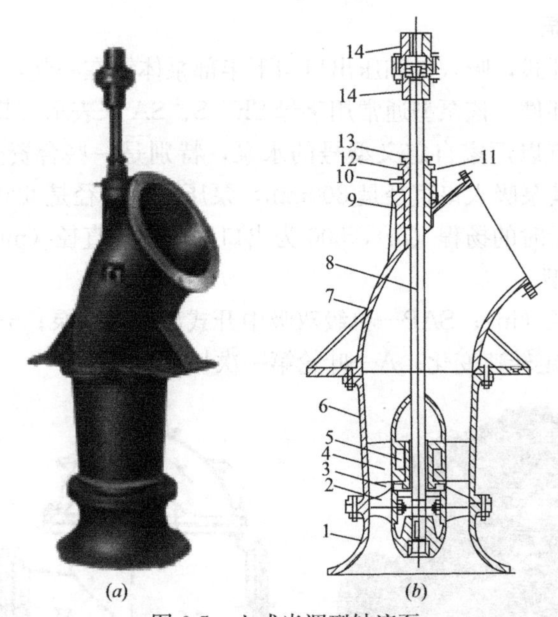

图 6-5　立式半调型轴流泵

(a) 外形图；(b) 结构示意图

1—吸入管；2—叶片；3—轮毂体；4—导叶；5—下导轴承；6—导叶管；7—出水弯管；8—泵轴；9—上导轴承；10—引水管；11—填料；12—填料盒；13—压盖；14—联轴器

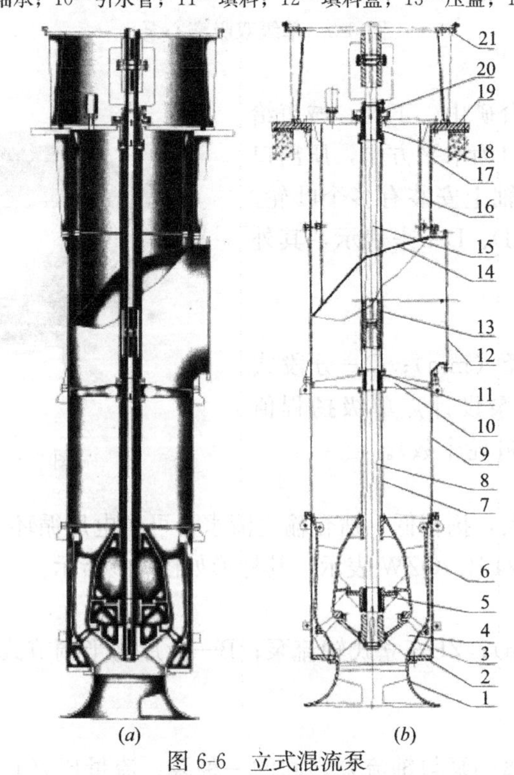

图 6-6　立式混流泵

(a) 外形图；(b) 结构示意图

1—吸入喇叭口；2—外接管下；3—叶轮室；4—叶轮；5—导轴承下；6—导叶体；7—内接管下；8—主轴下；9—外接管中；10—轴承支架；11—导轴承中；12—吐出弯管；13—内接管上；14—导流片；15—主轴上；16—导流片接管；17—外接管上；18—导轴承上；19—泵支撑板；20—填料函体；21—电机支座

例：80LKXC-20A 型

80—泵出口直径（in）；L—立式混流泵；K—泵转子可抽出；X—泵出口在基础层之下；C—泵的设计顺序；20—泵设计点扬程；A—叶轮经过切削。

6. 潜水泵

潜水泵是机泵一体化，可长期潜入水中运行。近十余年来，国产潜水泵的更新换代产品层出不穷，在给水排水工程中应用潜水泵也日见普遍。

1）潜水供水泵

常见的型号有 QG（W）、QXG。QG 型潜水泵外形如图 6-7 所示。

例：500QG（W）-2400-22-220

500—泵出口直径（mm）；QG（W）—潜水供水泵。带“W”表示蜗壳式泵，径向出水；不带“W”表示导叶式泵，轴向出水；2400—流量值（m^3/h）；22—扬程值（m）；220—电机功率（kW）。

2）潜水轴流泵和混流泵

常用的型号有 QZ、QH、ZQB、HQB。QZ 型潜水轴流泵外形如图 6-8 所示。

例：500ZQB-70 型

500—泵出口直径（mm）；Z—轴流泵（如果是“H”代表混流泵）；Q—潜水电泵；B—泵叶轮的叶片为半可调式；70—泵的比转速除以 10 的整数值（即比转速为 700）。

3）潜水排污泵

常用的型号有 QW。QW 系列泵的结构、外形及安装方式均类似于前述 QG（W）型供水泵，适用于抽取污水。

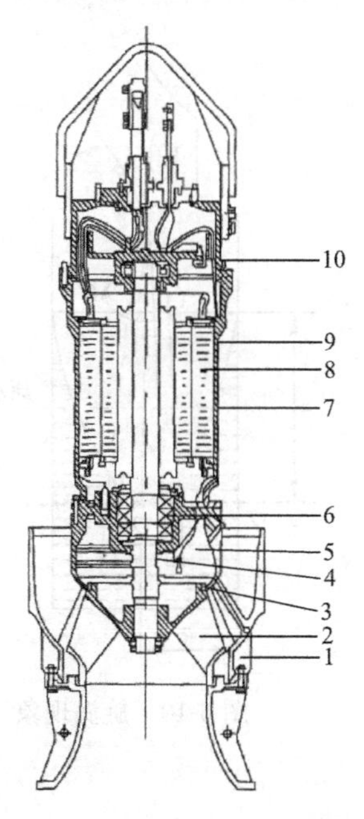

图 6-7 QG 型潜水泵结构图

1—防转装置；2—叶轮；3—水力平衡装置；4—轴密封；5—油室；6—轴承；7—冷却片；8—电机；9—泵/电机轴；10—监测装置

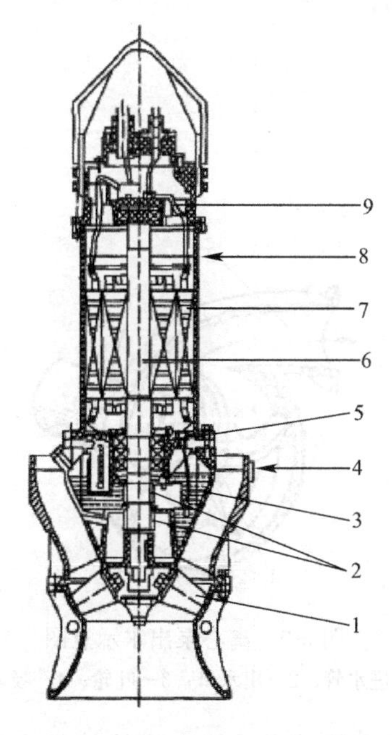

图 6-8 QZ 型潜水轴流泵结构图

1—叶轮；2—轴密封；3—油室；4—防转装置；5—轴承；6—泵/电机轴；7—电机；8—冷却片；9—监测装置

6.2 离心泵的工作原理及主要零件

6.2.1 离心泵的工作原理

离心泵是叶片泵的一种，这种泵的工作是靠叶轮高速旋转时叶片拨动液体旋转，使液体获得离心力而完成水泵的输水过程。

充满水的叶轮在泵壳内高速旋转时，水在离心力的作用下被以很高的速度甩出叶轮，飞向泵壳蜗室的汇流槽中，这时的水具有很高的能量，由于蜗室汇流槽断面积是逐渐扩大的，汇集在这里的水流速度逐渐减低，压力逐渐增高。由于泵内的压力高于水泵出水管路的压力，水永远由高压区流向低压区，所以，水通过水泵获得能量后源源不断地流向出水管路，如图 6-9 所示。

离心泵出水压力的高低与叶轮直径的大小和叶轮转速的高低有着直接的关系；叶轮直径大、转速高，水泵的出水压力也高；叶轮直径小，转速低，水泵的出水压力也低。

叶轮中的水受离心力的作用而流向出水管路；同样，由于叶轮中的水受离心力的作用使叶轮中心区域形成低压区而使水泵得以吸水。取一个盛着半杯水的玻璃杯，使杯中水面平静，然后，拿一支筷子沿玻璃杯内壁快速旋转起来，当水的旋转速度达到一定值时，杯内水面不再保持水平面，而是杯子中心部位的水面产生下落，靠近杯子内壁部位的水面产生上升。如图 6-10 所示。这种现象叫做旋涡运动，它是由于水流旋转时产生离心力的结果。

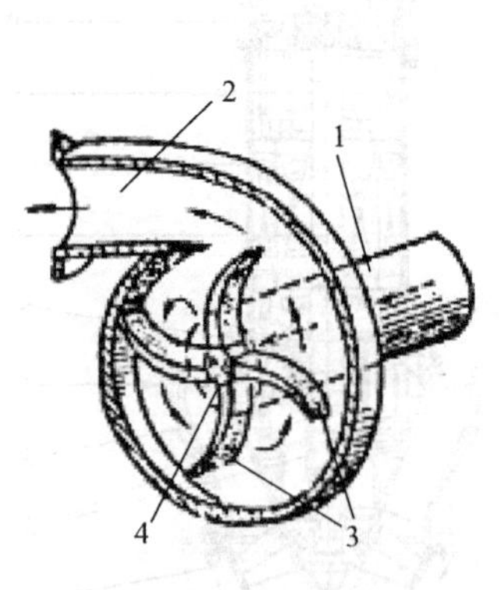

图 6-9 离心泵出水示意图
1—进水管；2—出水口；3—叶轮；4—吸入口

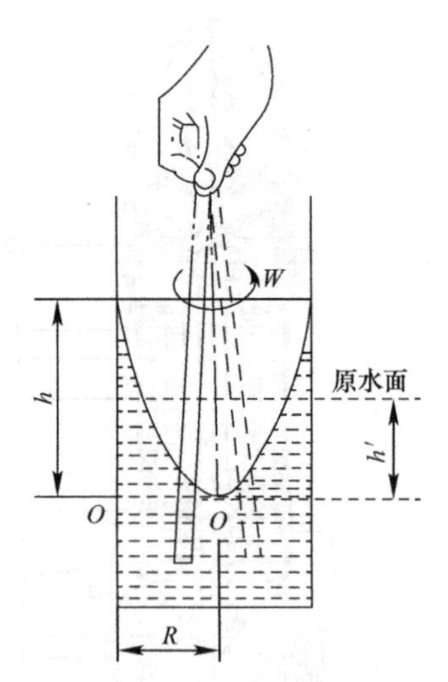

图 6-10 旋涡现象

玻璃杯的半径越大，杯内液体旋转角速度越快，液面总升高就越大（即泵的扬程）。由图 6-10 可以看出，杯中水面下降了 h'高度，说明杯子中心部位压力下降，这个下降高度称为吸程。离心泵就是靠旋涡作用来吸水的。

离心泵运行时，泵壳相当于玻璃杯，叶轮相当于筷子，所不同的是泵壳内充满水，是密封的。当叶轮高速旋转时，泵壳内的水由于受离心力的作用，在叶轮中心部位产生一个旋涡，形成真空，而水泵吸水池的液面却作用着大气压力，压力较高的水总是自动向压力较低的部位流动，所以吸水池内的水在大气压力的作用下，通过水泵吸水管路而被压入水泵内，填补叶轮中心部位所形成的真空，从而达到水泵吸水的目的。

如果泵内叶轮中心部位绝对真空，外面的大气压力为一个标准大气压，这台离心泵的吸程最大为 10.33m，这是个理想化的数值，事实上达不到这个数值，因为泵内的中心部位压力不可能达到绝对真空；吸水管路中流动的水因为摩擦作用，需要消耗一部分能量，所以，离心泵最大吸上高度一般在 6～8m 左右。

综上所述，离心泵进行输水，主要是叶轮在充满水的蜗壳内高速旋转产生离心力，由于离心力的作用，使蜗壳内叶轮中心部位形成真空，吸水池内的水在大气压力的作用下，沿吸水管路，流入叶轮中心部位填补这个真空区域；流入叶轮的水又在高速旋转中受离心力的作用被甩出叶轮，经蜗形泵壳中的流道而流入水泵的压力出水管路。这样，叶轮不停地高速旋转，吸水池中的水源源不断地被大气压入水泵内，水通过水泵获得能量，而被压出水泵进入出水管路。就这样，完成了水泵的连续输水过程。

离心泵在启动前，一定要将水泵蜗壳内充满水，如果叶轮在空气中旋转，由于空气的质量远远小于水的质量，故空气所获得的离心力不足以在叶轮中心部位形成所需要的真空值，吸水池中的水也不会进入到水泵内，水泵将无法工作。值得提出的是：离心泵启动前，一定要向蜗壳内充满水以后，方可启动，否则将造成泵体发热、振动，而造成设备事故。

6.2.2　离心泵的分类

离心泵种类很多，分类方法常见的有以下几种方式。

1. 按叶轮的吸入方式分

单吸式离心泵：液体从一侧进入叶轮如图 6-11 所示。单吸式离心泵构造简单，制造容易，但叶轮两边所受液体的总压力不同，产生了轴向力，这个轴向力对水泵安全、经济运行不利。通常需采取一定措施来平衡这个轴向力。

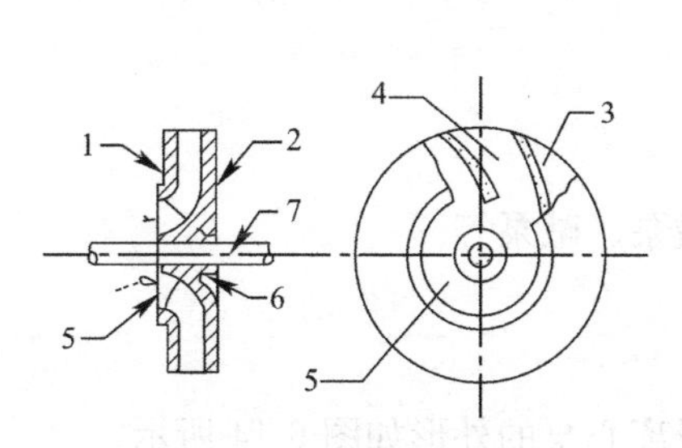

图 6-11　单吸式叶轮

1—前盖板；2—后盖板；3—叶片；4—叶槽；5—吸水口；6—轮毂；7—泵轴

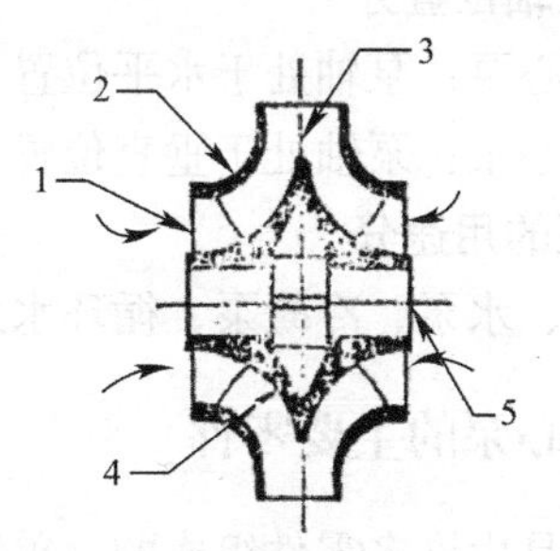

图 6-12　双吸式叶轮

1—吸入口；2—轮盖；3—叶片；4—轮毂；5—轴孔

双吸式离心泵：液体从两侧进入叶轮，如图 6-12 所示。双吸式离心泵构造上比单吸式离心泵相对复杂，制造工艺也要求高一些。其主要优点是流量大，并且平衡了轴向推力。其不足之处是，由于叶轮两面吸入液体，液体在叶轮出口汇合处有冲击现象而产生噪声或振动。

2. 按叶轮数目分

单级离心泵：只有一个叶轮，扬程较低，构造简单。

多级离心泵：具有两个或者两个以上叶轮串联工作，可以产生高的扬程，但构造上相对复杂些。

3. 按叶轮结构分

敞开式叶轮离心泵：叶轮前后没有盖板，适合输送污浊液体，如污水泵、泥浆泵等，如图 6-13（*a*）所示。

半开式叶轮离心泵：叶轮中有后盖板而没有吸入端前盖板。这种泵适合输送有一定黏性、容易沉淀或含有杂质的液体，如图 6-13（*b*）所示。

封闭式叶轮离心泵：叶轮的前后都有盖板，这种泵适合输送无杂质的液体，如清水、轻油等，这种泵应用很普遍，如图 6-13（*c*）所示。

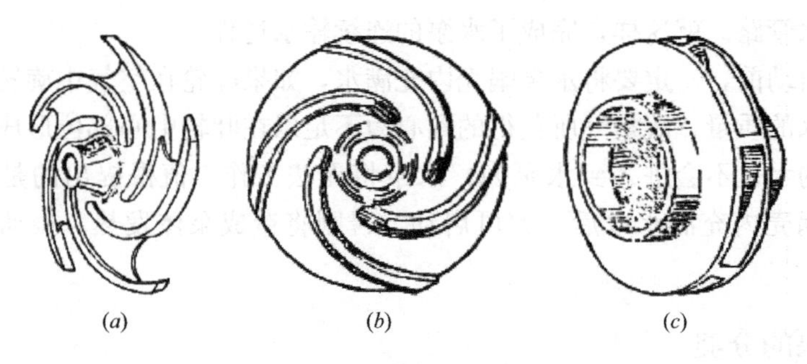

(*a*) (*b*) (*c*)

图 6-13 叶轮结构形式

4. 按工作压力分

低压离心泵：其扬程低于 100m 水柱。

中压离心泵：其扬程在 100～650m 水柱。

高压离心泵：其扬程在 650m 水柱以上。

5. 按泵轴位置分

卧式离心泵：泵轴处于水平位置。

立式离心泵：泵轴处于垂直位置。

6. 按泵的用途分

有油泵、水泵、冷凝泵、循环水泵、酸泵、碱泵等。

6.2.3 离心泵的主要零件

离心泵是由许多零件组成的，单级双吸离心泵的外形如图 6-14 所示。

单级双吸离心泵的叶轮是对称的，好像由两个相同的单吸式叶轮背靠背地连接在一起，水从两面进入叶轮，叶轮用键、轴套和两侧的轴套螺母固定，其轴向位置可通过轴套螺母进行调整；双吸泵的泵盖与泵体共同构成半螺旋形吸入室和蜗形压出室。泵的吸入口和压水口均铸在泵体上，呈水平方向，与泵轴垂直。水从吸入口流入后，沿着半螺旋形吸入室从两面流入叶轮，故该泵称为双吸泵；泵盖与泵体的接缝是水平中开的，故又称水平中开式泵；双吸泵在泵体与叶轮进口外缘配合处装有两只减漏环，称双吸减漏环。在减漏环上制有突起的半圆环，嵌在泵体凹槽内，起定位作用；双吸泵在泵轴穿出泵体的两端共装有两套填料密封装置，水泵运行时，少量高压水通过泵盖中开面上的凹槽及水封环流入填料室中，起水封作用；双吸泵从进水口方向看，在轴的一端安装联轴器，根据需要也可在轴另一端安装联轴器，泵轴两端用轴承支撑。

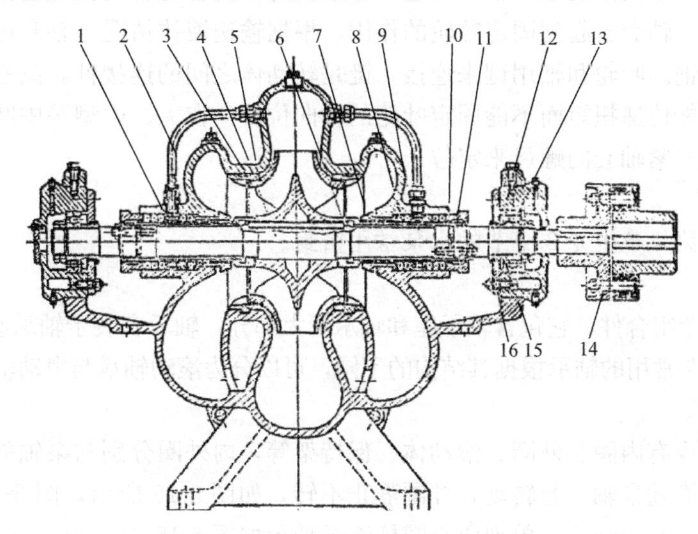

图 6-14　单级双吸离心泵

1—泵体；2—泵盖；3—叶轮；4—轴；5—双吸密封环；6—轴套；7—填料套；8—填料；9—水封环；10—填料压盖；11—轴套螺母；12—轴承体；13—单列向心球轴承；14—联轴器部件；15—轴承挡套；16—轴承端盖

单级双吸离心泵的特点是流量较大，扬程较高；泵体是水平中开的，检修时不需拆卸电动机及管路，只要揭开泵盖即可进行检查和维修；由于叶轮对称布置，叶轮的轴向力基本达到平衡，故运转较平稳；由于泵体比较笨重，占地面积大，故适宜于固定使用。

1. 叶轮

叶轮是水泵过流部件的核心部分，它转速高、出力大，所以叶轮的材质应具有高强度、抗汽蚀、耐冲刷的性能，一般采用高牌号的铸铁、铸钢、不锈钢、磷青铜等材料制成。同时，要求叶轮的质量分布均匀，以减少由于高速旋转而产生振动，通常，叶轮在装配前需要通过静平衡实验。叶轮的内外表面要求光滑，以减少水流的摩擦损失。

2. 密封环

详细介绍见第 4 章 4.3.2 节。

3. 泵壳（含泵体和泵盖）

离心泵的泵壳通常铸成蜗壳形，其过水部分要求有良好的水力条件。叶轮工作时，沿蜗壳的渐扩断面上，流量是逐渐增大的，为了减少水力损失，在泵设计中应使沿蜗壳渐扩断面流动的水流速度是一常数。水由蜗壳排出后，经锥形扩散管而流入压水管。蜗壳上锥形扩散管的作用是降低水流的速度，使流速水头的一部分转化为压力水头。

泵壳的材料选择，除了考虑介质对过流部分的腐蚀和磨损以外，还应使壳体具有作为耐压容器的足够的机械强度。其材质大多采用铸铁或球墨铸铁，特殊场合也有采用不锈钢和铸钢的。要求内表面光滑，壳体内流道变化均匀，不能有砂眼、气孔、裂缝等缺陷。

4. 泵轴

泵轴的作用是通过联轴器和原动机相连接，将原动机的转矩传给叶轮，所以它是传递机械能的主要部件。泵轴的材料一般采用优质碳素结构钢或不锈钢，一些特殊场合，泵轴亦采用含铬的特殊钢。泵轴应有足够的抗扭强度和足够的刚度，其挠度不超过允许值；工作转速不能接近产生共振现象的临界转速。在泵轴的一些容易被腐蚀或磨损的部位，通常加装轴套来保护，轴套也起到固定叶轮的作用。根据输送液体情况，轴套可选用高牌号铸铁、青铜或合金钢。叶轮和轴用键来连接。键是转动体之间的连接件，离心泵中一般采用平键，这种键只能传递扭矩而不能固定叶轮的轴向位置，在大、中型泵中叶轮的轴向位置通常采用轴套和并紧轴套的螺母来定位。

5. 轴封装置

详细介绍见第4章中4.3.2节的水泵常用密封。

6. 轴承体

轴承体是一个组合件，它包含轴承座和轴承两大部分，轴承安装于轴承座内作为转动体的支持部分，水泵常用的轴承根据其结构的不同，可以分为滚动轴承与滑动轴承两大类。

1）滚动轴承

它的基本构成有内圈、外圈、滚动体、保持架等，内外圈分别与泵轴的轴颈和轴承座安装在一起，内圈随泵轴一起转动，外圈静止不转，如图6-15所示，图6-15（*a*）为水泵经常使用的单列向心球轴承，单列向心圆柱滚子轴承如图6-15（*b*）所示。

滚动轴承的材料采用铬合金钢中的一种特殊品种（滚动轴承钢）。而其保持架一般采用低碳钢或青铜制成。滚动轴承有以下优点：摩擦阻力小，转动效率高；外形尺寸小，规格标准统一，方便检修更换；润滑剂消耗少，轴承不易烧坏。它的不足方面：工作时噪声较大，转动不够平稳，承受冲击负荷能力较差。

2）滑动轴承

大、中型水泵多采用滑动轴承。水泵转子的重力，通过轴颈传递给油膜，油膜再传递给瓦衬，直至轴承座上。按照承受载荷的方向滑动轴承分为向心滑动轴承和推力滑动轴承，卧式泵的轴承以向心型为主，如图6-16所示。

（1）轴承座

它是支承轴瓦和转子的主要部件，内部制成空箱形构成油室，是容纳轴承润滑油的空间，轴承座通常有铸铁、铸钢、钢板焊接等形式。轴承座的上部称为轴承盖，轴承盖与轴承座用圆柱销定位，用止口定心。

（2）轴瓦

它位于轴承座与轴颈之间，轴瓦由瓦背和瓦衬组成，瓦背一般由青铜或铸铁制成；瓦衬由专用轴承合金（也称巴氏合金）浇铸在瓦背上而制成，轴承合金摩擦系数小，抗绞合性能好，导热性好，并且具有足够的机械强度。

（3）油环

油环是滑动轴承自润滑的零件，随着泵轴的转动，油环把油室内的润滑油由下而上带至轴瓦的油腔内，以形成油楔和油膜，同时起到冷却和润滑轴瓦的作用。

（4）油标孔

它安装在轴承座的油面线上，是观察轴承座油面位置的装置。

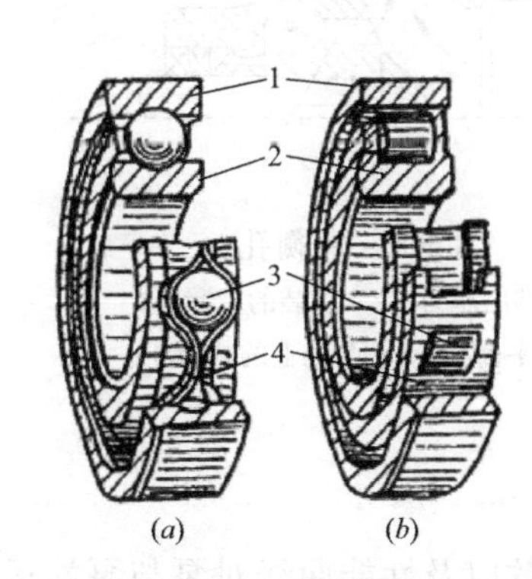

图 6-15 滚动轴承的基本构造

1—外圈；2—内圈；3—滚动体；4—保持架

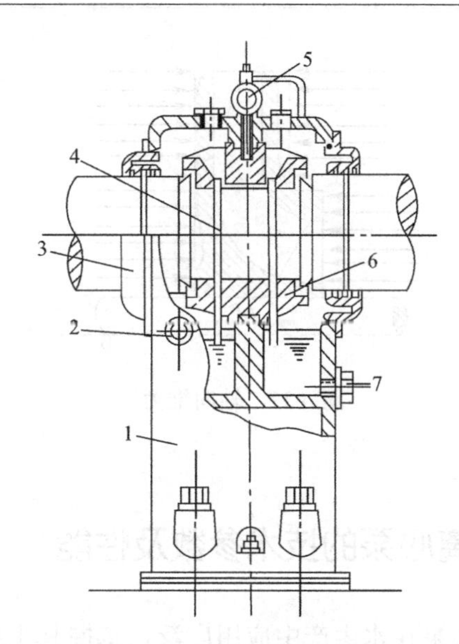

图 6-16 滑动轴承组合

1—轴承座；2—油标孔；3—挡油环；4—油环；5—油杆；6—轴瓦；7—排油塞

(5) 排油孔

它位于油室底部，是用于排放污油的。

滑动轴承的优点有：工作可靠、平稳无噪声，因为润滑油膜具有吸收振动的作用，所以滑动轴承能承受较大的冲击载荷。它的不足方面有：结构复杂、零件多、体积大，故多用在大、中型水泵上。

7. 联轴器

联轴器，又称“靠背轮”，用于连接两个轴，使它们一起转动，以传递功率。联轴器连接的两个轴，由于制造、装配、安装存在误差，两轴心线位置不可能完全重合。同时，机器在运转中零件产生变形，由于温度变化使两轴产生偏斜和位移，这种轴心线的不同轴度若不能得到补偿，则必然产生附加应力和变形，并由此产生振动，使运行状况恶化。

弹性联轴器的特点是：在两个半联轴器的中间设置弹性元件，通过弹性元件的弹性变形来补偿两轴心线的不同轴度。又因弹性元件具有缓冲、阻尼振动的特点，所以，在启动频繁、载荷变动、高速运转和两轴严格对中有困难的场合经常采用，详细介绍参考第 4 章。

8. 轴向力平衡措施

单吸式离心泵，由于其叶轮缺乏对称性，离心泵工作时，叶轮两侧作用的压力不相等，如图 6-17 所示。因此，在泵叶轮上作用有一个推向吸入口的轴向力 ΔP。这种轴向力特别是对于多级式的单吸离心泵来讲，数值相当大，必须采用专门的轴向力平衡装置来解决。对于单级单吸式离心泵而言，一般采取在叶轮的后盖板上钻开平衡孔，并在后盖板上加装减漏环，如图 6-18 所示。此环的直径可与前盖板上的减漏口环直径相等。压力水经此减漏环时压力下降，并经平衡孔流回叶轮中去，使叶轮后盖板上的压力与前盖板相接近，这样，就消除了轴向推力。此方法的优点是构造简单，容易实行。缺点是，叶轮流道中的水流受到平衡孔回流水的冲击，使水力条件变差，泵的效率有所降低。一般在单级单吸式离心泵中，此方法应用仍是很广的。

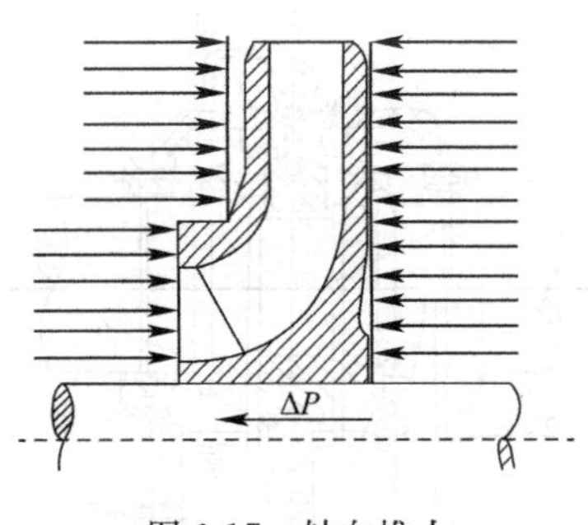

图 6-17 轴向推力

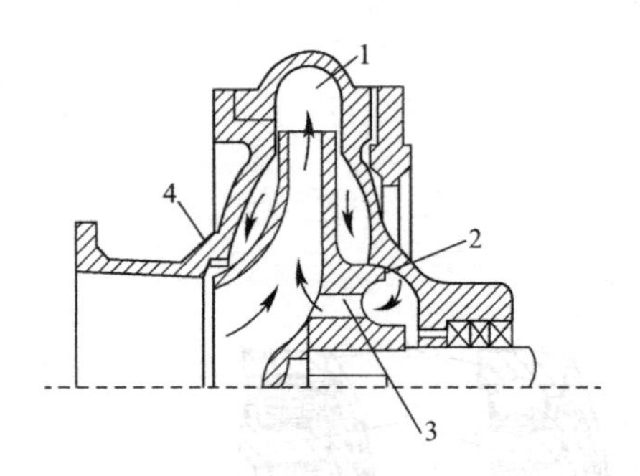

图 6-18 平衡孔
1—排出压力；2—加装的减漏环；
3—平衡孔；4—泵壳上的减漏环

6.3 离心泵的技术参数及性能

离心泵在水生产中应用广泛，掌握其主要技术参数以及性能曲线对泵与泵站运行工相当重要。

6.3.1 离心泵的主要参数

1. 离心泵的技术参数

表示泵的工作性能的参数叫做泵的技术参数。离心泵的技术参数有：流量 Q、扬程 H、轴功率 N、转速 n、效率 η、允许吸上真空高度［H_s］（或汽蚀余量 Δh）、比转速 n_s。

1）流量

水泵在单位时间所输送液体的体积称为流量，用字母 Q 表示。它的单位一般为 m^3/h、m^3/s、L/s。对于输送清水，它们的换算关系为：$1L/s=3.6m^3/h$；$1m^3/s=3600m^3/h$。

水泵铭牌上的流量指水泵在额定转速下最佳工作状态时的出水量，它又称为额定流量。水泵在实际工作中，由于受其他因素和其他技术参数变化的影响，其流量值也会有变化。

2）扬程

单位质量的液体通过水泵以后所获得的能量称为扬程，又叫总扬程或全扬程，用字母 H 表示，其单位为 $\frac{kg \cdot m}{kg}$，将 kg 约去，则得到扬程的单位为 m，即液柱高度。

水泵铭牌上的扬程是指水泵在额定转速下最佳工作状况时的总扬程，它又称额定扬程。水泵的总扬程是该水泵具有的扬水能力。这与水泵工作时的实际扬程（净扬程）不是一个概念，它们之间有一定关系，水泵的实际扬程 $H_{实}$ 是指进水池水面与出水池水面之间的垂直距离。它和总扬程相比，相差一个损失扬程 $H_{损}$。水在泵体内、管道内流动，要克服其内壁的摩擦，以及产生涡流等现象，损失一部分能量，也就是损失一部分扬程，如图 6-19 所示。我们通过图 6-19 可以了解到下述关系（以垂直距离计算）：

$$H = H_{实} + h_{吸损} + h_{压损} \tag{6-1}$$

3）功率

水泵在单位时间所做的功称为功率，离心泵的功率是指离心泵的轴功率，即原动机传给泵的功率，用字母 N 表示，单位为 kW，如 $1kW=102kg \cdot m/s=1000N \cdot m/s$。

(1) 有效功率 N_e

有效功率是水泵在单位时间内对排出的液体所做的功。泵的有效功率可以根据流量 Q、扬程 H 和所输送液体的重度 γ 计算出来：

$$N_e = \frac{\gamma \cdot Q \cdot H}{1000} \text{ (kW)} \tag{6-2}$$

式中：Q——所输送液体的体积流量（m^3/s）；

H——泵的全扬程（m）；

γ——输送液体的重度（N/m^3）。

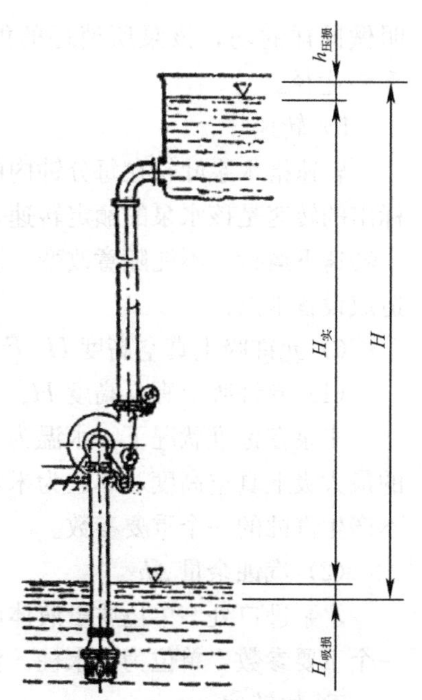

图 6-19 水泵扬程示意图

(2) 轴功率 N

轴功率是原动机输送给水泵的功率，称为水泵的轴功率，常用的单位为 kW。由于泵内总是存在损失功率，所以有效功率总是小于泵的轴功率。如已知该泵总效率为 η，则泵的轴功率可以用下式计算：

$$N = \frac{N_e}{\eta} = \frac{\gamma \cdot Q \cdot H}{1000\eta} \text{ (kW)} \tag{6-3}$$

(3) 配套功率 N_g

配套功率是指某台泵应该选配的原动机所具有的功率。配套功率比轴功率大，因为在动力传递给水泵轴时，传动装置也有功率损失，如带传动效率为 95%～98%，联轴器直接传动效率接近 100%。在选择水泵配套动力机的功率时，除考虑传动装置的功率损失以外，还应考虑到水泵出现超载运行的情况，动力机必须具有储备功率，以增加动力机的安全保险量，一般增加 10%～30%的功率作为储备功率，水泵、电动机组的功率分配情况如图 6-20 所示。

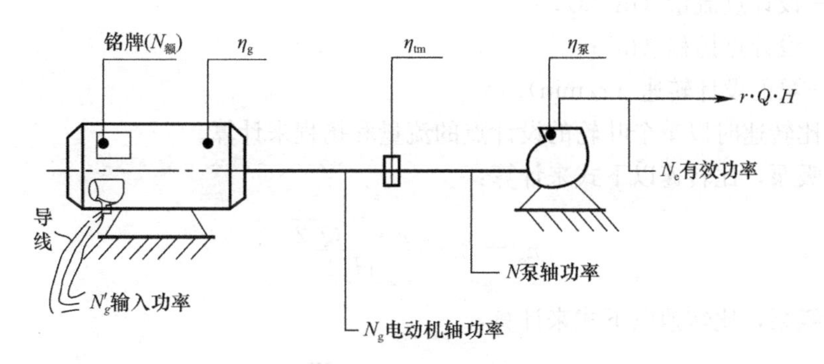

图 6-20 水泵电动机组功率分配

$N_{额}$—电动机铭牌上的额定功率；η_g—电动机的效率；η_{tm}—传动效率

4) 效率

效率是水泵的有效功率和轴功率之比值，用 η 表示。效率是表示水泵性能好坏的重要经济技术指标，效率高的水泵，说明该泵设计制造先进，设备维护良好，运行正常所致。水泵铭牌上的效率是指该台水泵在额定转速运行时可以达到的最高效率值。一般水泵效率在 60%～85%之间，有的大型水泵可以达到 90%以上。高效率的泵说明做同样的功，该泵所消耗的能源最低。因此，提高水泵运行效率是节约能源的一个重要途径。

5）转速

转速指水泵叶轮在每分钟内的转动圈数，通常用 n 表示，单位为 r/min。水泵铭牌上标出的转速是该水泵的额定转速，它是设计水泵的基本参数之一，使用水泵时应保证在这个转速下运行，不能随意改变，否则会引起流量、扬程、轴功率和效率的相应变化，甚至造成设备事故。

6）允许吸上真空高度 H_s 及汽蚀余量 Δh

（1）允许吸上真空高度 H_s

水泵在标准状况下，水温为20℃，表面压力为一个标准大气压下运转时，水泵所允许的最大吸上真空高度，单位为米水柱，一般用 H_s 来反映水泵的吸水性能。它是水泵运行不产生汽蚀的一个重要参数。

（2）汽蚀余量 Δh

水泵进口处，单位质量液体所具有超过饱和蒸汽压力的富裕量，它是水泵吸水性能的一个重要参数，单位为米水柱。汽蚀余量也常用 NPSH 表示。

7）比转速

它是表示水泵特性的一个综合性的数据。比转速虽然也有转速二字，但它与水泵转速完全是两个概念。水泵的比转速是指一个假想叶轮的转速，这个叶轮与该水泵的叶轮几何形状完全相似，它的扬程为1m，流量为 $0.075m^3/s$ 时所具有的转速。比转速常用符号 n_s 来表示。

$$n_s = 3.65\frac{n\cdot\sqrt{Q}}{H^{3/4}} \tag{6-4}$$

式中：Q——设计点流量（m^3/s）；

H——设计点扬程（m）；

n——泵的设计转速（r/min）。

在计算比转速时以单个叶轮的设计点的流量和扬程来计算。

对于双吸泵，比转速以下式来计算：

$$n_s = 3.65\frac{n\cdot\sqrt{Q/2}}{H^{3/4}} \tag{6-5}$$

对于多级泵，比转速以下式来计算：

$$n_s = 3.65\frac{n\cdot\sqrt{Q}}{\left(\dfrac{H}{i}\right)^{3/4}} \tag{6-6}$$

式中：i——泵的级数。

比转速在水泵的设计工作中是一个重要参数，比转速与泵的性能和特性曲线的变化规律有很大关系，同时，比转速又影响到水泵叶轮的几何形状。所以，知道水泵的比转速后就可以大致知道这台水泵的性能和性能曲线变化规律，以及叶轮的形状。

比转速和叶轮形状及性能曲线的关系 **表 6-1**

水泵类型	离心泵			混流泵	轴流泵
	低比转速	中比转速	高比转速		
比转速	50～80	80～150	150～300	300～500	500～1000
叶轮简图					
尺寸比	$\frac{D_2}{D_0}\approx 2.5$	$\frac{D_2}{D_0}\approx 2.0$	$\frac{D_2}{D_0}\approx 1.8\sim 1.4$	$\frac{D_2}{D_0}\approx 1.2\sim 1.1$	$\frac{D_2}{D_0}\approx 0.8$
叶片形状	圆柱形	进口处扭曲形、出口处圆柱形	扭曲形	扭曲形	扭曲形
性能曲线					

从表 6-1 可以看出，比转速越小，叶轮的出口宽度越窄，叶轮的外径就越大，流道窄而长。反之，比转速越大，叶轮的出口宽度越大，叶轮外径越小，流道短而宽。我们常以比转速的大小来区分离心泵、混流泵、轴流泵。比转速和水泵的性能关系，比转速大，水泵的扬程低而流量大；比转速小，水泵的流量小而扬程高。

2. 水在叶轮中的流动

研究泵内水的流动规律，是为了找出水流动与流道几何形状之间的关系，确定合理的流道形状，以便获得符合要求的水力性能。水在叶轮中的流动是种比较复杂的运行，它在流过叶轮的同时又被叶片拨动并和叶轮一起旋转，使得分析增加了困难。水在叶轮中的流动状态，对水泵性能影响较大。

1）叶轮入口和出口的速度线图

叶轮流道几何形状常用轴面投影图如图 6-21（*a*）所示，平面投影图如图 6-21（*b*）所示。前者是将叶轮流道投影到通过叶轮旋转轴心线的平面上，后者是将叶轮流道投影到垂直于叶轮旋转轴心线的平面上所获得的投影图。水流从吸水管沿着泵轴的方向以绝对速度 C_0 自叶轮进口流入，如图 6-21（*a*）所示。液体质点进入叶轮后，就经历着一种复合运动。液体一方面随着叶轮一起旋转，同时液体又从转动着的叶轮由里向外流动。液体随叶轮旋转的运动称为圆周运动，其速度称为圆周速度，用 U 表示。它的方向与圆周的切线方向一致，它的大小与液体质点所处位置的旋转半径 R 及转速 n 有关。液体沿旋转着叶轮的叶片外表面（或工作面）由里向外的运动称为相对运动，其速度称为相对速度，用 W 表示。它的方向就是液体质点所处位置的叶片的切线方向，它的大小与叶轮流量及叶轮流道断面尺寸有关。液体相对于静止的泵体的运动称为绝对运动，其速度称为绝对速度，用 C 表示。

液体流过叶轮的运动情况，可以用图解的方法来分析，如图 6-22 所示。在图中，把速度用矢量表示。所谓矢量，就是既有大小又有方向的量，在图上以具有箭头的直线来表示，直线的长短表示速度的大小，箭头所指的方向表示速度的方向。

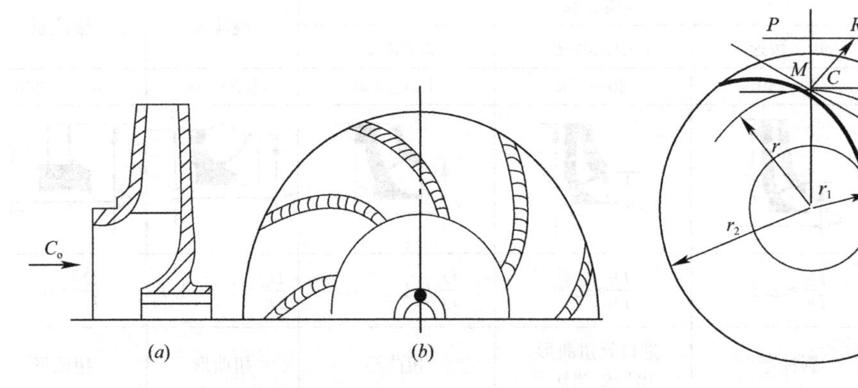

图 6-21 叶轮的轴面投影及平面投影

（a）轴面投影；（b）平面投影

图 6-22 叶轮内任意点液体矢量图

上述圆周速度 U，相对速度 W，绝对速度 C，用矢量数学式表示，它们有如下关系：

$$\vec{C}=\vec{U}+\vec{W} \tag{6-7}$$

即绝对速度等于圆周速度和相对速度的矢量和，用矢量图表示，如图 6-23 所示。在叶轮入口处，叶片以 U_1 大小的圆周速度作旋转运动，这个速度的方向与叶轮入口圆相切。同时，液体以 C_1 的大小和方向进入叶轮，也就是以绝对速度 C_1 进入叶轮。这时液体相对于叶片的相对速度 W_1 可以用式（6-7）求出，即：$\vec{W}_1=\vec{C}_1-\vec{U}_1$，在入口速度平行四边形中，根据一个边 U_1 和对角线 C_1 找出另一个边 W_1 来。

在叶轮出口，液体在叶轮中通过弯曲的流道，相对速度由入口的 W_1 变为出口的 W_2，一般 W_2 和 W_1 比较，变化不大，液体在叶轮出口的圆周速度 U_2 等于叶轮出口处的圆周速度。显然，液体在叶轮出口处的绝对速度 C_2 应该是另两个速度矢量之和：$\vec{C}_2=\vec{U}_2+\vec{W}_2$。叶轮入口和出口的速度矢量图如图 6-23 所示。

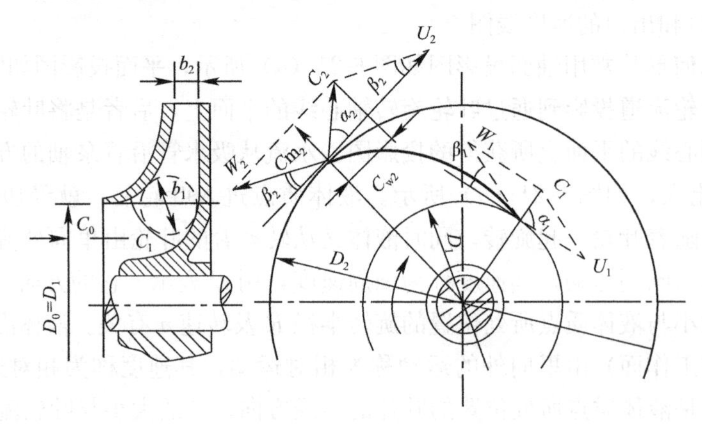

图 6-23 叶轮入口和出口速度矢量图

2）液体流动与流道几何形状的影响

在图 6-23 中，相对速度 W_1 与叶轮入口圆的切线（即 U_1 的延长线）所成的夹角称为叶片的流入角，用符号 β_1 表示；同样，相对速度 W_2 与叶轮出口圆的切线所成的夹角称为叶片的流出角，用符号 β_2 表示。

为了避免液流与叶片入口端发生撞击并顺畅地流入叶轮，叶片的入口角度必须按流入角 β_1 制造，即按相对速度 W_1 的方向制造。叶片的出口角必须按流出角 β_2 制造，即按相对速度 W_2 的方向制造。在叶片入口角 β_1 和出口角 β_2 之间，用圆滑的曲线连接，形成叶片的弯曲形状。为了使液流顺畅地由叶轮出口流入导流体，导叶的入口角必须按叶轮出口绝对速度 C_2 的角度 α_2 来确定。这样流道比较平缓，弯曲度小，叶槽内水力损失较小，有利于提高泵的效率。

对于叶轮的叶片入口角，实际采用的要比叶片流入角 β_1 稍大一些，一般要大 3°～5°。这是由于液流进入叶轮前，已受到泵的吸入室、泵轴和叶轮的影响而产生一定的旋转运动，这个旋转运动使 W_1 变大。一般把这个叶片实际入口角称为叶片入口安放角。而叶片出口的安放角 β_2，一般取 20°～30°之间。

3）离心泵的基本方程式

反映离心泵理论扬程与液体在叶轮中运动状态关系的方程式叫离心泵的基本方程式。用离心泵的基本方程式可以定量地计算出泵的理论扬程。离心泵的基本方程式为：

$$H=\frac{1}{g}(U_2C_{u2}-U_1C_{u1}) \tag{6-8}$$

式中：H——离心泵理论扬程（m）；

g——重力加速度（m/s^2）；

U_2——叶轮出口圆周速度（m/s）；

C_{u2}——液流出口处绝对速度在圆周速度上的投影（m/s）；

U_1——叶轮入口圆周速度（m/s）；

C_{u1}——液流入口处的绝对速度在圆周速度上的投影（m/s）。

由公式（6-8）可以看出：

（1）离心泵的基本方程式将液体在叶轮内的流动状态与叶轮所做功联系起来。叶轮叶片传递给液体的能量仅与液体在叶片入口和出口处的速度大小和方向有关。

（2）当液体无旋转地进入叶轮时，即液体进入叶轮的绝对速度 C_1 没有圆周分速度时，$C_{u1}=0$，离心泵基本方程式可以改写为：

$$H=\frac{1}{g}U_2C_{u2} \tag{6-9}$$

在一般情况下，$C_{u2}=U_2/2$，所以通常将公式（6-9）改写为：

$$H=\frac{U_2^2}{2g} \tag{6-10}$$

这样离心泵的基本方程式大大得到简化。

（3）水流通过叶轮时，能量的增加与圆周速度 U_2 有关，而 $U_2=\frac{n\pi D_2}{60}$。因此，水流在叶轮内所获得能量与叶轮的转速 n、叶轮的外径 D_2 有关。增加转速 n 和加大叶轮外径 D_2，可以提高水泵的扬程。

6.3.2 离心泵的性能

离心泵的性能主要通过性能参数来体现，如某台泵扬程、流量、转速、功率、效率、允许吸上真空高度都有其对应的参数，这些参数之间互相联系又互相制约，当其中的一个参数发生变化时，其他参数也都跟随发生变化。通常，泵的主要性能参数之间的相互关系和变化规律用曲线表示出来，这种曲线称为离心泵的性能曲线或特性曲线，离心泵性能曲线是液体在泵内运动规律的外部表现形式。

1. 离心泵的特性曲线

在绘制离心泵性能曲线时，通常把某个固定转速下的流量 Q 与扬程 H、流量 Q 与轴功率 N、流量 Q 与效率 η、流量 Q 与允许吸上真空高度 H_s 之间相互变化规律的几条曲线绘制在一个坐标图上，一般用流量 Q 作为几个参数共同的横坐标，用扬程 H、轴功率 N、效率 η、允许吸上真空高度 H_s 或必须汽蚀余量（NPSH）作为纵坐标。图 6-24 所示为 32SA-10A 型单级双吸式离心泵的性能曲线图，其额定转速为 730r/mim，它的横坐标为流量 Q，其单位为 m^3/h 或 L/s。左上纵坐标为扬程 H 坐标，单位为 m；右上纵坐标为轴功率 N 坐标，单位为 kW；右下纵坐标为效率 η 坐标，单位用百分数表示；左下纵坐标为允许吸上真空度 H_s 坐标，单位为 m。由性能曲线图可以看出水泵性能参数之间的相互变化情况；当该泵流量为 1200L/s 时，相应的 $H=85m$，$N=1100kW$，$\eta=85\%$，$H_s=4.5m$。当流量变化到 1758L/s 时，相应的 $H=75m$，$N=1405kW$，$\eta=92\%$，$H_s=2m$。

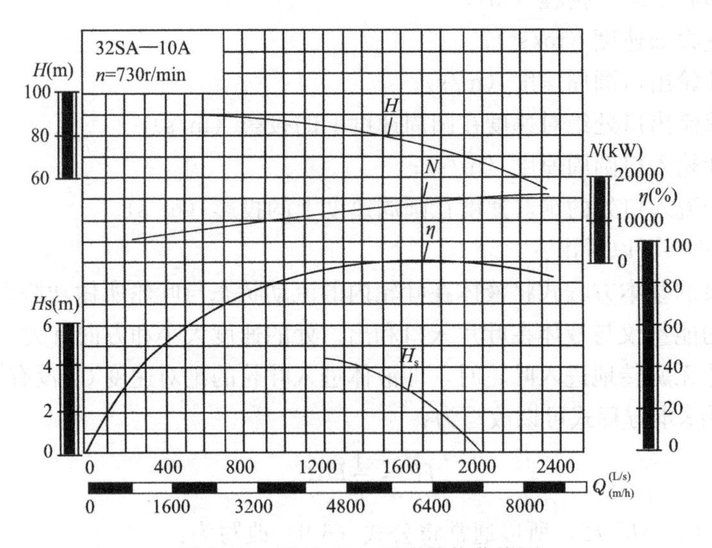

图 6-24　32SA-10A 型泵性能曲线图

1）流量—扬程曲线

由图 6-24 中可以看出，双吸式离心泵的流量较小时，其扬程较高，当流量慢慢增加时，扬程却跟着逐渐降低。如当流量为 700L/s 时，其扬程为 89m；当流量增加到 1900L/s 时，它的扬程降低到 70m。扬程随着流量增加而降低，曲线变化较平缓。

2）流量—功率曲线

从图 6-24 中可以看出，双吸式离心泵流量较小时，它的轴功率也较小。当流量逐渐增大时，轴功率曲线有上升。如当流量为 800L/s 时，轴功率为 995kW；当流量为 2300L/s 时，轴功率上升到 1650kW。但也有的泵型流量再继续增加时，轴功率不但不再增加，反而慢慢下降，整个曲线的变化比较平缓。此种曲线多发生在高比转速离心泵型中。

3）流量—效率曲线

从图 6-24 中还可以看出，双吸式离心泵的流量较小时，它的效率并不高；当流量逐渐增大时，它的效率也慢慢提高；当流量增加到一定数量后，再继续增大时，效率非但不再继续提高，反而慢慢降低。如为 1000L/s 时，其效率为 80%；当流量增大到 1758L/s 时，其效率达到最高值，为 92%；当流量由 1758L/s 再继续增大为 2300L/s 时，效率降到 82%。

4）流量—允许吸上真空高度曲线

图 6-24 所示的 H_s 曲线，在该曲线上各点的纵坐标，表示水泵在相应流量下工作时，水泵所允许的最大极限吸上真空高度值。它并不表示在某流量 Q、扬程 H 点工作时的实际吸水真空高度值。水泵的实际吸水真空高度值，必须小于 $Q—H_s$ 曲线上的相应值。否则，水泵将会产生汽蚀现象。

从上面特性曲线的简单分析可以知道：效率曲线 $Q—\eta$ 的顶峰处工作效率最高，其余各点都比它低。水泵铭牌上标明的流量、扬程、轴功率、效率等参数，就是指水泵在该点最高效率下工作的各项参数值。如果选择的水泵在实际运行时的流量、扬程、轴功率等参数，正好和铭牌上标明的一致，那是最好的情况，即最经济的情况。

但在实际使用中难于做到这一点。也就是说，水泵在实际工作时，不一定在高效率点工作。鉴于这种情况，一般在最高效率点左右划定一段效率比较高的范围，要求水泵尽可能地在这个范围工作，这个范围叫做水泵工作的高效区。常常在水泵流量—扬程（$Q—H$）曲线上，用两个波形符号“§”括起来表示。工作范围内 3 个点的参数或 4 个点的参数，一般列表介绍，这种表叫水泵性能表，它可以在水泵产品说明书中或水泵产品样本中查到。表 6-2 所列为 32SH-19 型双吸式水泵性能，表中的工作范围内即列出了 4 个参数，表中最上一个参数是 $Q—H$ 曲线图中左边波形符号与该曲线交点的数值，表中最下第四个数据是 $Q—H$ 曲线右边波形符号与该曲线交点的相应数值；中间两个数据是效率最高的两个工作点的参数值。应该注意到，叶轮出口处的几何参数对泵的性能曲线形状有很大影响，如图 6-25 所示。

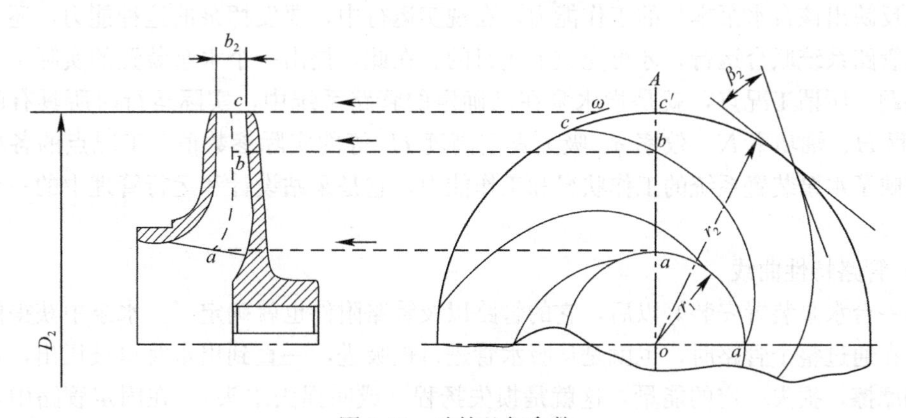

图 6-25　叶轮几何参数

32SH-19型水泵性能表　　表6-2

流量 Q		扬程 H (m)	转数 n (r/min)	功率 N (kW)		效率 η (%)	允许吸上真空高度 H_s (m)	叶轮直径 D (mm)	泵的质量 (kg)
(m^3/h)	(L/s)			轴功率	配套功率				
4700	1305	35	730	575	625	78	4.35	740	5100
5500	1530	32.5		580		84			
6010	1670	28.9		567		83.5			
6460	1795	25.4		567		80.4			

在其他几何参数不变的情况下，如果改变叶轮出口直径 D_2，如图6-25中泵的性能曲线平行上下移动；加大 D_2，曲线平行上移，减小 D_2，曲线平行下移，如图6-26（*a*）所示。如果改变叶轮出口宽度 b_2，如图6-26所示，泵的性能曲线变得倾斜或平缓，b_2 变小，曲线加大向下倾斜，b_2 变大，曲线变得平缓。如果改变叶片出口安放角 β_2，如图6-26（*c*）所示，泵的性能曲线倾斜率发生变化；$\beta_2=90°$时，曲线呈水平状，$\beta_2<90°$时，曲线呈向下倾斜状，$\beta_2>90°$时曲线呈上升状，如图6-26（*c*）所示。

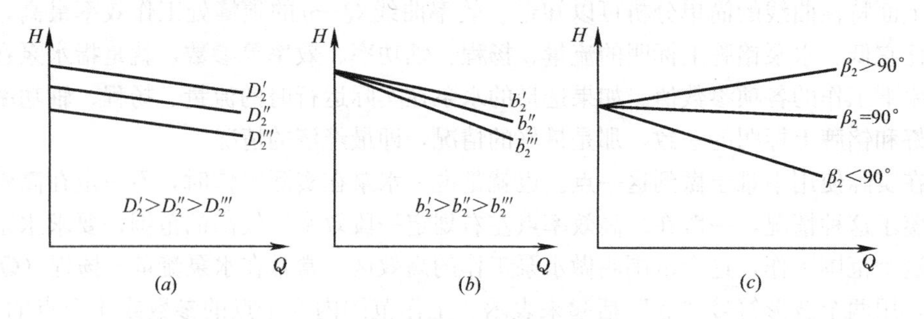

图6-26　D_2、b_2、β_2 对性能曲线的影响

（*a*）D_2 对性能曲线的影响；（*b*）b_2 对性能曲线的影响；（*c*）β_2 对性能曲线的影响

离心泵性能曲线的形状除受叶轮几何参数影响外，还受其他过流部件几何参数的影响。

2. 管路特性曲线和运行工况点

通过对离心泵性能曲线的分析可以看出，每一台水泵都有它自己固有的性能曲线，这种曲线反映出该台水泵本身的工作能力，在现实运行中，要发挥泵的这种能力，还必须结合输水管路系统联合运行，才可完成上述目的。在此，提出一个水泵装置的实际工况点的确定问题。所谓工况点，就是指水泵在已确定的管路系统中，实际运行时所具有的流量 Q、扬程 H、轴功率 N、效率 η、吸上真空高度 H_s 等的实际参数值。工况点的各项参数值，反映了水泵装置系统的工作状况和工作能力，它是泵站设计和运行管理中的一个重要问题。

1）管路特性曲线

当一台水泵装置安装好以后，它的管路以及管路附件也就确定了。水泵中获得能量的水流，在通过整个管路时，也就是从吸水管进口被吸进，一直到出水管口被压出，要克服阻力和摩擦，损失一定的能量，这就是损失扬程（或叫损失水头）。在固定管路中，通过的流量越大，损失的水头越大；相反，通过的流量越小，损失的水头也越小。这种流量和水头损失变化关系，称为管路水头损失变化关系的曲线，即管路特性曲线。

管路损失扬程（$h_{损}$），可以分为沿程损失扬程（$h_{沿}$）和局部损失扬程（$h_{局}$）两部分。沿程损失扬程是指水流流经管道时，水体与管道内壁之间发生摩擦所消耗的能量，它与管路的长短、口径的大小和通过水量多少等有关；局部损失扬程是指水流经弯头及管路附件处，水体的撞击、挤压等所消耗的能量，它与弯头、管路附件的多少及形式有关。

管路沿程损失 $h_{沿}$ 和管路局部损失 $h_{局}$ 可以用下式分别计算：

$$h_{沿} = \varepsilon_{沿} \cdot L \cdot Q^2 \tag{6-11}$$

式中：$h_{沿}$——管路沿程损失扬程（m）；

$\varepsilon_{沿}$——管路摩阻率（可查表得到）；

L——管路长度（m）；

Q——通过管路中的流量（m³/s）。

$$h_{局} = \sum\varepsilon_{局} \cdot \frac{V^2}{2g} \tag{6-12}$$

式中：$h_{局}$——管路局部阻力损失扬程（m）；

$\sum\varepsilon_{局}$——管路局部阻力系数总和（可查表得到，然后相加）；

V——管路中水的流速（m/s）；

g——重力加速度，9.8m/s²。

管路损失扬程 $h_{损}$ 为管路沿程损失 $h_{沿}$ 与管路局部损失 $h_{局}$ 之和：

$$h_{损} = h_{沿} + h_{局} = \varepsilon_{沿} \cdot L \cdot Q^2 + \sum\varepsilon_{局} \cdot \frac{V^2}{2g} \tag{6-13}$$

式中：A——管子横截面积（m²）。因为 $V=\frac{Q}{A}$，所以式（6-13）可以简化为：

$$h_{损} = \left[\varepsilon_{沿} \cdot L + \frac{\sum\varepsilon_{局}}{2g \cdot A^2}\right] \cdot Q^2 \tag{6-14}$$

当管路安装方案已确定好，则 $\varepsilon_{沿}$、L、A 等值也就固定不变，所以 $\left[\varepsilon_{沿} \cdot L + \frac{\sum\varepsilon_{局}}{2g \cdot A^2}\right]$，也就是常数，将其用 C 表示，式（6-14）可表示为：

$$h_{损} = C \cdot Q^2 \tag{6-15}$$

根据装置系统不同的流量，代入式（6-15），即可求得不同的 $h_{损}$。见图 6-27 所示。即得管路损失特性曲线。

应该提出，在计算 $h_{沿}$ 时，当管路中流速 V 小于 1.2m/s 时，则 $\varepsilon_{沿}$ 值应乘以校正系数 K，校正系数 K 可查表得到。

在实际应用中，为了确定水泵装置的工况点，常利用管路损失特性曲线与水泵的外部条件（如水泵的静扬程 H_{ST}）联系起来考虑，按 $H=H_{ST}+h_{损}$，并以流量 Q 为横坐标，扬程 H 为纵坐标画出如图 6-28 所示的曲线，此曲线称为水泵管路装置特性曲线。

该曲线上任意点 K 的纵坐标 h_K，表示水泵在输送流量为 Q_K 的水，将其提升到高度为 H_{ST} 时，管路对每单位质量的液体所消耗的能量。

水泵装置的静扬程 H_{ST}，在实际工作中，可以是吸水池液面至高位水池液面间的垂直高度，也可以是吸水池液面至压力管路之间的压差。因此，管路特性曲线只表示 $H_{ST}=0$ 时的特殊情况。

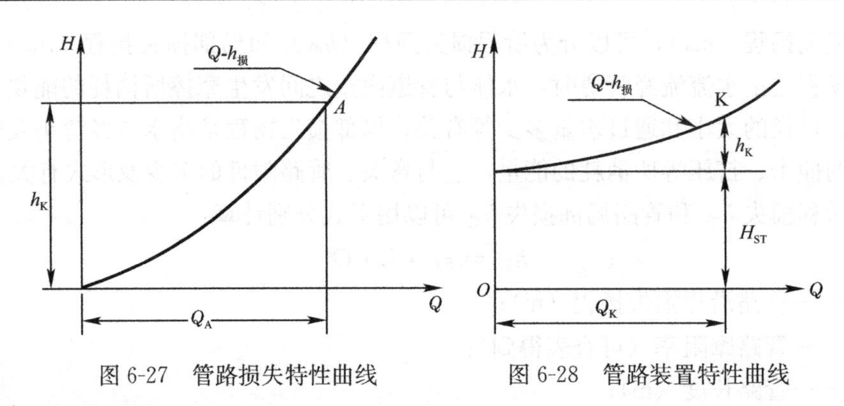

图 6-27　管路损失特性曲线　　　图 6-28　管路装置特性曲线

2）离心泵装置的运行工况点

将水泵的性能曲线 $Q—H$ 和管路特性曲线 $Q—H_{损}$ 按同一个比例同一个单位画在同一个坐标图上，那么两条曲线的交点 M 即为水泵在该装置系统的运行工况点。

在这个点 M 上两条曲线有共同的流量和扬程。工况点 M 是水泵在运行中所具有扬程与管路系统相平衡的点，如图 6-29 所示。只要外界条件不发生变化，水泵装置系统将稳定地在这点工作。

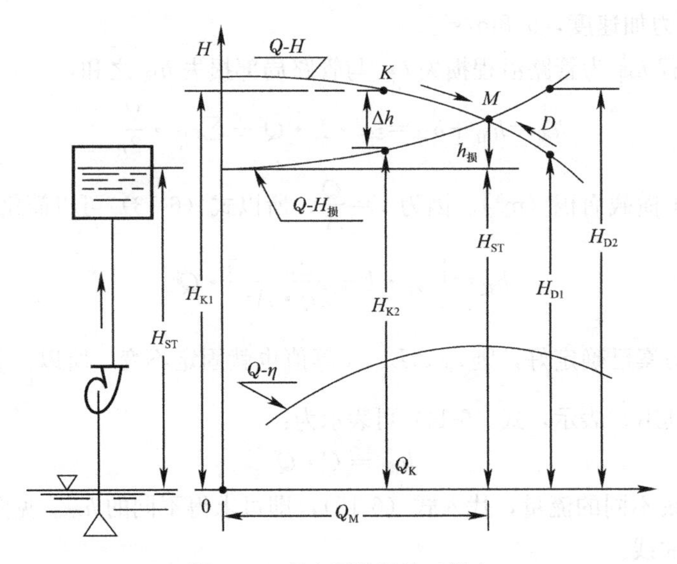

图 6-29　离心泵装置的工况点

假设工况点不在 M 点而在 M 点左边的 K 点，由图 6-29 可以看出，当流量为 Q_K 时，水泵所传递给液体的总能量 H_{K1}，将大于管路所需要的总能量 H_{K2}，富裕能量为 Δh，此富裕能量促使管路中水流加速，流量增加，由此使水泵的工况点自动向右移动，直到移至 M 点处于平衡位置。

假设工况点不在 M 点而在 M 点右侧的 D 点，结果水泵传递给液体的总能量 H_{D1}，小于管路所需要的总能量 H_{D2}，管路中因水流获得能量不足，流速减慢、流量减少，因此，使水泵工况点自动向左移动，直到退回 M 点达到平衡。

在实际的工程设计中，往往将运行工况点尽量选择在水泵的运行高效区内，这样最合理、最经济。

3）离心泵的并联运行

一台以上的水泵对称分布，同时向一个压出管路输水，称为并联运行。水泵并联运行可以增加供水量，总供水量等于并联后单台泵出水量之和；可以通过开停泵的台数来调节总供水量；水泵并联运行后，如果其中某台发生故障，其他几台仍可继续供水，提高了供水的安全可靠性。

多台泵的并联运行，一般是建立于各台泵的扬程范围比较接近的基础上。扬程范围相差较大时，高扬程泵任何一个工况点的扬程都比低扬程泵的起始扬程高。如果高扬程泵运行则低扬程泵送不出去水，甚至水由低扬程泵倒流。所以，泵站经常采用同型号水泵并联，或者采用扬程相同流量不相同的泵并联。

在此介绍同型号的两台泵并联运行时工况点的确定及性能参数的变化情况。图 6-30 所示为同型号、同水位、对称布置的两台水泵并联运行的性能曲线图。

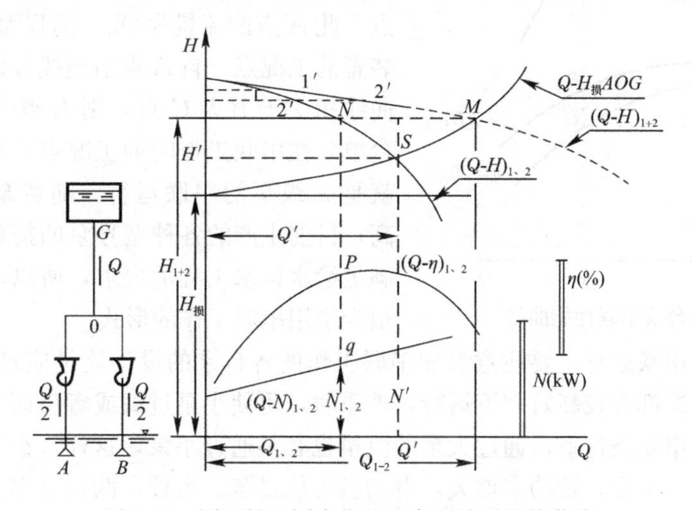

图 6-30　同型号、同水位的两台泵并联性能曲线

由于两台水泵同在一个吸水池中抽水，由吸入口 A、B 两点至压水管交点 O 的管路安装情况相同，所以 $h_{损AO}=h_{损BO}$，AO、BO 管路各通过流量为$\dfrac{Q}{2}$，由 OG 管路流入高位水池的流量为两台泵流量之和。因此，两台泵并联工作可以是在同一扬程下流量的相加。在绘制并联后总的性能曲线时，可以在单台泵（Q-H)1、2 曲线上任取几个点 1、2……然后在相同高度的纵坐标值上把相应的流量加倍，得到 $1'$、$2'$……用光滑曲线将 $1'$、$2'$……连起来，即绘出并联运行后的总性能曲线（Q-H)$_{1+2}$。图 6-30 中（Q-H)$_{1,2}$表示单台泵 1 或单台泵 2 的单台性能曲线，(Q-H)$_{1+2}$表示两台泵并联运行总的 Q-H 曲线。

通过两台泵并联运行的工作点 M，作平行于横坐标 Q 的直线，交单台泵运行时的性能曲线于 N 点。此 N 点为并联运行时，各单台泵的运行工况点，其流量为 $Q_{1,2}$，扬程 $H_1=H_2=H_{1+2}$，自 N 点作直线交 Q-η 曲线于 P 点，交 Q-H 曲线于 q 点，P、q 点分别为并联运行各单台泵的效率点和轴功率点。如果这时停止一台泵的运行，只开一台泵时，则 S 点可视作单台泵的运行工况点，这时流量为 Q'，扬程为 H'，轴功率为 N'。

由图 6-30 可以看出，单台泵运行时轴功率大于并联运行时各单台泵的轴功率，即 $N'>N_{1、2}$。因此，在给泵选配电动机时，应按单台泵独立运行时考虑配套功率。还可以看出，一台泵单独运行的流量，大于并联运行时每一台泵的流量，即 $Q'>Q_{1、2}$，$2Q'>Q_{1+2}$。两台泵并联运行时，其总流量不是单台泵运行时成倍增加值。另外，单台泵运行时扬程小于并联运行时各单台泵的扬程，即 $H'<H_{1+2}$。

4）离心泵的串联运行

串联工作就是将第一台泵的压水管，作为第二台泵的吸水管，水由第一台泵压入第二台泵，水以同一流量，依次流过各台泵。在串联工作中，水流获得的能量，为各台泵所供给能量之和，如图6-31所示。串联工作的总扬程为：$H_A=H_1+H_2$，由此可见，各泵串联工作时，其总和 Q-H 性能曲线等于同一流量下扬程的叠加。只要把参加串联的泵 Q-H 曲线上横坐标相等的各点纵坐标相加，即可得到总和 $(Q\text{-}H)_{1+2}$ 曲线，它与管路系统特性曲线交于 A 点。此 A 点的流量为 Q_A、扬程为 H_A，即为串联装置的工况点。自 A 点引竖线分别与各泵的 Q-H 曲线相交于 B 及 C 点，则 B 点及 C 点分别为两台单泵在串联工作时的工况点。多级泵，实质上就是 n 级泵的串联运行。随着泵制造工艺的提高，目前生产的各种型号泵的扬程，基本上已能满足给水排水工程的要求，所以，一般水厂中已很少采用串联工作的形式。

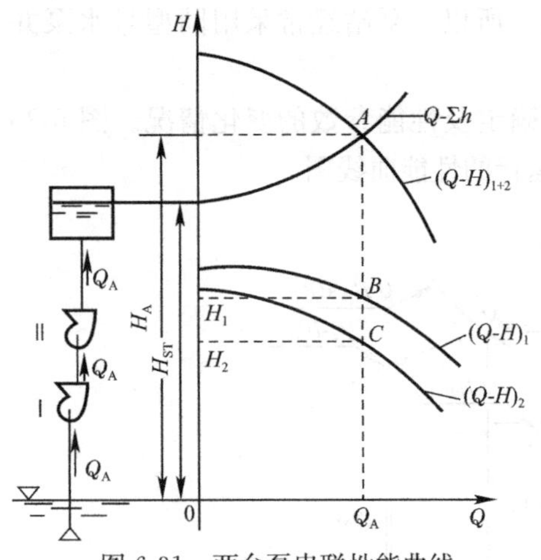

图6-31　两台泵串联性能曲线

如果需要泵串联运行，要注意参加串联工作的各台泵的设计流量应是接近的。否则，就不能保证两台泵都在较高效率下运行，严重时，可使小泵过载或者反而不如大泵单独运行。因为，在泵串联条件下，通过大泵的流量也必须通过小泵，这样，小泵就可能在很大的流量下“强迫”工作，轴功率增大，电动机可能过载。另外，两台泵串联时，应考虑到后一台泵泵体的强度问题。

3. 改变离心泵性能的方法

离心泵样本上提供的性能曲线，是该泵性能参数在额定值时所反映出来的曲线，在实际工作中往往难于保证性能参数在额定值下运行，为了使泵尽可能在合理的范围内运行，常常采用改变管路装置性能曲线和改变泵的性能曲线的方法。

1）改变管路装置性能曲线

管路装置特性曲线可以用式 $H=H_{ST}+CQ^2$ 表示，见公式（6-15），其曲线如图6-27所示。在管路装置已确定的情况下，采取调节出水阀门的开度改变管路水力损失，即改变管路阻力系数 C 的方法，此时，管路装置性能曲线也随着改变；C 值变大，曲线变陡，C 值变小，曲线变得平缓。

采用调节出水阀门开度改变装置性能曲线的方法使一部分能量消耗在克服阀门阻力上，该能量消耗降低了水泵的装置效率。故本方法在供水企业的泵站内一般不予采用。

2）改变泵的性能曲线

改变离心泵本身的性能曲线常用改变泵的转速或切削叶轮外径的方法。

（1）改变离心泵转速

改变离心泵转速可以改变泵的性能曲线，如图6-32所示。用这种方法调节离心泵时，没有附加能量损失，在一定的调节范围内泵的装置效率变化不大。

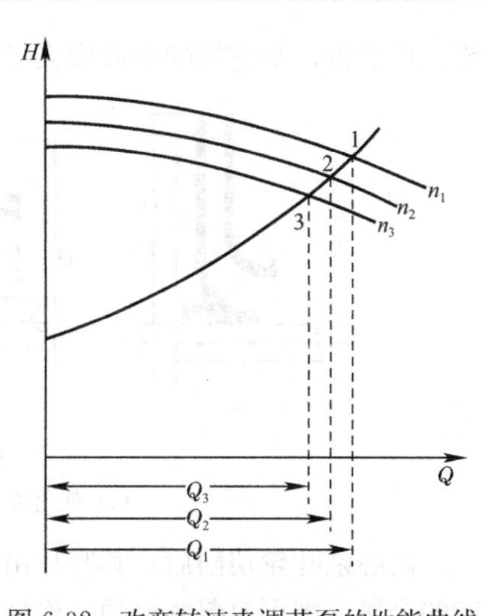

图 6-32 改变转速来调节泵的性能曲线

调节转速后，离心泵性能可以按下式计算：

$$\frac{Q'}{Q}=\frac{n'}{n} \tag{6-16}$$

$$\frac{H'}{H}=\left(\frac{n'}{n}\right)^2 \tag{6-17}$$

$$\frac{N'}{N}=\left(\frac{n'}{n}\right)^3 \tag{6-18}$$

式中： n——泵的原转速；

n'——改变后转速；

Q、H、N——原转速下的流量、扬程、轴功率；

Q'、H'、N'——改变转速后的流量、扬程、轴功率。

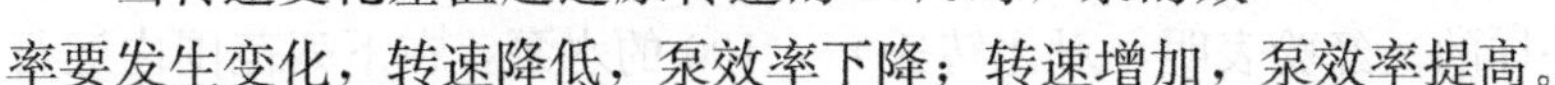

当转速变化差值超过原转速的 20%时，泵的效率要发生变化，转速降低，泵效率下降；转速增加，泵效率提高。

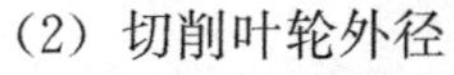

(2) 切削叶轮外径

切削叶轮外径就是把叶轮外径切削得小一些，它是改变水泵性能曲线的一种简便易行的方法。经切削叶轮外径以后水泵的性能可以按下列公式计算：

$$\frac{Q'}{Q}=\frac{D'_2}{D_2} \tag{6-19}$$

$$\frac{H'}{H}=\left(\frac{D'_2}{D_2}\right)^2 \tag{6-20}$$

$$\frac{N'}{N}=\left(\frac{D'_2}{D_2}\right)^3 \tag{6-21}$$

式中： D_2——叶轮原直径；

D'_2——叶轮切削后的直径；

Q、H、N——叶轮切削前的流量、扬程、轴功率；

Q'、H'、N'——叶轮切削后的流量、扬程、轴功率。

应该指出，叶轮直径是不可任意切削的，如切削量大，则影响水泵的效率。叶轮直径的允许切削量与泵的比转速 n_s 有关，见表 6-3。

离心泵叶轮允许切削量 **表 6-3**

n_s	60	120	200	300	350
$\frac{D_2-D'_2}{D}$	0.2	0.15	0.11	0.09	0.07

n_s>350 的泵，一般不适合切削叶轮。实践表明，n_s<200 的泵，按表 6-3 切削叶轮外径时，其效率基本不变或降低很少。

切削叶轮外径，除应注意切削限量以外，还应注意下列问题：

对不同构造的叶轮在切削时，应采取不同的方式，低比转速的叶轮，切削时对叶轮前、后盖板和叶片外径可同时切削掉；对高比转速的叶轮，则切削量不同，后盖板的切削量应大于前盖板的切削量，如图 6-33 所示。在切削分段式多级泵的叶轮时，应只切削部分叶片，而将叶轮前、后盖板保留。因导叶基圆直径与叶轮外径有一定关系，如果不保留前、后盖板，则它们的距离增大了，这将导致水泵效率下降。

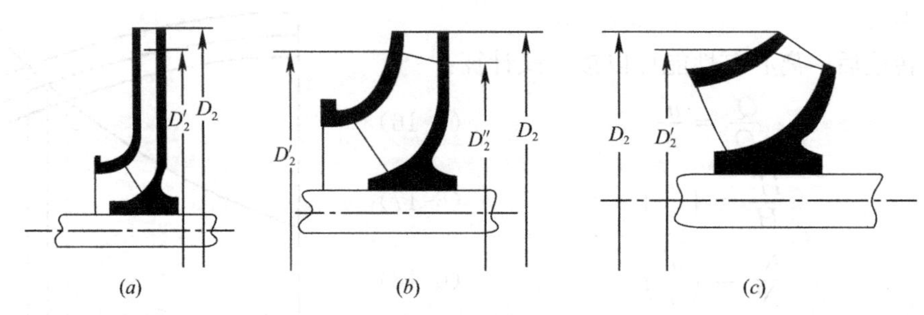

图6-33　叶轮的切削方式

（a）低比转速叶轮；（b）高比转速叶轮；（c）混流泵

离心泵叶轮切削后，其叶片出水舌端显得比较厚，如再沿叶片弧面出口锉去一部分长度的金属，则可改善叶轮的工作性能，一般泵的效率可提高1%～3%。

切削叶轮的目的是调节水泵运行工况，使水泵在经济、合理的范围内运行。离心泵各工况点的装置效率是不一样的。经验表明，对比转速 $n_s<100$ 的水泵，在下列范围内运行比较合适：

$$\frac{Q_{max}}{Q_d}=1.2;\quad \frac{H_{min}}{H_d}=0.9;\quad \frac{Q_{min}}{Q_d}=0.6;\quad \frac{H_{max}}{H_d}=1.1$$

对 $n_s>100$ 的水泵，在下列范围内运行比较合适：

$$\frac{Q_{max}}{Q_d}=1.2;\quad \frac{H_{min}}{H_d}=0.8;\quad \frac{Q_{min}}{Q_d}=0.65;\quad \frac{H_{max}}{H_d}=1.15$$

式中：Q_{max}、H_{max}——使用范围内最大流量和最大扬程；

Q_{min}、H_{min}——使用范围内最小流量和最小扬程；

Q_d、H_d——设计点的流量和扬程。

离心泵在上述范围内运行，不但效率高，而且不易损坏，离心泵长期超出上述范围运行是不适宜的。对于多级泵，为了改变泵的性能，除可以采用上述两种方法外，还可以采取拆除叶轮、减少水泵级数的方法。拆除叶轮应在泵出水端进行。如在泵吸入端拆除叶轮，则增加了吸入阻力，有可能出现汽蚀现象。

6.3.3　离心泵的能量损失和提高效率的措施

在我国，国民经济部门使用泵的配套电机总容量，约占发电总装机容量的20%～30%。在供水企业中，水泵用电量占企业总成本的35%～45%。由此可见，降低泵的能量损失，提高泵的效率，有着极其重要的意义。

离心泵的效率是泵的有效功率 N_e 和轴功率 N 的比值，$\eta=N_e/N$。由于泵内存在各种损失，泵的有效功率总是小于轴功率，泵的效率总是不能达到100%。

1. 离心泵的能量损失

离心泵的能量损失分别含有：机械损失、容积损失、水力损失。

1）机械损失

机械损失是指泵的轴封、轴承、叶轮圆盘摩擦等诸损失所消耗的功率。

（1）轴封和轴承摩擦损失

它们的损失功率 ΔN 一般为：$\Delta N=(0.01\sim0.03)N$。功率大的泵，$\Delta N=0.01N$；功

率小的泵，$\Delta N=0.03N$ 或更小些。与其他损失相比，轴封和轴承摩擦损失所占比例不大。在采用填料密封结构时，若填料压盖压得太紧，摩擦损失就要增大，甚至填料发热。对于小泵来讲，如果填料压盖压得过紧，启动负荷太大，有启动不起来的危险，因此填料压盖压紧力要合理。目前，很多泵采用机械密封结构，这样大大地减小了轴封摩擦损失。

(2) 圆盘摩擦损失

离心泵叶轮在充满液体的泵壳内旋转时，叶轮两个盖板表面与液体有摩擦损失。最初测定这部分损失常常借助圆盘进行试验，所以把这种损失称为圆盘摩擦损失。

圆盘摩擦损失比较大，在机械损失中占主要成分，尤其是对中、低比转速的泵，圆盘摩擦损失所占的比例较大；对高比转速的泵，圆盘摩擦损失所占的比例较小，而低比转速时，圆盘摩擦损失急剧增加。当比转速 $n_s=30$ 时，圆盘摩擦损失增大到近于有效功率的 30%。

2) 容积损失

泵在运行时，泵体内各处的液体压力不等，有高压区，也有低压区。由于结构上的需要，在泵体内部有很多间隙，当间隙前后压力不等时，液体就要由高压区流向低压区，如图 6-34 所示。这部分高压区的液体，虽然在流经叶轮时获得了能量，但是未被有效利用，而是在泵体内循环流动，因克服间隙阻力等又消耗了一部分能量，这种能量损失称为容积损失。

(1) 在叶轮入口的地方，叶轮与泵体间有一个很小的密封间隙。由于泵腔内的压力较叶轮入口处高，所以，有一小股液体通过密封间隙从叶轮出口流回叶轮入口。叶轮对这部分回流液体做的功没有被有效地利用，而损耗于克服密封间隙的阻力。通常，把这部分能量损失称为密封环泄漏损失。

(2) 一般离心泵都有平衡轴向力的机构，如平衡孔（图 6-34）和平衡盘（图 6-35）。有一部分液体虽然由叶轮获得能量，但未被有效利用，而消耗于克服通过平衡机构时的阻力，这些能量损失也属于容积损失。由于平衡孔的存在，一般将使泵的效率降低 3%～6%。

另外，在多级泵中，由于级间隔板前后压力不等，有一部分液体经级间隔板间隙流回前级叶轮的侧隙，如图 6-36 所示。级间间隙的泄漏液体，流经叶轮与导叶间的侧隙后，与叶轮流出的液体混合，经导叶和反导叶，又经级间间隙，流回前级叶轮的侧隙，如此循环。由于有级间泄漏存在，损失了一部分功率，同时使叶轮侧间隙内的圆盘摩擦损失增加，所以影响泵的总效率。

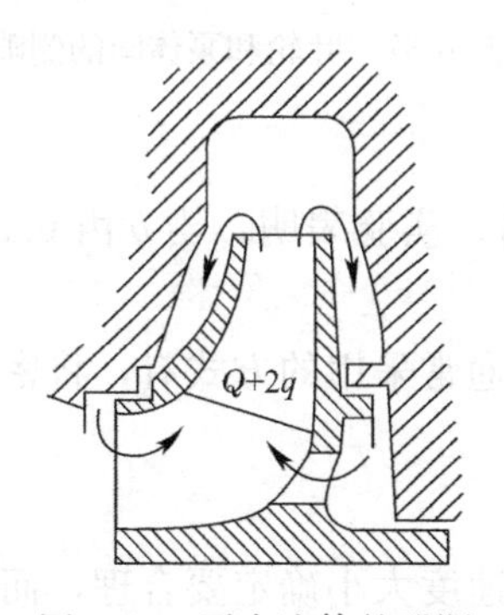

图 6-34 泵内液体的泄漏

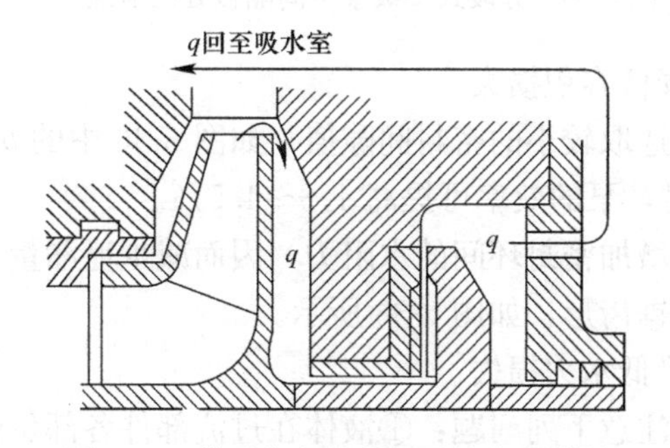

图 6-35 带平衡盘的多级泵的容积泄漏

3) 水力损失

在离心泵工作时，液体与流道壁面有摩擦损失，液体运动有内部摩擦损失，在液体运动速度的大小和方向变化时，有旋涡损失、冲击损失等。这些损失都消耗一部分能量，通常把这部分能量损失称为水力损失，与泵的过流部件的几何形状、内壁表面粗糙度和液体黏度有关。

2. 提高离心泵效率的措施

泵内的损失分为三种：机械损失、容积损失和水力损失。若提高泵的效率，必须设法减少上述三种损失，以达到预期的目的。

1）降低机械损失

在机械损失中，圆盘摩擦损失占绝大部分，所以一般着重研究降低圆盘摩擦损失的途径。通常采取下列方法：①叶轮圆盘摩擦损失功率的大小与叶轮转速的三次方成正比、与叶轮外径的五次方成正比。叶轮外径越大，则圆盘摩擦损失也越大。可以看出，圆盘摩擦损失与转速的三次方成正比，但这仅是一方面。另一方面，在给定的扬程下，泵的转速提高后，叶轮外径可以相应地减小，而叶轮外径减小后，圆盘摩擦损失成五次方的比例下降。所以，在给定的扬程情况下，离心泵转速增加后，圆盘摩擦损失并不增加而且减小。②圆盘摩擦损失的大小还与叶轮盖板、泵体内壁表面粗糙度有关，降低表面粗糙度可以减小该损失，一般可提高泵的效率值2%～4%。③圆盘摩擦损失还和叶轮与泵体内侧间隙大小有关，如图6-37所示。对一般泵讲，$B/D_2=2\%\sim5\%$范围时，圆盘摩擦损失较小。

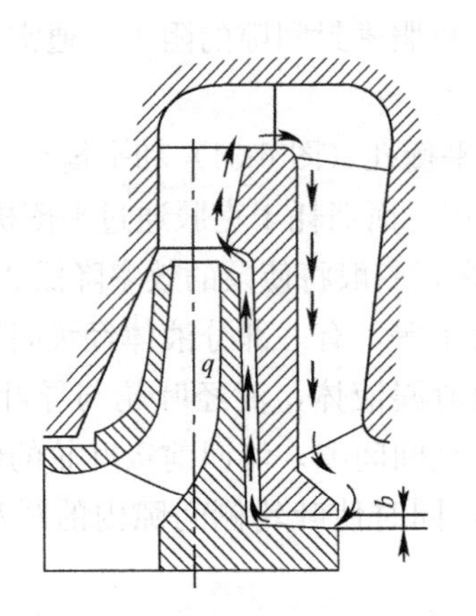

图6-36 分段式多级泵级间隔板处的泄漏

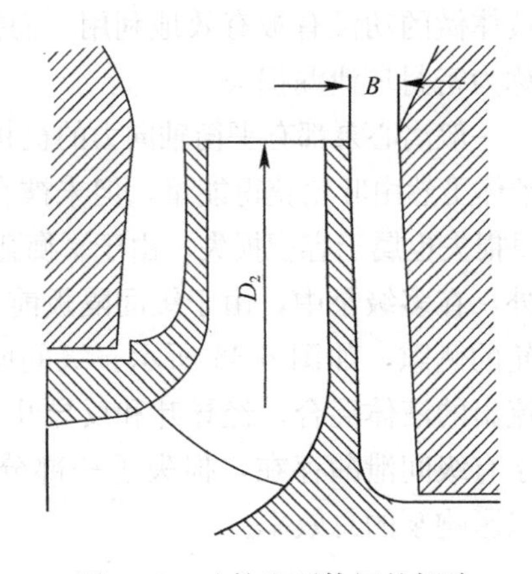

图6-37 叶轮和泵体间的侧隙

2）降低容积损失

（1）选取较小的密封间隙值，如图6-36中的b值。实验表明，当b由0.5mm减小到0.3mm时，泵的效率可提高4%～4.5%。

（2）增加密封环间的水阻力，因而减少泄漏量。通常采用的方式有，将密封环加工成迷宫形或锯齿形，如图6-38所示。

3）降低水力损失

一般注意下列问题：①液体在过流部件各部位的速度大小确定要合理，而且速度的变化要平缓；②避免在流道内出现死区；③合理选择各过流部件的入、出口角度以减少冲击损失；④避免在流道内存在尖角、突然转变情况；⑤流道表面应尽量光洁，不得有粘砂、飞边、毛刺等缺陷。

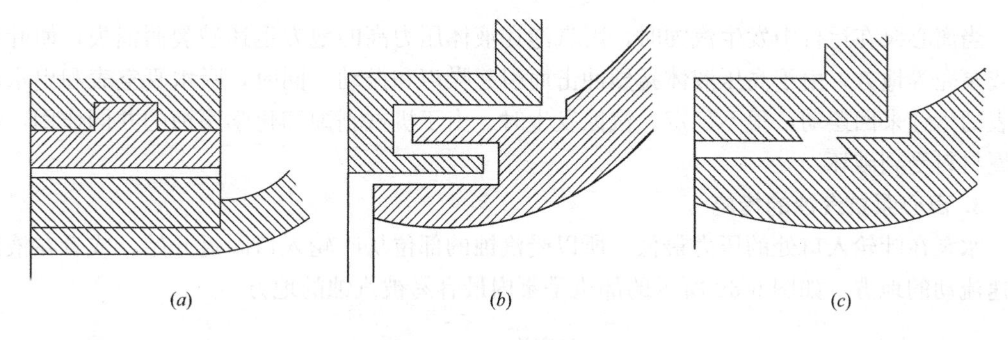

图 6-38 密封环的形式

(a) 普通圆柱形；(b) 迷宫形；(c) 锯齿形

6.3.4 汽蚀现象及抗汽蚀的措施

水泵在运行中，有时产生噪声、振动，并伴有流量、扬程、效率的降低，有时甚至不能正常工作。在检修时，常常可以发现水泵叶片入口边靠近前盖板处及叶片入口边附近有麻点或蜂窝状破坏，严重时整个叶片和前后盖板都有这种现象，甚至产生穿透，这是由于汽蚀现象所引起的破坏。

1. 汽蚀现象

汽、液可以互相转化，这是液体所固有的物理特性，而温度、压力则是造成它们转化的条件。如水在 1atm 的作用下（103.325kPa），温度上升到 100℃时，就开始汽化。如果使水在某一温度保持不变，逐渐降低液面上的绝对压力，当该压力降到某一值时，水同样也会发生汽化，我们把这个压力称为水在该温度下的汽化压力，用符号 P_v 表示。例如，当水温为 20℃时，其相应的汽化压力为 0.0238atm（2.4kPa），如果水在流动过程中，某一局部区域的压力等于或低于与水温相应的汽化压力时，水就在该处发生汽化。

离心泵的叶轮在旋转时，水由中心被甩向外缘，在叶轮入口处形成小于大气压的低压区。由于种种原因入口处压力或这里某一局部的压力降低到水温所对应的汽化压力时，就将发生汽化，生成很多汽泡。并且使原来溶解于水中的气体也同时从水中分离出来。产生的汽泡随水被带走，同时，又在原处不断地产生新汽泡。

当汽泡随水被带到泵的高压区时，因汽泡周围的液体压力大于汽泡自身温度下的饱和压力，这时汽泡显然不能仍以蒸汽的状态存在，必然急剧地凝结。由于汽泡凝结时它的体积成千万倍地突然缩小，所以周围的水以很大的加速度冲向刚消失的汽泡中心，于是液体彼此发生撞击。那些撞击作用就像无数颗小弹头一样，连续不断地冲打在金属表面上，冲击的压力很大，其压力在局部可达几百个大气压，冲击的频率很高，每秒上千万次。由于这样频繁地冲击，使金属表面硬化，变得脆弱，形成局部疲劳，使金属的晶粒陆续剥落，造成所谓的机械剥蚀。同时，汽泡中的活泼气体，如氧气对金属起化学腐蚀作用。这样的一种现象就称为汽蚀。汽蚀对泵零件的损坏是极其严重的，轻者出现麻点，重者金属很快被破坏成蜂窝状或海绵状，甚至被蚀透而断裂。

2. 汽蚀现象对水泵工作的影响

流量减少，扬程降低，效率降低。泵的内部由于产生大量汽泡充塞叶片流道，影响水流正常运动，减少了叶片对水的能量传递，因而使水泵的性能参数急剧下降。

当离心泵在运行中发生汽蚀时，因汽泡在液体压力高的地方迅速破裂而消失，使叶片上或泵壳等地方，由于高压液体猛烈冲击而引起噪声和振动。同时，吸水真空表和出水压力表的指针来回摆动，很不稳定。汽蚀发生时，由于机械剥蚀和化学腐蚀的共同作用，使金属材料受到破坏。

3. 离心泵抗汽蚀的措施

水泵在叶轮入口处的压力最低，所以受汽蚀的部位从叶轮入口附近开始，或者在液流高速流动的地方。如图 6-39 所示的部位是泵内最容易被汽蚀的地方。

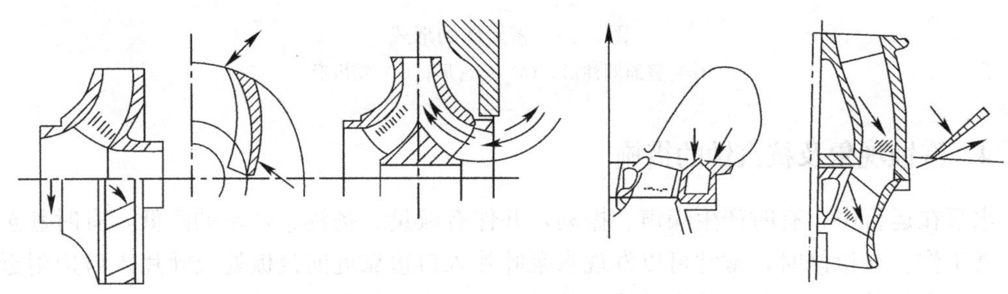

图 6-39　泵内易受汽蚀的部位

通常，提高离心泵抗汽蚀性能的措施有下述几种方法：①改进叶轮几何形状：采用双吸叶轮，采用较低的叶轮入口速度，增大叶片入口边宽度，适当选择叶片数。②采用抗汽蚀材料制造水泵部件。③采用诱导轮提高泵的抗汽蚀性能。④在水泵过流部件内表面喷涂耐汽蚀材料如镍、铬等金属和有机聚合材料。

6.3.5　离心泵的允许吸上真空高度和汽蚀余量

1. 离心泵的允许吸上真空高度

泵轴线距吸水池液面的垂直高度叫几何吸上高度，或称几何安装高度，用 H_g 来表示，如图 6-40 所示。在选用离心泵时，希望泵的几何吸上高度越高越好，以减少土建工程量和方便今后检修工作。从离心泵的工作原理可以知道，泵能将液体由低处吸到高处，是因为液体在叶轮离心力的作用下被甩出叶轮，而在泵吸入口处形成真空高度，吸水池中的液体在液面大气压力的作用下沿吸入管路进入泵内。因此，泵的吸上高度与泵吸入口处的真空高度、液，面大气压力、吸入管路液体的流速、管路阻力及被吸上液体的重度等因素有关。

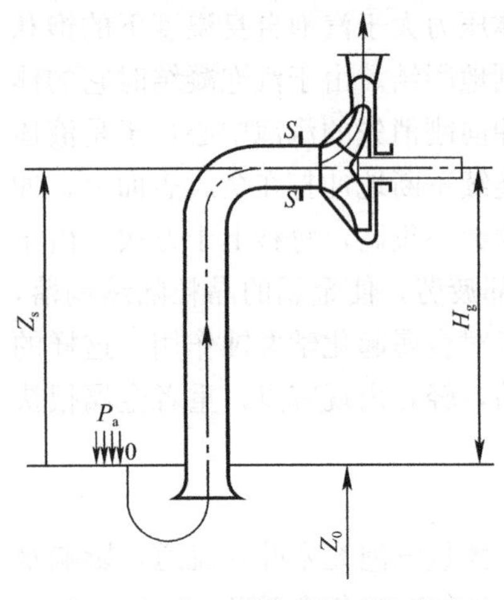

图 6-40　离心泵的几何吸上高度

用离心泵抽水，假设离心泵吸口处可能达到绝对真空，管路阻力为零，液面压力为 1atm，则水能沿管路上升 10.33m。但是，在实际情况下，泵的吸入口处不可能达到绝对真空，当叶轮吸入口处的压力接近水的汽化压力时，就会发生汽蚀，此外，还有吸入管的管路阻力。所以，离心泵吸水时的几何高度是不可能达到理想的 10.33m 的。

低于大气压的压力，一般用真空高度表示。泵吸入口处的吸上真空高度（或吸上真空度）H_s 为：

$$H_s=\frac{V_s^2}{2g}+H_g+h_w \tag{6-22}$$

式中：H_s——泵吸上真空高度（m）；

V_s——泵吸入口液体流速（m/s）；

H_g——泵的几何安装高度（m）；

g——重力加速度（m/s^2）；

h_w——吸入管水头损失（m）。

泵入口处的吸上真空度 H_s 不仅与水泵的几何安装高度 H_g 有关，而且还与吸入口处的流速、吸入管路的水头损失及液面压力有关。由上式可以看出，如果在某个流量下运转，则$\frac{V_s^2}{2g}$项是个定值，而管路水头损失也几乎是个定值，则吸上真空高度 H_s 随着几何安装高度的增加而增大。当几何安装高度 H_g 增大到某一数值，泵就会产生汽蚀，对应于这一工况的吸上真空高度，用最大吸上真空高度 H_{smax} 表示。为了保证离心泵在运行时不发生汽蚀，同时又有尽可能大的吸上真空高度，按有关技术标准规定，留出 0.3m 的安全量，即：$H_{smax}-0.3$ 作为允许最大吸上真空高度，或称允许吸上真空高度，用［H_s］表示，$[H_s]=H_{smax}-0.3$。

离心泵在运行时，泵入口处的真空高度不应该超过水泵样本上规定的［H_s］值。安装水泵时，应该根据水泵样本上规定的［H_s］值，来计算水泵几何安装高度 H_g。当吸水池液面为标准大气时，可得：

$$[H_g]=[H_s]-\left(\frac{V_s^2}{2g}+h_w\right) \tag{6-23}$$

在离心泵的工作范围内，允许吸上真空高度［H_s］是随流量变化的，如图 6-41 所示。一般说，流量增加，［H_s］下降，所以，在决定水泵允许安装高度［H_g］时，应按离心泵运行中可能出现的最大流量所对应的［H_s］来进行计算，以保证离心泵在大流量工况下运行时不发生汽蚀。

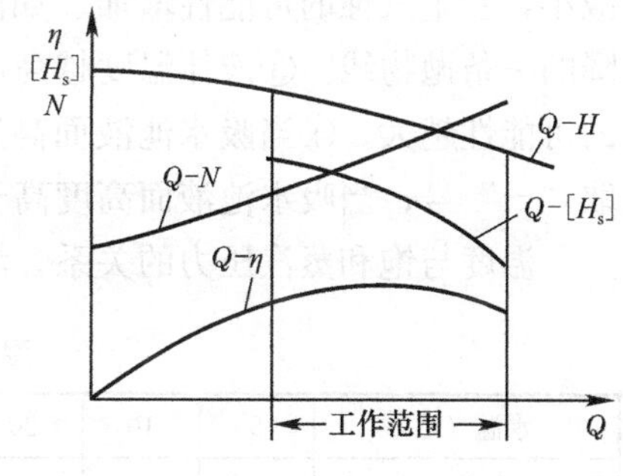

图 6-41 Q 与［H_s］的关系曲线

通常，在样本或说明书上所规定的［H_s］值是在 latm 下，液体温度为 20℃的情况下，液体为清水得出的。如果泵的使用情况与上述要求不相同，则应对样本或说明书上的［H_s］进行计算修正。当地大气压越低，水泵［H_s］值就越小；水温越高，水泵吸入口处所要求的绝对压力 P_s 越大，水泵的［H_s］值越小。

如果，在高原地区泵的安装地点气压是$\frac{P_a}{\gamma}$，另外泵所输送的是热水，则对泵所规定的［H_s］值作这样修正：

$$[H_s]'=[H_s]-\left(10.33-\frac{P_a}{\gamma}\right)-\left(\frac{P_v}{\gamma}-0.24\right) \tag{6-24}$$

2. 汽蚀余量

离心泵的吸水性能常用允许吸上真空高度 H_s 来衡量，H_s 值越大，说明该泵的吸水性能越好。由于 H_s 值随泵的使用地点的大气压力，吸入管管路的阻力、水的流速、抽送液体的重度、温度等而变化，所以使用不太方便，故引入汽蚀余量 Δh，又常用 NPSH 表示。

汽蚀余量是指泵的吸入口处单位质量的液体所具有的超过汽化压力的富裕能量，常用米水柱表示。汽蚀余量分为有效汽蚀余量和必需汽蚀余量。

1）有效汽蚀余量 Δh

由泵的吸入系统来看，液体在进入泵以前所剩余的并能够有效地加以利用来防止汽蚀发生的这部分能量，称为有效汽蚀余量，用 Δh_a 表示。它仅仅是由泵吸入侧管路系统所决定，而与泵本身无关。上述关系可以用下式表示：

$$\Delta h_a = \frac{P_a - P_v}{\gamma} - H_g - h_w \tag{6-25}$$

式中：Δh_a——有效汽蚀余量（m）；

P_a——吸水池液面大气压力（kg/m^2）；

P_v——饱和蒸汽压力（kg/m^2）；

γ——液体重度（kg/m^3）；

H_g——泵的几何安装高度（m）；

h_w——吸入管路水头损失（m）。

由上式看出，有效汽蚀余量与吸水池液面的压力、液体的汽化压力、泵的几何安装高度、吸入管路水头损失有关，它反映出泵在运行时的汽蚀特性。如欲提高泵的汽蚀性能，必须设法提高 Δh_a 值。

分析上式可得出以下结论：①当吸水池液面上的压力和液体的汽化压力一定时，有效汽蚀余量随泵的几何安装高度和吸入管路的水头损失的增加而降低。这就是说，有效汽蚀余量只与泵的吸入装置有关，而与泵体本身结构无关。②当吸水池液面上的压力和泵的几何安装高度一定时，吸入管路水头损失随泵的流量增大而增加，从而导致有效汽蚀余量的减小，发生汽蚀的可能性增加。如图 6-42 所示，有效汽蚀余量 Δh_a 是随流量的增大而下降的一条抛物线。③液体温度越高，相应的汽化压力越大，有效汽蚀余量越小，发生汽蚀的可能性越大。④当吸水池液面高度低于泵轴心线时，水泵为抽吸式工作，这时上式 H_g 取“－”号；当吸水池液面高度高于泵轴心线时，水泵为自灌式工作，H_g 取“＋”号。

温度与饱和蒸汽压力的关系，海拔高度与大气压力的关系，见表 6-4 和表 6-5。

温度与饱和蒸汽压力的关系　　**表 6-4**

水温（℃）	5	10	20	30	40	50	60	70	80	90	100
$\frac{P_v}{\gamma}$饱和蒸汽压力（m）	0.09	0.12	0.24	0.43	0.75	1.25	2.03	3.11	4.82	7.14	10.33

海拔高度与大气压力的关系　　**表 6-5**

海拔高度（m）	0	100	200	300	400	500	600	700	800	900	1000	1500	2000
$\frac{P_a}{\gamma}$大气压力（m）	10.3	10.2	10.1	10.0	9.8	9.7	9.6	9.5	9.4	9.3	9.2	8.6	8.1

2）必需汽蚀余量 Δh_r

泵在运行时，虽然能满足吸入口处的吸入管路装置汽蚀余量，但是，泵本身还不能保证满足必需汽蚀余量，因为泵的吸入口处并不是泵内压力最低的地方，液体自泵的吸入口流到叶轮吸入口内的过程中还有能量损失，压力还要降低。这是因为：①由泵的吸入口到叶轮吸入口的过流断面一般是逐渐缩小的，同时液流方向也有变化，这样即引起流速的变化，因而产生局部的压力降；②在进入叶轮流道时，液体以相对速度 W_1 绕过叶片头部，由于急转弯，流速加快压力要降低，这种现象在叶片背面 K 点更为显著，如图 6-43 所示。以后液体在叶轮流道中由于叶片对液体做功，压力大幅增高。

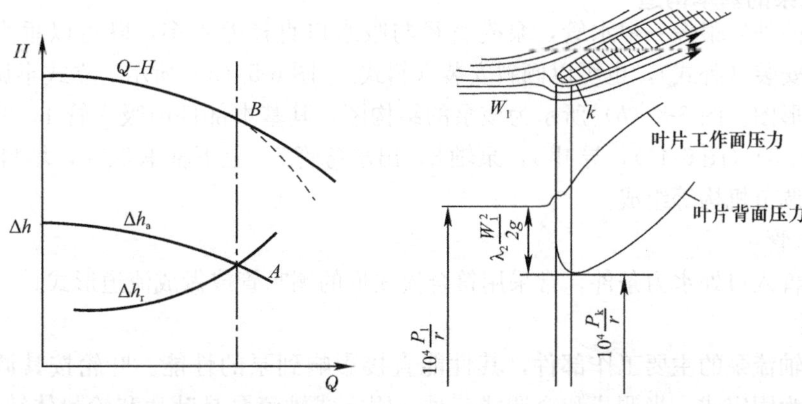

图 6-42 汽蚀余量与流量的关系　　图 6-43 液体绕流叶片头部

可见，液体由水泵吸入口到叶片入口边压力最低点 K，产生了不可避免的压力降，此压力降的液柱高度就称为必需汽蚀余量，以 Δh_r 表示。为了防止汽蚀发生，必须使泵内叶片 K 点的液体压力在下降 Δh_r 以后仍高于汽化压力。

为了保证泵运行中不发生汽蚀，必须使有效汽蚀余量大于必需汽蚀余量，即 $\Delta h_a > \Delta h_r$。在此，泵本身的 Δh_r 是随流量的增加而增大，而泵吸入管路装置所决定的有效汽蚀余量 Δh_a 却随流量的增加而减少，见图 6-42 所示。两条曲线的交点 A 以左的范围是安全区域，A 点右侧为产生汽蚀的区域，应避免泵在 A 点右侧运行。

为了使 $\Delta h_a > \Delta h_r$，一般采用两种方法，其一是减少吸入管路阻力，如设法减少吸入管路长度，增加吸入管直径，减少液流在吸入管路转弯，降低吸入管内壁粗糙度等；其二是减小泵的几何安装高度，或采用自灌式安装方式。这样可以在泵的入口处留有较多的富裕能量（压力）。由此可见，根据汽蚀余量理论采取的防止汽蚀的主要方法同根据允许吸上真空高度理论采取的防止汽蚀的方法是一致的。

3）允许吸上真空高度与有效汽蚀余量的关系

将公式（6-23）代入公式（6-25）中，经整理后得：

$$\Delta h_a = \frac{P_a - P_v}{\gamma} - H_s + \frac{V_s^2}{2g} \tag{6-26}$$

当 $\Delta h_a = \Delta h_r$ 时，泵开始产生汽蚀，这时的汽蚀余量值称为临界值，用 Δh_c 表示。根据有关标准规定，在 Δh_c 的基础上增加 0.3m 作为允许汽蚀余量 $[\Delta h]$，$[\Delta h] = \Delta h_c + 0.3$（m）。

将 $[\Delta h]$ 代替公式（6-26）中的 Δh_a，经整理后泵的允许吸上真空高度为：

$$[H_s] = \frac{P_a - P_v}{\gamma} - [\Delta h] + \frac{V_s^2}{2g} \tag{6-27}$$

将 $[\Delta h]$ 代替公式（6-25）中的 Δh_a，经整理后泵的允许几何安装高度为：

$$[H_g] = \frac{P_a - P_v}{\gamma} - [\Delta h] - h_w \tag{6-28}$$

6.4　其他常用水泵的构造与工作原理

6.4.1　轴流泵的构造与工作原理

1. 轴流泵的基本构造

轴流泵的外形很像一根水管，泵壳直径与吸水口直径差不多，既可以垂直安装（立式）和水平安装（卧式），也可以倾斜安装（斜式）。图6-5（*a*）所示为立式半调（节）式轴流泵的外形图。图6-5（*b*）所示为该泵的结构图，其基本部件由吸入管1，叶轮（包括叶片2，轮毂3）（图6-44），导叶4，泵轴8，出水弯管7，上下轴承5、9，填料盒12以及叶片角度的调节机构等组成。

1）吸入管

为了改善入口处水力条件，常采用符合流线形的喇叭管或做成流道形式。

2）叶轮

叶轮是轴流泵的主要工作部件，其性能直接影响到泵的性能。叶轮按其调节的可能性，可以分为固定式、半调式和全调式三种。固定式轴流泵是叶片和轮毂体铸成一体的，叶片的安装角度是不能调节的。半调式轴流泵其叶片是用螺母拴紧在轮毂体上，在叶片的根部上刻有基准线，而在轮毂体上刻有几个相应的安装角度的位置线，有−4°、−2°、0°、+2°、+4°等。叶片不同的安装角度，其性能曲线将不同。根据使用的要求可把叶片安装在某一位置上，在使用过程中，如工况发生变化需要进行调节时，可以把叶轮卸下来，将螺母松开转动叶片，使叶片的基准线对准轮毂体上的某一要求角度线，然后把螺母拧紧，装好叶轮即可。全调式轴流泵就是该泵可以根据不同的扬程与流量要求，在停机或不停机的情况下，通过一套油压调节机构来改变叶片的安装角度，从而来改变其性能，以满足使用要求，这种全调式轴流泵调节机构比较复杂，一般应用于大型轴流泵站。

3）导叶

在轴流泵中，液体运动好像沿螺旋面的运动，液体除了轴向前进外，还有旋转运动。导叶是固定在泵壳上不动的，水流经过导叶时就消除了旋转运动，把旋转的动能变为压力能。因此，导叶的作用就是把叶轮中向上流出的水流旋转运动变为轴向运动。一般轴流泵中有6～12片导叶。

4）轴和轴承

泵轴是用来传递扭矩的。在大型轴流泵中，为了在轮毂体内布置调节、操作机构，泵轴常做成空心轴，里面安置调节操作油管。轴承在轴流泵中按其功能有两种：①导轴承（图6-5中5和9），主要是用来承受径向力，起到径向定位作用；②推力轴承，其主要作用在立式轴流泵中，是用来承受水流作用在叶片上的方向向下的轴向推力，泵转动部件重量以及维持转子的轴向位置，并将这些推力传到机组的基础上去。

5）密封装置

轴流泵出水弯管的轴孔处需要设置密封装置，常用压盖填料型的密封装置。

2. 轴流泵的工作原理

轴流泵的工作是以空气动力学中机翼的升力理论为基础的。其叶片与机翼具有相似形状的截面，一般称这类形状的叶片为翼形，如图6-45所示。在风洞中对翼形进行绕流试验表明，当流体绕过翼形时，在翼形的首端 A 点处分离成为两股流，它们分别经过翼形的上表面（即轴流泵叶片工作面）和下表面（轴流泵叶片背面），然后，同时在翼形的尾端 B 点汇合。由于沿翼形下表面的路程要比翼形上表面的路程长一些，因此，流体沿翼形下表面的流速要比沿翼形上表面的流速大，相应地，翼形下表面的压力将小于上表面，流体对翼形将有一个由上向下的作用力 P。同样，翼形对于流体也将产生一个反作用力 P'，此 P' 力的大小与 P 相等，方向由下向上，作用在流体上。

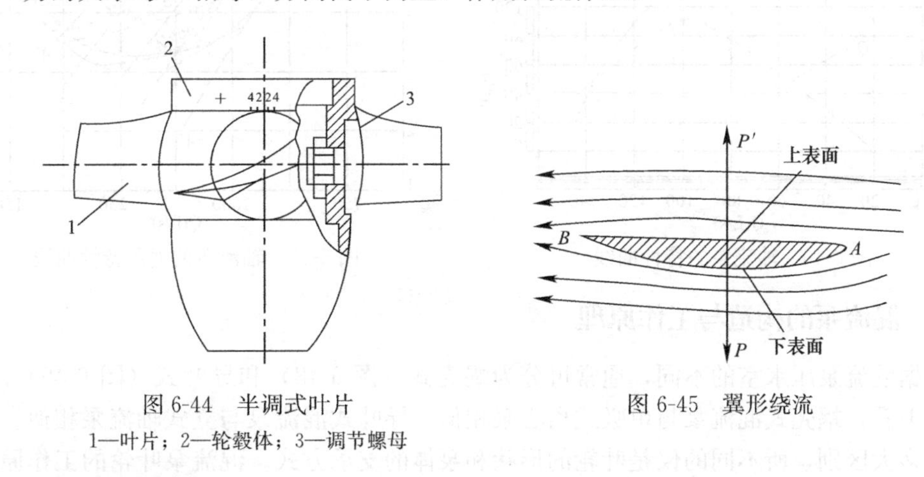

图 6-44 半调式叶片

1—叶片；2—轮毂体；3—调节螺母

图 6-45 翼形绕流

3. 轴流泵的性能特点

轴流泵与离心泵相比，具有下列性能特点：

（1）扬程随流量的减小而剧烈增大，Q-H 曲线陡降，并有转折点，如图 6-46 所示。其主要原因是，流量较小时，在叶轮叶片的进口和出口处产生回流，水流多次重复得到能量，类似于多级加压状态，所以扬程急剧增大。又回流使水流阻力损失增加，从而造成轴功率增大的现象，一般空转扬程 H_0 约为设计工况点扬程的 1.5～2 倍。

（2）Q-N 曲线也是陡降曲线，当 $Q=0$（出水闸阀关闭时）时，其轴功率 $N_0=(1.2\sim1.4)\ N_d$，N_d 为设计工况时的轴功率。因此，轴流泵启动时，应当在闸阀全开的情况下来启动电动机，一般称为“开闸启动”。

（3）Q-η 曲线呈驼峰形，也即高效率工作的范围很小，流量在偏离设计工况点不远处效率就下降很快。根据轴流泵的这一特点，采用闸阀调节流量是不利的。一般只采取改变叶片装置角 β 的方法来改变其性能曲线，故称为变角调节。大型全调式轴流泵，为了减小泵的启动功率，通常在启动前先关小叶片的 β 角，待启动后再逐渐增大 β 角，这样，就充分发挥了全调式轴流泵的特点。图 6-47 所示为同一台轴流泵，在一定转速下，把不同叶片装置角 β 时的性能曲线、等效率曲线以及等功率曲线等绘在一张图上，称为轴流泵的通用特性曲线。有了这种图，可以很方便地根据所需的工作参数来找适当的叶片装置角，或用这种图来选择泵。

（4）在泵样本中，轴流泵的吸水性能，一般是用汽蚀余量 Δh 来表示的。汽蚀余量值由水泵厂汽蚀试验中求得，一般轴流泵的汽蚀余量都要求较大，因此，其最大允许的吸上真空高度都较小，有时叶轮常常需要浸没在水中一定深度处，安装高度为负值。为了保证在运行中轴流泵内不产生汽蚀，须认真考虑轴流泵的进水条件（包括吸水口淹没深度、吸水流道的形状等），运行中实际工况点与该泵设计工况点的偏离程度，叶轮叶片形状的制造质量和泵安装质量等。

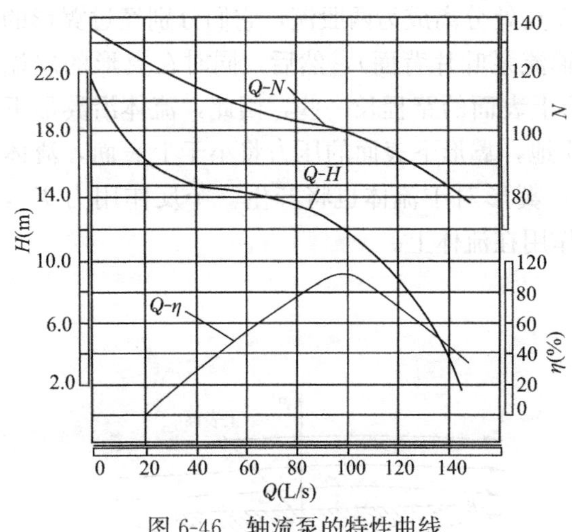

图 6-46 轴流泵的特性曲线

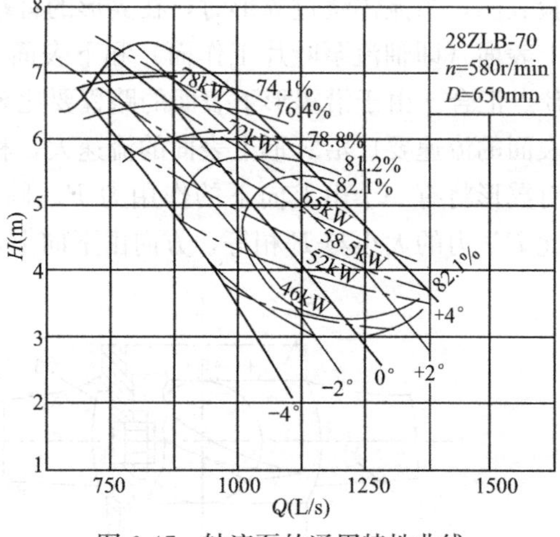

图 6-47 轴流泵的通用特性曲线

6.4.2 混流泵的构造与工作原理

根据混流泵压水室的不同，通常可分为蜗壳式（图 6-48）和导叶式（图 6-49）两种。从外形上看，蜗壳式混流泵与单吸式离心泵相似，导叶式混流泵与立式轴流泵相似。其部件也无多大区别，所不同的仅是叶轮的形状和泵体的支承方式。混流泵叶轮的工作原理是介乎于离心泵和轴流泵之间的一种过渡形式，叶片泵的基本方程同样适合于混流泵。

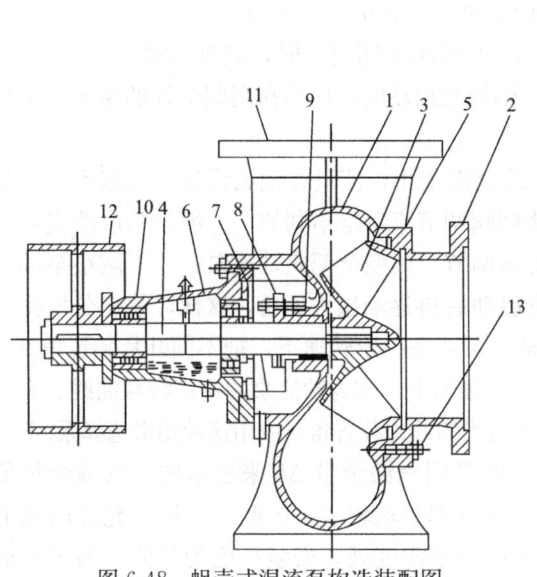
图 6-48 蜗壳式混流泵构造装配图

1—泵壳；2—泵盖；3—叶轮；4—泵轴；5—减漏环；6—轴承盒；7—轴套；8—填料压盖；9—填料；10—滚动轴承；11—出水口；12—皮带轮；13—双头螺栓

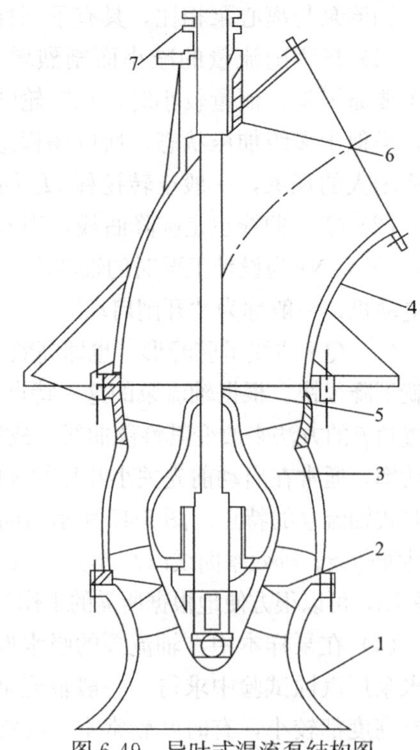
图 6-49 导叶式混流泵结构图

1—进水喇叭；2—叶轮；3—导叶体；4—出水弯管；5—泵轴；6—橡胶轴承；7—填料函

6.4.3　水环式真空泵的构造与工作原理

水环式真空泵适合于大型泵引水用，由泵体和泵盖组成圆形工作室，在工作室内偏心地装置一个由多个呈放射状均匀分布的叶片和叶轮毂组成的叶轮，如图 6-50 所示。

叶轮偏心安装于泵壳内。工作时要不断充入一定量的循环水，以保证真空泵工作。工作原理：启动前，泵内灌入一定量的水，叶轮旋转时产生离心力。在离心力的作用下将水甩向四周而形成一个旋转的水环 2，水环上部的内表面与叶轮壳相切。沿顺时针方向旋转的叶轮，在图中右半部的过程中，水环的内表面渐渐离开轮壳，各叶片间形成的体积递增，压力随之降低，空气从进气口吸入；在图中左半部的过程中，水环的内表面渐渐又靠近轮壳，各叶片间形成的体积减小，压力随之升高，将吸入的空气经排气口排出。叶轮不断旋转，真空泵不断地吸气和排气。

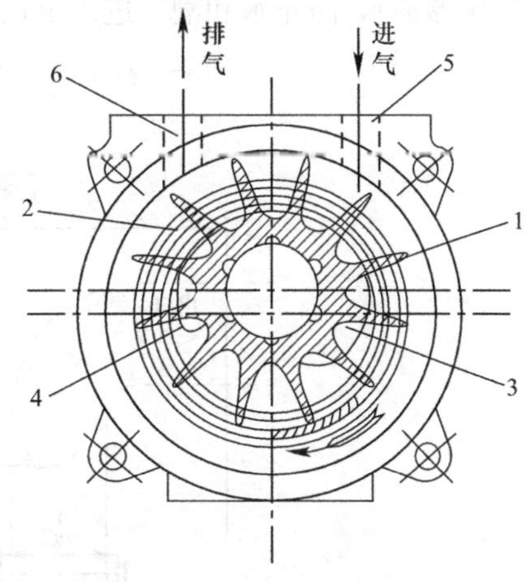

图 6-50　水环式真空泵构造图
1—星状叶轮；2—水环；3—进气口；4—排气口；5—进气管；6—排气管

6.4.4　潜水泵的构造与工作原理

潜水泵一般由泵体、潜水电动机、扬水管及泵座组成，是一种泵和电机合二为一的输送液体的机械，它结构简单、使用方便。目前，国产的潜水泵，按其用途分，有给水泵和排污泵；按其叶轮形式分，有离心式、轴流式及混流式潜水泵等。QW 系列潜水排污泵出水方向为径向，其结构如图 6-51 所示，安装方式采用自动耦合式，如图 6-52 所示。

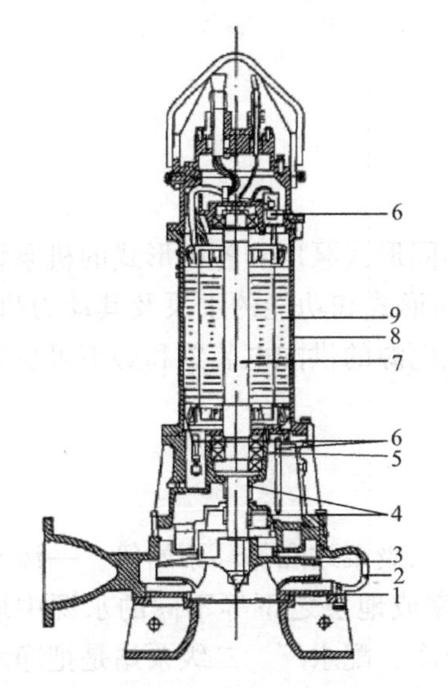

图 6-51　QW 型潜水泵结构图
1—耐磨环；2—泵壳；3—叶轮；4—轴密封；5—油室；6—轴承；7—监测装置；8—泵/电机轴；9—冷却井

由于潜水泵是在水中运行，为保证污物的顺利通过，必须加大叶轮过流面宽度，对于大泵，可采用双叶片、三叶片式；对于小泵，则采用单（双）流道形式，它类似于一截面大小相同的弯管，有非常好的过流特性。避免了水流在低速情况下可能造成的堵塞、缠绕。这种独特设计的叶轮流道，配合合理的蜗室，使污水中的纸、纺织物、垃圾袋及其他物料能自由通过。叶轮经过动、静平衡，使泵在空载试运转和带负荷过程中均不产生振动。

潜水电动机较一般电动机也有特殊要求，有干式、半干式、湿式和充油式电动机等几种类型。干式电动机系采用向电动机内充入压缩空气或在电动机的轴伸端用机械密封等办法来阻止水或潮气进入电动机内腔，以保证电动机的正常运行。半干式是仅将电动机的定子密封，而让转子在水中旋转。湿式是在电动机定子内腔充以清水或蒸馏水，转子在清水中转动，定子绕组采用耐水绝缘导线，这种湿式电动机结构简单，应用较多。充油式就是在电动机内充满绝缘油（如变压器油），防止水和潮气进入电机绕组，并起绝缘、冷却和润滑作用。

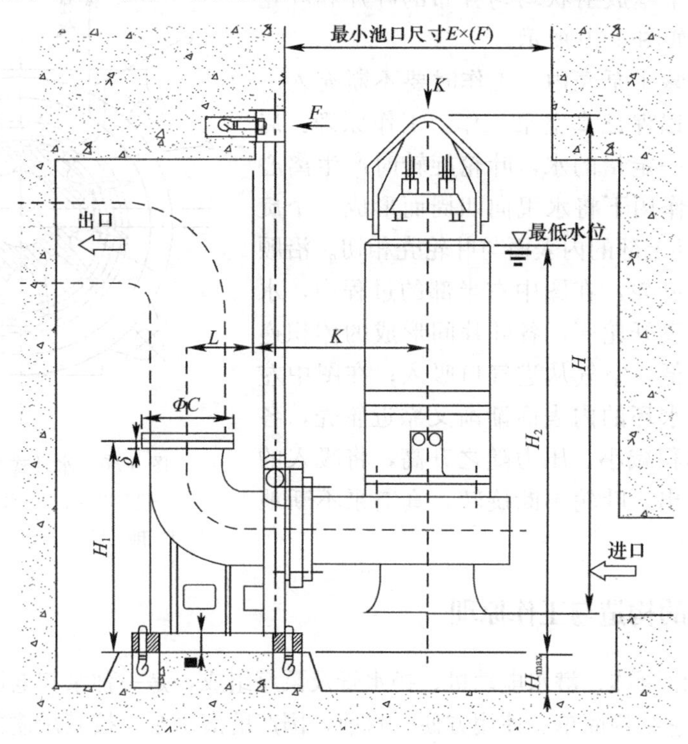

图6-52　自动耦合式

6.5　水泵站

水泵站是给水系统中的一个重要组成部分，它是由不同形式泵房和各种形式的机泵设备、管路、计量仪表和附属设备综合组成的。如各种不同形式和功能的水泵及其动力机，泵站内外的取水管道和出水管道和附件，以及供给动力机电源的供配电装置和必不可少的真空引水装置，各种显示运行参数的计量、检测仪表等。

6.5.1　水泵站的分类

按照水泵站在给水系统中的作用，可分为一级泵站、二级泵站和循环泵站等。一级泵站一般是取水泵站，它们的作用是从江、河、湖泊、水库或地层之下等不同的水源中取水，而后加压以输水管路输送至中途加压站或直接输送至净、配水厂。二级泵站是把净水厂处理后的符合饮用水标准的水，通过机泵加压用配水管网输送给用户。加压泵站常设置在一级泵站和二级泵站中间，一般是由于一级泵站设置分散（如地下水源井泵站）或一级泵站水泵扬程不够才设置的。它将一级泵站的水在中途加压后再转输至净、配水厂。在地势高差较大的城市或山区，也有因二级泵站水泵的扬程不足，在二级泵站之后设置三级加压泵站的。另外，有的地区地下水质较好，为了弥补局部管网压力的不足，在该地区设置深井泵站，将深井泵站的地下水消毒处理后直接输给供水管网，此种泵站称为补压井泵站。

6.5.2 取水泵站的形式及其内部设置

1. 地面水源取水泵站

地面水取水泵站的水源，除要求符合国家规定的《生活饮用水卫生标准》GB 5749—2006外，其形式可以根据地区水源的特点，如河流的水位变化幅度、河床及岸坡的地形条件、河流含沙量、取水规模及安全度、航运要求等因地制宜地组建成多种形式的取水泵站。

1）固定式（岸边式）取水泵站

岸边式泵站一般建在河岸坡度较陡，岸边水流较深，且地质条件较好以及水位变幅和流速较大的河流岸边。此种泵站一般都是属于取水量大和安全性要求较高的泵站。

2）河床式（自流管取水）泵站

河床式泵站一般设在河床较稳定，河岸平坦，主流距河岸较远，河岸水深较浅且岸边水质较差，而主流水中悬浮物较少的地段。其特点为集水井和泵房设在河岸上，可不受水流冲刷和冰凌碰击，亦不影响河床水流。其缺点是进水头部伸入河床，检修和清洗不方便，在洪水期，河流底部泥沙较多，水质较差，但冬季保温防冻条件较岸边式为好。

3）移动式取水泵站

移动式取水泵站一般适用于河水水位涨落幅度较大（在10～35m之间），涨落速度不大于每小时2m，河床比较稳定，河岸工程地质条件较好，且岸坡有适宜的倾角（一般在10°～28°之间），河流漂浮物少，无冰凌，不易受漂木、浮筏、船只撞击，河流顺直靠近主流，但受设备容量及管路限制一般取水量较小。常见的移动式取水泵站有浮船式、缆车式、浮筒式等。

2. 地下水水源取水泵站

地下水是一种宝贵的水资源。地下水资源可以广泛地用于城镇居民生活用水，工业生产和农业生产用水，它尤其是我国西北方地面水资源贫乏地区人民的生命线。故地下水资源宜优先作为生活饮用水的水源。地下水水质应严格符合国家标准《生活饮用水卫生标准》GB 5749—2006中106项生活饮用水水质标准的规定。

地下水的取水形式有管井（一般也叫深井）、大口井、辐射井、渗渠等，但作为供水厂的水源井大多数都是管井，一般以地下水为水源的供水厂，拥有数口乃至数十口管井的深井泵站，一座深井泵站出水量为500～6000m^3/d不等，最大的可出水20000～30000m^3/d，它们的井径一般为50～1000mm，井深为10～1000m。

3. 几种常见的泵站及其内部设置

1）深井泵站

深井泵站是采用地下水为水源的取水泵站或为管网低压区加压的泵站。一般建成矩形或圆形，多采用半地下式或地面式结构，如图6-53及图6-54所示。

半地下式泵站其优点为水力条件好，出水管可直接与室外输水管道相连，省去出水弯头减少水力损失，而且防冻条件也较好。另外，由于井室较深，检修吊装高度充裕，检修时可不用在井室顶上设三角起吊支架。但半地下深井泵站的造价相对高于地面式泵站。

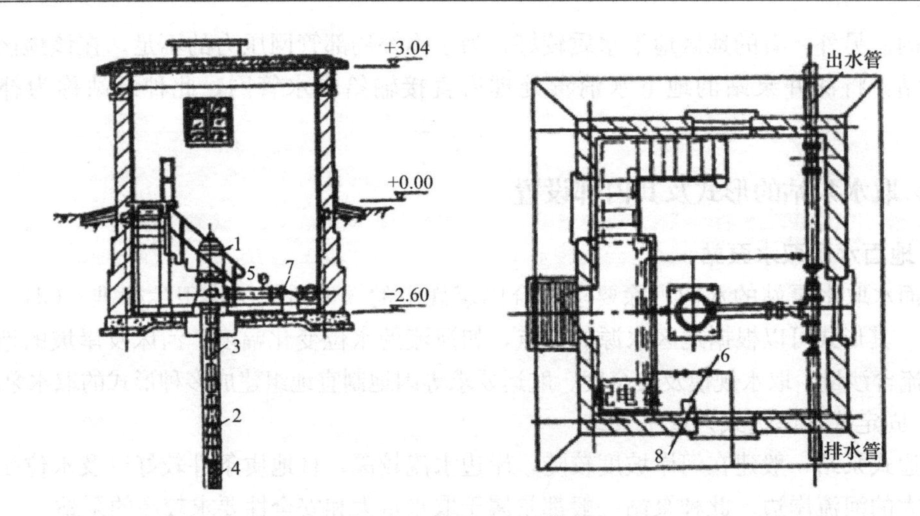

图 6-53　半地下式深井泵房

1—电动机；2—水泵；3—扬水管；4—滤水管；5—压力计；6—水射器；7—止回阀；8—集水坑

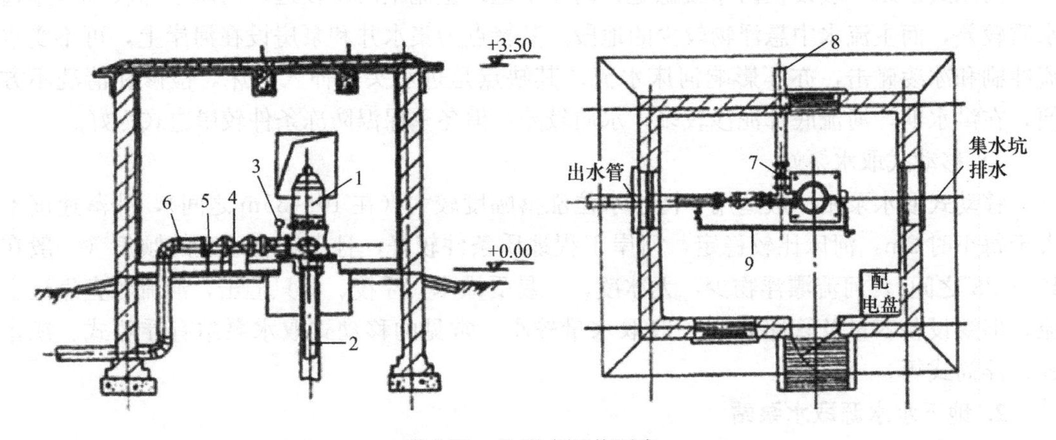

图 6-54　地面式深井泵房

1—电动机；2—扬水管；3—压力表；4—出水阀；5—止回阀；6—出水管；7—排水阀；8—排水管；9—预润管

2）卧式泵站

卧式泵站一般在泵站内装置数台同型号或不同型号的卧式离心泵或卧式混流泵，卧式泵站可以作为取水、加压和配水泵站使用。该泵站的形式大部分为矩形，也有少数为圆形的。它们的结构形式有地面式和半地下式两种。其结构形式主要是根据工艺条件、气候条件和工程造价等因素而综合考虑的，但它们的内部配备和附属设备大体上是相同的，如图 6-55 及图 6-56 所示。

4. 立式泵站

立式泵站内一般装设轴流泵或混流泵。这两种形式的水泵特点是出水量较大，扬程较低，故作为取水泵站者较多。

立式泵站电动机和水泵分层设置，中间以传动轴相连。由于水泵部分设置在最低动水位之下，因此可免去引水或灌水之工序。

立式泵站多吸取江、河中之水源，水中杂质较多，往往需设置双重格栅，而且要定时清理，以免使进水口堵塞，或杂质进入泵体影响机泵的安全运行。它们的设置形式见

图 6-57 及图 6-58。一般轴流泵在出水口不允许设阀门，有的只设止回阀，混流泵扬程较轴流泵为高，一般装有出水阀和止回阀。

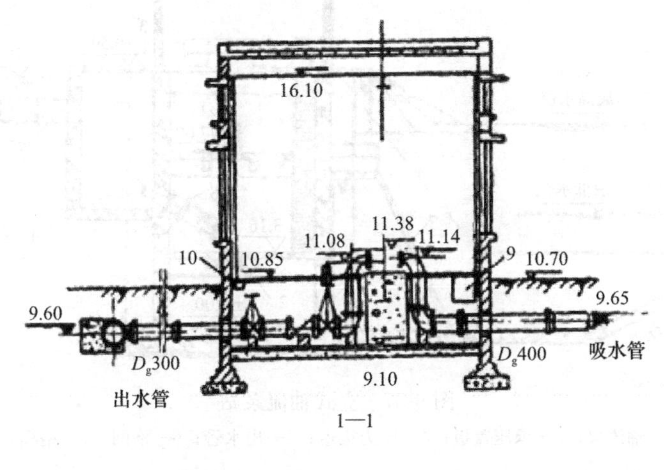

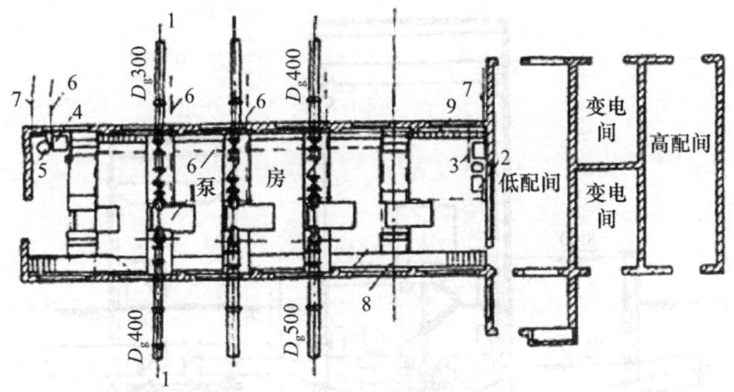

图 6-55 地面式泵站

1—卧式离心泵及电动机；2—真空泵；3—真空管；4—排水泵；5—集水坑；6—排水管；7—给水管；8—动力电缆沟；9—控制电缆沟

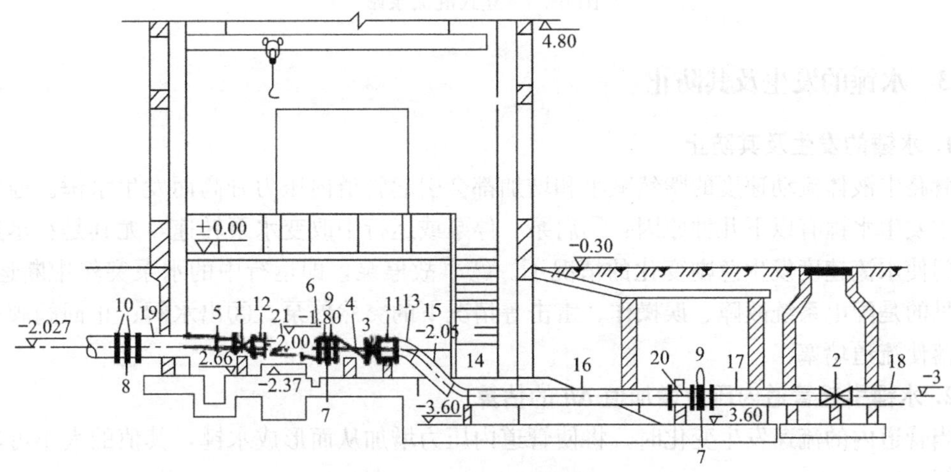

图 6-56 半地下式泵站

1—吸水阀；2—出水检修阀；3—出水阀；4—止回阀；5—偏心大小头；6—出水大小头；7、8—柔性接口；9、10—柔性接口短管；11—出水短管；12—吸水短管；13、14、15—出水弯管；16、17、18—出水管；19—吸水管；20—流量计；21—水泵

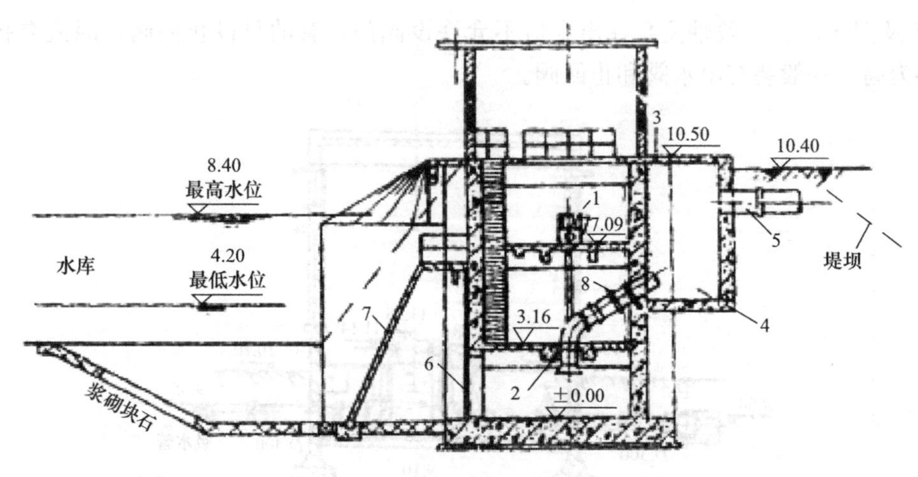

图 6-57　立式轴流泵站

1—电机；2—轴流泵；3—承压盖板；4—压力渠道；5—出水管；6—格网；7—格栅；8—止回阀

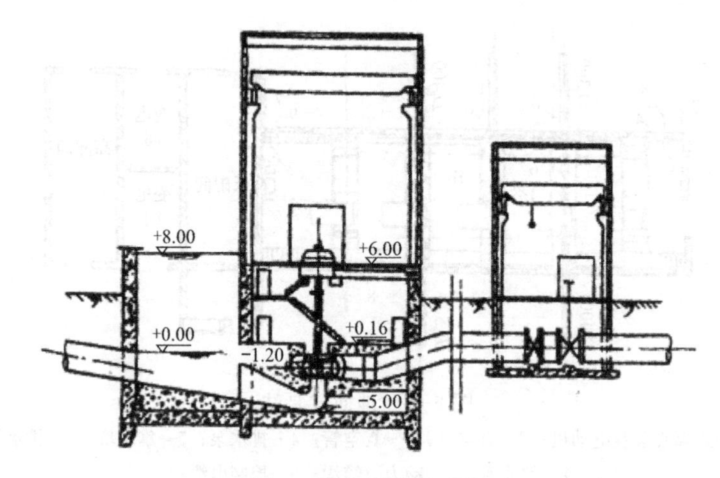

图 6-58　立式混流泵站

6.5.3　水锤的发生及其防止

1. 水锤的发生及其防止

管路中液体流动速度的骤然减小和增加都会引起管道内压力升高而发生水锤。通常在运行中发生水锤有以下几种原因：①启泵、停泵或运行中改变水泵转速，尤其是在迅速操作阀门使水流速度发生急剧变化的情况下。②事故停泵，即运行中的水泵突然中断运行。较多见的是配电系统故障、误操作、雷击等情况下的突然停泵。③出水阀、止回阀阀板突然脱落使流道堵塞。

2. 水锤引起管道内压力增加值 Δh 的估算

当管道内的流速发生变化时，将使管道内压力增加从而形成水锤，其值的大小可用下式估算：

$$\Delta h = \frac{c}{g}(V_1 - V_2) \quad (\text{m}) \tag{6-29}$$

式中：Δh——水锤发生后增加的压力值（m）；

V_1——正常运行时的管中水流速度（m/s）；

V_2——阀门关闭后的管中水流速度（m/s）；

g——重力加速度（m/s^2）；

c——管路中的水锤波传播速度。

注：管路中的水锤波传播速度与管材的性质和管径有关，在刚性管道中以 1435m/s 的速度传播，在弹性薄壁钢管中约以 1000m/s 的速度传播。

从以上公式中我们可以看到，管道中因水流速度增加的 Δh 与 V_2 有很大的关系，$V_2=0$ 时则 Δh 增加得为最大，水锤发生后管路中的总压力 h 按下式计算：

$$h = h_0 + \Delta h = h_0 + \frac{c}{g}(V_1 - V_2) \tag{6-30}$$

式中：h_0——水泵的地形扬水高度或泵出口压力。

3. 水锤破坏的主要表现形式

（1）水锤压力过高引起水泵、阀门、止回阀和管道破坏，或水锤压力过低（管道内局部出现负压）管道因失稳而破坏。

（2）水泵反转速过高（超过额定转速 1.2 倍以上），与水泵机组的临界转速相重合，以及突然停止反转过程（电机再启动）引起电动机转子的永久变形、水泵机组的激烈振动和联轴结的断裂。

（3）水泵倒流量过大，引起管网压力下降，使供水量减小，从而影响正常供水。

4. 水锤的分类与判别

（1）按产生水锤的原因可分为：关（开）阀水锤、启泵水锤和停泵水锤。在正常开（关）阀时由于时间较长，管道中 V_2 逐渐变大或变小，故所增加的 Δh 较小，一般不会对阀门和管道造成破坏，此种水锤我们称之为间接水锤。发生阀门或止回阀突然关闭时则 $V_2=0$，将瞬时使 Δh 增加几百米水头，故可使阀门或管道破裂，此种水锤我们称之为直接水锤。

（2）按产生水锤时的管道水流状态可分为：不出现水柱中断与出现水柱中断两类。前者水锤压力上升值 Δh 通常不大于水泵额定扬程或水泵工作水头，我们称之为正常水锤。后者因水柱中断所产生的水锤压力上升值 Δh 要大得多，是引起事故的主要原因。此种水锤我们称之为非常水锤。

所谓水柱中断就是管道内局部水流发生突然中断（拉断），如阀门的突然关闭。凸形地势未装有补气装置，均会在 $V_2=0$ 的情况下使局部管内有空穴产生，使管内局部压力下降甚至形成负压（真空），瞬时可使水流的方向改变，管道中的水流以高速向空穴处撞击使管道内压力骤增，从而使管道造成破裂。

5. 水锤的防止

（1）在机泵出水管道上装缓闭阀如液控蝶阀、双速闸阀、微阻缓闭止回阀、水锤消除器等可起到缓冲水锤或消除水锤之目的，但应注意快关与缓闭的时间要调整好，达到既能消除水锤又不使机泵倒转。

（2）在管路凸起处设置排气补气阀以消除管道中的空穴（负压）状态，可减小水锤压力，避免管道损坏。

（3）避免快开、快关阀门。

(4) 对空管供水时，要控制出水量，可先打开阀门开度的15%～30%，事前做好排气门的检查工作，注意不要使机泵超负荷运行，直到管内压力允许时才能全部开启水泵出水阀门。

(5) 加强对电气装置、阀门和止回阀的维修保养，以减少突然断电和阀板脱落的机会，不发生直接水锤和非常水锤。

6.6 阀门

6.6.1 阀门的原理和分类

阀门是流体输送系统中的控制部件，依靠驱动或自动机构使启闭件作升降、滑移、旋摆或回转运动，从而改变其通道面积的大小以实现其控制功能。阀门在管网系统中虽是附属设备，但起着相当重要的作用，它具有导流、截流、调节、节流、防止倒流、分流或溢流卸压等功能。

用于流体控制的阀门，从最简单的截断装置到极为复杂的自控系统，其品种和规格繁多。阀门有多种分类方法，例如按用途和作用分，按主要参数（压力、介质工作温度、阀体材料）分等。目前，国内、国际最常用的分类方法是通用分类法，这种分类方法既按原理、作用又按结构划分，一般分为：闸阀、截止阀、旋塞阀、球阀、蝶阀、隔膜阀、止回阀、节流阀、安全阀、减压阀、疏水阀、调节阀等。

6.6.2 常用阀门介绍

1. 蝶阀

蝶阀是用随阀杆转动的圆形蝶板做启闭件，在阀体中反复作旋转90°运动，以实现启闭动作的阀门。蝶阀主要作截断阀使用，亦可设计成具有调节或截断兼调节的功能。目前，蝶阀在低压大中口径管道上的使用越来越多。

蝶阀具有结构简单，体积小，重量轻；启闭方便迅速，而且比较省力；低压下可实现良好的密封；调节性能较好，通过改变蝶板的旋转角度可以较好地控制介质的流量等主要优点。同时，蝶阀受密封圈材料的限制，使用压力和工作温度范围较小，大部分蝶阀采用橡胶密封圈，工作温度受到橡胶材料的限制。随着密封材料的发展及金属密封蝶阀的开发，蝶阀的工作温度及使用压力的范围已有所扩大。

蝶阀按阀板结构形式可分为偏置板式、垂直板式、斜板式和杠杆式；按密封形式可分为软密封型和硬密封型。软密封型一般采用橡胶密封，硬密封型通常采用金属环密封；按连接形式又可分为法兰式连接和对夹式连接，如图6-59所示。

2. 闸阀

闸阀是最常用的截断阀之一，主要用来接通或截断管路中的介质，不适用于调节介质流量。闸阀适用的压力、温度及口径范围很大，尤其适用于大、中口径的管路上。

闸阀具有流动阻力小、启闭较省力、介质流动方向一般不受限制等主要优点，同时，闸阀高度大、启闭时间较长，占据位置大，且密封面易产生磨损，阀体下槽易积物，从而破坏密封性能，影响使用寿命。

闸阀的种类很多，分类方法常见的有以下几种：

(1) 平行式闸阀：密封面与垂直中心线平行，即两个密封面互相平行的闸阀。在平行式闸阀中，以带推力楔块的结构最为常见，即在两闸板中间有双面推力楔块，这种闸阀适用于低压中小口径（直径 40～300mm）闸阀。也有在两闸板间带有弹簧的，弹簧能产生预紧力，有利于闸板的密封。

(2) 楔式闸阀：密封面与垂直中心线成某种角度，即两个密封面成楔形的闸阀，如图 6-60 所示。

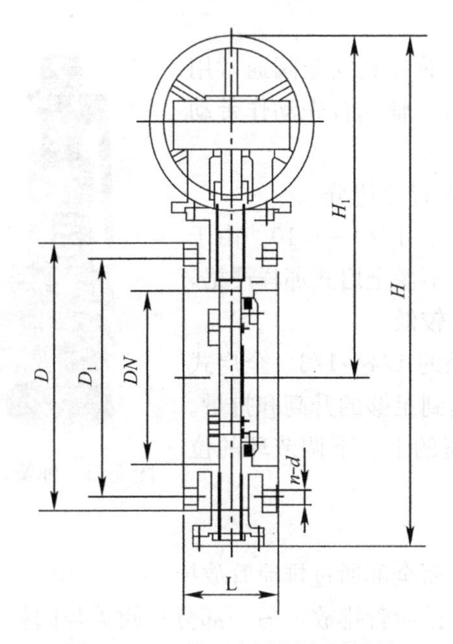

图 6-59　双偏心金属硬密封蝶阀

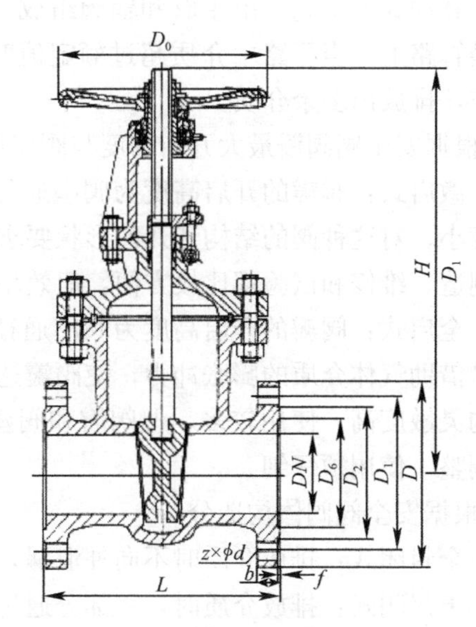

图 6-60　楔式闸阀

密封面有一定的倾斜角度，角度的大小主要取决于介质温度的高低。一般工作温度愈高，所取角度应愈大，以减小温度变化时发生楔住的可能性。

在楔式闸阀中，又有单闸板、双闸板和弹性闸板之分。其中，弹性闸板楔式闸阀，它具有单闸板楔式闸阀结构简单、使用可靠的优点，又能产生微量的弹性变形弥补密封面角度加工过程中产生的偏差，改善工艺性，现已被大量采用。

(3) 明杆闸阀：阀杆螺母在阀盖或支架上，开闭闸板时，用旋转阀杆螺母来实现阀杆的升降。

(4) 暗杆闸阀：阀杆螺母在阀体内，与介质直接接触。开闭闸板时，用旋转阀杆来实现。这种结构的优点是：闸阀的高度总保持不变，因此安装空间小，适用于大口径或安装空间受限制的闸阀。此种结构要装有开闭指示器，以指示开闭程度。这种结构的缺点是：阀杆螺纹不仅无法润滑，而且直接接收介质侵蚀，容易损坏。

3. 安全阀

安全阀是防止介质压力超过规定数值、起安全作用的阀门。安全阀在管路中，当介质工作压力超过规定数值时，阀门便自动开启，排放出多余介质；而当工作压力恢复到规定值时，又自动关闭。

安全阀的种类很多，分类方法常见的有以下几种。

1）根据安全阀的结构分

（1）重锤（杠杆）式安全阀：用杠杆和重锤来平衡阀瓣的压力。重锤式安全阀靠移动重锤的位置或改变重锤的重量来调整压力。它的优点在于结构简单；缺点是比较笨重，回座力低。这种结构的安全阀只能用于固定的设备上。

（2）弹簧式安全阀：利用压缩弹簧的力来平衡阀瓣的压力并使之密封，弹簧式安全阀靠调节弹簧的压缩量来调整压力。它的优点在于比重锤式安全阀体积小、轻便、灵敏度高，安装位置不受严格限制；缺点是作用在阀杆上的力随弹簧变形而发生变化。外形图如图 6-61 所示。

（3）脉冲式安全阀：由主阀和辅阀组成。脉冲式安全阀通常用于大口径管路上。当管路中介质超过额定值时，辅阀首先动作带动主阀动作，排放出多余介质。

图 6-61　弹簧式安全阀

2）根据安全阀阀瓣最大开启高度与阀座通径之比分

（1）微启式：阀瓣的开启高度为阀座通径的 1/20～1/10。由于开启高度小，对这种阀的结构和几何形状要求不像全启式那样严格，设计、制造、维修和试验都比较方便，但效率较低。

（2）全启式：阀瓣的开启高度为阀座通径的 1/4～1/3。全启式安全阀是借助气体介质的膨胀冲力，使阀瓣达到足够的升高和排量。此种结构灵敏度高，使用较多，但阀瓣和阀座的上、下调节环的位置难于调整，使用须仔细。

3）根据安全阀阀体构造分

（1）全封闭式：排放介质时不向外泄漏，而全部通过排泄管放掉。

（2）半封闭式：排放介质时，一部分通过排泄管排放，另一部分从阀盖与阀杆配合处向外泄漏。

（3）敞开式：排放介质时，不引到外面，直接由阀瓣上方排泄。

4. 止回阀

止回阀是指依靠介质本身流动而自动开、闭阀瓣，用来防止介质倒流的阀门。

1）升降式止回阀

其阀瓣沿着阀体垂直中心线滑动的止回阀。升降式止回阀只能安装在垂直管道上，在高压小口径止回阀上阀瓣可采用圆球，它的流体阻力系数较大。

2）旋启式止回阀

其阀瓣围绕阀座外的销轴旋转的止回阀，如图 6-62 所示。旋启式止回阀只能安装在水平管道上，应用较为普遍。

3）蝶式止回阀

其阀瓣围绕阀座内的销轴旋转的止回阀，结构简单，只能安装在水平管道上，密封性较差。

4）管道式止回阀

其阀瓣沿着阀体中心线滑动的阀门。管道式止回阀是新出现的一种阀门，它的体积小，重量较轻，加工工艺性好，是止回阀的发展方向之一。但流体阻力系数比旋启式止回阀略大。

5. 球阀

球阀用带圆形通孔的球体作启闭件，球体随阀杆转动，以实现启闭动作。球阀在管路中主要用来作切断、分配和改变介质的流动方向。

球阀的主要优点是结构简单、体积小、重量轻；流体阻力小；密封面密封性好；操作方便，开闭迅速，从全开到全关只要旋转 90°，便于远距离的控制；维修方便；介质通过时，不会引起阀门密封面的侵蚀；适用范围广，通径从小到几毫米，大到几米。球阀的主要缺点是工作温度不高。目前，正在使用炭、石墨等密封圈材料，以提高球阀的使用温度。

(1) 浮动球球阀：球阀的球体是浮动的，在介质压力作用下，球体能产生一定的位移并紧压在出口端的密封面上，保证出口端密封。

(2) 固定球球阀：球阀的球体是固定的，受压后不产生移动。固定球球阀都带有浮动阀座，受介质压力后，阀座产生移动，使密封圈紧压在球体上，以保证密封。通常在球体的上、下轴上装有轴承，操作扭矩小，适用于高压和大口径的阀门。

(3) 弹性球球阀：球阀的球体是弹性的。球体和阀座密封圈都采用金属材料制造，密封比压很大，依靠介质本身的压力已达不到密封的要求，必须施加外力。这种阀门适用于高温高压介质。

球阀按其通道位置可分为直通式、三通式和直角式。后两种球阀用于分配介质与改变介质的流向。

近年来，在传统球阀的基础上推出的新型半球阀，正得到越来越广泛的使用。其主要作为切断阀使用。相较于普通球阀，半球阀阀芯为半球形，流通面积更大，流阻低，节能效果明显。开启时球冠具有与阀体密封面渐近功能，能有效切除结垢与杂物，实现可靠密封。如图 6-63 所示。

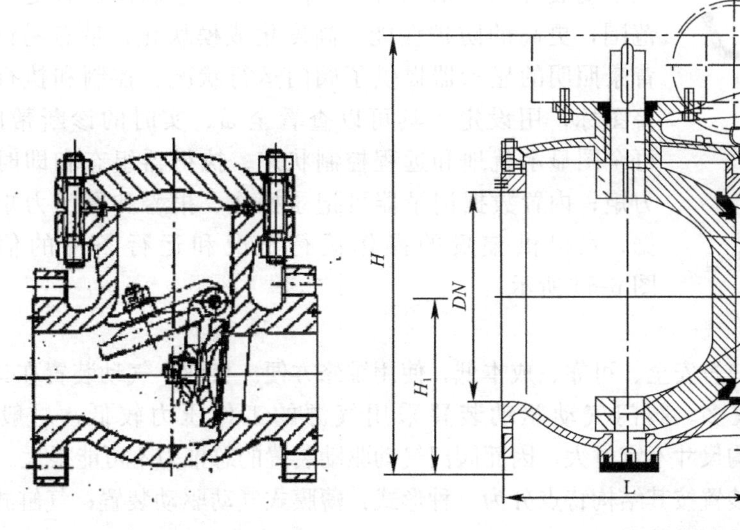

图 6-62 旋启式止回阀

图 6-63 半球阀结构图

1—阀体；2—下轴套；3—阀座；4—球冠；
5—下阀轴；6—偏心半球；7—上阀轴；8—上轴套；
9—密封圈；10—阀盖

6.6.3 阀门的控制

1. 阀门驱动方式

1）按动力源方式分

阀门驱动装置可分为手动装置、电动装置、气动装置、液动装置、磁力装置等。人工手动的阀门大都在不可能或不需要采用其他办法的情况下，或者一些小口径的阀门情况下使用。电动、气动、液动、磁力都能实现遥控和自动化，但是不能断电，因为它们最终的动力还是需要电。

2）按驱动机构输出轴运动方式分

(1) 多圈回转式：多圈回转式适用于阀杆或阀杆螺母需要回转多圈才能全开或全关的阀门，如闸阀、截止阀。

(2) 部分回转式：部分回转式适用于阀杆在回转一圈之内就能全开或全关的阀门，如球阀、蝶阀。

(3) 直线往复式：直线往复式适用于阀杆只作直线往复运动就能全开或全关的阀门，如电磁阀。

2. 电动阀控制

在阀门驱动装置中，电动装置占主导地位。阀门电动装置按输出方式分为多回转型（Z型）和部分回转型（Q型）两种，前者用于升降杆类阀门，包括：闸阀、截止阀、节流阀、隔膜阀等；后者用于回转杆类阀门，包括球阀、旋塞阀、蝶阀等，通常在90°范围内启闭。

图6-64 智能型电动装置

电动阀装置存在结构复杂，机械效率低，易受电源电压、频率变化影响等缺点。随着电动装置的技术进步，近年来智能电动装置也越来越得到推广应用。它们往往有更广的适用范围，更高的防护性能，高度集成模块化；带有易读的、带背景照明的显示器提供了阀门运行状况、控制和执行器的报警图标；用设定工具可以查看全面、实时的诊断帮助屏幕，可全图显示就地和远程控制状态、执行器组态和即时阀位的力矩；内置数据记录器可记录操作、报警和阀门力矩分布数据；可提供宝贵的操作运行状况和运行条件的信息。如图6-64所示。

3. 气动阀控制

阀门气动驱动装置安全、可靠、成本低，使用维修方便。目前，气动装置在具有防爆要求的场合应用较多。阀门气动驱动装置采用气源的工作压力较低，一般不大于0.82MPa，又因结构尺寸不宜过大，因而阀门气动驱动装置的总推力不可能很大。

阀门气动驱动装置按其结构特点分为三种形式：薄膜式气动驱动装置；气缸式气动驱动装置；摆动式气动驱动装置。

气动装置多数由压缩气体压力缸构成，广泛用作部分回转式和直线往复式驱动，具有结构紧凑、启闭迅速的特点，适用于室内或有腐蚀、易燃易爆的环境；其缺点是配管较复杂，不适于远距离控制，气体具有压缩性，速度不易均匀。

4. 液动阀控制

液动装置由动力、控制和执行机构三大部分组成。动力部分的作用是把电动机旋转轴上的有效功率转变成液压传动的流体压力能。它由电动机、液压泵油箱等部件构成。控制部分由控制阀，如压力控制阀、流量控制阀、方向控制阀等和电气控制系统组成。执行机构有两种，一种是液压缸执行机构，实现往复直线运动；另一种是液压马达执行机构，实现回转运动。

液压装置具有输出力大；容易获得低速或高速，能无级变速；由于液压油的黏性而效率较高，有润滑性能和防锈性能等优点。同时，液压装置也存在配管较复杂，维修不方便；液压元件和管道易渗漏等缺点。

第7章 泵站仪器仪表

7.1 供水企业常用仪表分类

7.1.1 仪表的基础知识

仪表是用来检出、测量、观察、计算各种物理量的仪器设备。分为电力仪表和非电力仪表两大类。

通常情况下仪表由感受元件（传感器、一次元件）、传送元件（变送器）、显示元件（显示器、二次元件）组成。

1. 仪表的性能和特性

仪表的性能主要有技术、经济和使用性能：①技术性能，如量程、准确度、灵敏度、重复性、稳定性、可靠性、检测限、线性范围、响应时间及分析滞后时间等；②经济性能，如功耗、价格、使用寿命等；③使用性能，如人-机界面、环境适应性、免维护性、安全防护性、智能化程度等。

2. 仪表的性能指标

性能特性的定量表述一般用某个量值、允许误差、测量范围来描述，这就是通常所说的技术指标。这类性能特性主要有稳定性、可靠性、检测限、线性范围、响应时间及分析滞后时间等。

1）准确度

仪表的准确度是指其测量值接近真实值的准确程度。仪表的准确度是表征仪表品质和特性的重要性能，是一种定性的概念。实际应用中，常用准确度等级或测量误差来表述仪表的准确度。

测量误差的表示方法有多种，目前分析仪表中常用绝对误差、相对误差、引用误差、基本误差或以它们的组合形式表示仪表的最大允许误差等。

绝对误差　　绝对误差＝测量结果－（约定）真实值

相对误差　　$相对误差=\frac{绝对误差}{(约定)真实值}$

引用误差　　引用误差又称基准误差，是相对误差的一种特殊形式，在日常使用中常用±%FS或±%R表示。

FS是英文full scale的缩写，±%FS表示仪表满量程相对误差。

$$仪表满量程相对误差=\frac{绝对误差}{测量上限-测量下限}\times 100\%$$

R是英文reading的缩写，±%R表示仪表显示值相对误差。

$$仪表显示值相对误差=\frac{绝对误差}{仪表显示值}\times100\%$$

基本误差在国标中称为固有误差，它是指测量仪器在参考条件下所确定的仪器本身所具有的误差。

2）灵敏度

灵敏度是指被测量物质的含量或浓度性误差改变一个单位时分析信号的变化量，表示仪表对被测定量变化的反应能力。

3）重复性

重复性又称重复性误差，是指用相同的方法、试样，在相同的条件下测得的一系列结果之间的偏差。相同的条件指同一操作者、同一仪器、同一实验室和短暂的时间间隔。

4）稳定性

稳定性是指在规定的工作条件下，输入保持不变，在规定时间内仪器显示值保持不变的能力。仪表的稳定性可用漂移来表征。

5）可靠性

可靠性是指仪表的所有性能随时间保持不变的能力，也可以解释为仪表长期稳定运行的能力。平均无故障运行时间 MTBF 是衡量仪表可靠性的一项重要指标。

7.1.2 仪表的分类

仪表是多种科学技术的综合产物，品种繁多，使用广泛，而且不断更新。仪表按照被测量来划分可以有如表 7-1 所示的分类。

仪表的分类 **表 7-1**

分类		被测量
电量	电参量	电流、电荷、电压（电势、静电电位）、电功率、频率、相位等
	电路参量	电阻、电感、电容、功率因数、增益等
非电量	热工量	温度、热度、比热容、热分布；压力、压差、真空度；流量、流速、风速；物位、液位、界面
	机械量	尺寸（长度、厚度、角度）、位移、形状力、应力、力矩；重量、质量；转速、线速度；加速度、振动
	物性和成分量	酸碱度、盐度、浓度、黏度、密度、粒度、浊度、纯度、离子浓度、湿度、水分等
	状态量	颜色、透明度、磨损量、裂纹、缺陷、泄漏、表面质量（表面粗糙度、白度）
	磁学量	磁通、磁密度、磁场强度、磁导率等
	声学量	声压、声波、噪声、声阻抗等
	光学量	照度、光强、光通量、亮度等
	射线	辐射能、吸收剂量、剂量当量、照射量等
	生理医学	心血管参数、呼吸道参数、血液参数、神经系统参数

自来水生产企业常用到的仪表主要有电流表、电压表、功率表、电能表、功率因数表、压力表、真空表、流量计、液位计、温度计、pH 计、浊度仪、溶解氧仪、COD 仪、氨氮仪等。

7.2　电工仪表

7.2.1　电工仪表的分类、符号及工作原理

电工仪表种类较多，大致可以按原理分为以下几类：

(1) 磁电系仪表：根据通电导体在磁场中产生电磁力的原理制成。

(2) 电磁系仪表：根据铁磁物质在磁场中被磁化后，产生电磁吸力的原理制成。

(3) 电动系仪表：根据两个通电线圈之间产生电动力的原理制成。

(4) 感应系仪表：根据交变磁场中的导体感应产生涡流与磁场产生电磁力的原理制成。

表 7-2 所示是常见的电工仪表的符号。

常见的电工仪表的符号　　表 7-2

序号	被测量	仪表名称	符号	序号	被测量	仪表名称	符号
1	电流	电流表	Ⓐ	4	相位差	相位表	(φ)
		毫安表	(mA)	5	频率	频率表	(f)
2	电压	电压表	Ⓥ	6	电阻	欧姆表	(Ω)
		千伏表	(kV)			兆欧表	(MΩ)
3	电能	电度表	kWh				

7.2.2　电气测量原理与接线

1. 电压表测量原理与接线

测量直流电压通常用磁电式电压表，测量交流电压通常用电磁式电压表。

在交流系统中，低压线路通常将电压表接到需要测量电压的电路上，而高压线路通常会通过电压互感器变压之后再测量（图 7-1）。但不管是直接测量还是通过电压互感器测量，电压表都是和被测电路并联连接，所以要求电压表的内阻很高。

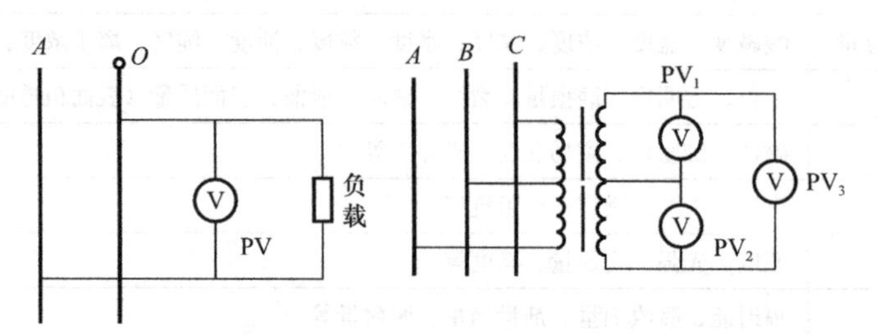

图 7-1　低压、高压线路上电压表的连接

低压三相交流电路可以用 LW5-16-YH3/3 型转换开关及一只电压表测量三相交流电压进行测量，如图 7-2 所示，通过旋转转换开关的旋钮分别测量三相线电压。

2. 电流表测量原理与接线

电流表的内阻很小，通常串联在电路中测量。一般小电流可以直接与负载串联测量，

而大电流或者高压线路上的电流都要通过电流互感器测量（图 7-3）。电流互感器二次侧额定电流通常为 5A。

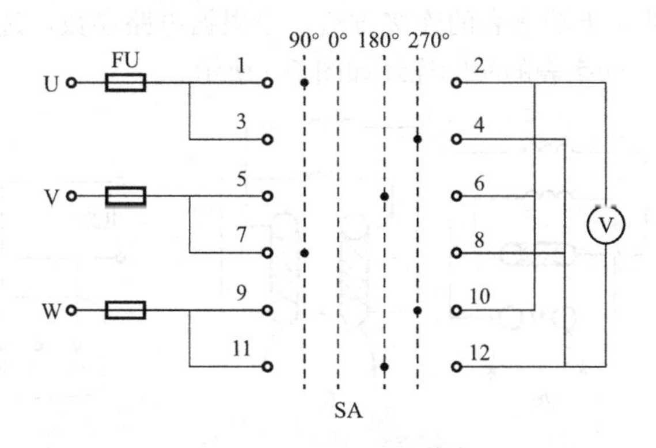

图 7-2　LW5-16-YH3/3 型转换开关测量三相交流电压

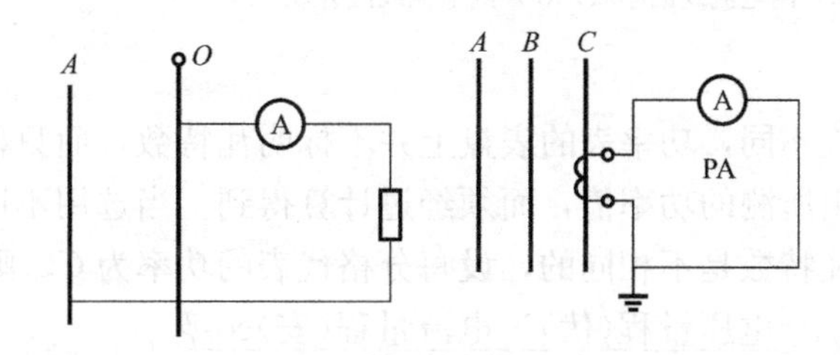

图 7-3　小电流、大电流及高压线路电流表的接线

3. 功率表测量原理与接线

功率表是电动系仪表，用于直流电路和交流电路中测量电功率，其测量结构主要由固定的电流线圈和可动的电压线圈组成。电流线圈与负载串联，反映负载的电流；电压线圈与负载并联，反映负载的电压。功率表有低功率因数功率表和高功率因数功率表。

电路实验室中用到两种型号的功率表：D34—W 型功率表，属于低功率因数功率表，$\cos\varphi=0.2$；D51 型功率表，属于高功率因数功率表，$\cos\varphi=1$。

以 D34—W 型功率表为例，对功率表的使用方法进行介绍，其他型号功率表的使用方法与其基本类似。

1）量程选择

功率表的电压量程和电流量程根据被测负载的电压和电流来确定，要大于被测电路的电压、电流值。只有保证电压线圈和电流线圈都不过载，测量的功率值才准确，功率表也不会被烧坏。

图 7-4（*a*）所示为 D34—W 型功率表面板图，该表有四个电压接线柱，其中一个带有＊标的接线柱为公共端，另外三个是电压量程选择端，有 25、50、100V 量程。四个电流接线柱，没有标明量程，需要通过对四个接线柱的不同连接方式改变量程，即：通过活动连接片使两个 0.25A 的电流线圈串联，得到 0.25A 的量程，见图 7-4（*b*）。通过活动连接片使两个电流线圈并联，得到 0.5A 的量程，见图 7-4（*c*）。

2）连接方法

用功率表测量功率时，需使用四个接线柱，两个电压线圈接线柱和两个电流线圈接线柱，电压线圈要并联接入被测电路，电流线圈要串联接入被测电路。通常情况下，电压线圈和电流线圈的带有 * 标端应短接在一起，否则功率表除反偏外，还有可能损坏。

通过具体实例说明一下功率表的连接方法，当根据电路参数，选择电压量程为 50V，电流量程为 0.25A 时，功率表的实际连线如图 7-5 所示。

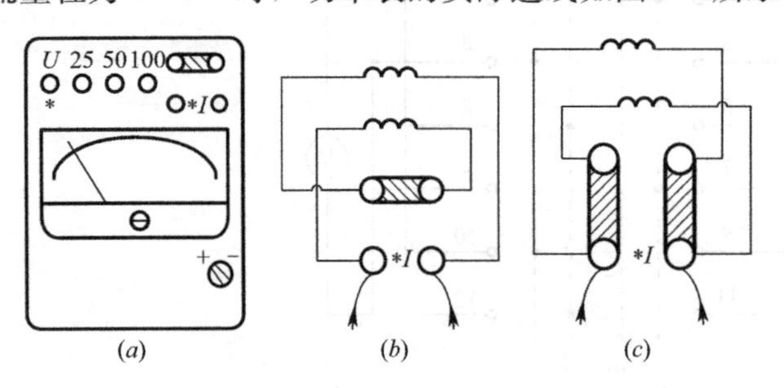

图 7-4 D34—W 型功率表

（a）功率表面板图；（b）两电流线圈串联；（c）两电流线圈并联

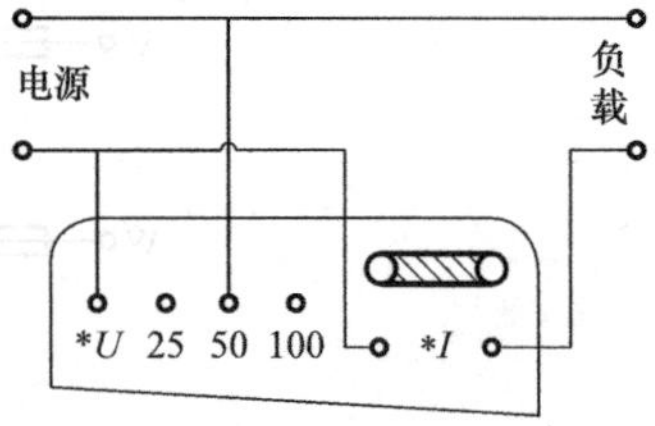

图 7-5 功率表的连线

3）功率表的读数

功率表与其他仪表不同，功率表的表盘上并不标明瓦特数，而只标明分格数，所以从表盘上并不能直接读出所测的功率值，而须经过计算得到。当选用不同的电压、电流量程时，每分格所代表的瓦特数是不相同的，设每分格代表的功率为 C，则：

$$C=\frac{\text{电压量程(伏)}\times\text{电流量程(安)}\cos\phi}{\text{表盘满刻度数}}\ (\text{瓦/格})$$

$\cos\phi$ 为功率表的功率因数，对于 D34—W 型功率表，表盘满刻度数为 125。在如图 7-5 所示的量程选择下，每分格所代表的瓦特数为：

$$C=\frac{50\times0.25\times0.2}{125}=0.02\ (\text{瓦/格})$$

知道了 C 值和仪表指针偏转后指示格数 α，即可求出被测功率：$P=C\alpha$。

4）使用注意事项

功率表在使用过程中应水平放置。仪表指针如不在零位时，可利用表盖上的零位调整器调整。测量时，如遇仪表指针反向偏转，应改变仪表面板上的“+”、“-”换向开关极性，切忌互换电压接线，以免使仪表产生误差。功率表与其他指示仪表不同，指针偏转大小只表明功率值，并不显示仪表本身是否过载，有时表针虽未达到满度，只要 U 或 I 之一超过该表的量程就会损坏仪表。故在使用功率表时，通常需接入电压表和电流表进行监控。功率表所测功率值包括了其本身电流线圈的功率损耗，所以在作准确测量时，应从测得的功率中减去电流线圈消耗的功率，才是所求负载消耗的功率。

D34—W 型、D51 型功率表量程、内阻、每格所代表的功率值如表 7-3 所示。

功率表量程、内阻、每格所代表的功率值 **表 7-3**

		D34—W 型功率表				D51 型功率表				
		电压量程			内阻	电压量程				内阻
		25V	50V	100V		75V	150V	300V	600V	
电流量程	0.25A	0.01W	0.02W	0.04W	27.6Ω	0.25W	0.50W	1.00W	2.00W	7.29Ω
	0.5A	0.02W	0.04W	0.08W	6.9Ω	0.50W	1.00W	2.00W	4.00W	1.88Ω

4. 功率因数表测量原理与接线

功率因数表又称相位表，按测量机构可分为电动系、铁磁电动系和电磁系三类。根据测量相数又有单相和三相。现以电动系功率因数表为例分析其工作原理，如图 7-6 所示。图中 A 为电流线圈，与负载串联。B_1、B_2 为电压线圈与电源并联。其中，电压线圈 B_2 串接一只高电阻 R_2，B_1 串联一电感线圈。

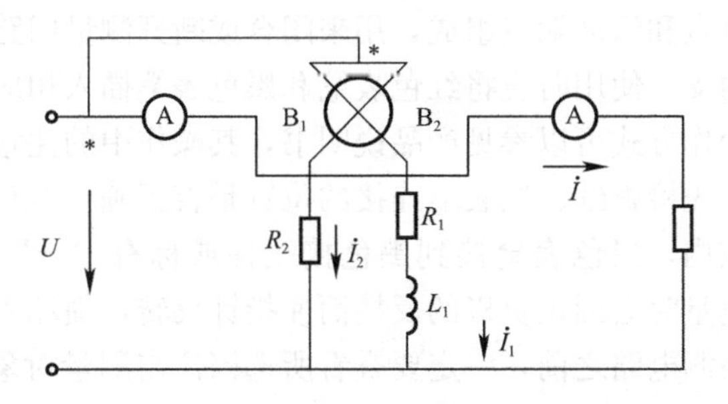

图 7-6 功率因数表的工作原理

在 B_2 支路上为纯电阻电路，电流与电压同相位，B_1 支路上为纯电感电路（忽略 R_1 的作用)，电流滞后电压 90°。当接通电压后，通过电流线圈的电流产生磁场，磁场强弱与电流成正比。此时，两电压线圈 B_1、B_2 中电流，根据载流导体在磁场中受力的原理，将产生转动力矩 M_1、M_2。由于电压线圈 B_1 和 B_2 绕向相反，作用在仪表测量机构上的力矩一个为转动力矩，另一个为反作用力矩。当二者平衡时，即停留在一定位置上，只要使线圈和机械角度满足一定的关系就可使仪表的指针偏转角不随负载电流和电压的大小而变化，只决定于负载电路中电压与电流的相位角，从而指示出电路中的功率因数。

7.2.3 万用表的使用方法

万用表又称多用表，用来测量直流电流、直流电压和交流电流、交流电压、电阻等，有的万用表还可以用来测量电容、电感以及晶体二极管、三极管的某些参数。

1. 指针式万用表

指针式万用表主要由表盘、转换开关、表笔和测量电路（内部）四个部分组成，常用的万用表的外形如图 7-7 所示。指针式万用表由表头、测量电路及转换开关等三个主要部分组成。

万用表的表头是灵敏电流计，表头上的表盘印有多种符号、刻度线和数值。符号 A-V-Ω 表示这只电表是可以测量电流、电压和电阻的多用表。表盘上印有多条刻度线，其中右端标有“Ω”的是电阻刻度线，其右端为零，左端为∞，刻度值分布是不均匀的。符号“—”或“DC”表示直流，“～”或“AC”表示交流。刻度线下的几行数字是与选择开关的不同档位相对应的刻度值。

图 7-7 MF-47 型指针式万用表的外形

测量线路是万用表实现多种电量测量，多种量程变换的电路。实际上，它是由多量程直流电流表、多量程直流电压表、多量程交流电压表、多量程欧姆表等几种线路组合而成。它能将各种不同的被测量（如电流、电压、电阻等）、不同的量程，经过一系列的处理（如整流、分流、分压等），统一变成一定量限的微小直流电流送入表头进行测量。

转换开关其作用是用来选择各种不同的测量线路，以满足不同种类和不同量程的测量要求。它由许多固定触点和活动触点组成，用来闭合或断开测量回路。

表笔分为红、黑两支。使用时应将红色表笔和黑色表笔插入相应的插孔。

指针万用表具体操作方式可以参见产品说明书，其操作中的注意事项如下：

（1）进行测量前，先检查红、黑表笔连接的位置是否正确。红色表笔接到红色接线柱或标有“+”号的插孔内，黑色表笔接到黑色接线柱或标有“-”号的插孔内，不能接反，否则在测量直流电量时会因正负极的反接而使指针反转，损坏表头部件。

（2）在表笔连接被测电路之前，一定要查看所选档位与测量对象是否相符，否则，误用档位和量程，不仅得不到测量结果，而且还会损坏万用表。在此提醒初学者，万用表损坏往往就是上述原因造成的。

（3）测量时，须用右手握住两支表笔，手指不要触及表笔的金属部分和被测元器件。

（4）测量中若需转换量程，必须在表笔离开电路后才能进行，否则选择开关转动产生的电弧易烧坏选择开关的触点，造成接触不良的事故。

（5）在实际测量中，经常要测量多种电量，每一次测量前要注意根据每次测量任务把选择开关转换到相应的档位和量程，这是初学者最容易忽略的环节。

2. 数字万用表

数字万用表采用先进的数显技术，显示清晰直观、读数准确。它既能保证读数的客观性，又符合人们的读数习惯，能够缩短读数或记录时间。这些优点是传统的模拟式（即指针式）万用表所不具备的。数字式万用表测量方法和指针式类似，但简单了很多，数字万用表的版面信息如图7-8所示。

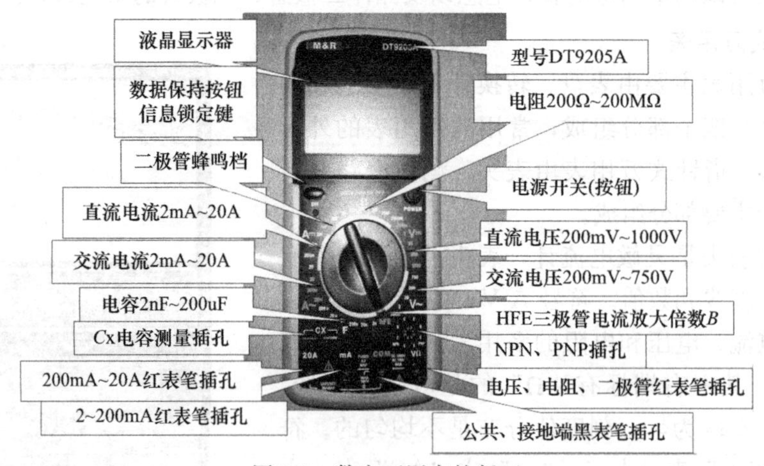

图7-8　数字万用表的版面

数字式万用表的具体使用方式可以参见各产品说明书，其使用注意事项如下：①为防止仪表受损，测量时，请先连接零线或地线，再连接火线；断开时，请先切断火线，再断开零线和地线。②为了防止可能发生的电击、火灾或人身伤害，测量电阻、连通性、电容或二极管之前请先断开电源并为所有高压电容器放电。③为安全起见，打开电池盖之前，首先断开所有探头、测试线和附件。④请勿超出产品、探针或附件中额定值最低的单个元件的测量类别（CAT）额定值。

7.3 其他仪表

7.3.1 常用仪表原理与结构

1. 浊度仪

浊度是用以表示水的浑浊程度的单位。浊度是由于不溶性物质的存在而引起液体的透明度降低的一种量度，不溶性物质是指悬浮于水中的固体颗粒物（泥沙、腐殖质、浮游藻类等）和胶体颗粒物。

浊度的单位有许多表示方法，目前国内、国际上普遍使用的浊度单位是 NTU，也是光散射浊度单位。

浊度的测量方法主要是指光学测量法，光学测量法有散射光法和透射光法两种。两种方法相比，散射光法能够获得较好的线性，灵敏度可以提高，色度影响也较小，这些优点在低浊度测量时更加明显。因此，低、中浊度仪主要采用散射光法。透射光法则主要用于高浊度和固体悬浮物浓度测量中。

1）散射光法是测量散射光的强度。实验发现，在 90°角的方向，散射现象受颗粒物的形状和大小的影响最小。目前，国际、国内标准均规定散射式浊度仪采用 90°散射光。

2）透射光法是测量透射光的强度，即透过被测水样的光强，主要用于固体悬浮物浓度计、污泥浓度计中。在污水处理工艺中，采用污泥浓度计测量活性污泥的浓度。用透射光法测出污泥的浑浊度后，在实验室中用烘干称重法测定其固体悬浮物含量，然后对仪器进行相关校准，将浊度单位转变成质量浓度单位。

在供水行业的各环节水处理过程中，散射式浊度仪（低量程浊度仪）及透射式浊度仪（高量程浊度仪）得到广泛应用。

3）Endress＋Hauser 的 TurbimaxCUE21/CUE22 浊度仪如图 7-9 所示，其测量方法有两种光散射法。

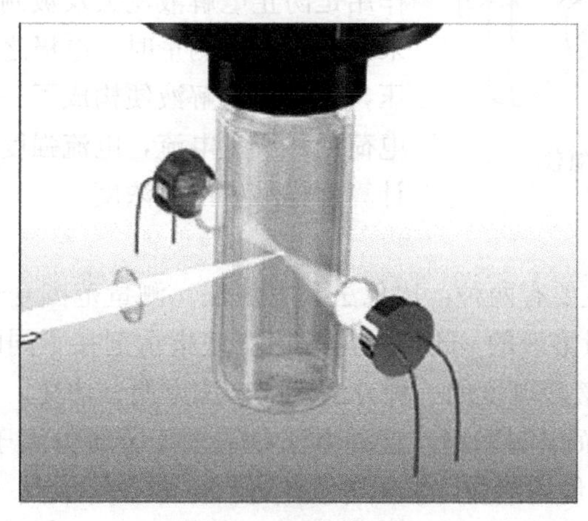

图 7-9 90°散射光法

90°白散射光法测量采用符合 U. S. EPA1 80.1 的标准化的 90°散射光法。介质的浊度由散射光的强度来测定。白光光束被介质中的固体颗粒散射，散射光被与白光源成 90°排列的散射光检测单元检测。

90°红外散射光法测量采用符合 IS 07027/EN 27027 的标准化的 90°散射光法。介质的浊度由散射光的强度来测定。一定波长的近红外光被介质中的固体颗粒散射，散射光被与红外光源成 90°排列的散射光检测单元检测。

2. 余氯仪

在线余氯分析仪有两种测量方式：一是电化学法（电极式），二是吸光光度法（比色式）。这两种方式的测量仪器在供水行业都有应用，下面分别以哈希公司（HACH）的 CL17 型和 W&T 公司的 D3plus 在线余氯/总氯分析仪为例进行说明。

仪器的检测原理：

CL17 型仪器采用 DPD 分光光度法测量水中余氯及总氯的含量，其中余氯（次氯酸和次氯酸根）的测量：被测水样中的余氯会将 DPD 指示剂氧化成紫红色化合物，显色的深浅与样品中的余氯含量成正比。此时，采用针对余氯测量的缓冲溶液，可维持反应在适当的 pH 值下进行。总氯（余氯与化合后的氯胺之和）的测量可通过在反应中投加碘化钾来确定，样品中的氯胺将碘化物氧化成碘，并与可利用的余氯共同将 DPD 指示剂氧化，氧化物在 pH 值为 5.1 时呈紫红色。此时，采用含碘化钾的缓冲溶液可维持反应的 pH 值并提供反应所需的碘化钾。上述化学反应完成后，在 510nm 的波长照射下，测量样品的吸光率，再与未加任何试剂的样品的吸光度比较，由此可计算出样品中的氯浓度。CL17 型余氯仪如图 7-10 所示。

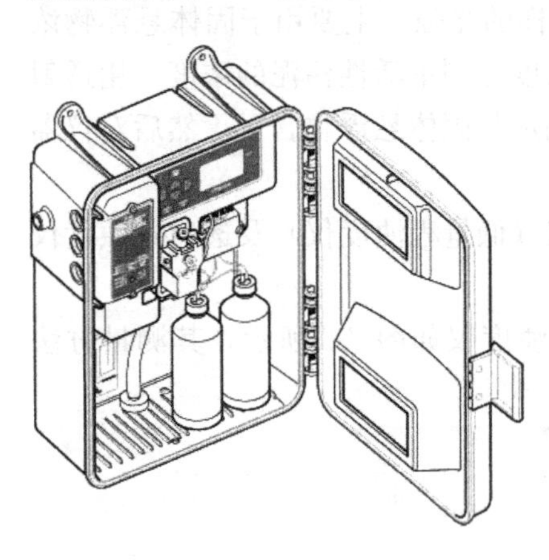

图 7-10　CL17 型余氯仪

D3plus 在线余氯/总氯分析仪检测原理：电化学式余氯分析仪的传感器大多采用隔膜电解池。D3 的传感器包括一个由膜包裹的恒电势的 3 电极系统。银/碘化银参考电极和金测量电极装在膜盖内，膜内充满碘化钾电解液，不锈钢反向电极安装在膜盖外作为附加的稳定性。电极浸入电解液中，电极和电解液由隔膜与被测介质隔离，然而允许气体扩散穿过。隔膜的作用是防止电解液流失及被测液体中的污染物渗透进来引起中毒。测量时，电极之间加一个固定的极化电压，电极和电解液便构成了一个电解池。连续不断的电荷迁移产生电流，电流强度与氯浓度成正比，由此计算出样品中的氯浓度。

3. pH 计

pH 值的测量方法主要有两种：比色法和电测法。测量范围 0～14pH。比色法是通过 pH 试纸颜色的变化测量溶液的 pH 值，是采用有些指示剂在不同的酸碱度下能呈现不同颜色这一特性来测量溶液酸碱度的一种方法。此方法方便、快捷，但比色法因受溶液本身颜色或含蛋白质等干扰而限制采用，这种方法只适用于分辨力大于 0.5pH 值的测量，而对于分辨力小于 0.5pH 值的测量，采用电测法进行。

pH 计是采用氢离子选择性电极测量水溶液 pH 值的一种广泛使用的化学分析仪器，是用其电势法测量 pH 值。其原理是：当一个氢离子可逆的指示电极和一个参比电极同时浸入在某一溶液中组成原电池（参比电极电位原则是不变的，并应已知），在一定的温度下产生一个电动势。这个电动势与溶液的氢离子活度有关，而与其他离子的存在关系很小。25℃下液相中氢离子活度为 1mol/kg，气相氢气压为 1.01325×10^{5} Pa（1 个大气压），这时的氢电极称为标准氢电极，它的电极电势为零。任何电极的电势都可以依据这个标准氢电极来度量。

4. 温度仪表

温度计是可以准确地判断和测量温度的工具，按测温方式可分为接触式和非接触式两大类。通常来说接触式测温仪表比较简单、可靠，测量精度较高；但因测温元件与被测介质需要进行充分的热交换，需要一定的时间才能达到热平衡，所以存在测温的延迟现象，同时受耐高温材料的限制，不能应用于很高的温度测量。非接触式仪表测温是通过热辐射原理来测量温度的，测温元件不需与被测介质接触，测温范围广，不受测温上限的限制，也不会破坏被测物体的温度场，反应速度一般也比较快；但受到物体的发射率、测量距离、烟尘和水汽等外界因素的影响，其测量误差较大。这里主要介绍接触式温度计热电偶及热电阻的测量原理。

1）热电偶

热电偶是工业上最常用的温度检测元件之一。其优点是：测量精度高，测量范围广，构造简单。

（1）热电偶测温基本原理

将两种不同材料的导体或半导体 A 和 B 焊接起来，构成一个闭合回路，如图 7-11 所示。当导体 A 和 B 的两个接点之间存在温差时，两者之间便产生电动势，因而在回路中形成一定大小的电流，这种现象称为热电效应。热电偶就是利用这一效应来工作的。

热电偶两端的热电势差可用下式表示：

$$E_{t}=e_{AB}(t)-e_{AB}(t_{0}) \tag{7-1}$$

式中：E_{t}——热电偶的热电势；

$e_{AB}(t)$——温度为 t 时工作端的热电势；

$e_{AB}(t_{0})$——温度为 t_{0} 时自由端的热电势。

当自由端温度 t_{0} 恒定时，热电势只与工作端的温度有关，即 $E_{t}=f(t)$。

当组成热电偶的热电极的材料均匀时，其热电势的大小与热电极本身的长度和直径大小无关，只与热电极材料的成分及两端的温度有关。

（2）热电偶的类别

普通型热电偶是应用最多的，主要用来测量气体、蒸汽和液体等介质的温度。按其安装时的连接方法可分为螺纹连接和法兰连接两种。图 7-12 所示为普通热电偶结构图。

铠装热电偶又称缆式热电偶，是由热电极、绝缘材料和金属保护管三者结合，经拉制而成的一个坚实的整体。铠装热电偶有单支（双芯）和双支（四芯）之分，其测量端有露头型、接壳型和绝缘型三种基本形式。

表面热电偶主要用来测量圆弧形表面温度。它的测温结构分为凸形、弓形和针形，图 7-13 所示为直柄式弓形热电偶结构示意图。

薄膜式热电偶是用真空蒸镀的方法，将热电极沉积在绝缘基板上而成的热电偶，其结构如图 7-14 所示。

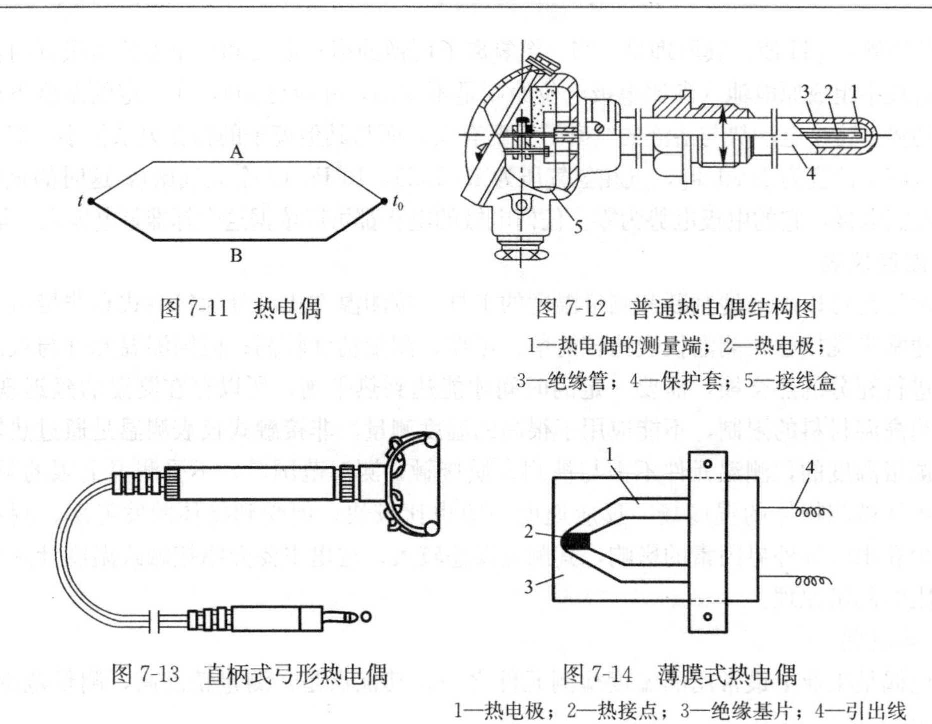

图 7-11　热电偶

图 7-12　普通热电偶结构图

1—热电偶的测量端；2—热电极；3—绝缘管；4—保护套；5—接线盒

图 7-13　直柄式弓形热电偶

图 7-14　薄膜式热电偶

1—热电极；2—热接点；3—绝缘基片；4—引出线

（3）热电偶冷端的温度补偿

由于热电偶的材料一般都比较贵重，而测温点到仪表的距离都很远，为了节省热电偶材料，降低成本，通常采用补偿导线把热电偶的冷端（自由端）延伸到温度比较稳定的控制室内，连接到仪表端子上。

在使用热电偶补偿导线时必须注意型号相配，极性不能接错，补偿导线与热电偶连接端的温度不能超过100℃。

热电偶冷端的温度补偿主要有冷端温度校正法、仪表机械零点调整法、补偿电桥法以及冰浴法等。

2）热电阻

热电阻是中低温区最常用的一种温度检测器。它的主要特点是测量精度高，性能稳定。其中，铂热电阻的测量精度是最高的，它不仅广泛应用于工业测温，而且被制成标准的基准温度计。在IPTS-68中规定－259.34～630.74℃温域内以铂电阻温度计作为基准仪。

（1）热电阻测温原理及材料

热电阻测温是基于金属导体的电阻值随温度的增加而增加这一特性来进行温度测量的。热电阻大都由纯金属材料制成，目前应用最多的是铂和铜，此外，现在已开始采用铟、镍、锰和铑等材料制造热电阻。

（2）热电阻的结构

热电阻的结构主要有普通型热电阻、铠装式热电阻、端面热电阻、隔爆型热电阻等。工业常用热电阻感温元件（电阻体）的结构及特点见表7-4。被测温度的变化是直接通过热电阻的阻值变化来测量的。因此，热电阻体的引出线等各种导线电阻的变化会给温度测量带来影响，为消除引线电阻的影响，一般采用三线制或四线制。

感温元件的结构及特点 **表 7-4**

	结构示意图	特点		结构示意图	特点
铂热电阻	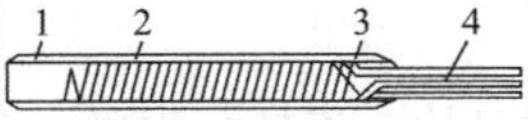 陶瓷骨架铂热电阻 1—轴；2—铂丝； 3—陶瓷骨架；4—引出线	体积小，可以小型化，耐振性能较玻璃骨架好。温度测量上限可达 900℃	铂热电阻	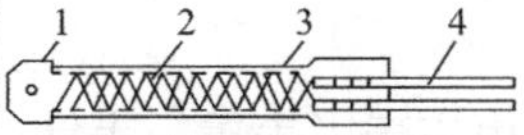 云母骨架铂热电阻 1—云母绝缘件；2—铂丝； 3—云母骨架；4—引出线	耐振性能好，时间常数小
	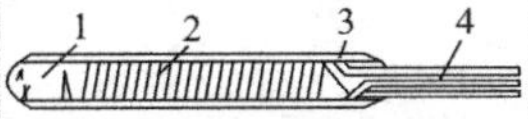 玻璃骨架铂热电阻感温元件 1—玻璃外壳；2—铂丝； 3—骨架；4—引出线	体积小，可以小型化。缺点是耐振性能差，易碎	铜热电阻	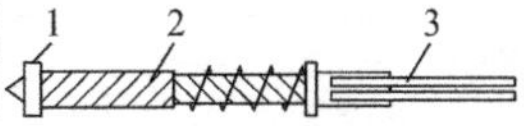 铜热电阻感温元件 1—骨架；2—漆包铜线； 3—引出线	结构简单，价格低廉

铠装式热电阻是由感温元件（电阻体）、引线、绝缘材料、不锈钢套管组合而成的坚实体，它的外径一般为 2～8mm，最小可达 1mm。与普通型热电阻相比，它有下列优点：体积小，内部无空隙，热惯性小，测量滞后小；力学性能好，耐振，抗冲击；能弯曲，便于安装；使用寿命长。

端面热电阻感温元件由特殊处理的电阻丝材绕制，紧贴在温度计端面。它与一般轴向热电阻相比，能更正确和快速地反映被测端面的实际温度，适用于测量滑动轴承和其他机件的端面温度。

隔爆型热电阻通过特殊结构的接线盒，把其外壳内部爆炸性混合气体因受到火花或电弧等影响而发生的爆炸，局限在接线盒内，生产现场不会引起爆炸。隔爆型热电阻可用于 B1a～B3c 级区内具有爆炸危险场所的温度测量。

（3）热电阻故障原因及处理方法

热电阻的常见故障是热电阻的短路和断路。一般断路更常见，这是由于热电阻丝较细所致。断路和短路是很容易判断的，可用万用表的"×1Ω"档。如测得的阻值小于 R_0，则可能有短路的地方；若万用表指示为无穷大，则可断定电阻体已断路。电阻体短路一般较易处理，只要不影响电阻丝的长短和粗细，找到短路处进行吹干，加强绝缘即可。电阻体的断路修理必然要改变电阻丝的长短而影响电阻值，为此更换新的电阻体为好，若采用焊接修理，焊后要校验合格后才能使用。热电阻测温系统在运行中的常见故障及处理方法见表 7-5。

热电阻故障原因及处理方法 **表 7-5**

故障现象	可能原因	处理方法
显示仪表指示值比实际值低或指示值不稳	保护管内有金属屑、灰尘，接线柱间脏污及热电阻短路	除去金属屑，清扫灰尘、水滴等。找到短路点，加强绝缘
显示仪表指示无穷大	电热阻或引出线断路及接线端子松开等	更换电阻体，或焊接及拧紧接线螺栓等
阻值与温度关系有变化	电热阻丝材料受腐蚀变质	更换电阻体
显示仪表指示负值	显示仪表与热电阻接线有错，或热电阻有短路现象	改正接线，或找出短路处，加强绝缘

5. 压力仪表

工业中常用的压力表包括弹簧压力表、膜片压力表、膜盒压力表，现在也常用压力传感器与控制显示器配合作为压力测量设备。

1）弹簧压力表

弹簧压力表主要由表壳、表罩、表针、弹性元件、机芯、封口片、连杆、表盘、接头组成，其工作原理是弹簧管在压力和真空的作用下，产生弹性变形引起管端位移，其位移通过机械传动机构进行放大，传递给指示装置，再由指针在表盘上偏转指示出压力或真空值，如图7-15所示。弹簧管压力表用于大于0.06MPa以上量程的气体或液体压力测量。精度为±1%，±1.5%。

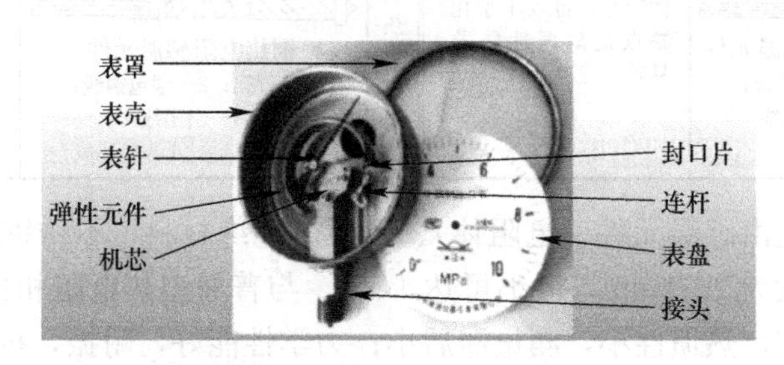

图7-15　弹簧压力表的结构

2）膜片压力表

膜片压力表是指以金属波纹膜片作为弹性元件的压力表。膜片压力表主要由下接体、上接体、弹性膜片、连杆、机芯、指针、表盘等组成。膜片压力表的内部结构如图7-16所示。

膜片压力表的工作原理是在压力的作用下，膜片产生变形位移，并借助固定在膜片中心的连杆带动机芯指示出压力值。膜片压力表的优点是能根据不同的被测腐蚀介质，选取不同的膜片材料，以达到最好的耐腐蚀性。

膜片压力表用于2.5MPa以下具有腐蚀性的气体、液体、浆液的压力测量。最小量程为0～1kPa。精度为±1.5%，±2.5%。

3）膜盒压力表

以膜盒作为弹性敏感元件用来测量微小压力的压力表叫膜盒压力表。膜盒敏感原件由两块焊接在一起的显圆形波浪的膜片组成。

当被测压力从接头进入膜盒腔内后，膜盒自由端受压而产生位移，此位移借助连杆带动机芯中轴转动，由指针将被测压力值在表盘上指示出来，膜盒压力表的内部结构如图7-17所示。膜盒压力表用于微压气体测量，精度为±1.5%，±2.5%。

4）压力传感器

压力传感器是工业实践中最为常用的一种传感器，一般输出为模拟信号。而通常使用的压力传感器主要是利用压电效应制造而成的，这样的传感器也称为压电传感器。压力传感器的类型非常多，主要有应变式压力传感器、陶瓷压力传感器、扩散硅压力传感器等。

（1）应变片压力传感器原理

电阻应变片压力传感器的核心部分是电阻应变片，如图7-18所示，金属导体的电阻值可用式（7-4）表示。

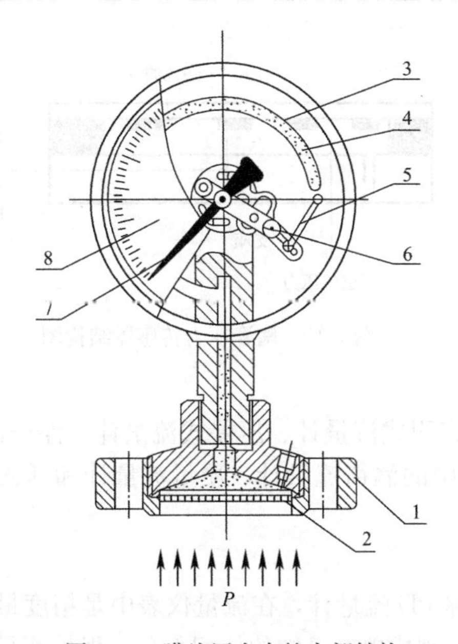

图 7-16 膜片压力表的内部结构

1—法兰；2—膜片；3—弹簧管；4—灌充液；5—连杆；
6—机芯；7—表针；8—表盘

图 7-17 膜盒压力表

$$R = \rho \cdot L/S \tag{7-2}$$

式中：ρ——电阻材料的电阻率；

L——电阻材料的长度（m）；

S——电阻材料的截面面积（cm^2）。

当金属丝受外力作用时，其长度和截面积都会发生变化，从上式中可很容易看出，其电阻值即会发生改变。假如金属丝受外力作用而伸长时，其长度增加，而截面积减少，电阻值便会增大。当金属丝不受外力作用时，长度减小而截面增加，电阻值则会减小。只要测出电阻两端的电压的变化，即可通过内部计算获得相应压力。

（2）陶瓷压力传感器原理

陶瓷压力传感器原理：抗腐蚀的陶瓷压力传感器没有液体的传递，压力直接作用在陶瓷膜片的前表面，使膜片产生微小的形变。厚膜电阻印刷在陶瓷膜片的背面，连接成一个惠斯通电桥（闭桥）。由于压敏电阻的压阻效应，使电桥产生一个与压力成正比的高度线性、与激励电压也成正比的电压信号。标准的信号根据压力量程的不同标定为 2.0/3.0/3.3mV/V 等，可以和应变式传感器相兼容。通过激光标定，传感器具有很高的温度稳定性和时间稳定性，传感器自带温度补偿 0～70℃，并可以和绝大多数介质直接接触，结构如图 7-19 所示。

（3）扩散硅压力传感器原理

被测介质的压力直接作用于传感器的膜片上（不锈钢或陶瓷），使膜片产生与介质压力成正比的微位移，使传感器的电阻值发生变化，利用电子线路检测这一变化，并转换输出一个对应于这一压力的标准测量信号。

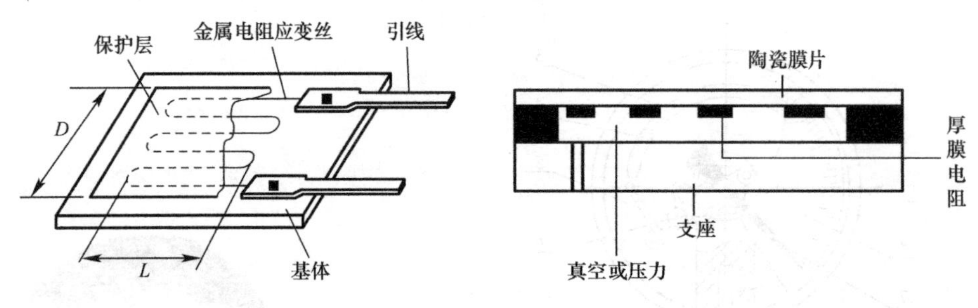

图 7-18　金属应变电阻丝结构图　　　　图 7-19　陶瓷压力传感器结构图

6. 流量仪表

按流量计的结构原理进行分类可分为：容积式流量计、压差式流量计、浮子流量计、涡轮流量计、电磁流量计、流体振荡流量计中的涡街流量计、质量流量计和插入式流量计、探针式流量计。

1）容积式流量计

容积式流量计，又称定排量流量计，简称 PD 流量计，在流量仪表中是精度最高的一类，它利用机械测量元件把流体连续不断地分割成单个已知的体积部分，根据测量室逐次重复地充满和排放该体积部分流体的次数来测量流体体积总量。

应用：容积式流量计与压差式流量计、浮子流量计并列为三类使用量最大的流量计，常应用于昂贵介质（油品、天然气等）的总量测量。

2）压差式流量计

压差式流量计是根据安装于管道中的流量检测件产生的差压，已知的流体条件和检测件与管道的集合尺寸来计算流量的仪表。

应用：压差式流量计应用范围特别广泛，在封闭管道的流量测量中各种对象都有应用，如流体方面：单相、混相、洁净、脏污、黏性流等；工作方面：常压、高压、真空、常温、高温、低温等；管径方面：从几毫米到几米；流动方面：亚音速、音速、脉动流等。它在各工业部门的用量约占流量计全部用量的 1/4～1/3。

3）浮子流量计

浮子流量计又称转子流量计，是变面积式流量计的一种，在一根由下向上扩大的垂直锥管中，圆形横截面的浮子的重力是由液体动力承受的，从而使浮子可以在锥管内自由地上升和下降。

应用：浮子流量计是仅次于压差式流量计应用范围最宽广的一类流量计，特别在小、微流量方面有举足轻重的作用。

4）涡轮流量计

涡轮流量计是速度式流量计中的主要种类，它采用多叶片的转子（涡轮）感受流体平均流速，从而推导出流量或总量的仪表。一般它由传感器和显示仪器两部分组成，也可做成整体式。

应用：涡轮流量计在测量石油、有机液体、无机液体、液化气、天然气和低温流体方面获得广泛应用。

5）电磁流量计

电磁流量计是根据法拉第电磁感应定律制成的一种测量导电性液体的仪表。

应用：电磁流量计有一系列优良特性，可以解决其他流量计不易应用的问题，如脏污流、腐蚀流的测量。电磁流量计应用领域广泛，大口径仪表较多应用于给水排水工程；中小口径常用于高要求或难测场合；小口径、微小口径常用于医药工业、食品工业、生物化学等有卫生要求的场所。

6）超声波流量计

超声波流量计是基于超声波在流动介质中传播的速度等于被测介质的平均流速和声波本身速度的矢量和的原理而设计的。它也是由测流速来反映流量大小的。超声波流量计按测量原理可分为时差式和多普勒式。

应用：传播时间法应用于清洁、单相液体和气体。典型应用有工厂排放液、液化天然气等；气体应用方面在高压天然气领域已有使用良好的经验；多普勒法适用于异相含量不太高的双相流体，如未处理污水、工厂排放液，通常不适用于非常清洁的液体。

7. 液位仪表

1）磁翻柱液位计

磁翻柱液位计也称为磁翻板液位计，它的结构主要是基于浮力和磁力原理设计生产的，如图 7-20 所示。带有磁体的浮子（简称磁性浮子）在被测介质中的位置受浮力作用影响。液位的变化导致磁性浮子位置的变化，磁性浮子和磁翻柱（也称为磁翻板）的静磁力耦合作用导致磁翻柱翻转一定角度（磁翻柱表面涂敷不同的颜色），进而反映容器内液位的情况。

该液位计具有：设计合理、结构简单、使用方便、性能稳定、使用寿命长、便于安装维护等优点。该液位计输出信号多样，可实现远距离的液位指示、检测、控制和记录。该液位计几乎可以适用于各种工业自动化过程控制中的液位测量与控制。可以广泛运用于石油加工、食品加工、化工、水处理、制药、电力、造纸、冶金、船舶和锅炉等领域中的液位测量、控制与监测。

2）磁浮球液位计（液位开关）

磁浮球液位计（液位开关）结构主要是基于浮力和静磁场原理设计生产的，如图 7-21 所示。带有磁体的浮球（简称浮球）在被测介质中的位置受浮力作用影响：液位的变化导致磁性浮子位置的变化。浮球中的磁体和传感器（磁簧开关）作用，使串联入电路的元件（如定值电阻）的数量发生变化，进而使仪表电路系统的电学量发生改变。也就是使磁性浮子位置的变化引起电学量的变化，通过检测电学量的变化来反映容器内液位的情况。该液位计可以直接输出电阻值信号，也可以配合使用变送模块，输出电流值 4～20mA 信号；同时配合其他转换器，输出电压信号或者开关信号（也可以按照客户需求，转换器由公司配送），从而实现电学信号的远程传输、分析与控制。

该液位计具有：结构简单、使用方便、性能稳定、使用寿命长、便于安装维护等优点。该产品几乎可以适用于各种工业自动化过程控制中的液位测量与控制，可以广泛运用于石油加工、食品加工、化工、水处理、制药、电力、造纸、冶金、船舶和锅炉等领域中的液位测量、控制与监测。

3）玻璃板式液位计

该液位计（图 7-22）是基于连通器原理设计的，由玻璃板及液位计主体构成的液体通路，是经接管用法兰或锥管螺纹与被测容器连接构成连通器，透过玻璃板观察到的液面与容器内的液面相同，即液位高度。

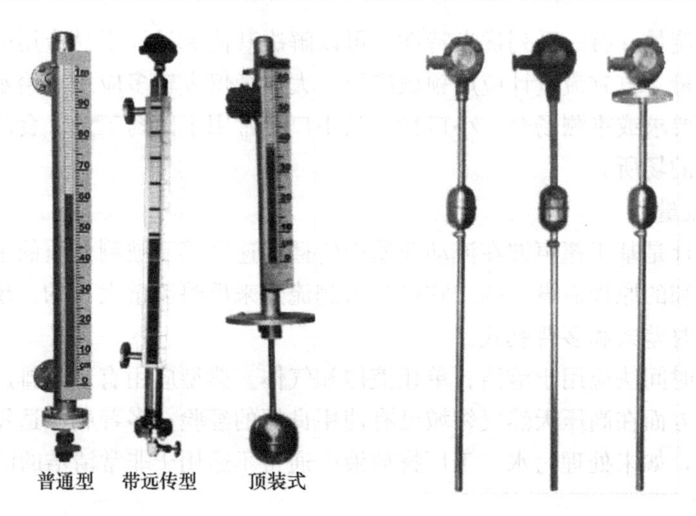

图 7-20 磁翻柱液位计　　图 7-21 磁浮球液位计

该液位计具有结构简单、经济实用、安装方便、工作可靠、使用寿命长等优点。作为基本的液位指示液位计，该产品广泛运用于最简单的液位测量场合和自动化程度不很高的大型工程项目中液位的测量和监测。

4）玻璃管式液位计

液位计是基于连通器原理设计的，由玻璃管构成的液体通路，如图 7-23 所示。通路经接管用法兰或锥管螺纹与被测容器连接构成连通器，透过玻璃管观察到的液面与容器内的液面相同，即液位高度。玻璃管式液位计主要由玻璃管、保护套、上下阀门及连接法兰（或螺纹）等组成。液位计改变零件的材料或增加一些附属部件，即可达到防腐或保温的功能。

该液位计具有与玻璃板式液位计相同的特点。

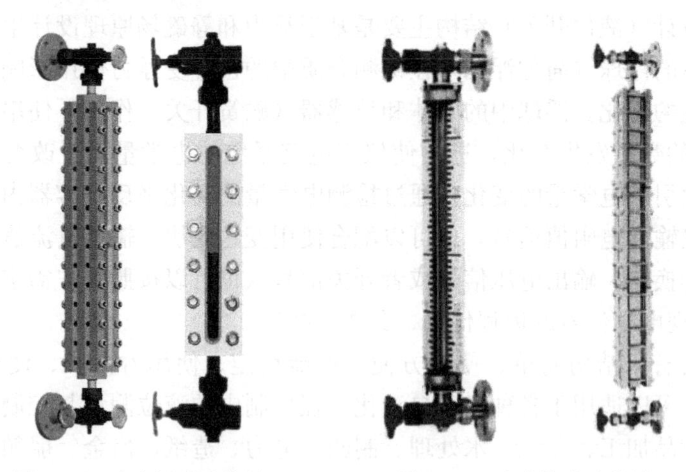

图 7-22 玻璃板式液位计　　图 7-23 玻璃管式液位计

5）重锤探测液位计

重锤探测液位计是依据力学平衡原理设计生产的，如图 7-24 所示。当钢带浸浮在液体中某一位置静止时，浮子、钢丝绳（或钢带）、重锤及指针所受的重力、钢带所受液体的浮力与系统摩擦力处于平衡状态。当液位变化时，浮力 F 将随之改变，系统原有的平衡受到扰动将重新达到动态平衡。液位的变化导致浮子的位置发生改变，重锤带动指针上下移动，在标尺上可以清晰、直观地显示容器内液位变化的情况。标尺板的顶端标示液面的零位，底端标示液面的满量程。指针随着物位的变化而变化，进而连续地指示出液位的高低。

重锤探测液位计具有结构设计合理、性能优良、工作可靠、使用寿命长、便于安装维护、价格合理等优点。可广泛运用于化工、电力、水处理等领域中各种高黏度、腐蚀性液体液位的测量。

6）超声波物位计

如图 7-25 所示，本产品的工作原理：就是通过一个可以发射能量波（一般为脉冲信号）的装置发射能量波，能量波遇到障碍物反射，由一个接收装置接收反射信号。根据测量能量波运动过程的时间差来确定物位变化情况。由电子装置对微波信号进行处理，最终转化成与物位相关的电信号。一次探头向被测介质表面发射超声波脉冲信号，超声波在传输过程中遇到被测介质（障碍物）后反射，反射回来的超声波信号通过电子模块检测，通过专用软件加以处理，分析发射超声波和回波的时间差，结合超声波的传播速度，可以精确计算出超声波传播的路程，进而可以反映出物位的情况。

图 7-24 重锤探测液位计

图 7-25 超声波物位计

7）压力液位变送器

压力液位变送器如图 7-26 所示，深入或接触被测量液体时，受到的介质压力 P 与被测量液体的液位高度 h 成正比例，且线性度很高，即：

$$P = \rho g h \tag{7-3}$$

其中：ρ——被测量介质的密度（kg/m^3）；

g——当地的重力加速度（m/s^2）；

h——被测量液体的高度（m）。

对于一定的被测量介质和同一个地点，ρ 和 g 均为常数。很容易得到：

$$h = P/(\rho g) \tag{7-4}$$

上面的表达式就是物位变送器工作原理中的核心公式。通过安装在容器底部的变送器探头（上面装有传感器）检测到和液位高度成正比的压力并转换成电信号，传输到储液容器上的转换单元，通过转化把这种和液位高度相关的电信号变成 4～20mA 的标准信号并输出。

8）小型浮球液位计（液位开关）

小型浮球液位计（液位开关）使用了磁场与传感器元件（磁簧开关）作用，或者依靠浮球的浮力作用，产生反映液位情况的开关信号。能准确输出常开、常闭开关信号。

根据浮球或导向杆等主体材质的不同，小型浮球液位计（液位开关）可粗略划分为两个系列：金属浮球系列、塑胶浮球系列，如图7-27所示。

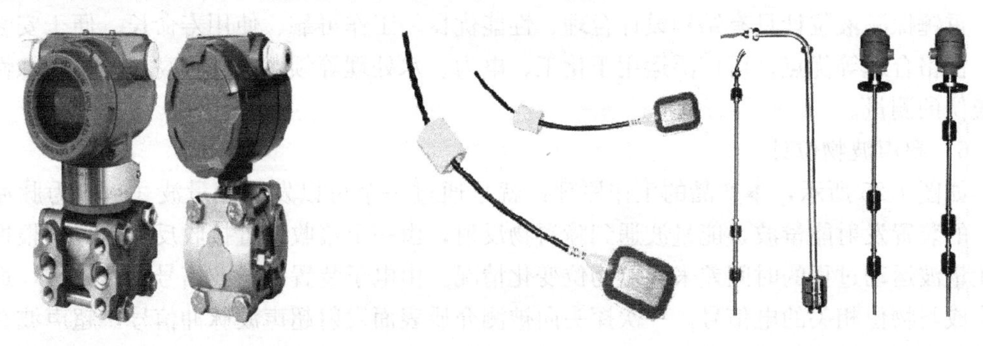

图7-26　压力液位变送器　　　　图7-27　小型浮球液位计（液位开关）

7.3.2　常用仪表的安装方法

1. 安装的一般规定

仪表安装前应按设计位号核对其型号、规格及材质，其外观应完好无损，附件齐全；仪表安装前应进行单体试验和校准。设计要求脱脂的仪表应在脱脂检验合格后安装；现场仪表安装时，其位置不得影响工艺操作。显示仪表应安装在便于观察、维修的位置（仪表中心距地面高度宜为1.2～1.5m）；仪表宜安装在远离机械振动、强电磁场、介质腐蚀、高温、潮湿的场所；仪表安装时不应敲击及振动，安装后应牢固、平正，不承受配管或其他机械外力；安装在工艺管道的仪表或测量元件，宜在工艺管道吹扫后，压力试验前安装，仪表标定流向应与被测介质流向一致。仪表或测量元件的法兰轴线应与工艺管道轴线一致，固定时使其受力均匀；仪表设备上的接线盒、进线孔的引入口不应向上，以避免油、水及灰尘进入盒内，当不可避免时，应采取密封措施；现场监测仪表到数据采集器的电缆连接应可靠、稳定，信号传输距离应尽可能缩短，以减少信号损失；供电电压应符合AC 220V±10%，频率50Hz；环境温度和相对湿度必须满足仪表的使用要求；避免阳光直射；尽量避开铁磁性物体及具有强电磁场的设备（大电机、大变压器等），以免磁场影响传感器的工作磁场和流量信号；必须有完善、规范的接地装置和避雷措施；对有特殊要求的设备，安装时应严格按照安装使用说明书进行。

2. 温度仪表安装

温度仪表安装时应满足：便于观察；温度仪表（热电阻、热电偶等）连接螺纹与其配合使用的连接头螺纹应匹配；安装在工艺管道上的测温元件插入方向宜与被测介质逆向或垂直，插入深度应处于管道截面1/3～2/3处；温度仪表应在工艺管道、设备施工完毕后，压力试验前安装。

3. 压力类仪表安装

压力类仪表安装时应满足：测量低压的压力表或压力变送器的安装高度宜与取压点的高度一致；测量液体压力时，取压口应开在流程管道侧面，以避免沉淀积渣；测量气体压力时，取压口应开在流程管道顶端；压力仪表不宜安装在振动较大的设备和管线上；被测介质压力波动大时，压力仪表应采取缓冲措施。

4. 流量仪表安装

流量仪表安装时应满足：核对流量仪表说明书和工艺管道平面图，设计应能满足流量测量仪表对介质、流向、位置、上下游侧直管段的技术要求；电磁流量计的安装如图 7-28 所示；流量计、被测介质及工艺管道三者之间应连成等电位，并应接地；建议在传感器的两端均安装接地环；在垂直的工艺管道上安装时，被测介质的流向应自下而上，在水平和倾斜的工艺管道上安装时，两个测量电极不应在工艺管道的正上方和正下方位置；口径大于 300mm 时，应有专用的支架支撑；周围有强磁场时，应采取防干扰措施；应在传感器的下游安装控制阀和切断阀，而不应该安装在传感器上游；传感器的测量管道必须充满流体，必须有一定的背压。为防止出现负压（损坏衬里），电磁流量计不应该安装在泵的进口，而应该安装在泵的出口；在倾斜安装时，必须安装在上升管道；在开口排放的管道安装时，必须安装在管道的较低处；质量流量计传感器部分应有固定防振动措施。

5. 液位仪表安装

液位仪表安装应满足：最高液位不能进入盲区；仪表距罐壁必须保持一定距离；仪表的安装尽可能使换能器的发射方向与液面垂直。超声波液位计的安装如图 7-29 所示。

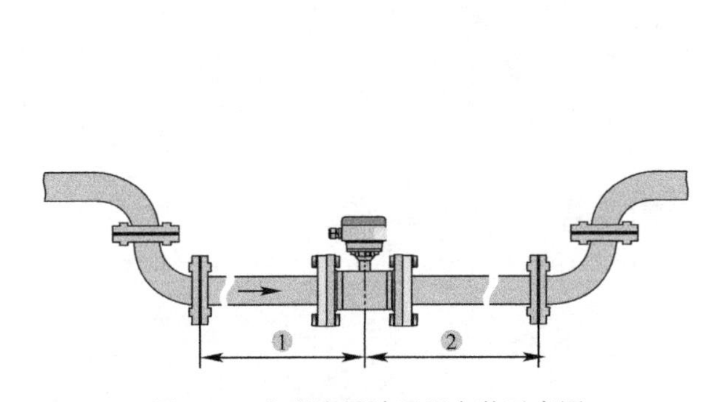

图 7-28　电磁流量计通用安装示意图

① 前置直管段≥5*DN*（水通量 *DN*25～300，无需前置直管段）

② 后置直管段≥2*DN*（水通量 *DN*25～300，无需后置直管段）

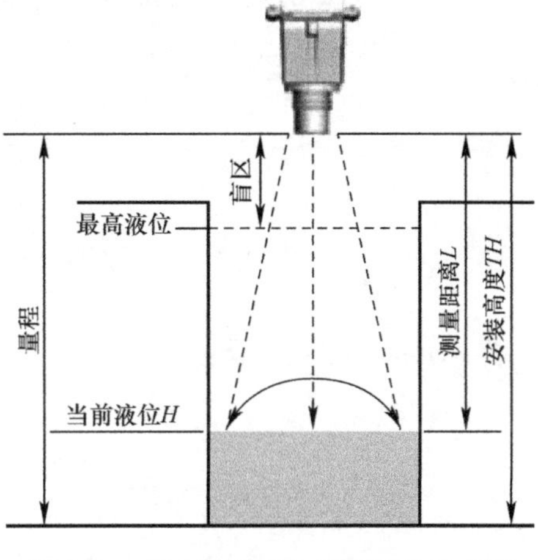

图 7-29　超声波液位计通用安装示意图

安装原则：①探头发射面到最低液位的距离，应小于选购仪表的量程；②探头发射面到最高液位的距离，应大于选购仪表的盲区；③探头的发射面应该与液体表面保持平行；④探头的安装位置应尽量避开正下方进、出料口等液面剧烈波动的位置；⑤若池壁或罐壁不光滑，仪表安装位置需离开池壁或罐壁 0.3m 以上；⑥若探头发射面到最高液位的距离小于选购仪表的盲区，需加装延伸管。（举例：延伸管管径大于 120mm，长度 0.35～0.50m，垂直安装，内壁光滑，罐上开孔应大于延伸管内径。或者将管子通至罐底，管径大于 80mm，管底留孔保持延伸管内液面与罐内等高。）

6. 在线分析及气体检测报警仪表安装

1）在线分析仪表

分析仪表和取样系统的安装位置应尽量靠近取样点，并应符合使用说明书的要求。其取样点应根据设计要求设在无层流、涡流、无空气渗入、无化学反应过程的位置。采样取水管材料应对所监测项目没有干扰，并且耐腐蚀。

现场在线监测仪应落地安装、或壁挂式安装，并有必要的防振措施，保证设备安装牢固、稳定。分析仪表尾气放空和样品回收应符合设计规定。

2）气体检测报警仪表

气体检测器探头的安装位置、标高应根据所测气体密度确定，用于检测密度大于空气的气体检测器应安装在距地面 0.3～0.6m 的位置；用于检测密度小于空气的气体检测器应安装在可能泄漏区域的上方位置。

气体检测仪表的报警单元应安装在便于观察和维修的仪表盘或操作台上，其周围不应有强电磁场。

第 8 章　电力系统及继电保护

8.1　电力系统与接线方式

8.1.1　电力系统的组成

电力系统是由发电、变电、输电、配电和用电等环节组成的电能生产与消费系统。它的功能是将自然界的一次能源通过发电动力装置（主要包括锅炉、汽轮机、发电机及电厂辅助生产系统等）转化成电能，再经输、变电系统及配电系统将电能供应到各负荷中心，通过各种设备再转换成动力、热、光等不同形式的能量，为地区经济和人民生活服务。电力系统需在各个环节和不同层次设置相应的信息与控制系统，以便对电能的生产和运输过程进行测量、调节、控制、保护、通信和调度，确保用户获得安全、经济、优质的电能。

电力系统中网络结点交织密布，有功潮流、无功潮流、高次谐波、负序电流等以光速在全系统范围传播。它既能输送大量电能，也能造成灾难性事故。为保证系统安全、稳定、经济地运行，必须在不同层次上依不同要求配置各类自动控制装置与通信系统，组成信息与控制子系统。它使电力系统具有可观测性与可控性，从而保证电能生产与消费过程的正常进行以及事故状态下的紧急处理。

系统的运行指组成系统的所有环节都处于执行其功能的状态。系统运行中，由于电力负荷的随机变化以及外界的各种干扰（如雷击等）会影响电力系统的稳定，导致系统电压与频率的波动，从而影响系统电能的质量，严重时会造成电压崩溃或频率崩溃。系统运行分为正常运行状态与异常运行状态。其中，正常状态又分为安全状态和警戒状态；异常状态又分为紧急状态和恢复状态。电力系统在保证电能质量、实现安全可靠供电的前提下，还应努力调整负荷曲线，提高设备利用率，合理利用各种动力资源，降低燃料消耗、厂用电和电力网络的损耗，以取得最佳经济效益。

根据电力系统中装机容量与用电负荷的大小，以及电源点与负荷中心的相对位置，电力系统常采用不同电压等级输电（如高压输电或超高压输电），以求得最佳的技术经济效益。根据电流的特征，电力系统的输电方式还分为交流输电和直流输电。交流输电应用最广。直流输电是将交流发电机发出的电能经过整流后采用直流电传输。

8.1.2　电压等级及电能质量指标

1. 电压等级

电力系统各点的实际运行电压允许在一定程度上偏离其额定电压，在这一允许偏离范围内，各种电力设备及电力系统本身仍然能正常运行。

目前，我国常用的电压等级有：220V、380V、6.3kV、10kV、35kV、110kV、220kV、

330kV、500kV、1000kV。通常将35kV以上的电压线路称为送电线路，35kV及其以下的电压线路称为配电线路。将额定1kV以上的电压称为“高电压”，额定电压在1kV以下的电压称为“低电压”。

我国规定安全电压为42V、36V、24V、12V、6V五种。

2. 电能质量指标

1）电压波动

电压波动和闪变是指一系列电压随机变动或工频电压方均根值的周期性变化，以及由此引起的照明闪变。它是电能质量的一个重要技术指标。

电压波动和闪变的危害表现在：照明灯光闪烁，引起人的视觉不适和疲劳，影响工效；电视机画面亮度变化，垂直和水平幅度摇动；电动机转速不均匀；电子仪器、电子计算机、自动控制设备等工作不正常；影响对电压波动较敏感的工艺或试验结果。

电压波动值为电压调幅波中相邻两个极值电压U_{max}和U_{min}均方根之差ΔU，常以其额定电压U_N的百分数表示其相对百分值，即：

$$d\% = \frac{U_{max} - U_{min}}{U_N} \times 100\% \tag{8-1}$$

抑制电压波动的主要措施：增加供电系统容量；提高供电电压等级；采用专用变压器和专线供电；采用专用稳压设备等。

2）谐波

由于交流电网有效分量为工频单一频率（我国工频为50Hz），因此任何与工频频率不同的成分都可以称之为谐波。由于正弦电压加压于非线性负载，基波电流发生畸变产生谐波。主要非线性负载有UPS、开关电源、整流器、变频器、逆变器等。

谐波的危害十分严重。谐波使电能的生产、传输和利用的效率降低，使电气设备过热、产生振动和噪声，并使之绝缘老化，使用寿命缩短，甚至发生故障或烧毁。谐波可引起电力系统局部并联谐振或串联谐振，使谐波含量放大，造成电容器等设备烧毁。谐波还会引起继电保护和自动装置误动作，使电能计量出现混乱。对于电力系统外部，谐波对通信设备和电子设备会产生严重干扰。

为解决电力电子装置和其他谐波源的谐波污染问题，基本思路有两条：一条是装设谐波补偿装置来补偿谐波，这对各种谐波源都是适用的；另一条是对电力电子装置本身进行改造，使其不产生谐波，且功率因数可控制为1，这当然只适用于作为主要谐波源的电力电子装置。

装设谐波补偿装置的传统方法就是采用LC调谐滤波器。这种方法既可补偿谐波，又可补偿无功功率，而且结构简单，一直被广泛使用。这种方法的主要缺点是补偿特性受电网阻抗和运行状态影响，易和系统发生并联谐振，导致谐波放大，使LC滤波器过载甚至烧毁。此外，它只能补偿固定频率的谐波，补偿效果也不甚理想。

3）频率

电力系统频率指电力系统中同步发电机产生的正弦交变电压的变化频率。

电力系统频率是电能质量的基本指标之一。电力系统的标称频率为50Hz或60Hz，中国大陆（包括港、澳地区）及欧洲地区采用50Hz，北美及中国台湾地区多采用60Hz，日本则有50Hz和60Hz两种。频率对电力系统负荷的正常工作有广泛的影响；系统某些负荷以及发电厂厂用电负荷对频率的要求非常严格。要保证用户和发电厂的正常工作就必须严格控制系统频率，使系统频率偏差控制在允许范围之内。系统频率偏差 $\Delta f = f_m - f_N$，式中 f_m 为实际频率（Hz），f_N 为系统标称频率（Hz）。我国电力系统的正常频率偏差允许值为±0.2Hz，当系统容量较小时，频率偏差值可以放宽到±0.5Hz；系统有功功率不平衡是产生频率偏差的根本原因。

8.1.3 电力系统接线方式

1. 电气主接线的基本要求

主接线图即主电路图，是表示供电系统中电能输送和分配路线的电路图，亦称一次电路图。而用来控制、指示、监视、测量和保护一次电路及其设备运行的电路图，则称为二次电路图，或二次接线图，通称二次回路图。二次回路一般是通过电流互感器和电压互感器与主电路相联系的。

对工厂变配电所主接线有下列基本要求：①安全——应符合有关国家标准和技术规范的要求，能充分保障人身和设备的安全。②可靠——应满足电力负荷特别是其中一、二级负荷对供电可靠性的要求。③灵活——应能适应必要的各种运行方式，便于切换操作和检修，且适应负荷的发展。

2. 电气主接线的形式

工厂变电所主接线的基本形式分为有汇流母线的主接线和无汇流母线的主接线。其中，有汇流母线主接线又可以分为单母线接线、双母线接线，带有旁路母线的接线，无汇流母线主接线可以分为单元接线、桥形接线、多角形接线。

内桥、外桥、全桥接线的方式及特点：

一次侧采用内桥式接线、二次侧采用单母线分段的总降压变电所主接线如图 8-1 所示。这种主接线，其一次侧的高压断路器 QF_{10} 跨接在两路电源进线之间，犹如一座桥梁，而且处在线路断路器 QF_{11} 和 QF_{12} 的内侧，靠近变压器，因此称为“内桥式”接线。这种主接线的运行灵活性较好，供电可靠性较高，适于一、二级负荷的工厂。如果某路电源例如 WL_1 线路停电检修或发生故障时，则断开 QF_{11}、投入 QF_{10}（其两侧隔离开关先合），即可由 WL_2 恢复对变压器 T_1 的供电。这种内桥式接线多用于电源线路较长而发生故障和停电检修的机会较多，并且变压器不需要经常切换的总降压变电所。

一次侧采用外桥式接线、二次侧采用单母线分段的总降压变电所主接线如图 8-2 所示。这种主接线，其一次侧的高压断路器 QF_{10} 也跨接在两路电源进线之间，但处在线路断路器 QF_{11} 和 QF_{12} 的外侧，靠近电源方向，因此称为“外桥式”接线。这种主接线的运行灵活性也较好，供电可靠性也较高，也适于一、二级负荷的工厂。但与上述内桥式接线适用场合有所不同。如果某台变压器例如 T1 停电检修或发生故障时，则断开 QF_{11}，投入 QF_{10}（其两侧隔离开关先合），使两路电源进线又恢复并列运行。这种外桥式接线适用于电源线路较短而变电所昼夜负荷变动较大、适于经济运行需经常切换变压器的总降压变电所。当一次电源线路采用环形接线时，也宜于采用这种接线，使环形电网的穿越功率不通过断路器 QF_{11}、QF_{12}，这对改善线路断路器的工作及其继电保护装置的整定都极为有利。一、二次侧均采用单母线分段的总降压变电所主接线如图 8-3 所示。这种主接线兼有上述两种桥式接线运行灵活性的优点，但采用的高压开关设备较多。可供一、二级负荷，适于一、二次侧进出线均较多的总降压变电所。

3. 中性点接地系统

中性点直接接地指电力系统中至少有一个中性点直接或经小阻抗与接地装置相连接。这种接地方式是通过系统中全部或部分变压器中性点直接接地来实现的。其作用是使中性点经常保持零电位。本系统单相接地故障电流较大，一般可使剩余电流保护或过电流保护动作，切断电源，造成停电；发生人身一相对地电击时，危险性也较大。所以，中性点直接接地方式不适用于对连续供电要求较高及人身安全、环境安全要求较高的场合。

4. 中性点不接地系统（不接地、经消弧线圈接地）

中性点非直接接地（不直接接地或经消弧线圈接地）指电力系统中性点不接地或经消弧线圈、电压互感器、高电阻与接地装置相连接。中性点不接地可以减小人身电击时流经人体的电流，降低剩余电流设备外壳对地电压。一相接地故障电流也很小，且接地时三相线电压大小不变，故一般不需停电，三相负荷在一相接地时，一般允许 2h 时间内可继续用电。发生接地故障时接地相对地电压下降，而非故障的另两相对地电压升高，最高可达 $\sqrt{3}$倍。不接地系统中若电力电缆等容性设备较多，电容电流较大，则发生一相接地时，接地点可能出现电弧，造成过电压。当一相接地故障电流超过一定数值时，要求中性点经消弧线圈接地，以减少故障电流，加速灭弧。为防止内、外过电压损害低压电力网的绝缘，有关规程规定：配电变压器中性点及各出线回路终端的相线，均应装设高压击穿保险器。

中性点不接地系统，为安全起见，规程规定不允许引出中性线供单相用电。

随着城市配电网中电缆线路的发展，在城市中配电网的接地方式应用情况为：220kV、110kV—直接接地方式；35kV—经消弧线圈接地方式；10kV—经消弧线圈接地方式或经小电阻接地方式（以电缆线路为主的配电网）；220V/380V—直接接地方式。

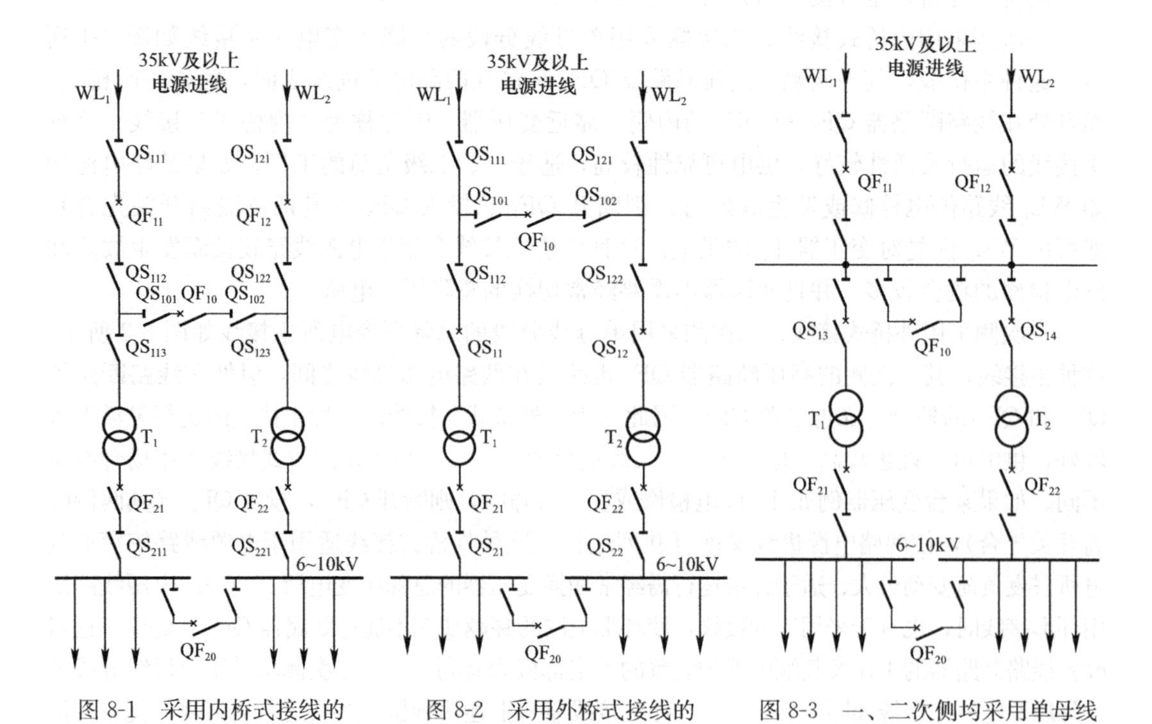

图 8-1　采用内桥式接线的总降压变电所主接线图

图 8-2　采用外桥式接线的总降压变电所主接线图

图 8-3　一、二次侧均采用单母线分段的总降压变电所主接线图

8.2 继电保护

8.2.1 继电保护任务及基本要求

1. 继电保护的基本任务

当被保护的电力系统元件发生故障时，应该由该元件的继电保护装置迅速、准确地给脱离故障元件最近的断路器发出跳闸命令，使故障元件及时从电力系统中断开，以最大限度地减少对电力系统元件本身的损坏，降低对电力系统安全供电的影响，并满足电力系统的某些特定要求（如保持电力系统的暂态稳定性等)。

反映电气设备的不正常工作情况，并根据不正常工作情况和设备运行维护条件的不同(例如有无经常值班人员）发出信号，以便值班人员进行处理，或由装置自动地进行调整，或将那些继续运行会引起事故的电气设备予以切除。反映不正常工作情况的继电保护装置允许带一定的延时动作。

2. 继电保护的基本要求

供电系统对保护装置的基本要求有可靠性、选择性、灵敏性、速动性。

可靠性是指保护该动作时应可靠动作，不该动作时应可靠不动作。可靠性是对继电保护装置性能的最根本的要求。

选择性是指首先由故障设备或线路本身的保护切除故障，当故障设备或线路本身的保护或断路器拒动时，才允许由相邻设备保护、线路保护或断路器失灵保护切除故障。

灵敏性是指在设备或线路的被保护范围内发生金属性短路时，保护装置应具有必要的灵敏系数，各类保护的最小灵敏系数在规程中有具体规定。

速动性是指保护装置应尽快地切除短路故障，其目的是提高系统稳定性，减轻故障设备和线路的损坏程度，缩小故障波及范围，提高自动重合闸和备用电源或备用设备自动投入的效果等。

8.2.2 常用继电器

继电器是一种在其输入的物理量（电气量或非电气量）达到规定值时，其电气输出电路被接通或被分断的自动电器。继电器按其输入量的性质分为电气继电器和非电气继电器两大类。按其用途分为控制继电器和保护继电器两大类，前者用于自动控制电路中，后者用于继电保护电路中。

保护继电器按其在继电保护电路中的功能，可分测量继电器和辅助继电器两大类。测量继电器装设在继电保护电路中的第一级，用来反映被保护元件的特性变化。当其特性量达到动作值时即行动作，它属于基本继电器或启动继电器。辅助继电器是一种只按电气量是否在其工作范围内或者为零时而动作的电气继电器，包括时间继电器、信号继电器、中间继电器等，在继电保护装置中用来实现特定的逻辑功能，属于辅助继电器，亦称逻辑继电器。

保护继电器按其组成元件分，有机电型、晶体管型和微机型等。由于机电型继电器具有简单可靠、便于维修等优点，因此工厂供电系统中现在仍普遍应用机电型继电器。

机电型继电器按其结构原理分，有电磁式、感应式等继电器。

保护继电器按其反映的物理量分，有电流继电器、电压继电器、功率继电器、瓦斯（气体）继电器等。

保护继电器按其反映的物理量数量变化分，有过量继电器和欠量继电器，例如过电流继电器、欠电压继电器等。

保护继电器按其在保护装置中的用途分，有启动继电器、时间继电器、信号继电器、中间（亦称出口）继电器等。

1. 电磁式电流、电压继电器

电磁式电流继电器和电压继电器在继电保护装置中均为启动元件，属测量继电器类。电流继电器的文字符号为 KA，电压继电器的文字符号为 KV。

工厂供电系统中常用的 DL-10 系列电磁式电流继电器的基本结构如图 8-4 所示，其内部接线和图形符号如图 8-5 所示。

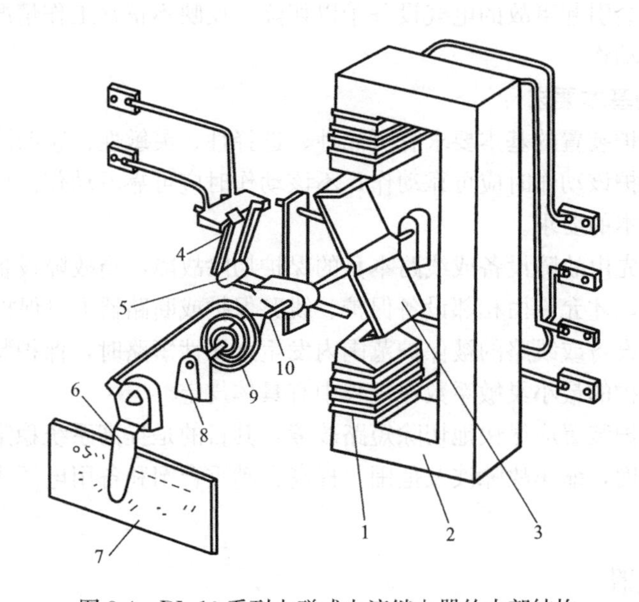

图 8-4　DL-10 系列电磁式电流继电器的内部结构

1—线圈；2—电磁铁；3—钢舌片；4—静触点；5—动触点；6—启动电流调节转杆；7—标度盘（铭牌）；8—轴承；9—反作用弹簧；10—轴

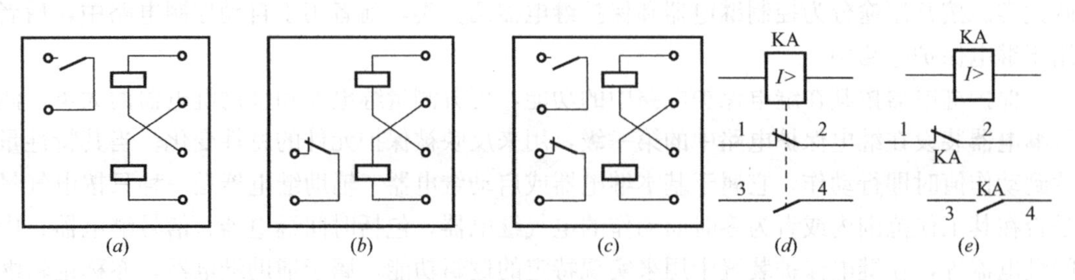

图 8-5　DL-10 系列电磁式电流继电器的内部接线和图形符号

(*a*) DL-11 型；(*b*) DL-12 型；(*c*) DL-13 型；(*d*) 集中表示；(*e*) 分开表示

由图 8-4 可知，当继电器线圈 1 通过电流时，电磁铁 2 中产生磁通，力图使 Z 形钢舌片 3 向凸出磁极偏转。与此同时，轴 10 上的反作用弹簧 9 又力图阻止钢舌片偏转。当继电器线圈中的电流增大到使钢舌片所受的转矩大于弹簧的反作用力矩时，钢舌片便被吸近磁极，使常开触点闭合，常闭触点断开，这就叫做继电器动作。

过电流继电器线圈中使继电器动作的最小电流，称为继电器的动作电流，用 I_{op}表示。

过电流继电器动作后，减小其线圈电流到一定值时，钢舌片在弹簧作用下返回起始位置。使过电流继电器由动作状态返回到起始位置的最大电流，称为继电器的返回电流，用 I_{re}表示。

继电器的返回电流与动作电流的比值，称为继电器的返回系数，用 K_{re}表示，即

$$K_{re}=\frac{I_{re}}{I_{op}} \tag{8-2}$$

对于过量继电器（例如过电流继电器），K_{re}总小于 1，一般为 0.8。K_{re}越接近于 1，说明继电器越灵敏。过电流继电器的 K_{re}过低时，还可能使保护装置发生误动作。

电磁式电流继电器的动作电流有两种调节方法：平滑调节，即拨动转杆 6（参看图 8-4）来改变弹簧 9 的反作用力矩；级进调节，即利用线圈 1 的串联或并联。当线圈由串联改为并联时，相当于线圈匝数减少一半。由于继电器动作所需的电磁力是一定的，即所需的磁动势（IN）是一定的，因此动作电流将增大一倍。反之，当线圈由并联改为串联时，动作电流将减小一半。

供电系统中常用的电磁式电压继电器的结构和动作原理，与上述电磁式电流继电器基本相同，只是电压继电器的线圈为电压线圈，且多做成低电压（欠电压）继电器。

2. 电磁式时间继电器

电磁式时间继电器在继电保护装置中，用来使保护装置获得所要求的延时（时限）。它属于机电式辅助继电器。时间继电器的文字符号为 KT。

供电系统中 DS-110、120 系列电磁式时间继电器的基本结构如图 8-6 所示，其内部接线和图形符号如图 8-7 所示。DS-110 系列用于直流，DS-120 系列用于交流。

当继电器线圈接上工作电压时，铁芯被吸入，使被卡住的一套钟表机构被释放，同时切换瞬时触点。在拉引弹簧作用下，经过整定的时限，使主触点闭合。继电器延时的时限可借改变主静触点的位置即主静触点与主动触点的相对位置来调节。调节的时限范围可在标度盘上标出。当继电器的线圈断电时，继电器在弹簧作用下返回起始位置。

为了缩小继电器的尺寸和节约材料，时间继电器的线圈通常不按长时间接上额定电压来设计，因此凡需长时间接上电压工作的时间继电器（如 DS-111C 型等，参看图 8-7 (*b*)），应在它动作后，利用其常闭瞬时触点的断开，使其线圈串入限流电阻，以限制线圈的电流，避免线圈过热烧毁，同时又能维持继电器的动作状态。

3. 电磁式信号继电器

电磁式信号继电器在继电保护装置中用来发出保护装置动作的指示信号。它也属于机电式辅助继电器。信号继电器的文字符号为 KS。

供电系统中常用的 DX-11 型电磁式信号继电器，有电流型和电压型两种。电流型信号继电器的线圈为电流线圈，阻抗小，串联在二次回路内，不影响其他二次元件的动作；电压型信号继电器的线圈为电压线圈，阻抗大，在二次回路中必须并联使用。

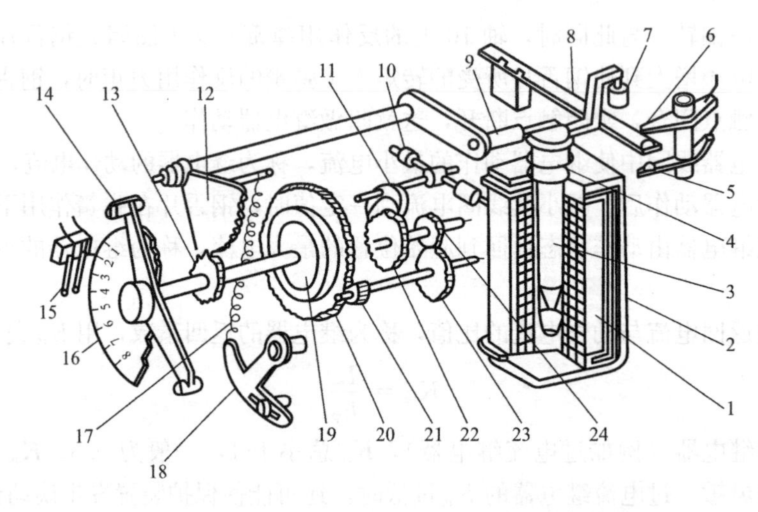

图 8-6 DS-110、120 系列时间继电器的内部结构

1—线圈；2—电磁铁；3—可动铁芯；4—返回弹簧；5、6—瞬时静触点；7—绝缘件；8—瞬时动触点；9—压杆；10—平衡锤；11—摆动卡板；12—扇形齿轮；13—传动齿轮；14—主动触点；15—主静触点；16—动作时限标度盘；17—拉引弹簧；18—弹簧拉力调节器；19—摩擦离合器；20—主齿轮；21—小齿轮；22—掣轮；23、24—钟表机构传动齿轮

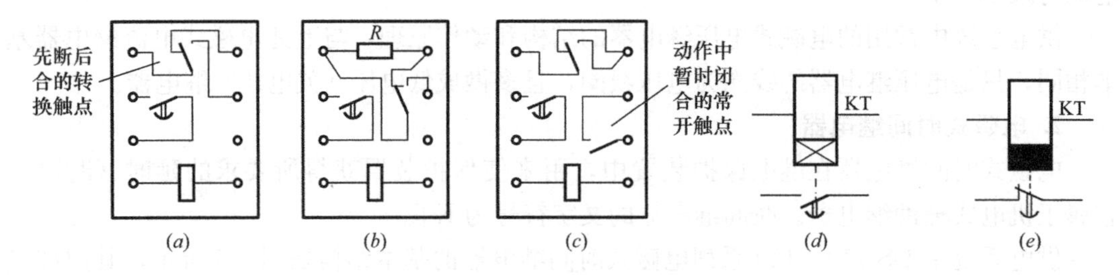

图 8-7 DS-110、120 系列时间继电器的内部接线和图形符号

(*a*) DS-111、112、113、121、122、123 型；(*b*) DS-111C、112C、113C 型；
(*c*) DS-115、116、125、126 型；(*d*) 时间继电器的缓吸线圈及延时闭合触点；
(*e*) 时间继电器的缓放线圈及延时断开触点

DX-11 型信号继电器的内部结构如图 8-8 所示。在正常状态时，其信号牌是被衔铁支持住的。当继电器线圈通电时，衔铁被吸向铁芯而使信号牌掉下，显示其动作信号，同时带动转轴旋转 90°，使固定在转轴上的动触点（导电条）与静触点接通，从而接通信号回路，发出音响和灯光信号。要使信号停止，可旋转外壳上的复位旋钮，断开信号回路，同时使信号牌复位。DX-11 型信号继电器的内部接线和图形符号如图 8-9 所示。

4. 电磁式中间继电器

电磁式中间继电器在继电保护装置中用作辅助继电器，以弥补主继电器触点数量或触点容量的不足。它通常装设在保护装置的出口回路中，用以接通断路器的跳闸线圈，所以它又称为出口继电器。中间继电器也属于机电式有或无继电器，其文字符号建议采用 KM。

供电系统中常用的 DZ-10 系列中间继电器的基本结构如图 8-10 所示。当其线圈通电时，衔铁被快速吸向电磁铁，使触点切换。当其线圈断电时，继电器快速释放衔铁，使触点全部返回起始位置。

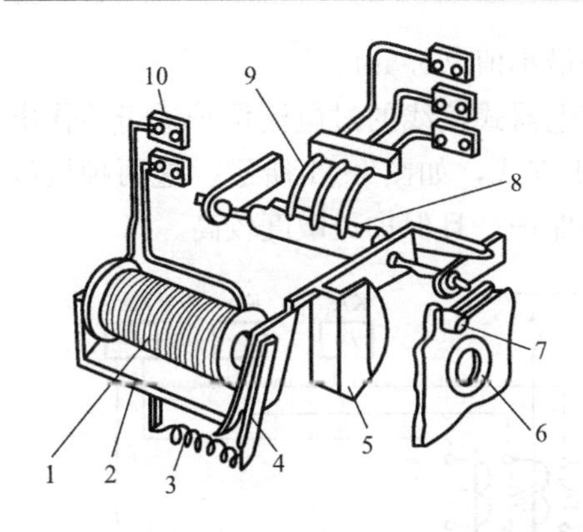

图 8-8 DX-11 型信号继电器的内部结构

1—线圈；2—电磁铁；3—弹簧；4—衔铁；
5—信号牌；6—观察窗口；7—复位旋钮；
8—动触点；9—静触点；10—接线端子

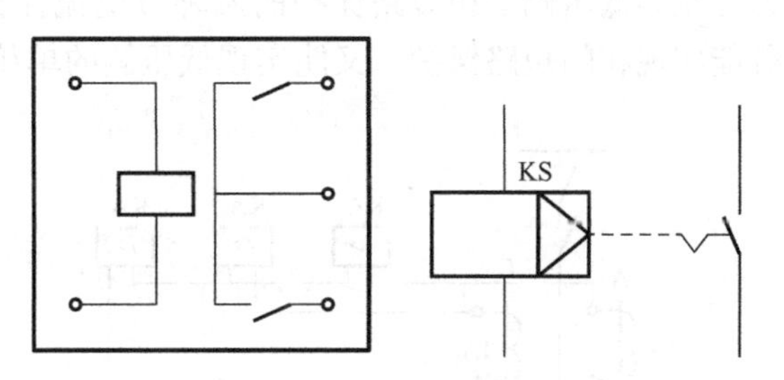

图 8-9 DX-11 型信号继电器的内部接线和图形符号

8.2.3 电力变压器保护设置要求

变压器的不正常运行状态主要有：由于变压器外部相间短路引起的过电流和外部接地短路引起的过电流和中性点过电压；由于负荷超过额定容量引起的过负荷及由于漏油等原因而引起的油面降低等。电力变压器是电力系统中十分重要的供电元件，它的故障将给供电可靠性和系统的正常运行带来严重的影响。为保证变压器正常可靠运行，需设置主保护以及后备保护。

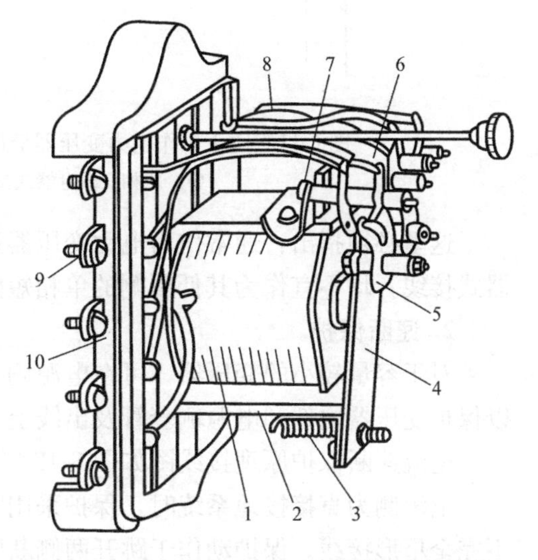

图 8-10 DZ-10 系列中间继电器的内部结构

1—线圈；2—电磁铁；3—弹簧；4—衔铁；
5—动触点；6、7—静触点；8—连接线；
9—接线端子；10—底座

主保护：主要有瓦斯保护、电流速断保护以及纵联差动保护。

后备保护：主要有过电流保护、复合电压启动的过电流保护、负序电流及单相式低电压启动的过电流保护、阻抗保护、变压器中性点接地的零序电流保护、过负荷保护以及过励磁保护等。

1. 过流保护

电力变压器过电流保护为变压器的后备保护，其动作电流按躲开变压器的最大负荷电流 $I_{\mathrm{TL,max}}$整定，即：

$$I_{\mathrm{op(OL)}}=\frac{k_{\mathrm{rel}}k_{\mathrm{w}}}{k_{\mathrm{re}}k_{i}}I_{\mathrm{TL,max}} \tag{8-3}$$

k_{rel}为保护装置的可靠系数，DL 型继电器取 1.2，GL 型继电器取 1.3；k_{re}为继电器的返回系数，一般取 0.8；k_{w} 为保护装置的接线系数，两相互感器为$\sqrt{3}$，两相两互感器为 1；k_i 为电流互感器的变比。

电力变压器过电流保护动作时间按“阶梯原则”整定。但对电力系统的终端变电所如车间变电所的电力变压器来说，其动作时间可整定为最小值（0.5s）。

电力变压器采用两相三继电器式接线或三相三继电器式接线的过电流保护适于兼作电力变压器低压侧单相短路保护的两种过电流保护接线方式，如图8-11所示。这两种接线既能实现相间短路保护，又能实现低压侧的单相短路保护，且保护灵敏度较高。

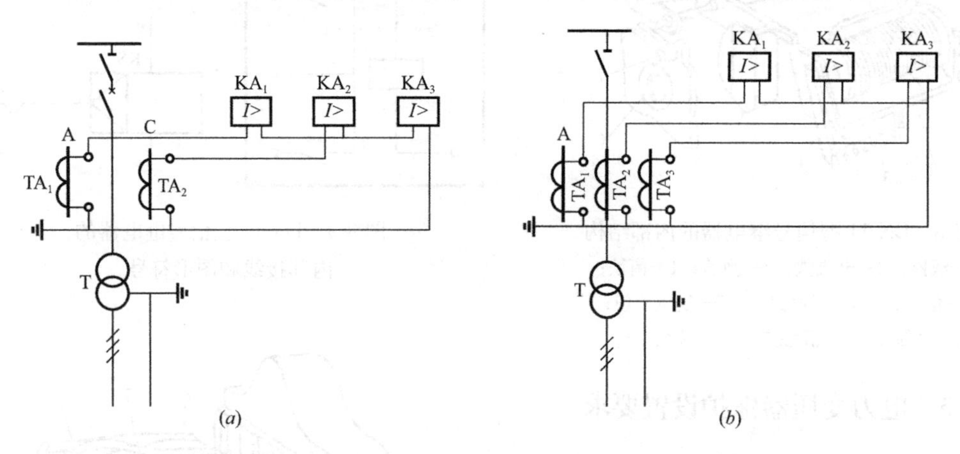

图8-11　适于兼作电力变压器低压侧单相短路的两种过电流保护接线方式

（a）两相三继电器式接线；（b）三相三继电器式接线

这里必须指出：通常作为电力变压器过电流保护的两相两继电器式接线和两相一继电器式接线，均不宜作为其低压侧的单相短路保护。

2. 速断保护

对于容量较小的变压器，可在电源侧装设电流速断保护。它与瓦斯保护互相配合，可以保护变压器内部和电源侧套管及出线上全部故障。

电流速断保护原理接线图如图8-12所示。

电源侧为直接接地系统时，保护采用完全星形接线，如非直接接地系统，则采用两相不完全星形接线。保护动作于跳开两侧断路器。保护动作电流按以下两个条件计算，选择其中较大者。

按躲过变压器负荷侧母线上k1点短路时流过保护的最大短路电流计算，即

$$I_{op} = k_{rel} I_{k1,max} \tag{8-4}$$

式中：k_{rel}为可靠系数，对DL-10型继电器，取1.3～1.4；$I^{(3)}_{k1,max}$为外部（k1点）短路时流过过流保护的最大三相短路电流。

按躲过变压器空载投入时的励磁涌流计算，通常取其动作电流I_{op}大于3～5倍的变压器额定电流I_{TN}，即

$$I_{op} = (3 \sim 5) I_{TN} \tag{8-5}$$

保护的灵敏系数按保护安装处（k2点）最小两相短路电流校验，即

$$K_{s,min} = I^{(2)}_{k2,min} / I_{op} \geqslant 2 \tag{8-6}$$

电流速断保护接线简单，动作迅速，但当系统容量不大时，保护区很小，甚至伸不到变压器内部，不能保护变压器全部。因此，它不能单独作为变压器的主保护。

3. 电流差动保护

差动保护能正确区分被保护元件保护区内、外故障，并能瞬时切除保护区内的故障。

变压器差动保护用于反映变压器绕组、引出线及套管上的各种短路故障，是变压器的主保护。如图 8-13 所示，变压器纵差保护互感器二次侧采用环流法接线。

图 8-13 所示是电力变压器差动保护的单相原理电路图。在电力变压器正常运行或差动保护的保护区外 k-1 点发生短路时，TA1 的二次电流 I_1'与 TA2 的二次电流 I_2'相等或接近相等，则流入继电器 KA（或差动继电器 KD）的电流 $I_{KA}=I_1'-I_2'\approx 0$，继电器 KA（或 KD）不动作。当差动保护的保护区内 k-2 点发生短路时，对于单端供电的变压器来说，$I_2'=0$，所以 $I_{KA}=I_1'$，超过继电器 KA（或 KD）所整定的动作电流 $I_{op(d)}$，从而使 KA（或 KD）瞬时动作。然后通过出口继电器 KM 使断路器 QF 跳闸，切除短路故障，同时通过信号继电器 KS 发出信号。

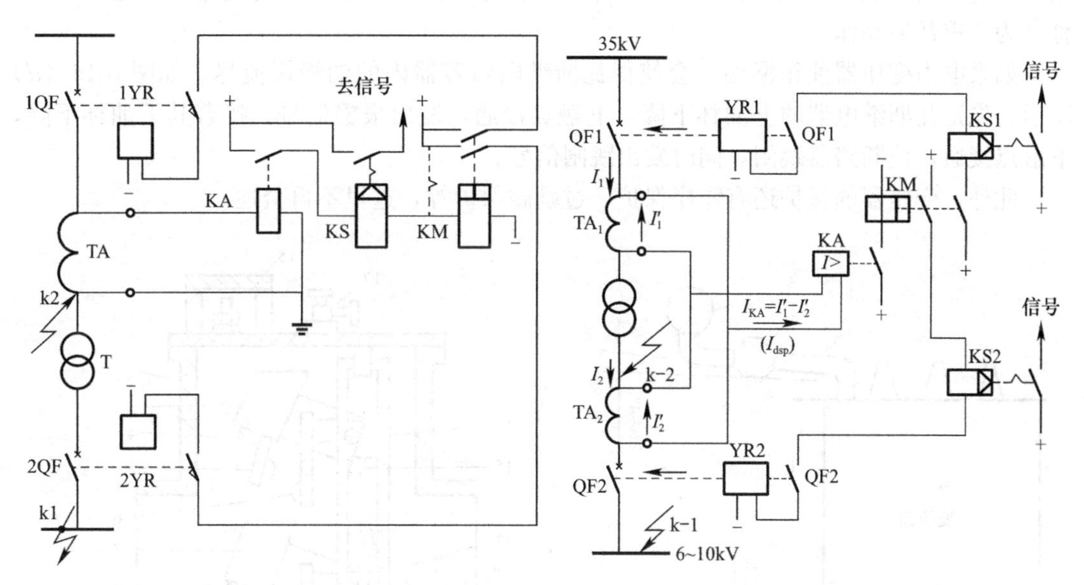

图 8-12 变压器电流速断保护单相原理接线图　　图 8-13 变压器纵联差动保护的单相原理电路图

4. 气体保护

瓦斯保护（gas protection）又称气体继电保护，是保护油浸式电力变压器内部故障的一种基本的相当灵敏的保护装置。按《电力装置的继电保护和自动装置设计规范》GB 50062 规定，800kVA 及以上的油浸式变压器和 400kVA 及以上的车间内油浸式变压器，均应装设瓦斯保护。

瓦斯保护的主要元件是瓦斯继电器（又称气体继电器，gas relay，文字符号 KG），它装设在油浸式变压器的油箱与油枕之间的联通管中部，如图 8-14 所示。为了使油箱内部产生的气体能够顺畅地通过瓦斯继电器排往油枕，变压器安装应取 1%～1.5%的倾斜度；而变压器在制造时，联通管对油箱顶盖也有 2%～4%的倾斜度。

瓦斯继电器的结构和工作原理：

瓦斯继电器主要有浮筒式和开口杯式两种类型，现在广泛应用的是开口杯式。FJ1-80 型开口杯式瓦斯继电器的结构示意图如图 8-15 所示。开口杯式与浮筒式相比，其抗振性较好，误动作的可能性大大减少，可靠性大大提高。

在电力变压器正常运行时，瓦斯继电器的容器内包括其中的上下开口油杯，都是充满油的；而上下油杯因各自平衡锤的作用而升起，如图 8-16（a）所示。此时上下两对触点都是断开的。

当电力变压器油箱内部发生轻微故障时，由故障产生的少量气体慢慢升起，进入瓦斯继电器的容器，并由上而下地排除其中的油，使油面下降，上油杯因其中盛有残余的油而使其力矩大于转轴的另一端平衡锤的力矩而降落，如图 8-16（*b*）所示。这时上触点接通信号回路，发出音响和灯光信号，这称之为“轻瓦斯动作”。

当电力变压器油箱内部发生严重故障时，例如相间短路、铁芯起火等，由故障产生的气体很多，带动油流迅猛地由变压器油箱通过联通管进入油枕。大量的油气混合体在经过瓦斯继电器时，冲击挡板，使下油杯下降，如图 8-16（*c*）所示。这时下触点接通跳闸回路（通过中间继电器），使断路器跳闸，同时发出音响和灯光信号（通过信号继电器），这称之为“重瓦斯动作”。

如果电力变压器油箱漏油，会使得瓦斯继电器容器内的油慢慢流尽，如图 8-16（*d*）所示。先是瓦斯继电器的上油杯下降，上触点接通，发出报警信号；接着其下油杯下降，下触点接通，使断路器跳闸，同时发出跳闸信号。

此外，变压器的保护还有零序保护、过励磁保护等，这里不再赘述。

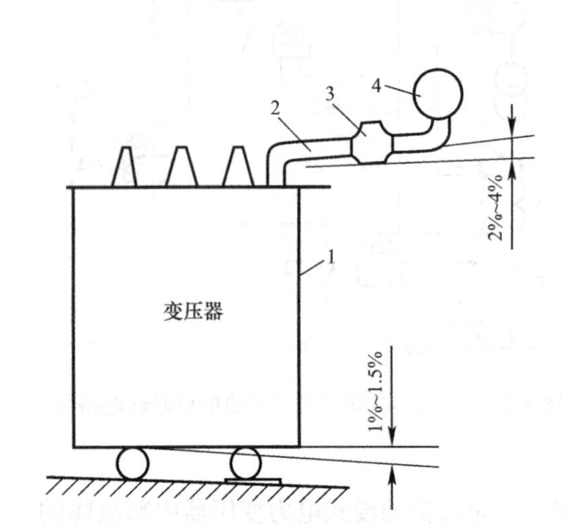

图 8-14 瓦斯继电器在油浸式电力变压器上的安装

1—变压器油箱；2—联通管；3—瓦斯继电器；4—油枕

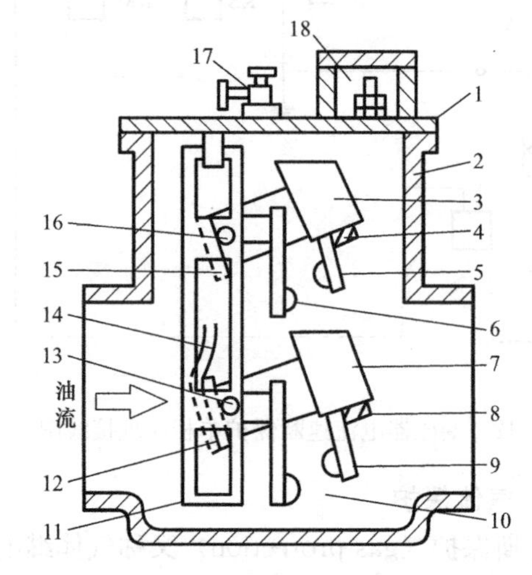

图 8-15 FJ1-80 型瓦斯继电器的结构示意图

1—盖板；2—容器；3—上油杯；4—永久磁铁；5—上动触点；6—上静触点；7—下油杯；8—永久磁铁；9—下动触点；10—下静触点；11—支架；12—下油杯平衡锤；13—下油杯转轴；14—挡板；15—上油杯平衡锤；16—上油杯转轴；17—放气阀；18—接线盒（内接线端子）

8.2.4 电动机保护

1. 电动机保护设置要求

按《电力装置的继电保护和自动装置设计规范》GB 50062 的规定，对电压为 3kV 及以上的异步电动机和同步电动机的下列故障及异常运行方式，应装设相应的保护装置：定子绕组相间短路；定子绕组单相接地；定子绕组过负荷；定子绕组低电压；同步电动机失步；同步电动机失磁；同步电动机出现非同步冲击电流。

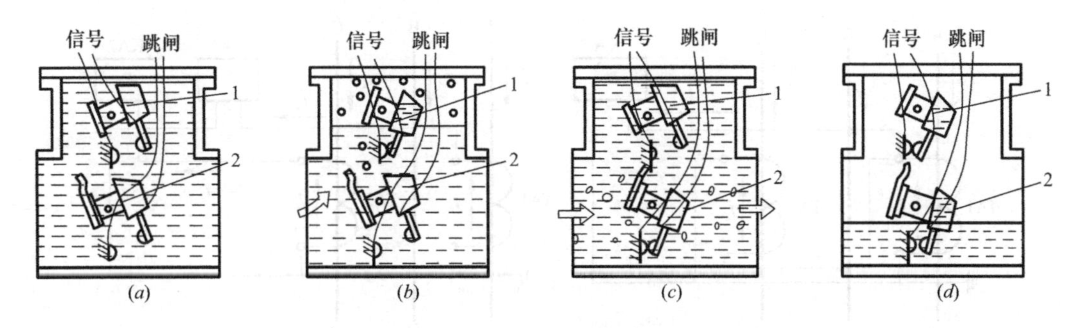

图 8-16 瓦斯继电器动作说明

(a) 正常状态；(b) 轻瓦斯动作；(c) 重瓦斯动作；(d) 严重漏油时

1—上开口油杯；2—下开口油杯

对 2000kW 以下的高压电动机绕组及引出线的相间短路，宜采用电流速断保护。

对 2000kW 及以上的高压电动机，或电流速断保护灵敏度不符合要求的 2000kW 以下的高压电动机，应装设纵联差动保护。所有保护装置应动作于跳闸。

当单相接地电流大于 5A 时，应装设有选择性的单相接地保护；当单相接地电流小于 5A 时，可装设接地绝缘监视装置。单相接地电流为 10A 及以上时，保护装置应动作于跳闸；单相接地电流为 10A 以下时，保护装置可动作于信号。

对下列高压电动机应装设低电压保护：当电源电压短时降低或短时中断后又恢复时，需要断开的次要电动机和有备用自动投入装置的电动机，一般要求低电压保护经 0.5s 动作于跳闸；生产过程不允许或不需要自启动的电动机，一般要求低电压保护经 0.5～1.5s 动作于跳闸；在电源电压长时间消失后须从电网中自动断开的电动机，一般要求低电压保护经 5～20s 动作于跳闸。

2. 过流保护

过流（过负荷）保护，可采用一相一继电器式接线。但如果电动机装有电流速断保护时，可利用作为电流速断保护的 GL 型继电器的感应元件来实现过负荷保护。

过负荷保护动作电流 $I_{op(OL)}$，按躲过电动机的额定电流 $I_{N \cdot M}$ 整定。

$$I_{op(OL)} = \frac{k_{rel}k_w}{k_{re}k_i}I_{N \cdot M} \tag{8-7}$$

式中：k_{rel} 为保护装置的可靠系数，DL 型继电器取 1.2，GL 型继电器取 1.3；k_{re} 为继电器的返回系数，一般取 0.8；k_w 为保护装置的接线系数，两相一互感器为$\sqrt{3}$，两相两互感器为 1；k_i 为电流互感器的变比。

过负荷保护的动作时间，应大于电动机启动所需的时间，一般取为 10～16s。对于启动困难的电动机，可按躲过实测的启动时间来整定。

3. 速断保护

一般采用两相一继电器式接线，如图 8-17 所示。要求保护灵敏度较高时，可采用两相两继电器式接线。继电器采用 GL-15、25 型时，可利用该继电器的电磁元件来实现电流速断保护。

电流速断保护的动作电流（速断电流）I_{qb}，应躲过电动机的最大启动电流 $I_{st.max}$ 整定计算的公式为：

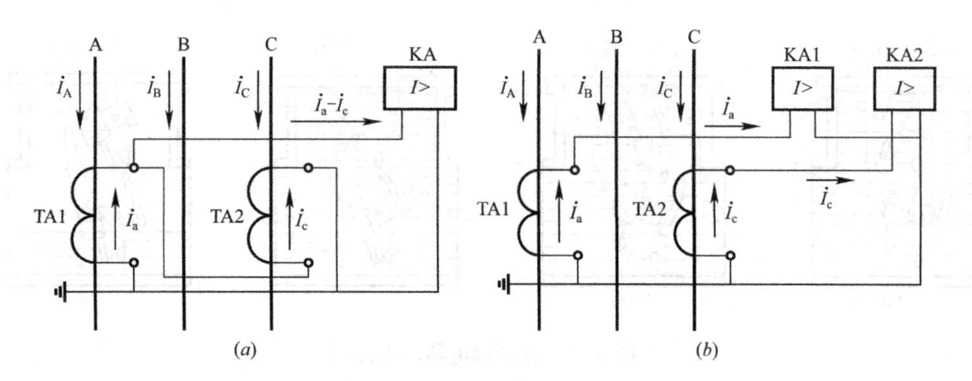

图 8-17　电动机速断保护继电器接线图

（a）两相一继电器接线；（b）两相两继电器接线

$$I_{qb}=\frac{k_{rel}k_{w}}{k_{i}}I_{st.max} \tag{8-8}$$

式中：k_{rel}为保护装置的可靠系数，DL 型电流继电器取 1.4～1.6，GL 型电流继电器取 1.6～2；k_w 为保护装置的接线系数，两相一互感器为$\sqrt{3}$，两相两互感器为 1；k_i 为电流互感器的变比。

4. 低电压保护

当电动机的供电母线电压短时降低或短时中断又恢复时，为了防止电动机自启动时使电源电压严重降低，通常在次要电动机上装设低电压保护，当供电母线电压降低到一定值时，延时将其切除，使供电母线有足够的电压，以保住重要电动机自启动。

低电压保护的动作时限为两级，一级是为了保住重要电动机的自启动，在其他不重要的电动机上装设带 0.5s 时限的低电压保护，动作于断路器跳闸；另一级是当电源电压长时间降低或消失时，对于根据生产过程和技术保安等要求不允许自启动的电动机，应装设低电压保护，经 10s 时限动作于断路器跳闸。

对于 3～6kV 高压厂用电动机的低电压保护接线，一般有以下四点基本要求：当电压互感器一次侧发生一相和两相断线或二次侧发生各种断线时，保护装置均应不动作．并应发出断线信号。但是在电压回路发生断相故障期间，若厂用电母线上电压真正消失或下降到规定值时，低电压保护仍应正确动作；当电压互感器一次侧隔离开关或隔离触头因误操作被断开时，低电压保护不应误动作，并应该发出信号；5s 和 10s 的低电压保护的动作电压应分别整定；接线中应该采用能长期耐受电压的时间继电器。

保护装置动作电压的整定，一般可以取额定线电压的 65％～70％，及 65～70V。

电动机还有纵差保护和单相接地保护，这里不再赘述。

8.3　变电所综合监控及二次回路

8.3.1　综合继保装置

1. 综合继保装置原理

变电所自动化是应用控制技术、信息处理和通信技术，利用计算机系统或自动装置，代替人工进行各种运行作业，提高变电所运行管理水平的一种自动化系统。变电所自动化的范畴，包括其综合自动化技术、远动技术、继电保护技术及变电所其他智能技术等。

变电所综合自动化是将变电所二次回路包括控制、信号、保护、自动及远动装置等，利用计算机技术和现代通信技术，经过功能组合和优化设计，对变电所执行自动监视、测量、控制和调节的一种综合性自动化系统。它是变电所的一种现代化技术装备，是自动化和计算机、通信技术在变电所中的综合应用。它能够收集比较齐全的数据和信息，具有计算机的高速运算能力和判断功能，可以方便地监视和控制变电所内各种设备的运行和操作。它具有不同程度的功能综合化、设备及操作监视微机化、结构分布分层化、通信网络光缆化及运行管理智能化等特征。

变电所综合自动化，为变电所的小型化、智能化，扩大监控范围及变电所安全、可靠、优质、经济地运行，提供了现代化手段和基础保证。它的应用将为变电所无人值班提供强有力的现场数据采集和监控支持，在此基础上可实现高水平的无人值班变电所的运行管理。

2. 综合继保装置结构

综合保护装置也就是微机继电保护，其主要功能是从电力系统收集电压、电流信息，通过微机系统作出相关判断，并作出相应处理。图 8-18 所示为微机继电保护系统的构成，其主要由数据采集系统、微机系统、输出继电器、打印设备、程序员控制台、输出接点组成。

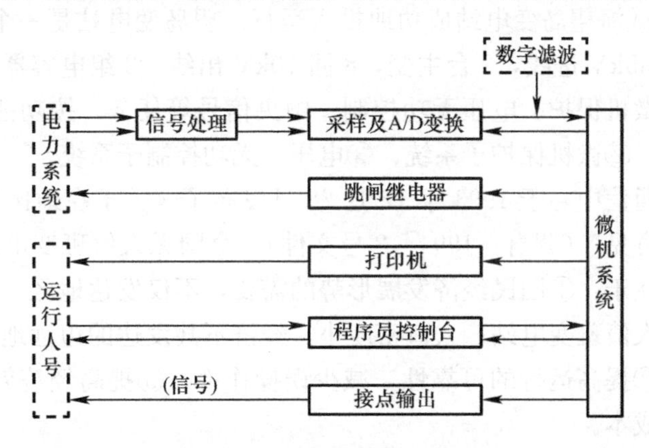

图 8-18 微机继电保护构成

数据采集系统主要负责从电力系统采集电流、电压的模拟信号，然后通过 A/D 转换器将模拟信号转换成数字信号并交给微机系统判断处理。

微机系统主要负责数据处理并按照程序员给定程序的相应逻辑关系作出相应的判断，并输出处理。

输出继电器主要负责接收微机系统的输出命令，并作出相应的跳闸处理。

打印设备主要负责微机系统的相关信息打印输出。

程序员控制台主要承担工作人员对系统作出的相关管理工作。

输出接点主要负责输出微机系统发出的一些信号。

8.3.2 变电所综合监控的意义

我国变电站综合自动化的研究工作始于 20 世纪 80 年代中期。1987 年清华大学电机工程系研究成功国内第一个符合国情的综合自动化系统。该系统由3台微机组成，其系统结构如图8-19所示。

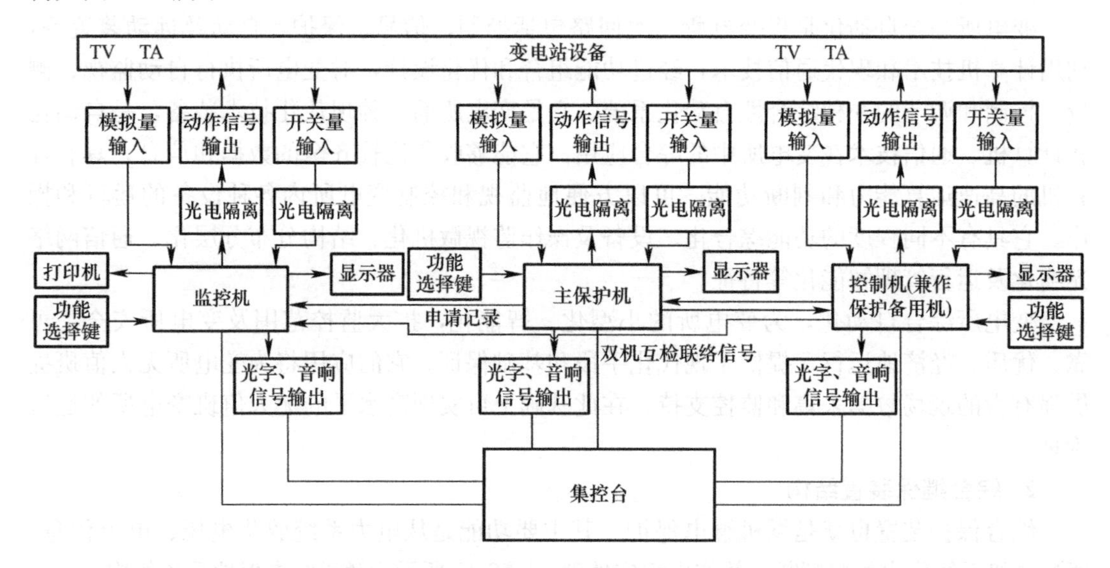

图8-19　变电站微机监测、保护综合控制系统框图

1987年在山东威海望岛变电站成功地投入运行。望岛变电站是一个35kV/10kV的城市变电站，有2回35kV进线，2台主变，8回10kV出线，2组电容器。该系统担负全变电站的安全监控、微机保护、电压无功控制、中央信号等任务。按功能分为3个子系统：①安全监控子系统；②微机保护子系统；③电压、无功控制子系统。

国家电力调度通信中心于1993年12月28日发布了《关于在地区电网中实施变电站遥控和无人值班的意见》（调自［1994］2号文件）。全国无人值班变电站的建设成为一种趋势，其主要意义在于：①国民经济发展形势的需要，不仅发达地区、人口密集经济发展的地区需要发展无人值班变电站；人口密度小、经济不甚发达的边远地区，发展无人值班变电站也很重要。②提高运行的可靠性，减少误操作率。③提高经济效益和劳动生产率。④降低变电站建设成本。

变电所综合监控系统给无人值班变电所的实现提供了技术支撑。提高变电站的安全、可靠运行水平；提高电力系统的运行、管理水平和技术水平；缩小变电站占地面积，降低造价，减少总投资；提高供电质量，提高电压合格率，降低电能损耗；减少维护工作量。由于综合自动化系统中的微机保护装置和自动装置，都具有故障自诊断功能，装置内部有故障，能自动显示故障部位，缩短了维修时间。

8.3.3　二次回路

1. 二次回路的定义与分类

1）二次回路定义

工厂供电系统或变配电所的二次回路是指用来控制、指示、监测和保护一次电路运行的电路，亦称二次系统。包括控制系统、信号系统、监测系统及继电保护和自动化系统等。

2）二次回路分类

二次回路按其电源性质分，有直流回路和交流回路。交流回路又分交流电流回路和交流电压回路。交流电流回路由电流互感器供电，交流电压回路由电压互感器供电。

二次回路按其用途分，有断路器控制（操作）回路、信号回路、测量和监视回路、继电保护和自动装置回路等。

二次回路在供电系统中虽然是其一次电路的辅助系统，但是它对一次电路的安全、可靠、优质、经济地运行有着十分重要的作用，因此必须予以充分的重视。

2. 二次接线图

1）二次接线图定义

二次回路安装接线图，简称二次回路接线图，是用来表示成套装置或设备中二次回路的各元器件之间连接关系的一种简图。必须注意，这里的接线图与通常等同于电路图的接线图含义是不同的，其用途也有区别。

二次回路接线图主要用于二次回路的安装接线、线路检查维修和故障处理。在实际应用中，安装接线图通常与电路原理图配合使用。接线图有时也与接线表配合使用。接线表的功能与接线图相同，只是绘制形式不同。接线图和接线表一般都应表示出各个项目（指元件、器件、部件、组件和成套设备等）的相对位置、项目代号、端子号、导线号、导线类型和导线截面、根数等内容。

2）二次回路编号

二次接线图设计完成后，要进行回路编号，以便于安装图的设计和满足安装、检修等工作的要求。二次回路编号采用数字和文字结合的方式，按照“等电位原则”进行编号。所谓等电位原则，就是在电气回路中，连接于一个点上的所有连线均给以相同的回路编号。

二次回路的编号主要包括直流回路编号、交流回路编号和小母线编号三种形式。

（1）直流回路编号

直流回路编号是按安装单位进行的。一个安装单位分配约 1000 个号；正电源侧编单号、负电源侧编双号。

每一台断路器的控制回路分配 99 个号。当一个安装单位有 4 台断路器时，它们的回路编号范围分别为 101～199、201～299、301～399、401～499。对于某些重要回路还规定了专用回路编号。比如，对断路器 1QF 而言，正电源回路用 101；负电源回路用 102；合闸回路用 103；合闸监视回路用 105；跳闸回路用 133；跳闸监视回路用 135 等。

继电保护回路分配 99 个号，为了和控制回路区分开，用 01～099 范围编号。

一个安装单位给定的回路编号，换一个安装单位可重复使用这些编号，但在同一个安装单位内不允许重复使用。

（2）交流回路编号

电流互感器与电压互感器二次回路的编号，由数字和表示相别的字母组成。使用时，按规定的编号范围依次编写即可，不分单双号。

电流互感器二次回路编号：每组电流互感器分配 10 个号，分配方法是：电流互感器 1TA 用 U411～U419、V411～V419、W411～W419、N411～N419、L411～L419；6TA 用 U461～U469、V461～V469……

电压互感器二次回路编号：每组电压互感器分配 10 个号，具体分配方法是：电压互感器1TV用U611～U619、V611～V619、W611～W619、N611～N619、L611～L619；对3TV用U631～U639、V631～V639……

3）相对编号法

如果甲乙两个设备的接线端子需要连接起来，在甲设备的接线端子上，标出乙设备接线端子的编号，同时，在乙设备的该接线端子上标出甲设备接线端子的编号，即两个接线端子的编号相对应，这表明甲乙两设备的相应接线端子应该连接起来。这种编号称为相对编号法，目前在二次回路中已得到广泛应用。

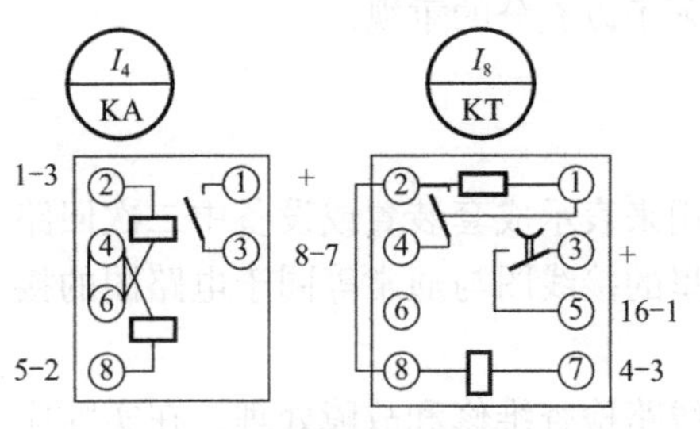

图8-20 设备屏后编号表示方法

例如图8-20所示，电流继电器KA的编号为4，时间继电器KT的编号为8。KA的3号接线端子与KT的7号接线端子相连，KA的3号接线端子旁标上“8－7”，亦即与第8号元件的第7个端子相连。而第8号元件正是KT。与之对应，在KT的第7号端子旁标上“4－3”，这正是KA的第3个端子。查找起来十分方便。

3. 断路器的控制与信号接线

1）控制电源（直流电源、交流电源）

（1）由蓄电池组供电的直流操作电源

蓄电池主要有铅酸蓄电池和镉镍蓄电池两种。

① 铅酸蓄电池由二氧化铅（PbO_2）的正极板、铅（Pb）的负极板及密度为1.2～1.3g/cm^{3}的稀硫酸（H_2SO_4）电解液构成，容器多为玻璃。铅酸蓄电池在放电和充电时的化学反应式为：

$$PbO_2 + Pb + 2H_2SO_4 \underset{\text{充电}}{\overset{\text{放电}}{\rightleftharpoons}} 2PbSO_4 + 2H_2O$$

铅酸蓄电池的额定端电压（单个）为2V。但是蓄电池充电终了时，其端电压可达2.7V；而放电后，其端电压可下降到1.95V。为获得220V的操作电压，需蓄电池的个数为$n=230\div1.95$个≈118个。考虑到充电终了时端电压的升高，因此长期接入操作电源母线的蓄电池个数为$n_1=230\div2.7$个≈88个，而其他$n_2=n-n_1=(118-88)$个＝30个蓄电池则用于调节电压，接于专门的调节开关上。

采用铅酸蓄电池组作操作电源，不受供电系统运行情况的影响，工作可靠；但是它在充电过程中要排出氢和氧的混合气体（由于水被电解而产生的），可能有爆炸危险，而且随着气体带出的硫酸蒸气，有强腐蚀性，对人身健康和设备安全都有很大的危害。因此，铅酸蓄电池组一般要求单独装设在一房间内，而且要考虑防腐防爆，从而投资较大，现在一般工厂供电系统中不予采用。

② 镉镍蓄电池的正极板为氢氧化镍［$Ni(OH)_3$］或三氧化二镍（Ni_2O_3）的活性物，负极板为镉（Cd），电解液为氢氧化钾（KOH）或氢氧化钠（NaOH）、氢氧化镉［$Cd(OH)_2$］、氢氧化镍［$Ni(OH)_3$］等碱溶液。

镉镍蓄电池在放电和充电时的化学反应式为：

$$Cd + 2Ni(OH)_3 \underset{\text{充电}}{\overset{\text{放电}}{\rightleftharpoons}} Cd(OH)_2 + 2Ni(OH)_2$$

由以上反应式可以看出，电解液并未参与反应，它只起传导电流的作用。因此，在放电和充电过程中，电解液的密度不会改变。

镉镍蓄电池的额定端电压（单个）为 1.2V。充电终了时端电压可达 1.75V；放电后端电压为 1V。

采用镉镍蓄电池组作操作电源，除了不受供电系统运行情况的影响、工作可靠外，还有其大电流放电性能好、比功率大、机械强度高、使用寿命长、腐蚀性小、无须专用房间，从而大大降低投资等优点，因此它在工厂供电系统中应用比较普遍。

（2）由整流装置供电的直流操作电源

整流装置主要有硅整流电容储能式和复式整流两种。

① 硅整流电容储能式直流电源

如果单独采用硅整流器来作直流操作电源，则当交流供电系统电压降低或电压消失时，将严重影响直流系统的正常工作。因此，宜采用有电容储能的硅整流电源。在供电系统正常运行时，通过硅整流器供给直流操作电源；同时，通过电容器储能，在交流供电系统电压降低或电压消失时，由储能电容器对继电器和跳闸回路放电，使其正常动作。图 8-21 所示是一种硅整流电容储能式直流操作电源系统的接线图。

为了保证直流操作电源的可靠性，采用两个交流电源和两台硅整流器。硅整流器 U_1 主要用作断路器合闸电源，并向控制、信号和保护回路供电。硅整流器 U_2 的容量较小，仅向控制、信号和保护回路供电。

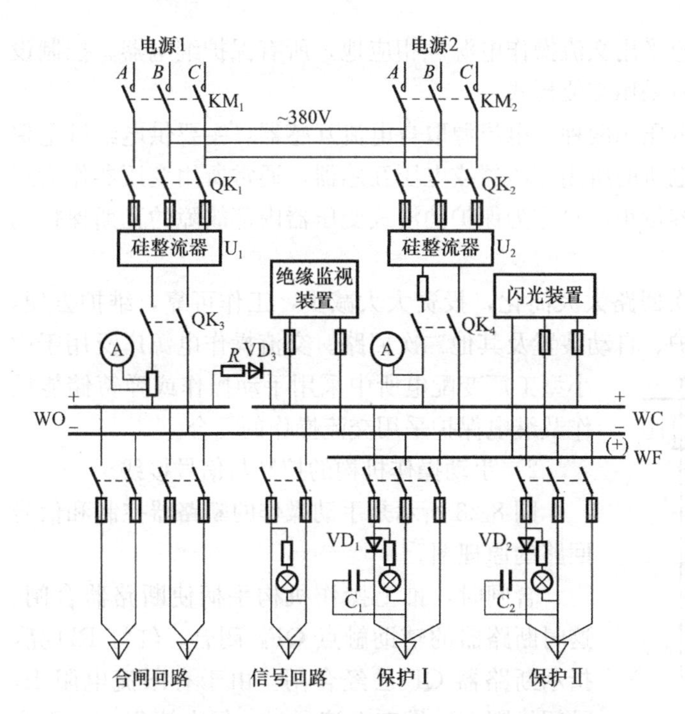

图 8-21　硅整流电容储能式直流操作电源系统接线图

C_1、C_2—储能电容器；WC—控制小母线；U_1、U_2—硅整流器；WF—闪光信号小母线；WO—合闸小母线

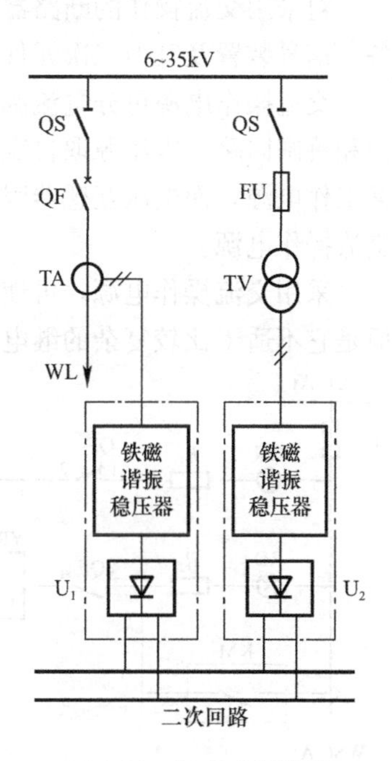

图 8-22　复式整流装置的接线示意图

TA—电流互感器；TV—电压互感器

逆止元件 VD_1 和 VD_2 的主要功能：一是当直流电源电压因交流供电系统电压降低而降低时，使储能电容 C_1、C_2 所储能量仅用于补偿自身所在的保护回路，而不向其他元件放电；二是限制 C_1、C_2 向各断路器控制回路中的信号灯和重合闸继电器等放电，以保证其所供电的继电保护和跳闸线圈可靠动作。逆止元件 VD_3 和限流电阻 R 接在两组直流母线之间，使直流合闸母线只向控制小母线 WC 供电，防止断路器合闸时硅整流器 U_2 向合闸母线供电。

限流电阻 R 用来限制控制回路短路时通过 VD_3 的电流，以免 VD_3 烧毁。

储能电容器 C_1 用于对高压线路的继电保护和跳闸回路供电，而储能电容器 C_2 用于对其他元件的继电保护和跳闸回路供电。储能电容器多采用容量大的电解电容器，其容量应能保证继电保护和跳闸回路可靠地动作。

② 复式整流器

复式整流器是指提供直流操作电压的整流器电源有两个：①电压源——由所用变压器或电压互感器供电，经铁磁谐振稳压器（当稳压要求较高时装设）和硅整流器供电给控制、保护等二次回路。②电流源——由电流互感器供电，同样经铁磁谐振稳压器（也是稳压要求较高时装设）和硅整流器供电给控制、保护等二次回路（图 8-22）。

由于复式整流装置有电压源和电流源，因此能保证供电系统在正常和事故情况下直流系统均能可靠地供电。与上述电容储能式相比，复式整流装置的输出功率更大，电压的稳定性更好。

（3）交流操作电源

对采用交流操作的断路器，应采用交流操作电源。相应地，所有保护继电器、控制设备、信号装置及其他二次元件均应采用交流形式。

交流操作电源可分电流源和电压源两种。电流源取自电流互感器，主要供电给继电保护和跳闸回路。电压源取自变配电所的所用变压器或电压互感器，通常所用变压器作为正常工作电源，而电压互感器因其容量小，只作为保护油浸式变压器内部故障的瓦斯保护的交流操作电源。

采用交流操作电源，可使二次回路大大简化，投资大大减少，工作可靠，维护方便，但是它不适于比较复杂的继电保护、自动装置及其他二次回路。交流操作电源广泛用于中小型工厂变配电所中采用手动操作或弹簧储能操作及继电保护采用交流操作的场合。

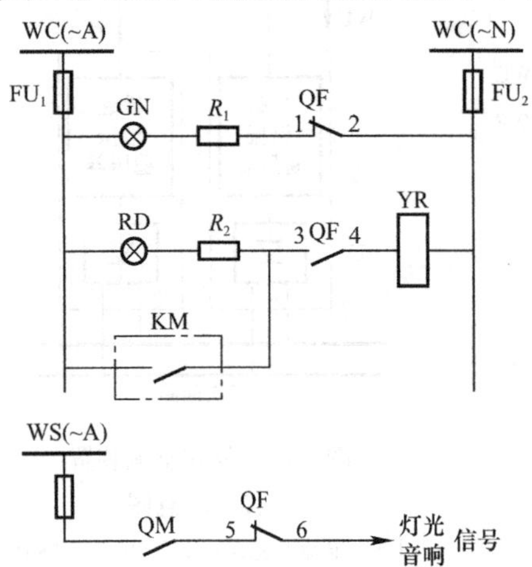

图 8-23　手动操作的断路器控制和信号回路

2）手动操作机构的控制与信号接线

图 8-23 所示是手动操作的断路器控制和信号回路的原理图。

合闸时，推上操作机构手柄使断路器合闸。这时断路器的辅助触点 $QF_{3\text{-}4}$ 闭合，红灯 RD 亮，指示断路器 QF 已经合闸。由于有限流电阻 R，跳闸线圈 YR 虽有电流通过，但电流很小，不会动作。红灯 RD 亮，还表示跳闸线圈 YR 回路及控制回路的熔断器 FU_1、FU_2 是完好的，即红灯 RD 同时起着监视跳闸回路完好性的作用。

分闸时，扳下操作机构手柄使断路器分闸。这时断路器的辅助触点 QF_{3-4} 断开，切断跳闸回路，同时辅助触点 QF_{1-2} 闭合，绿灯 GN 亮，指示断路器 QF 已经分闸。绿灯 GN 亮，还表示控制回路的熔断器 FU_1、FU_2 是完好的，即绿灯 GN 同时起着监视控制回路完好性的作用。

在正常操作断路器分、合闸时，由于操作机构辅助触点 QM 与断路器的辅助触点 QF_{5-6} 是同时切换的，总是一开一合，所以事故信号回路总是不通的，因而不会错误地发出事故信号。

当一次电路发生短路故障时，继电保护装置动作，其出口继电器 KM 的触点闭合，接通跳闸线圈 YR 的回路（触点 QF_{3-4} 原已闭合），使断路器 QF 跳闸。随后触点 QF_{3-4} 断开，使红灯 RD 灭，并切断 YR 的跳闸电源。与此同时，触点 QF_{1-2} 闭合，使绿灯 GN 亮。这时操作机构的操作手柄虽然仍在合闸位置，但其黄色指示牌掉下，表示断路器已自动跳闸。同时，事故信号回路接通，发出音响和灯光信号。事故信号回路正是按“不对应原理”来接线的：由于操作机构仍在合闸位置，其辅助触点 QM 闭合，而断路器因已跳闸，其辅助触点 QF_{5-6} 也返回闭合，因此事故信号回路接通。当值班员得知事故跳闸信号后，可将操作手柄扳下至分闸位置，这时黄色指示牌随之返回，事故信号也随之解除。

控制回路中分别与指示灯 GN 和 RD 串联的电阻 R_1 和 R_2，主要用来防止指示灯的灯座短路时造成控制回路短路或断路器误跳闸。

3）电磁操作机构的控制与信号接线

图 8-24 所示是采用电磁操作机构的断路器控制和信号回路原理图。其操作电源采用图 8-21 所示的硅整流电容储能的直流系统。控制开关采用双向自复式并具有保持触点的 LW5 型万能转换开关，其手柄正常为垂直位置（0°）。顺时针扳转 45°，为合闸（ON）操

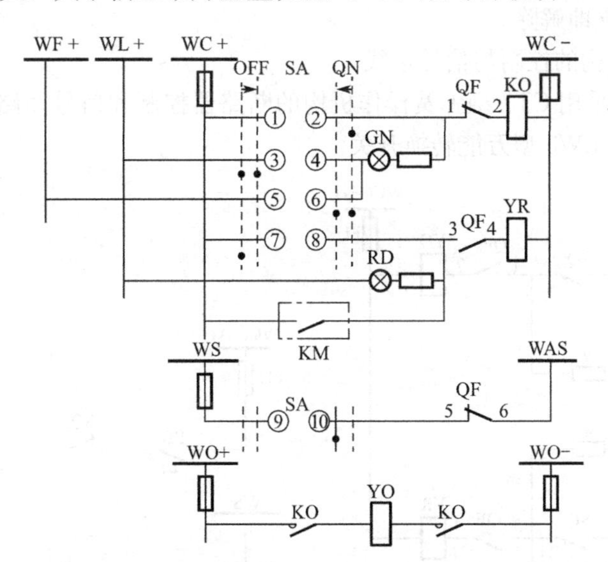

图 8-24 采用电磁操作机构的断路器控制和信号回路

WC—控制小母线；WL—灯光信号小母线；WF—闪光信号小母线；WS——信号小母线；WAS—事故音响信号小母线；WO—合闸小母线；SA—控制开关；KO—合闸接触器；YO—电磁合闸线圈；YR—跳闸线圈；R—限流电阻；KM—继电保护出口继电器触点；QF1～6—断路器的辅助触点；GN—绿色指示灯；RD—红色指示灯；ON—合闸操作方向；OFF—分闸操作方向

作，手松开即自动返回（复位），保持合闸状态。反时针扳转45°，为分闸（OFF）操作，手松开也自动返回，保持分闸状态。图中虚线上打黑点（·）的触点，表示在此位置时触点接通；而虚线上标出的箭头（→），表示控制开关SA手柄自动返回的方向。

合闸时，将控制开关SA手柄顺时针扳转45°，这时其触点$SA_{1\text{-}2}$接通，合闸接触器KO通电（回路中触点$QF_{1\text{-}2}$原已闭合），其主触点闭合，使电磁合闸线圈YO通电，断路器QF合闸。断路器合闸完成后，SA自动返回，其触点$SA_{1\text{-}2}$断开，$QF_{1\text{-}2}$也断开，切断合闸回路；同时$QF_{3\text{-}4}$闭合，红灯RD亮，指示断路器已经合闸，并监视着跳闸线圈YR回路的完好性。

分闸时，将控制开关SA手柄反时针扳转45°，这时其触点$SA_{7\text{-}8}$接通，跳闸线圈YR通电（回路中触点$QF_{3\text{-}4}$原已闭合），使断路器QF分闸。断路器分闸后，SA自动返回，其触点$SA_{7\text{-}8}$断开，$QF_{3\text{-}4}$也断开，切断跳闸回路；同时$SA_{3\text{-}4}$闭合，$QF_{1\text{-}2}$也闭合，绿灯GN亮，指示断路器已经分闸，并监视着合闸接触器KO回路的完好性。

由于红绿指示灯兼起监视分、合闸回路完好性的作用，长时间运行，因此耗电较多。为了减少操作电源中储能电容器能量的过多消耗，因此另设灯光指示小母线WL+，专门用来接入红绿指示灯，储能电容器的能量只用来供电给控制小母线WC。

当一次电路发生短路故障时，继电保护动作，其出口继电器触点KM闭合，接通跳闸线圈YR回路（回路中触点$QF_{3\text{-}4}$原已闭合），使断路器QF跳闸。随后$QF_{3\text{-}4}$断开，使红灯RD灭，并切断跳闸回路，同时$QF_{1\text{-}2}$闭合，而SA在合闸位置，其触点$SA_{5\text{-}6}$也闭合，从而接通闪光电源WF+，使绿灯闪光，表示断路器QF自动跳闸。由于QF自动跳闸，SA在合闸位置，其触点$SA_{9\text{-}10}$闭合，而QF已经跳闸，其触点$QF_{5\text{-}6}$也闭合，因此事故音响信号回路接通，又发出音响信号。当值班员得知事故跳闸信号后，可将控制开关SA的操作手柄扳向分闸位置（反时针扳转45°后松开），使SA的触点与QF的辅助触点恢复对应关系，全部事故信号立即解除。

4）弹簧操作机构的控制与信号接线

图8-25所示是采用CT7型弹簧操作机构的断路器控制和信号回路原理图，其控制开关SA采用LW2或LW5型万能转换开关。

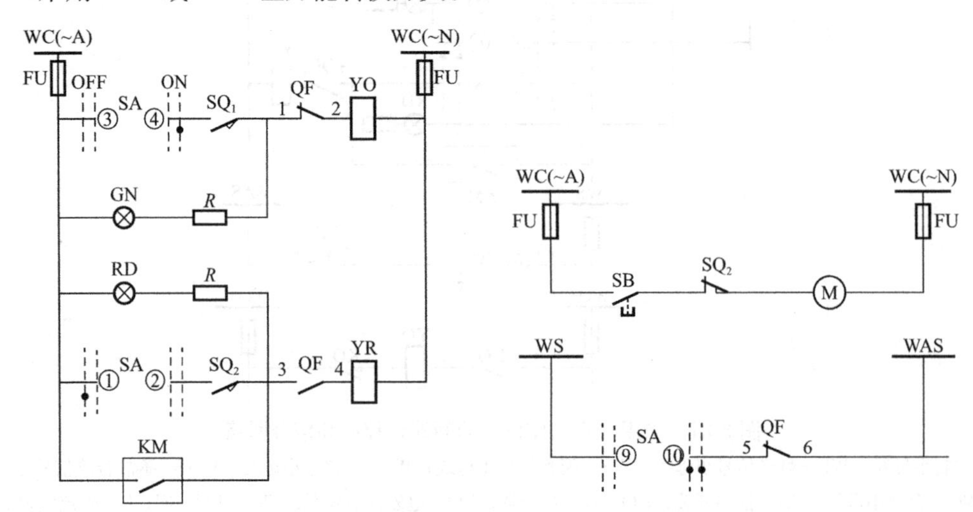

图8-25 采用弹簧操作机构的断路器控制和信号回路

SA—控制开关；SB—按钮；SQ—储能位置开关；M—储能电动机

合闸时，先按下按钮 SB，使储能电动机 M 通电运转（位置开关 SQ_2 原已闭合），从而使合闸弹簧储能。弹簧储能完成后，SQ_2 自动断开，切断电动机 M 的回路，同时位置开关 SQ_1 闭合，为合闸做好准备。然后将控制开关 SA 手柄扳向合闸（ON）位置，其触点 SA_{3-4} 接通，合闸线圈 YO 通电，使弹簧释放，通过传动机构（参看图 2-40）使断路器 QF 合闸。合闸后，其辅助触点 QF_{1-2} 断开，绿灯 GN 灭，并切断合闸回路；同时 QF_{3-4} 闭合，红灯 RD 亮，指示断路器在合闸位置，并监视跳闸回路的完好性。

分闸时，将控制开关 SA 手柄扳向分闸（OFF）位置，其触点 SA_{1-2} 接通，跳闸线圈 YR 通电（回路中触点 QF_{3-4} 原已闭合），使断路器 QF 分闸。分闸后，其辅助触点 QF_{3-4} 断开，红灯 RD 灭，并切断跳闸回路；同时 QF_{1-2} 闭合，绿灯 GN 亮，指示断路器在分闸位置，并监视合闸回路的完好性。

当一次电路发生短路故障时，保护装置动作，其出口继电器 KM 触点闭合，接通跳闸线圈 YR 回路（回路中触点 QF_{3-4} 原已闭合），使断路器 QF 跳闸。随后 QF_{3-4} 断开，红灯 RD 灭，并切断跳闸回路。由于断路器是自动跳闸，SA 手柄仍在合闸位置，其触点 SA_{9-10} 闭合，而断路器 QF 已经跳闸，QF_{5-6} 闭合，因此事故音响信号回路接通，发出事故跳闸音响信号。值班员得知此信号后，可将控制开关 SA 手柄扳向分闸（OFF）位置，使 SA 触点与 QF 的辅助触点恢复对应关系，从而使事故跳闸信号解除。

储能电动机 M 由按钮 SB 控制，从而保证断路器合在发生短路故障的一次电路上时，断路器自动跳闸后不致重合闸，因而不需另设电气“防跳”装置。

8.3.4 中央信号装置

1. 事故信号装置

中央事故信号装置装设在变配电所值班室或控制室内，其要求是：在任一断路器事故跳闸时，均能瞬时发出音响信号，并在控制屏上或配电装置上，有表示事故跳闸的具体断路器位置的灯光指示信号。事故音响信号通常采用电笛（蜂鸣器），并能手动或自动返回（复归）。

中央事故信号装置按操作电源分，有直流操作的和交流操作的两类。按事故音响信号的动作特征分，有不能重复动作的和能重复动作的两种。

图 8-26 所示是不能重复动作的中央复归式事故音响信号装置回路图。这种信号装置适于高压出线较少的中小型工厂变配电所。

当任一台断路器自动跳闸后，断路器的辅助触点即接通事故音响信号。在值班员得知事故信号后，可按下按钮 SB_2，即可解除事故音响信号。但控制屏上断路器的闪光信号却继续保留着。图中 SB_1 为音响信号的试验按钮。

这种信号装置不能重复动作，即第一台断路器自动跳闸后，值班员虽然已经解除事故音响信号，但控制屏上的闪光信号依然存在。假设这时又有一台断路器自动跳闸，事故音响信号将不会动作，因为中间继电器 KM 的触点 KM_{3-4} 已将 KM 线圈自保持，KM_{1-2} 是断开的，所以音响信号不会重复动作。只有在第一台断路器的控制开关 SA_1 的手柄扳至对应的“跳闸后”位置时，另一台断路器自动跳闸时才会发出事故音响信号。

图 8-26 所示信号回路中采用的控制开关为 LW2 型万能转换开关，其触点如表 8-1 所示，其中“×”表示触点闭合。

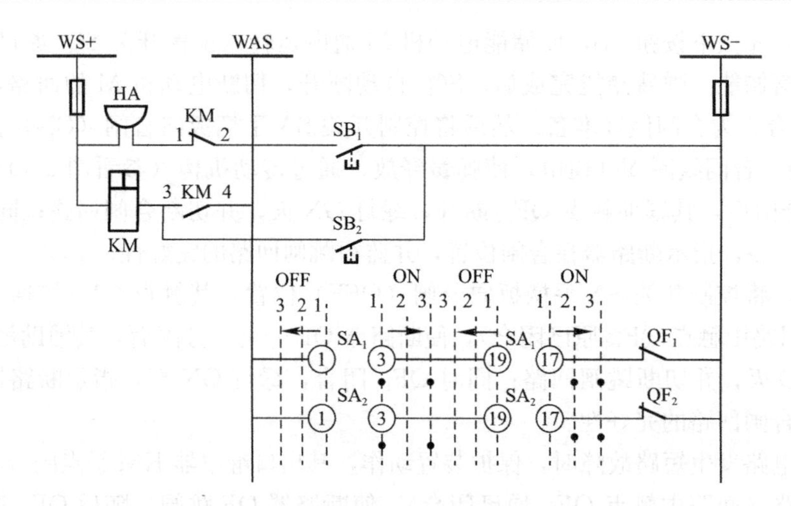

图 8-26 不能重复动作的中央复归式事故音响信号回路

WS—信号小母线；WAS—事故音响信号小母线；SA—控制开关；SB1—试验按钮；SB2—音响解除按钮；KM—中间继电器；HA—电笛；（注）SA 的触点位置：1—预备分、合闸；2—分、合闸；3—分、合闸后。箭头“→”指操作顺序

LW2-Z-1a · 4 · 6a · 40 · 20 · 20/F8 型控制开关触点　　表 8-1

手柄和触点盒形式		F-8	1a		4		6a		
触点号			1-3	2-4	5-8	6-7	9-10	9-12	10-11
位置	分闸后	←		×					×
	预备合闸	↑	×				×		
	合闸	↗			×			×	
	合闸后	↑	×				×	×	
	预备分闸	←		×					×
	分闸	↙				×			×

手柄和触点盒形式		40			20			20		
触点号		13-14	14-15	13-16	17-19	17-18	18-20	21-23	21-22	22-24
位置	分闸后		×				×			×
	预备合闸	×				×			×	
	合闸			×	×			×		
	合闸后			×	×	×		×	×	
	预备分闸	×								
	分闸		×				×			×

图 8-27 所示是重复动作的中央复归式事故音响信号装置回路图。该信号装置采用 ZC-23 型冲击继电器（又称信号脉冲继电器）KI 构成。其中，KR 为干簧继电器，是其执行元件。TA 为脉冲变流器，其一次侧并联的 VD_1 和电容 C，用于抗干扰；其二次侧并联的 VD_2，起单向旁路作用。当 TA 的一次电流突然减小时，其二次侧感应出的反向电流经 VD_2 而旁路，不让它流过干簧继电器 KR 的线圈。

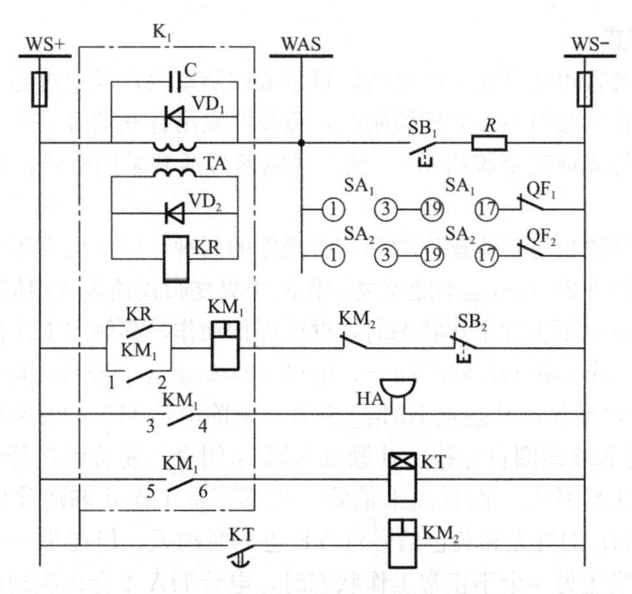

图 8-27 重复动作的中央复归式事故音响信号装置回路

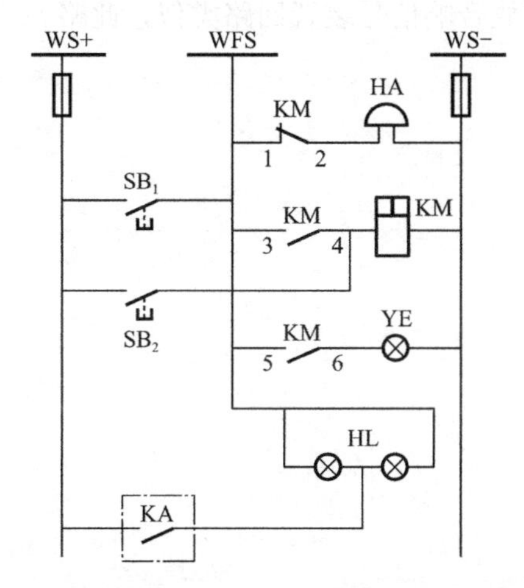

图 8-28 不能重复动作的中央复归式预告音响信号装置回路

WS—信号小母线；WAS—事故音响信号小母线；SA—控制开关；SB_1—试验按钮；SB_2—音响解除按钮；K_1—冲击继电器；KR—干簧继电器；KM—中间继电器；KT—时间继电器；TA—脉冲变流器

当某断路器 QF_1 自动跳闸时，因其辅助触点与控制开关 SA_1 不对应而使事故音响信号小母线 WAS 与信号小母线 WS—接通，从而使脉冲变流器 TA 的一次电流突增，其二次侧感应电动势使干簧继电器 KR 动作。KR 的常开触点闭合，使中间继电器 KM_1 动作，其常开触点 $KM_{1(1\text{-}2)}$ 闭合，使 KM_1 自保持；其 $KM_{1(3\text{-}4)}$ 闭合，使电笛 HA 发出音响信号；其常开触点 $KM_{1(5\text{-}6)}$ 闭合，启动时间继电器 KT。KT 经过整定的时间后，其触点闭合，接通中间继电器 KM_2。KM_2 的常闭触点断开，使中间继电器 KM_1 断电返回，其常开触点 $KM_{1(3\text{-}4)}$ 断开，从而解除电笛 HA 的音响信号。当另一台断路器 QF_2 又自动跳闸时，同样会使 HA 又发出事故音响信号。因此，这种装置为“重复动作”的音响信号装置。

2. 预告信号装置

中央预告信号装置也装设在变配电所值班室或控制室内，其要求是：当供电系统中发生故障和不正常工作状态但不需立即跳闸时，应及时发出音响信号，并有显示故障性质和地点的指示信号（灯光或光字牌指示）。预告音响信号通常采用电铃，并能手动或自动返回（复归）。

中央预告信号装置也有直流操作的和交流操作的两种，同样也有不能重复动作的和能重复动作的两种。图 8-28 所示是不能重复动作的中央复归式预告音响信号装置回路图。

当供电系统中发生不正常工作状态时，继电保护动作，其触点 KA 闭合，使预告音响信号（电铃）HA 和光字牌 HL 同时动作。值班员得知预告信号后，可按下按钮 SB_2，使中间继电器 KM 通电动作，其触点 $KM_{(1\text{-}2)}$ 断开，解除电铃 HA 的音响信号；同时，其触点 $KM_{(3\text{-}4)}$ 闭合，使 KM 线圈自保持，其触点 $KM_{(5\text{-}6)}$ 闭合，使黄色信号灯 YE 亮，提醒值班员发生了不正常工作状态，而且尚未消除。当不正常工作状态消除后，继电保护触点 KA 返回，光字牌 HL 的灯光和黄色信号灯 YE 也同时熄灭。但在头一个不正常工作状态未消除时，如果又发生另一个不正常工作状态时，电铃 HA 不会再次动作。

关于能重复动作的中央复归式预告音响信号回路，其基本接线和原理与图 8-27 所示能重复动作的中央复归式事故音响信号装置回路类似，此略。

第 9 章　计算机及自动控制

计算机是人类生活以及生产中必不可少的计算工具和信息处理工具，它在当今社会中起着不可替代的作用。计算机也被广泛应用于水生产行业中，水厂自动化是水厂发展的必然趋势。采用先进的自动控制技术手段，提高制水生产工艺全过程的监测、控制和管理的自动化水平，对保证水处理工艺的可靠和准确实现，保证设备的安全和高效运作，降低能耗，获取经济效益，起着至关重要的作用。

9.1　计算机

9.1.1　计算机的特点及应用

1. 计算机的特点

计算机的应用几乎遍及各个行业，其具有运算速度快、计算精度高、具有记忆和判断能力、自动化程度高等特点。

2. 计算机的应用

现代科学的发展使计算机的应用十分广泛，它几乎无孔不入，进入了人类社会的一切领域。计算机应用主要在数值计算及事务处理、自动控制、CAI（计算机辅助教学）、CAD、CAM（计算机辅助设计）、OA（办公自动化）和 AI（人工智能）、虚拟现实技术等方面。

计算机是人工智能发展形成的产物，又是人工智能发展的工具。现在，计算机应用已相当普及，而且还在不断发展，我们应尽快掌握计算机技术，只有充分利用这种现代化工具，才能跟得上时代的发展，提高工作效率和质量。

9.1.2　计算机硬件及软件

一套完整的计算机系统由硬件和软件两部分构成。

1. 硬件

所谓硬件系统是指计算机的物理设备，即由机械、电子器件构成的具有输入、存储、计算控制和输出的实体部件。

计算机的存储器、运算器、控制器、输入设备和输出设备是组成计算机的五个主要部件，计算机工作时首先控制器控制输入设备将原始数据及程序输入到内存储器中，再由控制器将内存储器中的数据传至运算器中进行处理，处理的中间量和结果均输入存储器，最后由控制器将内存储器中的结果数据通过输出设备输出，控制器根据程序要求控制所有部件的工作。

1）中央处理单元

中央处理单元（CPU）是计算机的核心，是计算机控制器和运算器的结合。其性能对整个计算机硬件系统起着决定性作用。

2）存储器

计算机具有记忆功能，存储器是其行使这一功能的设备，电子计算机通过输入设备获得的全部信息都存放在存储器中，存储器分为内存储器和外存储器两种。它主要用来存放设备、指令、程序、计算的中间结果和最终结果。存储器的基本单元是字节（byte），用来描述存储器容量的单位还有“K（千）”、M（兆）和“G（吉）”，它们之间的换算关系为：

1KB＝1024B

1MB＝1024KB＝1024×1024B

1GB＝1024MB＝1024×1024KB＝1024×1024×1024B

3）输入设备

输入设备是计算机不可缺少的一部分，主要包括：键盘、鼠标、扫描仪等。

4）输出设备

计算机的输出设备主要功能是将计算机的计算结果、工作状态和各种控制信号转化为人所认知的表示形式，显示或打印在纸上，常见的输出设备是显示器、打印机、绘图仪等。

2. 软件及语言

软件是人类用来开发硬件功能的工具，它随着硬件的产生而产生。软件实际上是用计算机语言编写的程序，用来控制硬件的工作流程。

1）计算机语言阶段

计算机硬件能直接识别唯一语言，由于计算机硬件只能识别二进制数字，简单地说就是“0”和“1”（有关二进制的知识将在后面介绍），因而，最初的软件就是用“0”和“1”数字编写的，其缺点显而易见：不形象、不直观、难于记忆、难于掌握。

2）汇编语言

汇编语言是在机器语言基础上发展起来的。为了克服机器语言的缺点，人们利用机器语言提供的指令形式，只将指令中的操作码改用文字符号表示，称为记忆码（也称助记码）。这种符号语言称为汇编语言。汇编语言需要被汇编程序翻译成机器语言后才能执行。汇编语言程序比较简单、便于记忆，而且占用内存空间较小、执行速度较快。

3）高级语言

随着计算机技术的不断发展，为了使计算机应用更加广泛，必须找到一种让使用计算机的人易于掌握、灵活而又方便的语言，这就是高级语言，也称为程序设计语言。例如：BASIC、PASCAL、C 语言等都是高级语言，其采用功能更加完善的语句为基本单位，编写的程序更接近于人类语言。其优点在于：语言形象、直观、简单易学、便于掌握、容易普及和推广。

9.1.3　计算机网络

计算机网络，是指将地理位置不同的具有独立功能的多台计算机及其外部设备，通过通信线路连接起来，在网络操作系统、网络管理软件及网络通信协议的管理和协调下，实现资源共享和信息传递的计算机系统。根据网络的覆盖范围与规模可分为：局域网、城域网、广域网；按传输介质划分：有线网（指采用双绞线来连接的计算机网络）、光纤网（采用光导纤维作为传输介质）、无线网（采用一种电磁波作为载体来实现数据传输的网络类型）。

1. 局域网

通常我们常见的“LAN”就是指局域网，这是我们最常见、应用最广的一种网络。局域网随着整个计算机网络技术的发展和提高得到充分的应用和普及，几乎每个单位都有自己的局域网，有的甚至家庭中都有自己的小型局域网。局域网在计算机数量配置上没有太多的限制，少的可以只有两台，多的可达几百台。一般来说在企业局域网中，工作站的数量在几十到两百台次左右。在网络所涉及的地理距离上一般来说可以是几米至10km以内。局域网一般位于一个建筑物或一个单位内，不存在寻径问题，不包括网络层的应用。

这种网络的特点就是：连接范围窄、用户数少、配置容易、连接速率高。IEEE的802标准委员会定义了多种主要的LAN网：以太网（Ethernet）、令牌环网（Token Ring）、光纤分布式接口网络（FDDI）、异步传输模式网（ATM）以及最新的无线局域网（WLAN）。

2. 城域网

这种网络一般来说是在一个城市，但不在同一地理小区范围内的计算机互联。这种网络的连接距离可以在10～100km。MAN与LAN相比扩展的距离更长，连接的计算机数量更多，在地理范围上可以说是LAN网络的延伸。在一个大型城市或都市地区，一个MAN网络通常连接着多个LAN网。如连接政府机构的LAN、医院的LAN、电信的LAN、公司企业的LAN等。由于光纤连接的引入，使MAN中高速的LAN互联成为可能。

3. 广域网

这种网络也称为远程网，所覆盖的范围比城域网（MAN）更广，它一般是在不同城市之间的LAN或者MAN网络互联，地理范围可从几百公里到几千公里。因为距离较远，信息衰减比较严重，所以这种网络一般是要租用专线，通过IMP（接口信息处理）协议和线路连接起来，构成网状结构，解决寻径问题。这种广域网因为所连接的用户多，总出口带宽有限。

4. 无线网

无线网络是采用无线通信技术实现的网络。无线网络既包括允许用户建立远距离无线连接的全球语音和数据网络，也包括为近距离无线连接进行优化的红外线技术及射频技术，与有线网络的用途十分类似。最大的不同在于传输媒介的不同，利用无线电技术取代网线，可以和有线网络互为备份。在无线局域网里，常见的设备有无线网卡、无线网桥、无线天线等。

9.2 自动控制

自动控制是指在没有人直接参与的情况下，利用外加的设备或装置（称控制装置或控制器），使机器、设备或生产过程（统称被控对象）的某个工作状态或参数（即被控量）自动地按照预定的规律运行。

9.2.1　自动控制概述

1. 自动控制基础

“控制”是一个很一般的概念或术语，在人们的日常生活中随处可见。实际上自然界中的任何事物都受到不同程度的控制。但在自动控制原理中，“控制”是指为了克服各种扰动的影响，达到预期的目标，对生产机械或过程中的某一个或某一些物理量进行的操作。例如，日常生活中，对房屋的室内温度、汽车的方向和速度、洗衣机的控制；工业生产过程中，对电网电压、电机转速、锅炉的温度和压力、机器人的控制；生物工程中的人体温度和血压以及市场经济中的商品质量和价格的控制；航空航天工业中，对航天飞机的发射、飞行器的姿态控制等。这些都是在自动控制原理中涉及的控制问题。在这里，房屋、汽车、电网、电机、锅炉、航天飞机、飞行器等称为被控对象，室内的温度、汽车的方向和速度、电网的电压、电机的转速、航天飞机发射时的角度和速度、飞行器的姿态等称为被控变量（简称被控量）。

在对被控量进行控制时，按照系统中是否有人参与，可分为人工控制和自动控制。若由人来完成对被控量的控制，称为人工控制；若由自动控制装置代替人来完成这种操作，称为自动控制。

2. 自动控制系统的基本形式

自动控制系统种类繁多，有机械的、电子的、液压的、气动的等。虽然这些控制系统的功能和复杂程度都各不相同，但就其基本结构形式而言，可分为开环控制系统和闭环控制系统两种类型。

1）开环控制系统

如果系统的输出量与输入量间不存在反馈的通道，这种控制方式称为开环控制系统。开环控制系统结构如图 9-1 所示。由于在开环控制系统中，控制器与被控对象之间只有顺向作用而无反向联系，系统的被控变量对控制作用没有任何影响，系统的控制精度完全取决于所用元器件的精度和特性调整的准确度。因此，开环系统只有在输出量难于测量且要求控制精度不高以及扰动的影响较小或扰动的作用可以预先加以补偿的场合，才得以广泛应用。对于开环控制系统，只要控制对象稳定，系统就能稳定地工作。

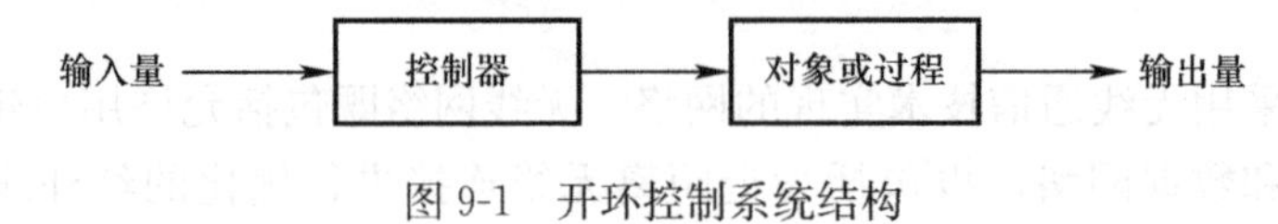

图 9-1　开环控制系统结构

2）闭环控制系统

通常，在实际控制系统中，扰动是不可避免的。为了克服开环控制系统的缺陷，提高系统的控制精度以及在扰动作用下系统的性能，人们在控制系统中将被控量反馈到系统输入端，对控制作用产生影响，这就构成了闭环控制系统，如图 9-2 所示。

这种通过负反馈产生偏差，并根据偏差的信息进行控制，以达到最终消除偏差或使偏差减小到容许范围内的控制原理，称为负反馈控制原理，简称反馈控制原理。因此，闭环控制系统又称为反馈控制系统或偏差控制系统。

通常，在闭环控制系统中，从系统输入量到系统被控量之间的通道称为前向通道，从被控量到输入端的反馈信号（用以减少或增加输入量的作用）之间的通道称为反馈通道。

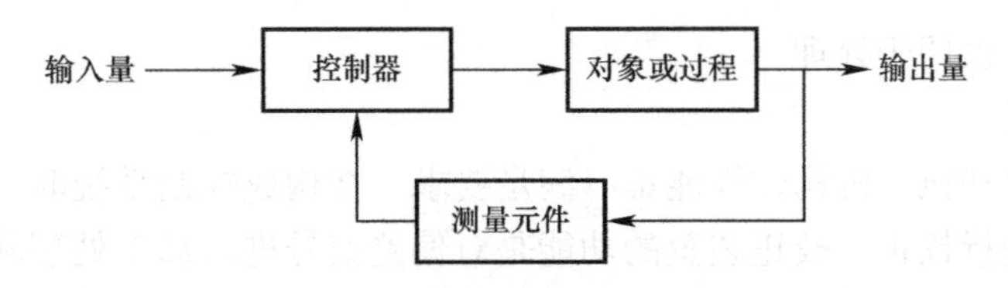

图 9-2 闭环控制系统结构

用“○”号代表比较元件，“−”号代表两者符号相反，“+”号代表两者符号相同。信号沿箭头方向从输入端到达输出端的传输通路称前向通路；系统输出量经测量元件反馈到输入端的传输通路称主反馈通路。前向通路与主反馈通路共同构成主回路。此外，还有局部反馈通路以及由它构成的内回路。

虽然闭环控制系统根据被控对象和具体用途的不同，可以有各种各样不同的结构形式。但是，就其工作原理来说，闭环控制系统是由给定装置（输入量）、比较元件、校正装置（串联补偿）、放大元件、执行机构、检测元件和被控对象组成的，如图 9-3 所示。图中的每一个方块，代表一个具有特定功能的装置或元件。

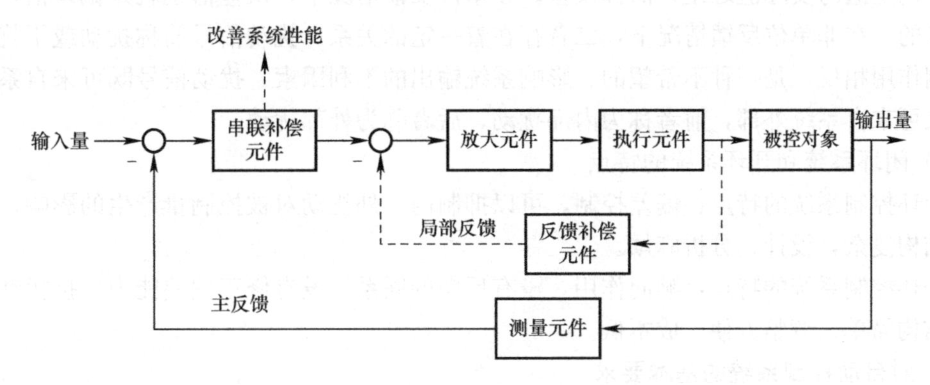

图 9-3 闭环控制系统结构原理图

（1）给定装置

其功能是给出与期望的被控量相对应的系统输入量（即参考输入信号或给定值）。

（2）比较元件

其功能是将检测元件测量到的被控量的实际值，与给定装置提供的给定值进行比较，求出它们之间的偏差。

（3）放大元件

比较元件通常位于低功率的输入端，由于提供的偏差信号通常很微弱，因此须用放大元件将其放大，以便推动执行机构去控制被控对象。如果偏差是电信号，则可用集成电路和晶闸管等元器件所构成的电压放大器和功率放大器来进行放大。

（4）执行机构

其功能是执行控制作用并驱动被控对象，使被控量按照预定的规律变化。

（5）检测元件

其功能是测量被控制的物理量，并将其反馈到系统输入端。在闭环控制系统中检测元件及相关的元器件构成系统的反馈装置。如果被测量的物理量为电量，一般用电阻、电位器、电流互感器和电压互感器等来测量；如果被测量的物理量为非电量，通常检测元件应将其转换为电量，以便于处理。

（6）校正装置

由于被控对象和执行机构的性能难以满足要求，在构成控制系统时，通常需要引入校正装置对其性能进行校正。校正装置的功能是对偏差信号进行加工处理和运算，以形成合适的控制作用，或形成适当的控制规律，从而使系统的被控量按预定的规律变化。通常在控制系统中，将校正装置和放大器组合在一起构成一个器件，称为控制器。在有计算机参与的控制系统中，往往用计算机（或微处理器）作为控制器。

在闭环系统方块图中，输入信号是指参考输入，又称给定量、给定值或输入量。它是控制着输出量变化规律的指令信号。输出信号是指被控对象中要求按一定规律变化的物理量，又称被控量或输出量，它与输入信号之间满足一定的函数关系。反馈信号是由系统（或元件）输出端取出并反向送回系统（或元件）输入端的信号。反馈有主反馈和局部反馈、正反馈和负反馈之分。在反馈通道中，当反馈信号与输出信号相等时，称为单位反馈。偏差信号是指输入信号与主反馈信号之差，偏差信号简称偏差。误差信号是指系统被控制量期望值与实际值之差，简称误差。在单位反馈情况下，误差值也就是偏差值，二者是相等的。在非单位反馈情况下，二者存在着一定的关系。扰动信号简称扰动或干扰，它与控制作用相反，是一种不希望的、影响系统输出的不利因素。扰动信号既可来自系统内部，又可来自系统外部，前者称为内部扰动，后者称为外部扰动。

3）闭环系统和开环系统的特点

闭环控制系统的特点：偏差控制，可以抑制内、外扰动对被控制量产生的影响。精度高、结构复杂，设计、分析麻烦。

开环控制系统的特点：顺向作用，没有反向的联系，没有修正偏差能力，抗扰动性较差。结构简单、调整方便、成本低。

3. 对自动控制系统的基本要求

自动控制系统的基本任务是：根据被控对象和环境的特性，在各种扰动因素作用下，使系统的被控量能够按照预定的规律变化。对于恒值控制系统来说，要求系统的被控量维持在期望值附近；对于随动控制系统而言，要求系统的被控量紧紧跟随输入量的变化。无论是哪类控制系统，当系统受到扰动的作用或者输入量发生变化后，系统的响应过程都是相同的。因此，对系统的基本要求也都是相同的，可以归结为稳定性、快速性和准确性，即稳、快、准的要求。

1）稳定性

稳定性是保证控制系统能够正常工作的先决条件。对于稳定的系统来说，当系统受到扰动的作用或者输入量发生变化时，被控量会发生变化，偏离给定值。由于控制系统中一般都含有储能元件或惯性元件，而储能元件的能量不可能突变，因此，被控量不可能马上恢复到期望值，或者达到一个新的平衡状态，而总是要经过一定的过渡过程，我们把这个过渡过程称为瞬态过程，而把被控量达到的平衡状态称为稳态。

2）快速性

为了更好地完成控制任务，控制系统仅仅满足稳定性要求是不够的，还必须对其瞬态过程的形式和快慢提出要求，一般称为瞬态性能。通常希望系统的瞬态过程既要快（快速性好）又要平稳（即平稳性高）。

3）准确性

对于一个稳定的系统而言，当瞬态过程结束后，系统被控量的实际值与期望值之差称为稳态误差，它是衡量系统稳态精度的重要指标。通常希望系统的稳态误差尽可能地小。即希望系统具有较高的控制准确度和控制精度。

9.2.2 可编程控制器的基本工作原理

1. 可编程控制器概述

可编程控制器是20世纪60年代末在继电器控制系统的基础上开发出来的，最初叫做可编程逻辑控制器（Programmable Logical Controller），即PLC。经过几十年的发展，PLC不仅能实现继电器控制所具有的逻辑判断、计时、计数等顺序控制功能，同时还具有了执行算术运算、对模拟量进行控制等功能。

当前PLC的生产厂家有许多，世界上产销量大，尤其是在我国较为广泛使用的厂家主要有：德国的西门子（Siemens）、AEG及法国的施耐德公司；美国的AB（Allen-Bradley）（其产品约占美国PLC市场50%的份额）、GE（General Electric）、莫迪康（Modicon）公司、德州仪器（T1）公司、歌德（Gould）公司、西屋公司；日本的三菱电机（Mitsubishi Electric）、欧姆龙（Omron）。目前，中国大陆市场还有韩国、中国台湾等的PLC产品；现在市场上出现了系列化的国产PLC，其价格相对低廉，性价比较高。

1）可编程控制器的特点

一个PLC本质上是具有特殊体系结构的工业计算机，只不过它比一般的计算机具有更强的与工业过程相连的接口，具有更适用于控制要求的编程语言。主要有以下特点：通用性强，使用方便；功能强，适应面广；可靠性高，抗干扰能力强；控制程序可变，具有很好的柔性；编程方法简单，容易掌握；PLC控制系统的设计、安装、调试和维修工作少，极为方便；体积小、重量轻、功耗低。

2）可编程控制器的分类

（1）按I/O点数分类

PLC所能接收的输入信号个数和输出信号个数分别称为PLC的输入点数和输出点数。其输入、输出点数的数目之和称为PLC的输入/输出点数，简称I/O点数。I/O点数是选择PLC的重要依据之一。

一般而言，PLC控制系统处理的I/O点数较多时，则控制关系比较复杂，用户要求的程序存储器容量也较大，要求PLC指令及其他功能比较多。按PLC输入、输出点数的多少可将PLC分为小型机、中型机、大型机三类。

（2）按结构形式分类

按照PLC的结构特点可分为整体式、模块式两大类。

整体式结构是把PLC的CPU、存储器、输入/输出单元、电源等集成在一个基本单元中，其结构紧凑，体积小，成本低，安装方便。基本单元上设有扩展端口，通过电缆与扩展单元相连，可配接特殊功能模块。微型和小型PLC一般为整体式结构，S7-200系列属整体式结构。

模块式结构的PLC由一些模块单元构成，这些标准模块包括CPU模块、输入模块、输出模块、电源模块和各种特殊功能模块等，使用时将这些模块插在标准机架内即可。各模块功能是独立的，外形尺寸是统一的。模块式 PLC 的硬件组态方便灵活，装配和维修方便，易于扩展。

2. 可编程控制器的功能

1）主要基本性能

可编程控制器具有顺序控制、定时、计数、逻辑运算和四则运算等基本控制功能；通电检查和指示故障软件功能；一般都提供 RS-232-C 串行通信接口，以便连接打印机或其他类型的机器，如管理计算机等；功能较强的 PLC 还具有连接成局域控制网络的专用通信接口，甚至是双路备份式通信接口。

2）PLC 的高级性能

一般超小规模和小规模的 PLC 只具有基本功能，高级功能只有中型机以上的机型才有。比如：①数据传送和矩阵处理功能。②PID 调节功能；ASCII 代码操作功能，可适应连接多种终端设备，且可用 ASCII 代码直接编程。③远程 I/O 功能，I/O 通道可以分散安装在被控设备附近，以减少现场电缆布线和系统成本。④智能 I/O 模块，如高速计数器、热电偶或热电阻直接输入组件、PID 调节功能组件、BCD 码输入组件、温度控制组件、阀门控制组件、位置控制组件等。⑤图形显示功能，借助于图形显示软件包和计算机屏幕显示，可方便和直观地显示被控设备或生产过程的运行工况。⑥联网功能。⑦通过数据公路（Data Highway）连接多台 PLC，或将 PLC 和管理计算机连接，以构成控制网络。

3. 可编程控制器的结构

PLC 的基本组成包括硬件与软件两部分。

1）PLC 的硬件

PLC 的硬件由中央处理器（CPU）、存储器、输入接口、输出接口、通信接口、电源等组成。PLC 的软件由系统程序和用户程序组成。其结构如图 9-4 所示。

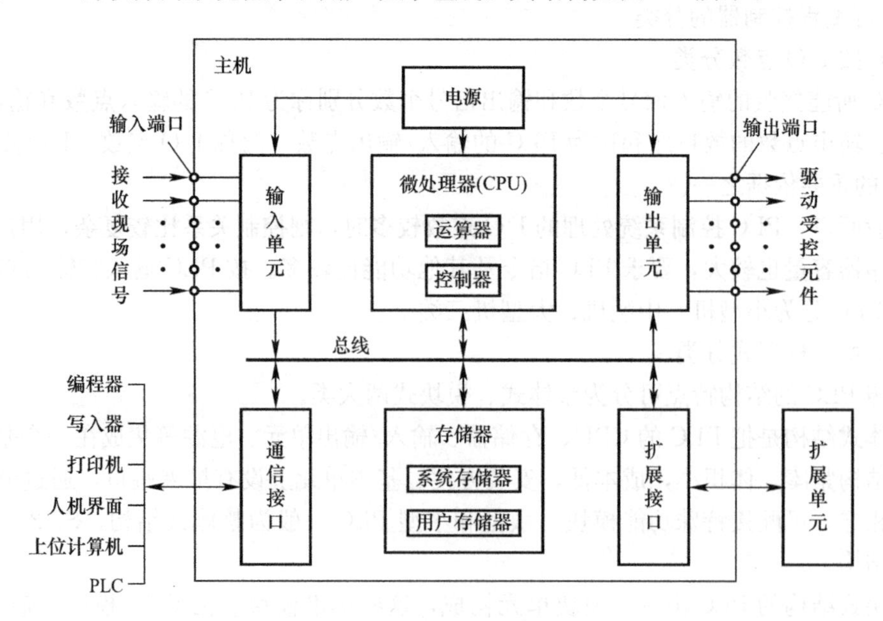

图 9-4　PLC 的基本组成结构

(1) 中央处理器 (CPU)

一般由控制器、运算器和寄存器组成，这些电路都集成在一个芯片内。CPU通过数据总线、地址总线和控制总线与存储单元、输入/输出接口电路相连接。与一般的计算机一样，CPU是整个PLC的控制中枢，它按PLC中系统程序赋予的功能指挥PLC有条不紊地进行工作。CPU主要完成下述工作：接收、存储用户通过编程器等输入设备输入的程序和数据；用扫描的方式通过I/O部件接收现场信号的状态或数据，并存入输入映像寄存器或数据存储器中；诊断PLC内部电路的工作故障和编程中的语法错误等；PLC进入运行状态后，执行用户程序，完成各种数据的处理、传输和存储相应的内部控制信号，以完成用户指令规定的各种操作；响应各种外围设备（如编程器、打印机等）的请求。

(2) 存储器

PLC系统中的存储器主要用于存放系统程序、用户程序和工作状态数据。PLC的存储器包括系统存储器和用户存储器。

系统存储器用来存放由PLC生产厂家编写的系统程序，并固化在ROM内，用户不能更改。它使PLC具有基本的功能，能够完成PLC设计者规定的各项工作。系统程序质量的好坏很大程度上决定了PLC的性能。

用户存储器包括用户程序存储器（程序区）和数据存储器（数据区）两部分。用户程序存储器用来存放用户针对具体控制任务采用PLC编程语言编写的各种用户程序。用户程序存储器根据所选用的存储器单元类型的不同（可以是RAM、EPROM或EEPROM存储器），其内容可以由用户修改或增删。用户数据存储器可以用来存放（记忆）用户程序中所使用器件的ON/OFF状态和数据等。用户存储器的大小关系到用户程序容量的大小，是反映PLC性能的重要指标之一。

为了便于读出、检查和修改，用户程序一般存于CMOS静态RAM中，用锂电池作为后备电源，以保证掉电时不会丢失信息。为了防止干扰对RAM中程序的破坏，当用户程序经过运行正常，不需要改变时，可将其固化在只读存储器EPROM中。现在有许多PLC直接采用EEPROM作为用户存储器。

工作数据是PLC运行过程中经常变化、经常存取的一些数据。存放在RAM中，以适应随机存取的要求。在PLC的工作数据存储器中，设有存放输入输出继电器、辅助继电器、定时器、计数器等逻辑器件的存储区，这些器件的状态都是由用户程序的初始设置和运行情况而确定的。根据需要，部分数据在掉电时用后备电池维持其现有的状态，这部分在掉电时可保存数据的存储区域称为保持数据区。

存储器主要有两种，一种是可读/写操作的随机存储器RAM，另一种是只读存储器或可擦除可编程的只读存储器ROM、PROM、EPROM和EEPROM。

(3) 输入/输出接口

输入/输出接口是PLC与现场I/O设备或其他外部设备之间的连接部件。PLC通过输入接口把外部设备（如开关、按钮、传感器）的状态或信息读入CPU，通过用户程序的运算与操作，把结果通过输出接口传递给执行机构（如电磁阀、继电器、接触器等）。

在输入/输出接口电路中，一般均配有电子变换、光耦合器和阻容滤波等电路，以实现外部现场的各种信号与系统内部统一信号的匹配和信号的正确传递，PLC正是通过这种接口实现了信号电平的转换。发光二极管（LED）用来显示某一路输入端子是否有信号输入。当系统的I/O点数不够时，可通过PLC的I/O扩展接口对系统进行扩展。

各种PLC的输入接口电路结构大都相同，按其接口接收的外信号电源划分有两种类型：直流输入接口电路、交流输入接口电路。其作用是把现场的开关量信号变成PLC内部处理的标准信号。PLC的输入接口电路如图9-5所示。

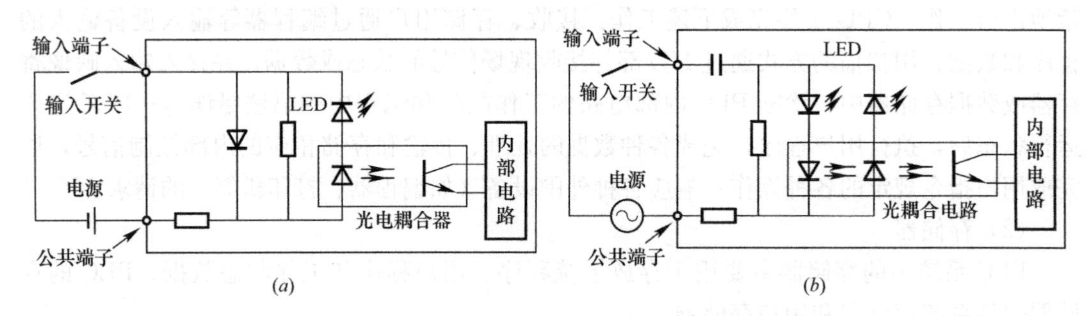

图9-5 PLC的输入接口电路

(*a*) 直流输入接口电路；(*b*) 交流输入接口电路

在输入接口电路中，每一个输入端子可接收一个来自用户设备的离散信号，即外部输入器件可以是无源触点，如按钮、开关、行程开关等，也可以是有源器件，如各类传感器、接近开关、光电开关等。在PLC内部电源容量允许的条件下，有源输入器件可以采用PLC输出电源（24V），否则必须外设电源。

在图9-5（*a*）所示的直流输入接口电路中，当输入开关闭合时，光敏晶体管接收到光信号，并将接收的信号送入内部状态寄存器。即当现场开关闭合时，对应的输入映像寄存器为“1”状态，同时该输入端的发光二极管（LED）点亮；当现场开关断开时，对应的输入映像寄存器为“0”状态。光电耦合器隔离了输入电路与PLC内部电路的电气连接，使外部信号通过光电耦合变成内部电路能接收的标准信号。

图9-5（*b*）所示的交流输入接口电路中，当输入开关闭合时，经双向光电耦合器，将该信号送至PLC内部电路，供CPU处理，同时发光二极管（LED）点亮。

为适应不同负载需要，各类PLC的输出都有三种类型的接口电路，即继电器输出、晶体管输出、晶闸管输出，如图9-6所示。其作用是把PLC内部的标准信号转换成现场执行机构所需的开关量信号，驱动负载。发光二极管（LED）用来显示某一路输出端子是否有信号输出。

图9-6（*a*）所示的继电器输出型接口电路中，当CPU根据用户程序的运算把输出信号送入PLC的输出映像区后，通过内部总线把输出信号送到锁存器中。当输出锁存器的对应位为“1”时，其对应的发光二极管（LED）导通发光，继电器的线圈带电，其触点则把负载和电源连通起来，使得负载获得电流；当输出锁存器的对应位为“0”时，其对应的发光二极管（LED）不导通，线圈不带电，其触点则把负载L和电源隔断，使得负载不会获得电流。

图9-6（*b*）所示的晶体管输出型接口电路中，当输出锁存器的对应位为“1”时，其对应的晶体管导通，把负载和电源连通起来，使得负载获得电流，发光二极管（LED）导通；当输出锁存器的对应位为“0”时，其对应的晶体管截止，把负载和电源隔断，使得负载不会获得电流，发光二极管（LED）不导通。

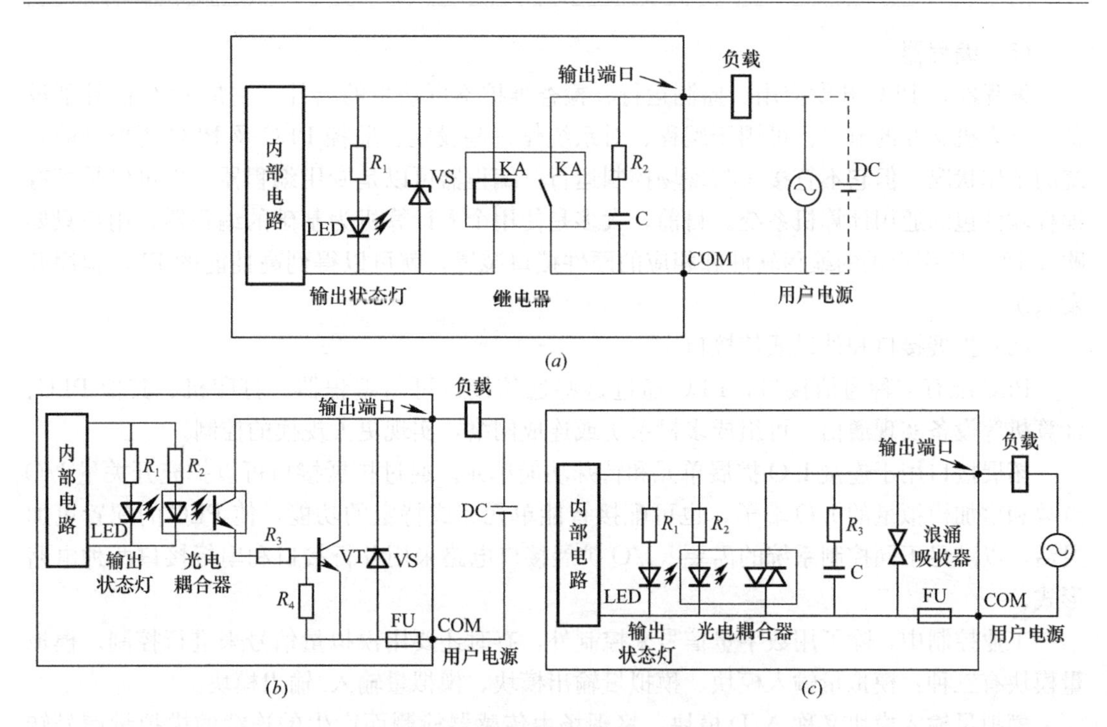

图 9-6 PLC 的输出接口电路

(*a*) 继电器输出型接口电路；(*b*) 晶体管输出型接口电路；(*c*) 晶闸管输出型接口电路

图 9-6 (*c*) 所示的晶闸管输出型接口电路中，当输出锁存器的对应位为“1”时，其对应的光耦合器导通，把负载和电源连通起来，使得负载获得电流，发光二极管(LED) 发光。当输出锁存器的对应位为“0”时，由于负载电源过零，其对应的光耦合器截止，把负载和电源隔断，使得负载不会获得电流，发光二极管 (LED) 不导通。

上述三种类型的输出接口电路中，继电器输出型最常用，它适用于交、直流负载，其特点是带负载能力强，但动作频率与相应速度慢。晶体管输出型适用于直流负载，其特点是动作频率高，相应速度快，但带负载能力小。晶闸管输出型适用于交流负载，相应速度快，带负载能力不强。

在输出接口电路中，外部负载直接与 PLC 输出端子相连，负载电源由用户根据负载要求自行配备。在实际应用中，在考虑外驱动电源时，需考虑输出器件的类型，同时 PLC 输出端子的输出电流不能超出其额定值。

(4) 电源部分

PLC 内部配有一个专用开关型稳压电源，它将交流/直流供电电源变换成系统内部各单元所需的电源，即为 PLC 各模块的集成电路提供工作电源。

PLC 一般使用 220V 的交流供电电源。PLC 内部的开关电源对电网提供的电源要求不高，与普通电源相比，PLC 电源稳定性好、抗干扰能力强。许多 PLC 都向外提供直流 24V 稳压电源，用于对外部传感器供电。

对于整体式结构的 PLC，通常电源封装在机壳内部；对于模块式 PLC，有的采用单独电源模块，有的将电源与 PLC 封装到一个模块中。

（5）编程器

编程器是PLC开发应用、监测运行、检查维护不可缺少的器件。它是PLC的外部设备，是人机交互的窗口。可用于编程、对系统作一些设定、监控PLC及PLC所控制的系统的工作状况，但它不直接参与现场控制运行。编程器可以是专用编程器，也可以是配有编程软件包的通用计算机系统。目前，大多是使用个人计算机为基础的编程器，用户只要购买PLC厂家提供的编程软件和相应的硬件接口装置，就可以得到高性能的PLC程序开发系统。

（6）扩展接口和外设通信接口

PLC配有多种通信接口，PLC通过这些通信接口可与编程器、打印机、其他PLC、计算机等设备实现通信。可组成多机系统或连成网络，实现更大规模的控制。

拓展接口用于连接I/O扩展单元和特殊功能单元。通过扩展接口可以扩充开关量I/O点数和增加模拟量的I/O端子，也可配接智能单元完成特定的功能，使PLC的配置更加灵活，以满足不同控制系统的需要。I/O扩展接口电路采用并行接口和串行接口两种电路形式。

工业控制中，除了用数字量信号来控制外，有时还要用模拟量信号来进行控制。模拟量模块有三种：模拟量输入模块、模拟量输出模块、模拟量输入/输出模块。

模拟量输入模块又称A/D模块，将现场由传感器检测而产生的连续的模拟量信号转换成PLC的CPU可以接收的数字量，一般多为12位二进制数，数字量位数越多的模块，分辨率就越高。

模拟量输出模块又称为D/A模块，把PLC的CPU送往模拟量输出模块的数字量转换成外部设备可以接收的模拟量（电压或电流）。模拟量输出模块所接收的数字信号一般多为12位二进制数，数字量位数越多的模块，分辨率就越高。

2）PLC的软件

PLC控制系统的软件主要包括系统软件和用户程序。系统软件由PLC厂家固化在存储器中，用于控制PLC的运作。用户程序由使用者编制录入，保存在用户存储器中，用于控制外部对象的运行。

（1）系统软件

系统软件包括系统管理程序、用户指令解释程序、标准程序模块及系统调用。整个系统软件是一个整体，它的质量很大程度上影响了PLC的性能。通常情况下，进一步改进和完善系统软件就可以在不增加任何设备的条件下大大改善PLC的性能，使其功能越来越强。

（2）用户程序

PLC的程序一般由三个部分构成：用户程序、数据块和参数块。用户程序是必选项，数据块和参数块是可选部分。用户程序即应用程序，是用户针对具体控制对象编制的程序。PLC是通过在RUN方式下，循环扫描执行用户程序来完成控制任务的，用户程序决定了一个控制系统的功能。一个完整的用户程序应当包含一个主程序、若干子程序和若干中断程序三大部分。

4. PLC可编程控制器的基本工作原理

PLC是按集中输入、集中输出，周期性循环扫描的方式进行工作的。

每一次循环扫描所用的时间称为一个扫描周期。对每个程序，CPU 从第一条指令开始执行，按顺序逐条地执行指令作周期性的程序循环扫描，如果无跳转指令，则从第一条指令开始逐条顺序执行用户程序，直至结束又返回第一条指令，如此周而复始不断循环。PLC 在每次扫描工作过程中除了执行用户程序外，还要完成内部处理、输入采样、通信服务、程序执行、自诊断、输出刷新等工作。PLC 工作的全过程包括三个部分，即上电处理、扫描过程和出错处理。

PLC 有很强的自诊断功能，PLC 每扫描一次执行一次自诊断检查，确定 PLC 自身的动作是否正常，如电源检测、内部硬件是否正常、程序语法是否有错等。如检查出异常时，CPU 面板的 LED 及异常继电器会接通，在特殊寄存器中会存入出错代码；CPU 能根据错误类型和程度发出信号，甚至进行相应的出错处理，使 PLC 停止扫描或强制变成 STOP 状态。

PLC 运行正常时，扫描周期的长短与用户应用程序的长短、CPU 的运算速度、I/O 点的情况等有关。通常用 PLC 执行 1KB 指令所需时间来说明其扫描速度（一般 1～10ms/KB）。值得注意的是，不同指令执行时间是不同的，故选用不同指令所用的扫描时间将会不同。若用于高速系统要缩短扫描周期时，可从软硬件上同时考虑。PLC 周期性循环扫描工作方式的显著特点是：可靠性高、抗干扰能力强，但响应滞后、速度慢。

PLC 执行程序的过程分为三个阶段，即输入采样阶段、程序执行阶段、输出刷新阶段，如图 9-7 所示。

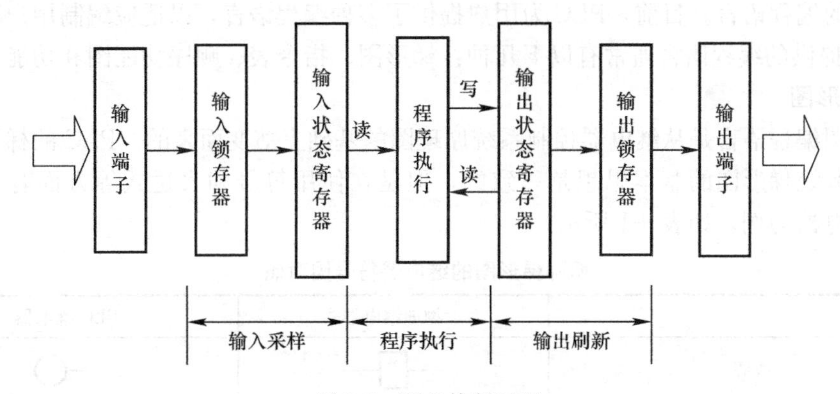

图 9-7　PLC 执行过程

1）输入采样阶段

在这一阶段中，PLC 以扫描方式读入所有输入端子上的输入信号，并将各输入状态存入对应的输入映像寄存器中。此时，输入映像寄存器被刷断。在程序执行阶段和输出刷新阶段中，输入映像存储器与外界隔离，其内容保持不变，直至下一个扫描周期的输入扫描阶段，才被重新读入的输入信号刷新。可见，PLC 在执行程序和处理数据时，不直接使用现场当时的输入信号，而使用本次采样时输入到映像区中的数据。一般来说，输入信号的宽度要大于一个扫描周期，否则可能造成信号的丢失。

2）程序执行阶段

在执行用户程序过程中，PLC 按照梯形图程序扫描原则，一般来说，PLC 按从左至右、从上到下的步骤逐个执行程序。但遇到程序跳转指令，则根据跳转条件是否满足来决定程序跳转地址。程序执行过程中，当指令中涉及输入、输出状态时，PLC就从输入映像寄存器中“读入”对应输入端子状态，从输出映像寄存器“读入”对应元件（“软继电器”）的当前状态。然后进行相应的运算，运算结果再存入输出映像寄存器中。对输出映像寄存器来说，每一个元件（“软继电器”）的状态会随着程序执行过程而变化。

3）输出刷新阶段

程序执行阶段的运算结果被存入输出映像区，而不送到输出端口上。在输出刷新阶段，PLC将输出映像区中的输出变量送入输出锁存器，然后由锁存器通过输出模块产生本周期的控制输出。如果内部输出继电器的状态为“1”，则输出继电器触点闭合，经过输出端子驱动外部负载。全部输出设备的状态要保持一个扫描周期。

当PLC的输入端输入信号发生变化，PLC输出端对该输入变化作出反应需要一段时间，这种现象称为PLC输入/输出响应滞后。扫描周期的长短主要取决于程序的长短，扫描周期越长，响应速度越慢。由于每一个扫描周期只进行一次I/O刷新，即每一个扫描周期PLC只对输入、输出状态寄存器更新一次，故使系统存在输入、输出滞后现象，这在一定程度上降低了系统的响应速度。

9.2.3 PLC的编程语言

PLC的编程语言与一般计算机语言相比具有明显的特点，它既不同于一般高级语言，也不同于一般汇编语言，它既要易于编写又要易于调试。目前，还没有一种对各厂家产品都能兼容的编程语言。目前，PLC为用户提供了多种编程语言，以适应编制用户程序的需要，PLC提供的编程语言通常有以下几种：梯形图、指令表、顺序功能图和功能块图。

1. 梯形图

梯形图编程语言是从继电器控制系统原理图的基础上演变而来的。PLC的梯形图与继电器控制系统梯形图的基本思想是一致的，但是在使用符号和表达式等方面有一定的区别，以继电器为例，如表9-1所示。

两种梯形图的继电器符号图对照　　表9-1

		物理继电器	PLC继电器
线圈			
触点	常开		
	常闭		

梯形图具有形象、直观、简单明了、易于理解的特点，特别适合开关量逻辑控制，是PLC最基本、最普遍的编程语言。

PLC每一个继电器都对应着内部的一个寄存器位，该位为“1”态时，相当于继电器接通；为“0”态时，则相当于继电器断开（图9-8）。

2. 语句表（STL）

语句表是用助记符来表达PLC的各种功能。它类似计算机的汇编语言，但比汇编语言通俗易懂，也是较为广泛应用的一种编程语言。使用语句表编程时，编程设备简单，逻辑紧凑、系统化，连接范围不受限制，但比较抽象。一般可以与梯形图互相转化，互为补充。目前，大多数PLC都有语句表编程功能。

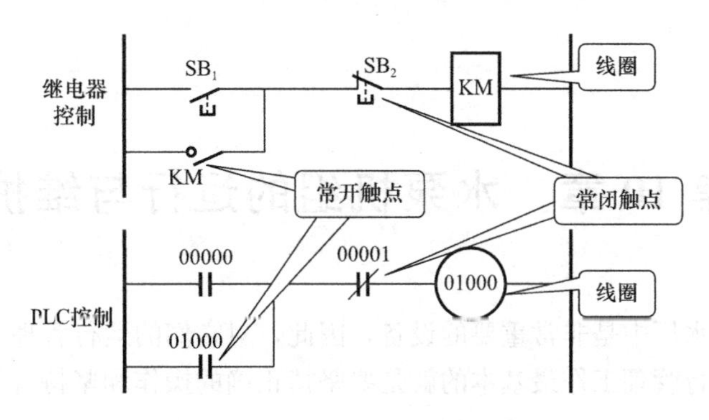

图 9-8 两种控制梯形图的对照

LD	00000；	表示逻辑操作开始
OR	01000；	表示常开触点 01000 与前面的触点并联
AND NOT	00001；	表示常闭触点 00101 与前面的触点串联
OUT	01000；	表示前面的逻辑运算结果输出给 01000
END		表示程序结束

3. 顺序功能图（SFC）

顺序功能图编程是一种图形化的编程方法，亦称功能图。它的编程方式采用画工艺流程图的方法编程，只要在每个工艺方框的输入和输出端，标上特定的符号即可。采用顺序功能图编程，可以使具有并发、选择等复杂结构的系统控制程序大为简化。许多 PLC 都提供了用于 SFC 编程的指令，它是一种效果显著、深受欢迎的编程语言。

4. 功能块图（FBD）

逻辑功能图是一种由逻辑功能符号组成的功能块来表达命令的图形语言，如图 9-9 所示，这种编程语言基本上沿用了半导体逻辑电路的逻辑方块图。对每一种功能都使用一个运算方块，其运算功能由方块内的符号确定。对于熟悉逻辑电路和具有逻辑代数基础的人员来说，使用非常方便。

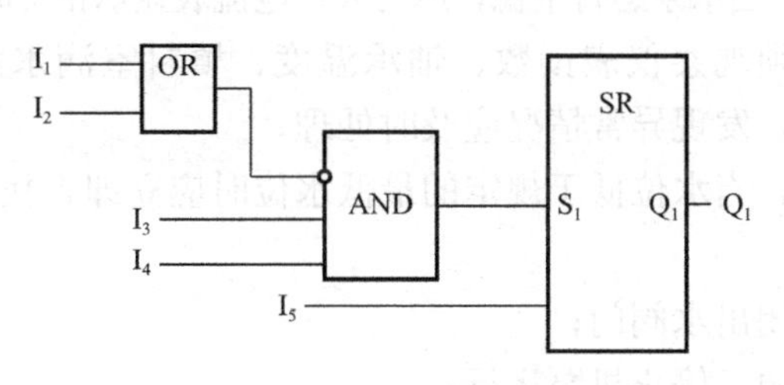

图 9-9 功能块图

第10章　水泵机组的运行与维护

水泵机组在供水厂中是非常重要的设备，因此，对它们的运行管理必须给予足够的重视。水泵机组的运行管理工作最基本的就是要坚持正确的操作和坚持有效的监测、维护保养与检修。

10.1　离心泵机组的运行

10.1.1　离心泵的运行

1. 离心泵的典型操作规程

1）水泵运行前的准备

（1）水泵较长时间不运行，在投入运行前应按出水旋转方向盘车，检查泵内是否有异物及阻滞现象；

（2）检查清水池或吸水井的水位是否适于开机；

（3）检查进水阀门是否开启，出水阀门是否关闭；

（4）检查轴承处油质、油位，确保油量满足要求、油路畅通；

（5）检查冷却水封管调节阀门是否开启；

（6）非淹没式水泵进水时应用真空泵引水或向泵内注满水形成真空后方可开启电机。

2）水泵启动及运转检查

（1）启动按钮开关，当水泵运行平稳，压力表、电流表显示正常时，应缓慢开启出水阀；

（2）运转过程中必须观察仪表读数、轴承温度、填料室滴水和温升、泵的振动和声音、出水量等是否正常，发现异常情况应及时处理；

（3）巡查进水水位，当水位低于规定的最低水位时应立即查找原因并及时处理。

3）水泵停止运行

（1）停泵前应先关闭出水阀门；

（2）切断电动机电源，停止机泵运行；

（3）环境温度低于0℃时应将泵内水排净以免冻裂；

（4）做好关车的记录。

2. 离心泵的运行要求

一般根据工艺要求，清水池和吸水井都有一个最低水位限制，运行人员必须遵守此规定，并随时注意水位变化。

运行中要求泵进口处的真空度小于该流量下泵的允许吸上真空高度；或泵进口处的汽蚀余量大于水泵规定的必需汽蚀余量。

作为运行人员应掌握每台水泵的汽蚀特性并做到心中有数，能够从水泵运行时真空表的真空值或水位情况判断水泵是否产生了汽蚀。

泵的振动不应超过国家标准《泵的振动测量与评价方法》GB/T 29531 对应类别中的振动烈度 C 级的规定。由于泵的型号不同，振动允许值也不相同，应由技术管理人员提供并定期进行监测。

可用听针或电子监听器对水泵内部运行情况进行检测，如可以检测出轴承运行是否正常，泵内是否有异物等。

泵内的滚动轴承的运行温度不得超过 75℃，滑动轴承的运行温度不得超过 70℃。虽然大型机泵装有温度报警装置，但是运行人员仍应加强监测。

真空表和压力表就好像测量人体血压的血压计一样，用以测量水泵的吸入压力（低压）和出水压力（高压）是否正常，因此运行人员必须按时观察和记录，以判断水泵运行是否正常。同时，真空表和压力表的数值又是计算机泵单位配水电耗的必要依据。

运行人员应定时监测填料室滴水情况，填料室滴水每分钟约 30～60 滴为宜，这是为了提高水泵的容积效率和防止水封进气，减小轴套与填料之间的摩擦损失，避免发生过热而产生故障。故运行人员巡检中要注意观测填料室是否有水滴出，必要时应调整水封管上调节阀门，保证既有水封，又做到滴水不成串，达到既运行安全又节能的目的。

10.1.2 三相交流异步电动机的运行

1. 电动机的操作规程

1）电动机运行前的准备

（1）检查三相电源电压是否合乎规定；

（2）检查启动装置是否位置正确无误；

（3）检查轴承油位及冷却系统是否正常；

（4）电动机较长时间不运行，在投入运行前应作绝缘检测。

2）电动机运行时的检查

（1）检查工作电压、电流是否正常；

（2）检查轴承温度、轴承的油位、油色及油环的转动状况；

（3）检查电动机的振动及运行声音是否正常；

（4）检查电动机的温升。

3）电动机停止运行

（1）电动机正常停机后，检查状态指示是否正确无误；

（2）悬挂标示牌，做好关车记录。

2. 电动机的运行要求

对电动机各部分允许温度和温升的要求，根据国家行业标准《城镇供水厂运行、维护及安全技术规程》CJJ 58—2009 要求，电动机各部允许运行温度和温升如表 10-1 所示。

电动机各部允许运行温度和温升（℃） 表 10-1

名称		允许温度	允许温升	测定方式
定子绕组	A 级绝缘	100	60	电阻法
	E 级绝缘	110	70	
	B 级绝缘	120	80	

续表

名称		允许温度	允许温升	测定方式
定子绕组	F级绝缘	140	100	电阻法
	H级绝缘	165	125	
转子绕组	A级绝缘	105	60	电阻法
	E级绝缘	120	75	
	B级绝缘	130	85	
	F级绝缘	140	100	
	H级绝缘	165	125	
定子铁心	A级绝缘	105	60	温度法（用酒精温度计）
	E级绝缘	120	75	
	B级绝缘	130	85	
	F级绝缘	140	100	
	H级绝缘	165	125	
滑环	—	150	70	温度计法
轴承	滚动	95	—	温度计法
	滑动	80	—	

大型电动机一般在绕组内装有温度传感器，可随时知道电动机内温度状况，一般中、小型电动机没有传感器，这就需要运行人员用温度计或红外测温仪测量电动机温度状况。

电动机除启动过程外，运行电流一般不应超过额定值；不平衡电流不得超过10%。在不同冷却温度下，其运行电流宜符合表10-2的规定。

电动机运行电流　　表10-2

冷却空气（进风）温度（℃）	≤25	30	35	40	45	50
允许运行电流相当于额定电流 I_m 的倍数	1.080	1.050	1.000	0.950	0.900	0.850

由表10-2可以看到，电动机在进口冷却空气35℃时，运行电流可以等于电动机之额定电流；进口冷却空气温度高于35℃时，运行电流应低于电动机的额定电流。平均电动机进口冷却空气温度上升1℃时，运行电流应在额定电流的基础上降低1%；反之，进口冷却温度降低1℃时，运行电流可在额定电流的基础上增加1%，但原则上不提倡在超过额定电流的情况下运行。运行人员应按制度要求频次，检测和记录运行电流数据。

电动机的运行电压应在其额定电压的−10%～+10%的范围内变动。运行人员在启动前和运行中要注意电压值是否符合规定，因电压过高或过低对电动机的安全都有不利影响，故在电压过低或过高时都不应运行。运行人员应按制度要求频次，检测和记录运行电压数据。

电动机运行时轴承振动允许值，不应超过表10-3规定的数值。

电动机运行时轴承振动允许值　　表10-3

额定转速（r/min）	3000	1500	1000	750及以下
振动允许双振幅（mm）	0.050	0.085	0.100	0.120

同步电机或绕线式电机的电刷与滑环（或整流子）的接触面不应小于80%，滑环（或整流子）表面应无凹痕、清洁平滑；同步电动机的滑环极性应每年更换2～3次，同一极

性不应使用不同品质的电刷。

10.2 其他类型泵的运行

10.2.1 轴流泵、混流泵的运行

1. 轴流泵、混流泵的启动

(1) 启动前应盘车检查其转动是否灵活;

(2) 打开出水阀;

(3) 检查轴承处油位，确保油量满足要求、油路畅通;

(4) 向填料室上接管引注清洁压力水或向机械密封注入清洁压力水。

2. 轴流泵、混流泵的运转

(1) 运转过程中必须观察仪表读数、轴承温度、填料室滴水和温升、泵的振动和声音等是否正常，发现异常情况应及时处理;

(2) 检查进水水位，当水位低于规定的最低水位时，应立即查找原因并及时处理。

3. 轴流泵、混流泵的停泵

(1) 采用虹吸式的出水管路，在停机的同时，应开启真空破坏阀防止水倒流;

(2) 在冰冻季节，停泵后叶轮不应浸入水中。

10.2.2 水环式真空泵的运行

1. 水环式真空泵启动

(1) 长期停用的泵在启动前应盘车，检查其转动是否灵活。

(2) 打开真空泵进气阀、出气阀。

(3) 打开真空泵引水阀，向泵内灌水。真空泵的液面可由气水分离器上的玻璃管水位计上显示，宜控制在泵壳直径的2/3高。

(4) 启动电机抽气，调整填料压盖，检查填料冷却水滴水情况。

2. 水环式真空泵的运转

运转过程中必须观察真空表读数、管路有无漏气现象、泵壳及轴承温度、填料室滴水和温升、泵的振动和声音等是否正常，发现异常情况应及时处理。

3. 水环式真空泵的停泵

(1) 当达到机泵启动真空度要求后，关闭真空泵电机，进、出气阀门及引水阀。

(2) 将气水分离器内的水排空。

(3) 冰冻季节停泵后叶轮不应浸入水中。

10.2.3 潜水泵的运行

1. 潜水泵的启动

(1) 启动后观测电流声音、振动情况，开阀时应注意电流变化，并控制运行电流在电动机额定电流之内;

(2) 新装或大修后第一次运行时，运行4h后应停机，并迅速测试热态绝缘电阻，当

其值大于设备规定值时方可继续投入运行；

（3）潜水泵停机后如需再启动，间隔应在5min以上。

2. 潜水泵的运转

（1）运行过程中必须观察仪表读数、振动、声音、出水量是否正常，发现异常情况应及时处理；

（2）定期测量动、静水位；

（3）潜水泵应在动水位下运行；

（4）当出水管路无止回阀装置时，停泵前应先将出水阀门关闭再停机。

10.3 典型供水设备的安装、机组特性试验

10.3.1 卧式离心泵、电动机机组的安装

1. 安装前的准备

安装前要检查基础和地脚螺栓尺寸是否符合图纸、技术文件及有关方面要求；检查泵应无损坏；准备必要的安装设备和工具。

2. 安装

将泵放在基础上，用垫铁进行调整，使泵的纵、横向不水平度不超过0.1/1000mm，并确保进出口法兰中心线的水平高度适当；调整电动机，使泵和电机的轴心线同轴；对于采用弹性联轴器连接、配用填料密封的机组，联轴器间距允许偏差应符合表10-4的规定，轮缘对轴的跳动偏差应小于0.05mm；在调整水平和对中过程中，一般不能移动泵，防止泵受力变形；拧紧地脚螺栓。

联轴器间距允许公差（mm） **表10-4**

联轴器外径	间距	上下左右允许偏差
<300	3～4	<0.03
>300～500	4～6	<0.04
>500	6～8	<0.05

3. 进出水管的安装

进水管路、出水管路及辅助设备要有良好的支撑，不允许将泵作为管路的支撑点。泵与管路连接处不允许传递任何应力和变形。管路在靠近泵处应设可靠支撑，不能使泵承受管路的重量；在最初开启泵之前，要检查进水管道，要确保不漏气。管道设计和安装中不得有驻留空气的地方。

10.3.2 卧式离心泵机组特性试验

用理论分析的方法来绘制离心泵的性能曲线是很困难且不准确的。因此，在实际中泵的性能曲线是通过试验方法来测定并绘制的，离心泵性能试验装置如图10-1所示。

1. 流量

如果被测泵的流量不大，可采用容积法测定流量，也可用各种流量计测定流量。当泵

流量很大时，一般不用容积法，而采用流量计法。图 10-1 所示的试验装置可利用容积法测定流量。流量测量的误差对性能试验影响较大，因此，要保证流量的测量精度。容积法测流量的计算公式如下：

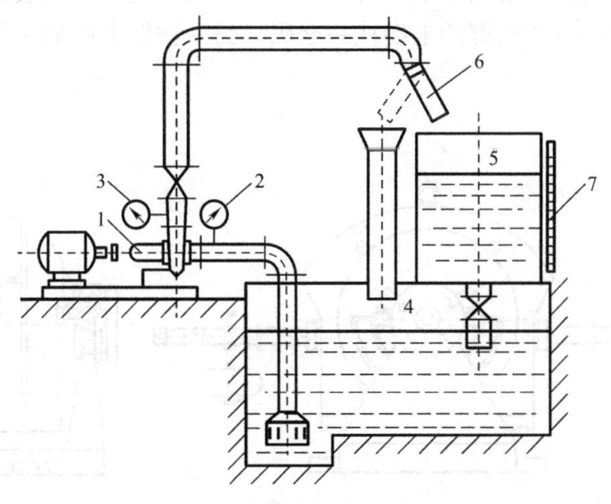

图 10-1 离心泵试验装置简图

1—离心泵；2—真空表；3—压力表；4—进水池；5—量水箱；6—活动出水管；7—量水玻璃管

$$Q=\frac{Ah}{t} \tag{10-1}$$

式中：Q——流量（m^3/s）；

A——量水箱截面积；

h——量水箱中的水面高度；

t——量水箱进水时间（s）。

2. 扬程测定

泵的扬程可按下式计算：

$$H=\frac{p_2-p_1}{\rho g}+z_2-z_1+\frac{v_2^2-v_1^2}{2g}\quad (\mathrm{m}) \tag{10-2}$$

式中：p_2、p_1——泵出、进口测点处压力表的读数（Pa）；

z_2、z_1——泵的出、进口测压点处压力表中心到基准面的垂直距离（m）；

v_2、v_1——泵出、进口测压点处断面上的平均流速（m/s）；

ρ——被测液体的密度（kg/m^3）；

g——重力加速度（m/s^2）；

H——扬程（m）。

如果进口为真空情况，则 p_1 前的“－”号改为“＋”号。

测压表或测压计尽可能安装在泵进出口附近，这样可以避免管路阻力对泵扬程的影响。如果因某种原因，测压点取在进口规定测压点之前和出口规定测压点之后，则应考虑管路损失，并计算出对应流量下测压点到规定点的水力损失 Δh_1 和 Δh_2，加在泵扬程之中。

3. 轴功率

直接测轴功率的方法有机械测功法和电测法。

1）机械测功法

它是用测功电机来测量电动机传给泵的力矩和测量转速的方法来求泵的功率。测功电机是用电动机改装而成。利用滚珠轴承将电动机的外壳支起来，使它能任意转动。在电动机外壳两旁装两铁臂，一个铁臂的末端挂一砝码，另一铁臂上则放一可调整的配重物，如图 10-2 所示。

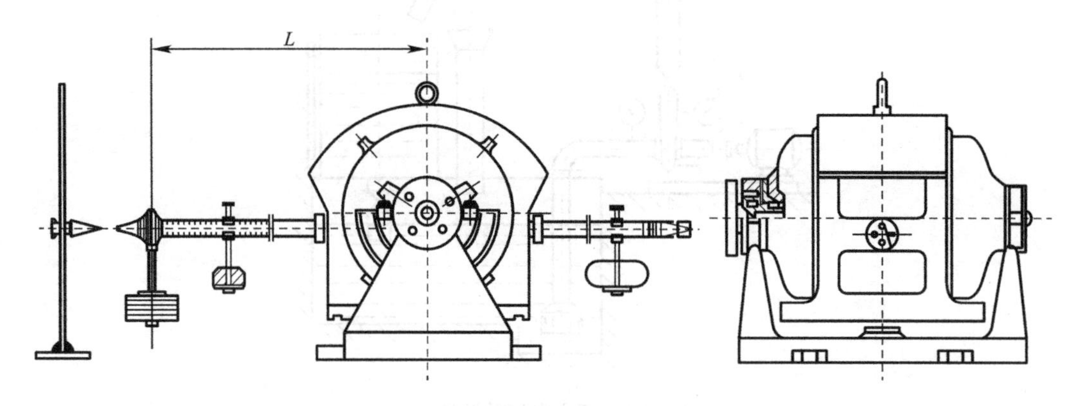

图 10-2　测功电机

砝码盘距电动机的中心距为铁臂的臂长 L，调整配重物，使电机天平的重心处于中心线上。由于电机天平与泵相连并驱动泵，因此在试验开始后，电机转子将传给电机外壳一个力矩，该力矩使电机发生偏转，为恢复电机天平的原来位置，必须在砝码盘中加砝码。若加砝码质量为 G 使电机天平恢复原位，则这时电机传给泵的力矩为：

$$M = GL \tag{10-3}$$

轴功率为：

$$N = \omega M = \frac{2\pi n}{60} \times \frac{GL}{75 \times 1.36} = \frac{GLn}{974} \quad (\text{kW}) \tag{10-4}$$

式中：n——电机直接驱动时泵的转速（r/min）；

G——砝码质量（kg）；

L——电机力臂长度（m）。

若取臂长 L=0.974m，则式（10-4）可简化为：

$$N = \frac{Gn}{1000} \quad (\text{kW}) \tag{10-5}$$

2）电测法

电测法是直接测出电机的输入功率，一般可用以下两种方法。

（1）电流电压表测量电机输入功率 N_g

$$N_g = \frac{\sqrt{3}UI\cos\varphi}{1000} \quad (\text{kW}) \tag{10-6}$$

式中：

U——线端平均电压（V）；

I——平均线电流（A）；

$\cos\varphi$——电机功率因数，可实测，也可按电机 $\cos\varphi$—N 性能曲线查得。

（2）用功率表直接读出电动机的输入功率 N_g

用上述方法测得电动机的输入功率 N_g 后，电机输出的轴功率为：

$$N = \eta_g N_g \quad (\text{kW}) \tag{10-7}$$

式中：η_g——电机效率。

4. 转速

转速的测定一般采用机械式转速表、电磁感应转速表和数字显示转速仪。由于机械式转速表的精确度较差，目前已逐渐被电磁感应式转速表和数字显示转速仪替代。如果试验中没有转速表，则可用频闪测速法。

如果在试验中所测得的泵轴转速不等于泵额定转速，或在试验过程中因某种原因转速有波动，则应根据比例律公式把泵的参数换算成泵在额定转速下的数值，然后才能绘制泵的性能曲线。

5. 效率

当测得泵的某一工作点的流量 Q，扬程 H、轴功率 N 和泵输送液体密度 ρ 后，可按下式计算泵效率：

$$\eta = \frac{\rho g Q H}{1000N} \quad (\%) \tag{10-8}$$

通过以上的试验值与计算值，可得到一系列相互对应的（Q_i，H_i）、（Q_i，N_i）和（Q_i，η_i），将这些点分别用光滑曲线连接起来，就得到离心泵的 Q-H、Q-N 和 Q-η 性能曲线。

10.3.3 电动机的安装

1. 安装前的准备

（1）电机基础、地脚螺栓孔、预埋件及电缆管位置、尺寸等，应符合设计和国家现行有关标准的规定。

（2）电机应完好，不应有损伤现象。盘动转子应轻快，不应有卡阻及异常声响。

（3）电机驱动设备已安装完毕，且初检合格。

（4）准备必要的安装设备和工具。

2. 安装

（1）电机搬运、吊装时防止定子绕组变形，其空气间隙的误差应符合产品技术条件的规定。

（2）将电机放在基础上，用垫铁进行调整。

（3）同一组电刷的刷握应均匀排列在与轴线平行的同一直线上，一般应使相邻不同极性的一对刷架彼此错开，以使换向器均匀磨损。

（4）电机接线应牢固可靠，接线方式应与供电电压相符。

（5）电机安装后，应作数圈人力转动试验。

（6）电机外壳保护接地必须良好。

3. 试运行及验收

（1）电机本体安装检查结束，启动前应进行的试验项目已按现行国家标准《电气装置

安装工程　电气设备交接试验标准》GB 50150试验合格。

（2）冷却、调速、润滑等附属系统安装完毕，验收合格，分部试运行情况良好。

（3）电机的保护、控制、测量、信号、励磁等回路调试完毕，动作正常。

（4）有固定转向的电机，试车前必须检查电机的转向。

（5）电机宜在空载情况下作第一次启动，空载运行时间宜为2h，并做好电机空载电流电压及温度记录。

（6）电机试运行中应进行下列检查：①电机转向符合要求，无异声；②换向器、集电环及电刷的工作情况正常；③检查电机各部温度，不应超过产品技术条件的规定；④滑动轴承温度不应超过80℃，滚动轴承温度不应超过95℃；⑤电机的振动应符合规范要求。

（7）交流电机的带负荷启动次数，应符合产品技术条件的规定；当产品技术条件无规定时，应符合下列规定：①在冷态时，可启动2次。每次间隔时间不得小于5min。②在热态时，可启动1次。当在处理事故以及电机启动时间不超过2～3s时，可再启动1次。

（8）电机在验收时，应提交相关资料和文件。

10.3.4　电动机的电气试验

测量绕组的绝缘电阻和吸收比。额定电压为1000V以下，常温下绝缘电阻值不应低于0.5MΩ；额定电压为1000V及以上，折算至运行温度时的绝缘电阻值，定子绕组不应低于1MΩ/kV，转子绕组不应低于0.5MΩ/kV。1000V及以上的电动机应测量吸收比，吸收比不应低于1.2，中性点可拆开的应分相测量。

测量绕组的直流电阻。1000V以上或容量100kW以上的电动机各相绕组直流电阻值相互差别，不应超过其最小值的2%；中性点未引出的电动机可测量线间直流电阻，其相互差别不应超过其最小值的1%；特殊结构的电动机各相绕组直流电阻值与出厂试验值差别不应超过2%。

定子绕组直流耐压试验和泄漏电流测量。1000V以上及1000kW以上、中性点连线已引出至出线端子板的定子绕组应分相进行直流耐压试验；试验电压应为定子绕组额定电压的3倍。在规定的试验电压下，各相泄漏电流的差值不应大于最小值的100%；当最大泄漏电流在20μA以下，根据绝缘电阻值和交流耐压试验结果综合判断为良好时，可不考虑各相间差值。中性点连线未引出的可不进行此项试验，电动机定子绕组的交流耐压试验电压，应符合表10-5的规定。绕线式电动机及同步电动机的转子绕组交流耐压试验可参照相关标准执行。

电动机定子绕组交流耐压试验电压　　　　**表10-5**

额定电压（kV）	3	6	10
试验电压（kV）	5	10	16

可变电阻器、启动电阻器、灭磁电阻器的绝缘电阻，当与回路一起测量时，绝缘电阻值不应低于0.5MΩ。

电动机空载转动检查和空载电流测量。电动机空载转动的运行时间应为2h，并应记录电动机空载转动时的空载电流；当电动机与其机械部分的连接不易拆开时，可连在一起进行空载转动检查试验。

10.4 离心泵机组的维护保养

10.4.1 离心泵的日常保养

（1）应按设备使用说明书的要求及时补充轴承内的润滑油脂，对使用润滑油的水泵，应保证油位正常，并定期检测油质变化情况，必要时换用新油。

（2）根据运行情况，及时调整填料压盖松紧度。

（3）根据填料磨损情况应及时更换填料；当更换填料时，每根相邻填料接口应错开大于90°，水封管应对准水封环，最外层填料开口应向下。

（4）当使用软填料密封时，根据使用情况随时添加填料，防止泄漏。

（5）监测机泵振动，超标时，应查明原因，及时处理。

（6）设备外露零部件应做到防腐有效，无锈蚀、不漏油、不漏水、不漏电、真空管道不漏气。

（7）设备铭牌标志应清楚。

10.4.2 离心泵的定期保养

（1）可根据运行的技术状态监测数据确定检修项目，也可按周期进行预防性检查，对有问题的零部件进行修理或更换。

（2）当解体更换主要零部件时，应达到大修质量标准。

10.4.3 电动机的日常保养

（1）电动机与附属设备外壳以及周围环境应整洁。

（2）设备铭牌以及有关标志应清楚。

（3）应保持正常油位，缺油时应及时补充同样油质润滑油，对油质应定期检测，发现漏油、甩油现象应及时处理，当油质不符合要求时，应换用新油。

（4）当绕线式异步电动机和同步电动机的电刷磨损达到2/3时，应更换电刷。

10.4.4 电动机的定期保养

（1）电动机应每年至少维护一次。

（2）清除外壳灰尘、油垢，机壳、端盖应无裂纹、损伤。

（3）检查引出线接线端不得有过热、烧伤、腐蚀，线间距离符合安全要求，绝缘子完好无损，导线绝缘性能保持良好。

（4）测量绝缘电阻和吸收比，其值应符合国家现行标准《电力设备预防性试验规程》DL/T 596的规定。

（5）电刷、刷架和集电环检查。电刷与集电环之间接触紧密，其弧度接触面不小于电刷截面的80%。

（6）轴承与油环和润滑剂的检查、更换。更换润滑脂或润滑油，必须将油箱、轴承内的油清理干净；润滑油应加至油杯标线，润滑脂应填充轴承容积的2/3。

（7）应检查清理通风系统，进出风口应无堵塞和污物，管道应无漏损。

（8）启动和励磁装置的清扫、检查。启动装置和灭磁电阻的对地绝缘电阻应符合国家现行标准《电力设备预防性试验规程》DL/T 596的规定。

（9）外壳接地应良好、牢固，不得有氧化或腐蚀现象。

10.5　离心泵机组的常见故障及处理

10.5.1　离心泵的常见故障、原因分析及处理

1. 离心泵机组的故障及排除

卧式离心泵机组由于使用不当，或维修不足，有时会发生一些设备故障，现将一些故障原因及排除方法进行分析。

1）启动后水泵不出水

故障原因：①吸水底阀漏水；水泵充水不足。②抽真空引水不足，未将泵内及吸水管内充满水。③吸水管路或填料密封是否有气进入。④水泵旋转方向不对。⑤出水阀门未开启或阀门板脱落。⑥来水阀或室外检修阀未开启。⑦泵出水管位置高，出水管内窝气。

故障排除方法：①检查吸水管底阀和吸水管路是否不严，可采取用管网水回灌方式冲击一下底阀，如无效应检修底阀。②检查真空泵及抽气系统有无问题，重开真空泵抽气直至水注满泵体后，关闭排气阀门重新启动机泵。③检查吸水管路，阀门和水泵填料是否有水密封或有进气现象，应予排除。④改变电动机电源接线，将三根线中的任意两根对换后再启动。⑤阀门传动机构有故障；阀门丝杆或丝杆螺母损坏，应解体检修。⑥将未开启的阀门开启再行启动。⑦应在出水管最高处装一排气阀，使出水管内充满水，随时将气排出。

2）启动后水泵出水量少

故障原因：①吸水管路不严密，出水呈乳白色，含汽泡。②阀门开度不够。③水泵转速不够。④管网压力高，泵扬程不足。⑤流量计故障。⑥吸水管路或叶轮流道有异物堵塞。

故障排除方法：①检查吸水管路，堵塞漏点。②检查阀门开关位置，查明原因后完全打开阀门。③调速泵应提高转速，以提高出水扬程。④若长期如此，应更换高扬程的水泵。⑤重新标定流量计或修理、更换。⑥在判断排除其他原因后停机解体检查。

3）水泵振动，噪声大

故障原因：①电机、水泵地脚固定螺栓松动；②水泵、电机主轴不同心；③水泵出现较严重的汽蚀现象；④轴承损坏；⑤泵轴弯曲或磨损；⑥水泵叶轮或电动机转子动平衡原因；⑦泵内进入杂物；⑧联轴器内柱销螺栓或橡胶柱磨损或损坏；⑨流量过大或过小，远离泵的额定工况点。

故障排除方法：①重新调整，紧固松动螺栓；②重新调整水泵、电机主轴同心度；③应减少出水量或提高清水池或吸水井水位，减小吸上真空高度；④更换新轴承；⑤修复泵轴或更换新泵轴；⑥解体检查，必要时做静、动平衡试验，此项工作只有排除其他原因时方可进行；⑦打开泵盖检查堵塞物，予以清除；⑧检查联轴器内柱销，必要时修理或更

换；⑨调整控制出水量或更新、改造设备，使之满足实际工况需要。

4）轴承过热

故障原因：①滑动轴承油环转动慢带油少或油位低不上油；②油箱内进水，破坏润滑油膜；③润滑油牌号不符合原设计要求或油脏；④运行时机泵发生剧烈振动；⑤轴与滚动轴承内座圈发生松动产生摩擦。

故障排除方法：①检查油位，观察油环转动速度，检查修整或更换油环；②检查油封密封情况，解决漏点、更换新油；③按说明书中要求使用润滑油，定期检测油质情况，补充油量时一定要使用同牌号润滑油并做到周期更换新油；④检查振动原因，予以排除；⑤修补轴径或更换新泵轴与轴承。

5）填料室发热

故障原因：①填料压盖压得太紧；②密封冷却水管调节阀门未开启或开启不足；③换填料不当，使水封环移位，将窜水孔堵死；④填料使用时间过久，本身性能下降；⑤水泵未出水，无冷却水润滑。

故障排除方法：①调整填料压盖螺栓，使松紧适当；②开启冷却水管调节阀门，控制填料室有水不断滴出，每分钟以 30～60 滴为宜；③停机重新调整水封环位置，使其进水口对准冷却水注入孔；④更换新填料；⑤停机重新按运行要求启动。

2. 水泵在运行中出现异常情况下的紧急处理

水泵在运行中出现下列情况之一，应立即停机：①水泵不吸水；②突然发生极强烈的振动和噪声；③轴承温度过高或轴承烧毁；④水泵发生断轴故障；⑤冷却水进入轴承油箱；⑥机房管线、阀门、止回阀之一发生爆破，大量漏水；⑦阀门或止回阀阀板脱落；⑧水锤造成机座移位；⑨电气设备发生严重故障；⑩不可预见的自然灾害危及设备安全。

水泵在运行中出现下列情况之一，可先开启备用机组而后停机：①泵内异物堵塞使机泵产生较大振动或噪声时；②机泵冷却，密封管路堵塞经处理无效时；③密封填料经调节填料压盖无效，仍发生过热或大量漏水时；④泵进口堵塞，出水量明显减少时；⑤发生严重汽蚀，短时间调节阀门或水位无效时。

10.5.2 三相交流电动机的常见故障、原因分析及处理

1. 常见故障分析

电动机在长时间运行过程中，会发生各种各样的故障，归纳起来可分为机械方面的故障和电气方面的故障。

1）电源接通以后，电动机不能启动

电气方面的原因：①电源缺相；②启动设备接触不良，引起缺相运行；③电动机定子绕组有一相断相；④定子绕组严重短路，使三相电流不平衡。

机械方面原因：①电机轴弯曲、变形，引起转子扫膛；②电机端轴承磨损严重，或轴承内进入脏物卡阻，转不动；③传动部分卡滞。

2）电动机启动后，声音异常，噪声大

电气方面原因：①电源缺相，电动机缺相运行；②定子绕组有短路、断路的地方，使三相电流不平衡；③定子绕组可能接错。

机械方面原因：①轴承磨损或破碎，使轴承与转轴或轴承室配合不当；②轴承缺润滑

油（脂）或润滑油（脂）中混入金属屑之类的杂物，或轴承因锈蚀造成轴承表面起麻点；③风扇歪斜或损坏；④转子不平衡或转子扫膛；⑤机壳裂纹或地脚螺栓松动等。

3）电动机带负载后，转速明显下降

电气方面原因：①电源电压过低；②定子绕组匝间短路；③转子绕组断条或脱焊，使输出转矩减小。

机械方面原因：①负载过重；②联轴器不同心。

4）电动机在运行中过热或冒烟

电气方面原因：①三相电源电压过低或过高引起电流增大；②电源缺相，电动机缺相运行；③三相电压不平衡；④定子绕组短路、断路或接地。

机械方面原因：①负载过重；②传动部分不同心；③电动机轴弯曲、变形；④转子扫膛；⑤端轴承磨损或润滑脂干涸。

外部环境方面原因：①周围环境温度过高；②电动机通风散热差或风道堵塞。

5）电动机端部轴承过热

故障原因：①轴承损坏或内部有异物卡阻；②润滑油过少或油质不好或混入杂物；③电动机轴与外部传动机械连接不同心；④电动机轴弯曲变形；⑤转子不平衡；⑥轴承与端盖配合不适度。

2. 电动机在运行中出现异常情况下的紧急处理

电动机在运行中出现下列情况之一，应立即停机：①电动机及控制系统发生打火或冒烟；②电动机剧烈振动或撞击、扫膛以及电动机所拖动的机械设备发生故障；③电动机温度或轴承温度超过允许温度；④缺相运行；⑤同步电动机出现异步运行；⑥滑环严重灼伤；⑦滑环与电刷产生严重火花及电刷剧烈振动；⑧励磁机整流子环火；⑨影响设备正常运行的其他突发事故。

运行中出现下列情况之一者，可根据情况先启动备用机组后再停机：①铁芯和出风口空气温度升高较快；②电动机出现不正常的声响；③定子电流超过额定允许值；④电流表指示发生周期性摆动或无指数；⑤同步电动机连续发生追逐现象。

10.6 阀门的操作与保养

10.6.1 阀门的操作规程与运行

1. 一般要求

①阀门使用应按照使用说明书进行，不得超出设计参数使用。②操作人员必须经过上岗培训，了解阀门的基本动作原理。防止阀门错开、错关、漏开、漏关。操作工应清楚了解每个阀门的作用及在工艺管道中的位置，防止误操作。③开关型阀门不宜当做节流阀门用，启闭件不应长期处在中间位置。如闸阀、截止阀、球阀、旋塞阀等截断类阀门。

2. 手动阀门操作

①阀门开关操作时，应注意阀门的开关方向，通常是逆时针旋转手轮或手柄阀门打开，顺时针旋转阀门关闭。②手动操作阀门时，用力应均匀，遇到卡涩，应及时检查原因。一般不允许借助杠杆或扳手操作，防止用力过猛，损坏密封面及其他零件。③对设有

旁通阀的大口径的闸阀、截止阀和蝶阀等阀门，在开启时，应先打开旁通阀，再慢慢开启主阀门；关阀时，应先关闭旁通阀，再慢慢关闭主阀门。

3. 自动阀门操作

①安全阀，应定期进行校验。②调节阀，应根据工况需求，合理选择调节特性曲线。

4. 其他阀门操作

①对于借助电动、电磁动、气动和液动等装置启闭的阀门，靠仪表、电动开关等实现远程控制。操作人员应详细了解阀门的有关结构特点和工作原理，熟悉操作规程，在事故状态下应能进行紧急处理。②电动阀门应注意阀门工作制式和电机的匹配，不可超出使用范围。③阀门工作时，一般情况下不能随便带压更换或添加填料。

10.6.2 阀门的巡视检查

（1）检查阀杆和阀杆螺母的螺纹磨损情况，并定期进行润滑。

（2）检查阀门各连接处有无松动，并及时进行紧固。

（3）填料是否过时失效，如有损坏应及时更换。阀门填料压盖不宜压得过紧，以填料函不泄漏和阀杆能灵活转动为宜。

（4）检查开关限位位置的磨损或变动，以及密封面磨损情况，并及时调整限位或者更换密封圈。

10.6.3 阀门的维护保养

（1）长期不动作的阀门，如有可能，应定时进行动作，以保证其功能的完好性。

（2）定期检查电动阀门的限位开关、手动与电动的联锁装置。

限位开关设定：调试关限位设定时，可手动摇阀门至关闭位置，然后向回转 1～2 圈，用螺钉旋具等工具调整限位开关至关闭位置。用万用表测量限位开关，输出接点信号应正确。调试开限位设定方法同上。

（3）阀门注脂

①应按照说明书要求定期向阀杆或密封座注入适量的推荐牌号润滑脂。②为确保阀门注脂效果，有时需开启或关闭阀门，对润滑效果进行检查，确认阀门启闭件表面润滑均匀。③注脂时应注意阀门的开关位置，必要时要先进行排污泄压。④注脂后，一定要封好注脂口。避免杂质进入或注脂口处脂类氧化，封盖要涂抹防锈脂，避免生锈。

（4）温度在 0℃以下的季节，对停用的阀门，要注意防冻，及时打开阀底丝堵，排出里面的积水。对不能排出的和间断工作的阀门要采取保温措施。

（5）阀门维护时应注意执行机构及其传动机构的维护，应按照执行器说明书进行保养。尤其应防止执行器进水，避免内部传动部件生锈或者冬季冻结。

（6）阀门泄漏时，应及时判明泄漏部位及原因并作相应处理。一般情况下分内漏和外漏两种，外漏按其外部结构分为填料处泄漏和阀盖、阀体连接处渗漏或衬里材料渗漏。

（7）有特殊要求的阀门维护应按照其使用维护说明书进行。

10.6.4 阀门的常见故障及处理

阀门在长时间运行过程中，由于使用不当，或维修不足，会发生各种各样的故障，下面对阀门在运行中的常见故障进行分析。

1. 阀体渗漏

故障原因：①阀体有砂眼或裂纹；②阀体补焊时拉裂。

故障排除方法：①对疑似裂纹处磨光，用 4%的硝酸溶液浸蚀，如有裂纹就可显示出来；②对裂纹处进行挖补处理。

2. 阀杆及与其配合的丝母螺纹损坏或阀杆头折断、阀杆弯曲

故障原因：①操作不当，开关用力过大，限位装置失灵，过力矩保护未动作；②螺纹配合过松或过紧；③操作次数过多，使用年限过久。

故障排除方法：①检查限位装置，检查过力矩保护装置；②选择材料合适，装配公差符合要求；③更换备件。

3. 阀盖结合面泄漏

故障原因：①螺栓紧力不够或紧偏；②垫片不符合要求或垫片损坏；③结合面有缺陷。

故障排除方法：①重紧螺栓或使阀盖法兰间隙一致；②更换垫片；③解体修研阀盖密封面。

4. 阀门内漏

故障原因：①关闭不严；②结合面损伤；③阀芯与阀杆间隙过大，造成阀芯下垂或接触不好；④密封材料不良或阀芯卡涩。

故障排除方法：①改进操作，重新开启或关闭；②阀门解体，阀芯、阀座密封面重新研磨；③调整阀芯与阀杆间隙或更换阀瓣；④阀门解体，消除卡涩；⑤重新更换或堆焊密封圈。

5. 阀芯与阀杆脱离，造成开关失灵

故障原因：①修理不当；②阀芯与阀杆结合处被腐蚀；③开关用力过大，造成阀芯与阀杆结合处被损坏；④阀芯止退垫片松脱、连接部位磨损。

故障排除方法：①检修时注意检查；②更换耐腐蚀材质的阀杆；③操作时不可强力开关，不可全开后继续开启阀门；④检查更换备件。

6. 阀杆升降不灵或开关不动

故障原因：①填料压得过紧；②阀杆间隙太小而胀死；③阀杆与丝母配合过紧，或配合丝扣损坏；④填料压盖压偏；⑤阀杆弯曲；⑥阀杆严重锈蚀。

故障排除方法；①稍松填料压盖后试开；②适当增大阀杆间隙；③更换阀杆与丝母；④重新调整填料压盖螺栓；⑤校直阀杆或进行更换；⑥阀杆除锈、润滑。

7. 填料泄漏

故障原因：①填料材质不对；②填料压盖未压紧或压偏；③加装填料的方法不对；④阀杆表面损伤。

故障排除方法：①正确选择填料；②检查并调整填料压盖，防止压偏；③按正确的方法加装填料；④修理或更换阀杆。

10.7　泵站的经济运行与生产调度

10.7.1　配水单位电耗及经济运行

据有关部门统计，泵的动力消耗约占全国总发电量的 20%，在我们供水行业中泵的能源消耗占企业能源消耗的80%～90%。故做好经济运行工作，不仅可为国家的经济发展作出贡献，而且对降低本企业的成本也是非常必要的。

《离心泵、混流泵、轴流泵和旋涡泵系统经济运行》GB/T 13469—2008 标准的发布，可以促进供水企业重视节约能源工作，用以考核供水企业，促使企业以先进的设备、先进的技术提高企业的电能利用率，达到降低能耗之目的。

1. 配水单位电耗指标的含义

配水单位电耗指标是千瓦时/(千立方米・兆帕)[kWh/(km^3・MPa)]，其含义是规定企业在供水中，在扬程 1MPa、供水量为 $1000m^3/h$（立方米/时）的情况下，耗用了多少千瓦时（kWh）的电量。国家对二级供水企业的配水单位电耗考核的指标是450kWh，从指标的含义中不难看出，在同样的供水扬程和供水量下，用电量越少则越节电。从下面的公式中可知：电动机输入功率＝泵输出功率/机组综合效率。

从上式不难看到，要想达到节电之目的，最好是想办法提高机组运行时的效率。所以，从实质上看，配水单位电耗指标考核的是机组的运行效率。因此，运行人员应当了解每台机组的特性和它们在运行中的效率，尽量使之在水泵的高效区内运行。

为了摸清每台机泵的运行情况，应定时巡查运行参数，并做好记录，以便能较准确地计算出它们的配水单位电耗，为制订运行方案、设备检修和更新改造计划提供可靠的依据。

2. 配水单位电耗指标的计算与统计

1）卧式泵配水单位电耗的计算与统计

卧式泵供水扬程的计算与统计

卧式泵的供水扬程从理论上讲应如下式所示：

$$H=(P_2-P_1)+(Z_2-Z_1)+\frac{V_2^2-V_1^2}{2g} \quad (10\text{-}9)$$

式中：H——扬程（m）；

P_2——泵出口压力表显示之压力值（MPa），或乘100后折算成m；

P_1——真空压力表显示之压力值或真空值（MPa），或乘100后折算成m；

Z_2——压力表中心至泵轴中心垂直距离（m）；

Z_1——真空压力表中心至泵轴中心垂直距离（m）；

V_2——泵压出口液体流速（m/s）；

V_1——泵吸入口液体流速（m/s）；

g——重力加速度（m/s^2）。

式中：P_2 永远为正值，当水位高于泵轴中心时 P_1 为正值，低于泵轴中心时 P_1 为负值（即产生真空）。

我们可使真空压力表和压力表安装的高度相等，这样 $Z_2-Z_1=0$，在计算时可以省去。式中的$\frac{V_2^2-V_1^2}{2g}$因计算起来比较麻烦且数值不大，在运行中的数值可以忽略不计（但在水泵特性测试中则必需计算），则上式可简化为 $H=P_2-P_1$。

2）立式深井泵单位电耗指标的计算与统计

从理论上来说立式深井泵的扬程应按下式计算：

$$H = P_e + Z + H_{动} + \frac{v^2}{2g} + h_f \qquad (10\text{-}10)$$

式中：P_e——压力表压力指示值（MPa），乘100后折算成m水柱；

Z——压力表中心至井口测量水位点的垂直距离（m）；

$H_{动}$——井口测水点至井内泵工作时水位的垂直距离（m）；

v——泵压出口液体流速（m/s）；

g——重力加速度（m/s^2）；

$\frac{v^2}{2g}$——泵头出口损失（m）；

h_f——井内泵扬水管及泵出口弯头损失（m）。

注：从动水位处计算扬水量的损失。

以上公式中的数据，如果在作泵的特性曲线时是应全部考虑进去的，但作为运行人员，不可能每小时去测量一次动水位，也不可能每小时去计算$\frac{v^2}{2g}$及h_f两种损失，因此这两种损失在平时记录或计算扬程时可忽略不计，所以我们可将上式简化为$H = P_e + Z + H_{动}$（m）。

10.7.2　泵站机组的调度

机泵的经济运行与很多因素有关，如供水工艺、泵站的总体配备、机泵设备的合理选型、供水工况等都有重要关系。

1. 通过理论与实践制订合理的调度方案

如果有数台机组可供选用的情况下，可选择效率较高的机组优先使用。

实践证明，即便是相同型号的机泵，在运行中它们的效率也不尽相同。运行人员如果细心观察分析，不难找出在不同工况下或相同工况下的最佳调配运行方案。

2. 用地下水为水源的供水厂调度方案

用地下水为水源的供水厂运行人员在调度水源井时，应优先选用机组效率较高的水源井；在水源井无计量，效率不明的情况下，应优先开水位高、离厂近的水源井；在有数条输水管路时，应避免集中使用一路水源井和输水管以减少泵的扬程和管路损耗。

3. 在供水能力允许的情况下，合理调整清水池水位

清水池的运行水位与水源井泵的供水用电和配水机泵的配水用电有密切的关系，保持清水池高水位运行时，对配水机泵的耗电可以减少，但水源井机泵的耗电将会增加，反之清水池在低水位运行时，会使配水机泵的耗电增加。如果我们找到一个理想的水位，使它们的总耗电量达到最低时，则可以节约一定的用电量，当然这需要做大量工作，积累一定的资料，而且在供水情况允许时才可以实现。

4. 加强能耗指标的管理

单位电耗指标是供水企业的一项重要技术经济指标。指标完成的好坏直接影响到企业的供水成本和企业的经济效益。因此，应做到实事求是地认真检查指标完成情况，关注指标的变化，从中找出有利和不利因素，为设备的修理、改造和更新提供可靠的依据。

第 11 章　变配电设备的运行与维护

11.1　变压器的运行与维护

11.1.1　三相变压器的运行

1. 变压器运行前检查

对新投运的变压器以及长期停用或大修后的变压器，在投运之前，应重新按《电力设备预防性试验规程》DL/T 596 进行必要的试验，绝缘试验应合格，并符合基本要求的规定。

值班人员还应仔细检查并确定变压器在完好状态，确认各种试验单据应齐全，数据真实可靠，变压器一次、二次引线相位，相色正确，接地线等压接接触截面符合设计和国家现行规范规定。

变压器应清理、擦拭干净。顶盖上无遗留杂物，本体及附件无缺损；通风设施安装完毕，工作正常。消防设施齐备；变压器的有载开关或无载开关处于规定位置；各保护装置整定值符合规定要求，操作及联动试验正常。

经上述检验合格后，则认为具备带电运行条件，方可进行变压器试运行。

新投运的变压器必须在额定电压下作冲击合闸试验，冲击五次；大修或更换改造部分绕组的变压器则冲击三次。在有条件的情况下，冲击前变压器最好从零起升压，而后进行正式冲击。

2. 变压器操作规程

主变压器停电操作的顺序是：停电时先停负荷侧，后停电源侧，送电操作顺序是，先送电源侧，再送负荷侧，这是因为：从电源侧向负荷侧送电，如有故障，便于确定故障范围，及时作出判断和处理，以免故障蔓延扩大；多电源的情况下，先停负荷侧可以防止变压器反充电，若先停电源侧，遇有故障可能造成保护装置误动或拒动，延长故障切除时间，并可能扩大故障范围；当负荷侧母线电压互感器带有低频减负荷装置，而未装电流闭锁时，一旦先停电源侧开关，由于大型同步电机的反馈，可能使低频减负荷装置误动。

3. 变压器运行要求

变压器运行要求主要有：①运行中的变压器低压侧电压不应与额定电压相差±5%。②变压器最大不平衡电流（中性线电流）不得超过低压侧额定电流的 25%。③一般变压器不提倡满负荷运行，因其经济运行负荷率为 40%～70%，因此，各相电流不得超过额定电流。④变压器上层油温不得超过 85°C。⑤变压器油绝缘强度要合格：35kV 以上的变压器，新油为 40kV/2.5mm，运行中的油为 35kV/2.5mm，6～10kV 的变压器，新油为 30kV/2.5mm，运行中的油为 25kV/2.5mm，不合格者要及时更换或过滤。⑥变压器不得有漏油、渗油现象，变压器器身要干净，不得有油垢、灰尘。油位计内的油位应正常。

⑦装有防爆管的变压器，防爆管端部玻璃应完整无缺，不得有裂纹。⑧变压器呼吸器内吸潮剂（硅胶）要经常检查，发现吸潮剂潮湿时要更换。⑨装有压力式温度计的变压器，从感温元件（温包）到表头的一段连线（毛细管，其内部是空心的），不得有压扁、折断现象。表头电接点指针应整定在85℃处。⑩变压器外壳及中性点与室外接地极相接，接地电阻不得大于4Ω。变压器运行时，其声音应正常，不应有“吱吱”放电声或“爆豆”声。发现声音异常时，必须及时检查原因并妥善处理。

4. 变压器的巡视检查

变压器运行巡视检查内容和周期如下：①检查储油柜和充油绝缘套管内油面的高度和封闭处有无渗漏油现象，以及油标管内的油色。②检查变压器上层油温。正常时一般应在85℃以下，对强油循环水冷却的变压器为75℃。③检查变压器的响声。正常时为均匀的嗡嗡声。④检查绝缘套管是否清洁、有无破损裂纹和放电烧伤痕迹。⑤清扫绝缘套管及有关附属设备。⑥检查母线及接线端子等连接点的接触是否良好。⑦容量在630kVA及以上的变压器，且无人值班的，每周应巡视检查一次。容量在630kVA以下的变压器，可适当延长巡视周期，但变压器在每次合闸前及拉闸后应检查一次。⑧有人值班的变配电所，每班都应检查变压器的运行状态。⑨对于强油循环水冷或风冷变压器，不论有无人员值班，都应每小时巡视一次。⑩负载急剧变化或变压器发生短路故障后，都应增加特殊巡视。

11.1.2　三相变压器维护保养

1. 变压器的日常保养

变压器的日常保养主要有：变压器顶盖、壳体、散热器、连通阀等各连接面清洁、无杂物，如有及时清除；无渗油，密封良好，如有问题则紧固；温度计无损坏，温度不超过85℃，如有损坏，及时更换，超温及时处理；瓷套管无裂纹、无放电痕迹、无渗漏，如有应及时更换、紧固；呼吸器无变色、无变形，无碎裂、破损，底部无积水、无结垢，如有及时更换、清理；油枕油色透明、油位正常、无裂纹、无破损、无渗漏，如有异常及时处理、补油、更换；声响应有轻微嗡嗡声，无其他杂声、无放电声，如有及时查找异常并处理；变压器室门窗清洁无损坏，如有及时清理、修复；通风道能防止小动物进入，功能正常、通风正常、无锈蚀，如有阻塞及时清理、修复并进行防腐处理；墙壁开关无损坏和缺失，如有及时补齐更换；屋顶无漏雨，如有及时报修，同时配电盘采取防水措施，修复后确认无漏雨；照明设施齐全好用，如有损坏及时更换、修复。

2. 变压器的定期保养及内容

1）变压器的检修周期见表11-1所示。

变压器检修周期　　**表11-1**

检修类别		小修	大修
电力变压器		1年	5～10年
电炉变压器		1～3个月	4年
整流变压器		1～3个月	5年
冷却系统	冷油器	随本体同时进行	1～2年
	散热器及强油循环风冷却器	随本体同时进行	随本体或必要时进行

2）补充规定和要求

（1）主变压器，自备电站及主变电所的主要站、所用变压器及其他具有重要用途的电力变压器，在投入运行后的第5年和以后每隔5～10年应进行一次大修，每年至少进行一次小修。

（2）有载调压、强油循环有导向装置的水冷、风冷变压器，一般在投入运行满1年后和以后每隔5年进行一次大修。

（3）充氮及胶囊密封的变压器可适当延长大修周期；全封闭式变压器确认其内部有故障时才进行大修；运行中有异常现象或判明内部有故障以及大容量系统中运行的主变压器（尤其是铝线变压器）承受出口短路后，应考虑提前进行大修。

（4）上述规定以外的变压器每10年进行一次大修。

（5）大容量变压器，应逐步过渡到以状态监测结果为主要依据确定检修周期的维修方式。

3）检修内容

（1）小修：清扫套管，检查瓷套有无放电痕迹及破损现象；检查套管引线的接线螺栓是否松动，接头处是否过热；清扫变压器油箱及储油柜、安全气道、净油器及调压装置等附件；检查安全气道防爆膜是否完好，清除压力释放阀阀盖内沉积的灰尘、积雪等杂物；检查储油柜油位是否正常，油位计（油位表）是否完好、明净，并排出集污盆内的油污；检查呼吸器，更换失效变色的干燥剂；补充变压器本体及充油套管的绝缘油；清扫冷却系统，检查散热器有无渗油，冷却风扇、潜油泵、水泵工作是否正常，冷油器有无渗油、漏水现象；检查气体继电器有无渗油现象，阀门开闭是否灵活、可靠，控制电缆绝缘是否良好；检验测量上层油温的温度计；检查处理变压器外壳接地线及中性点接地装置；检查有载分接开关操作控制线路、传动部分及其接点动作情况，并清扫操作箱内部；从变压器本体、充油套管及净油器内取油样作简化试验，自变压器本体及电容式套管内取油样进行色谱分析；处理渗、漏油等能就地消除的缺陷；进行规定项目的电气试验。

（2）大修：完成全部小修内容；拆卸套管、散热器、储油柜、安全气道等各附件，吊出器身；检修线圈、引接线、二次引出汇流排及引线木支架；检修铁芯穿芯螺栓、轭铁、压钉及接地铜片；检修无励磁分接开关或有载分接开关；检修套管、油箱、储油柜、安全气道、净油器、吸湿器等各附件；检修冷却器、油泵、水泵、风机、油管路、油阀门等各附属设备；检修调试保护、测量装置及操作控制箱；更换各密封胶垫；过滤或更换绝缘油；进行绝缘油理化试验及色谱分析；器身干燥及整体喷漆（必要时）；进行规定的测量和试验。

11.1.3 变压器的常见故障及处理

电力变压器在运行中一旦发生异常情况，将影响系统的正常运行以及对用户的正常供电，甚至造成大面积停电。变压器运行中的异常情况一般有以下几种。

1. 声音异常

变压器属静止设备，但运行中仍然会发出轻微的连续不断的“嗡嗡”声。这种声音是运行中电气设备的一种特有现象，一般称之为“噪声”。产生这种噪声的原因有：励磁电流的磁场作用使硅钢片振动；铁芯的接缝和叠层之间的电磁力作用引起振动；绕组的导线之间或绕组之间的电磁力作用引起振动；变压器上的某些零部件引起振动。

2. 变压器的声音比平时增大

若变压器的声音比平时增大，且声音均匀，可能有以下几种原因：

(1) 电网发生过电压。当电网发生单相接地或产生谐振过电压时，都会使变压器的声音增大。出现这种情况时，可结合电压、电流表计的指示进行综合判断。

(2) 变压器过负荷。变压器过负荷时会使其声音增大，尤其是在满负荷的情况下突然有大的动力设备投入，将会使变压器发出沉重的“嗡嗡”声。

(3) 变压器有杂音。若变压器的声音比正常时增大且有明显的杂音，但电流电压无明显异常时，则可能是内部夹件或压紧铁芯的螺钉松动，使得硅钢片振动增大所造成。

(4) 变压器有放电声。若变压器内部或表面发生局部放电，声音中就会夹杂有“噼啪”的放电声。发生这种情况时，若在夜间或阴雨天气下，可看到变压器套管附近有蓝色的电晕或火花，则说明瓷件污秽严重或设备线夹接触不良，若变压器的内部放电，则是不接地的部件静电放电，或是分接开关接触不良放电，这时应将变压器作进一步检测或停用。

(5) 变压器有水沸腾声。若变压器的声音夹杂有水沸腾声且温度急剧变化，油位升高，则应判断为变压器绕组发生短路故障，或分接开关因接触不良引起严重过热，这时应立即停用变压器进行检查。

(6) 变压器有爆裂声。若变压器声音中夹杂有不均匀的爆裂声，则是变压器内部或表面绝缘击穿，此时应立即将变压器停用检查。

(7) 变压器有撞击声和摩擦声。若变压器的声音中夹杂有连续的有规律的撞击声和摩擦声，则可能是变压器外部某些零件如表计、电缆、油管等，因变压器振动造成撞击或摩擦、或外来高次谐波源所造成，应根据情况予以处理。

3. 油温异常

由于运行中的变压器内部的铁损和铜损转化为热量，热量向四周介质扩散。当发热与散热达到平衡状态时，变压器各部分的温度趋于稳定。铁损是基本不变的，而铜损随负荷变化。顶层油温表指示的是变压器顶层的油温，温升是指顶层油温与周围空气温度的差值。运行中要以监视顶层油温为准，温升是参考数字（目前对绕组热点温度还没有能直接监视的条件）。

变压器的绝缘耐热等级为A级时，绕组绝缘极限温度为105℃，对于强油循环的变压器，根据国际电工委员会推荐的计算方法：变压器在额定负载下运行，绕组平均温升为65℃，通常最热点温升比油平均温升约高13℃，即（65+13)℃=78℃，如果变压器在额定负载和冷却介质温度为+20℃的条件下连续运行，则绕组最热点温度为98℃，其绝缘老化率等于11（即老化寿命为20年)。因此，为了保证绝缘不过早老化，运行人员应加强变压器顶层油温的监视，规定控制在85℃以下。

若发现在同样正常条件下，油温比平时高出10℃以上，或负载不变而温度不断上升(冷却装置运行正常)，则认为变压器内部出现异常。

导致温度异常的原因有：①内部故障引起温度异常。变压器内部故障如绕组之间或层间短路，绕组对周围放电，内部引线接头发热；铁芯多点接地使涡流增大过热；零序不平衡电流等漏磁通形成回路而发热等因素引起变压器温度异常。发生这些情况，还将伴随着瓦斯或差动保护动作。故障严重时，还可能使防爆管或压力释放阀喷油，这时变压器应停用检查。②冷却器运行不正常引起温度异常。冷却器运行不正常或发生故障，如潜油泵停运、风扇损坏、散热器管道积垢冷却效果不良、散热器阀门没有打开或散热器堵塞等因素引起温度升高，应对冷却系统进行维护或冲洗，提高冷却效果。

4. 油位异常

变压器储油柜的油位表，一般标有-30℃、＋20℃、＋40℃三条线，它是指变压器使用地点在最低温度和最高环境温度时对应的油面，并注明其温度。根据这三个标志可以判断是否需要加油或放油。运行中变压器温度的变化会使油的体积发生变化，从而引起油位的上下位移。油位异常主要有假油位和油面过低。

如变压器温度变化正常，而变压器油标管内的油位变化不正常或不变，则说明是假油位。运行中出现假油位的原因有：油标管堵塞；油枕呼吸器堵塞；防爆管通气孔堵塞；变压器油枕内存有一定数量的空气。

油面过低应视为异常。因其低到一定限度时，会造成轻瓦斯保护动作；严重缺油时，变压器内部绕组暴露，导致绝缘下降，甚至造成因绝缘散热不良而引起损坏事故。处于备用状态的变压器如严重缺油，也会吸潮而使其绝缘能力降低。

造成变压器油面过低或严重缺油的原因有：变压器严重渗油；修试人员因工作需要多次放油后未作补充；气温过低且油量不足，或油枕容积偏小，不能满足运行要求。

5. 颜色、气味异常

变压器的许多故障常伴有过热现象，使得某些部件或局部过热，因而引起一些有关部件的颜色变化或产生特殊气味。

引线、线卡处过热引起异常。套管接线端部紧固部分松动，或引线头线鼻子等，接触面发生严重氧化，使接触处过热，颜色变暗失去光泽，表面镀层也遭到破坏。连接接头部分一般温度不宜超过70℃，可用示温蜡片检查，一般黄色熔化为60℃，绿色为70℃，红色为80℃，也可用红外线测温仪测量。温度很高时会发出焦臭味。

套管、绝缘子有污秽或损伤严重时发生放电、闪络并产生一种特殊的臭氧味。

呼吸器硅胶一般正常干燥时为蓝色，其作用为吸附空气中进入油枕胶袋、隔膜中的潮气，以免变压器受潮，当硅胶蓝色变为粉红色时，表明受潮而且硅胶已失效，一般粉红色部分超过2/3时，应予更换。硅胶变色过快的原因主要有：如长期天气阴雨，空气湿度较大，吸湿变色过快；硅胶玻璃罩罐有裂纹破损；呼吸器下部油封罩内无油或油位太低起不到良好的油封作用，使湿空气未经油封过滤而直接进入硅胶罐内；呼吸器安装不良，如胶垫龟裂不合格，螺栓松动安装不密封而受潮。

附件电源线或二次线的老化损伤，造成短路产生的异常气味。

冷却器中电机短路、分控制箱内接触器、热继电器过热等烧损产生焦臭味。

11.2 高压电器的运行与维护

11.2.1 高压电器的运行

1. 高压电器运行前的检查

新装电气设备需符合相关安装、试验标准的要求，安装合格，试验齐全并按要求出具相应的试验报告。大修的设备运行前需检查设备有无异常，相关安全措施有无拆除。长期停用的设备投运前需检查设备的绝缘是否符合相应电压等级的要求。

电气设备投运前还需检查设备周围有无影响设备安全运行的异物。

2. 操作规程

高压电气倒闸操作应符合下列规定：①执行现行行业标准《电业安全工作规程》DL 408的有关规定。②操作前对“分”、“合”位置进行检查。③送电时，先合隔离开关，后合断路器；停电时，断开顺序与此相反。断路器两侧装有隔离开关，送电时，先合电源侧隔离开关，再合负荷侧隔离开关，后合断路器；停电时，断开顺序与此相反。变压器送电时，先合电源侧，后合负荷侧；停电时与此相反（另有规定者除外）。具有单级刀闸开关或跌落熔断器的装置，停电时，先拉开中相，后拉开两边相，送电时与此相反。④电动操作或弹簧储能合闸操作的断路器不得使用手动合闸。⑤自动切换装置的断路器，在断路器拉开之前，先停用“自切”；合上断路器后，使用“自切”。

隔离开关除可拉合空载变压器外，还可直接拉合以下设备：①电压互感器和避雷器；②母线充电电流和开关的旁路电流；③变压器中性点直接接地点；④可拉合的线路应符合表11-2～表11-4的规定。

自投装置投入运行应按以下顺序操作：①先投交流电源，后投直流电源；②先投合闸压板，后投掉闸压板；③停用时相反。

35kV隔离开关拉合空载架空线路　　　　**表11-2**

	35kV带消弧角三联隔离开关	35kV室外单极隔离开关	35kV室内三级隔离开关
拉合架空线路（km）	32	12	5
拉合人工接地后无负荷接地线（km）	20	12	5

10kV隔离开关和跌开式熔断器拉合空载架空线路范围　　　　**表11-3**

	室外三级或单极隔离开关	室内三联隔离开关	跌落式熔断器
拉合空载架空线路（km）	10	5	10

10kV隔离开关和跌开式熔断器拉合空载电缆线路长度　　　　**表11-4**

电缆截面（mm×mm）	3×35	3×50	3×70	3×95	3×120	3×150	3×185	3×240
室外隔离开关或跌落式熔断器（m）	4400	3900	3400	3000	2800	2500	2200	1900
室内三联隔离开关（m）	1500	1500	1200	1200	1000	1000	800	—

3. 高压电器的运行要求

配电装置工作电压与工作负荷应符合下列规定：①配电装置是指35kV及以下成套配电装置，其运行电压应在装置的额定电压（即最高电压）以内。配电装置运行电流不应超过额定电流值。母线最大电流不应大于安全载流量允许值。电流互感器不得长期超过额定电流运行。②电容器长期运行中的工作电压不能超过电容器额定电压的105%。电容器长期运行中的工作电流不能超过电容器额定电流的1.3倍。③整流装置应在－10%～＋5%额定电压范围内运行。④电缆线路的正常工作电压，不应超过电缆额定电压的10%。电力电缆负荷电流不得超过安全载流量允许值。

运行电力设备发生故障或事故等异常时，运行人员应准确记录，并立即报调度及有关人员，记录内容应包括：掉闸的时间、调度号、相别；保护装置信号和光字牌动作情况；自动装置信号和光字牌动作情况；电力系统的电流、电压及功率波动情况；一次设备直流系统及二次回路的异常情况。

电容器运行应符合下列规定：①电容器室运行温度及运行的电容器本体温度不得超过制造厂的规定值。②电容器组分闸后再次合闸，其间隔时间不应小于5min。③当新投入的电容器组第一次充电时，应在额定电压下冲击合闸3次。④电容器组停电工作，必须拉合接地刀闸及星形接线的中性点接地刀闸，处理电容器事故时，必须对每台电容器逐台放电，装在绝缘支架上的电容器外壳应对地放电。

电缆正常运行应符合下列规定：①电缆线路的正常工作电压不应超过电缆额定电压的10%。②电缆导体的长期允许工作温度不应超过表11-5的规定，当与制造厂规定有出入时，应以制造厂规定为准。③长期允许的载流量不允许过负荷。

电缆导体的长期允许工作温度（℃） **表11-5**

电缆种类	额定电压（kV）				
	3及以下	6	10	30～35	110～330
天然橡胶绝缘	65	65			
黏性纸绝缘	80	65	60	50	
聚氯乙烯绝缘	65	65			
聚乙烯绝缘		70	70		
交联聚乙烯绝缘	90	90	90	90	90
充油绝缘				75	75

4. 高压电器的巡视检查

（1）配电装置运行检查应包括下列项目：绝缘体有无碎裂、闪络、放电痕迹；油面指示是否正确，油标管等部位是否渗漏油；真空断路器的真空度是否正常；SF_6断路器的气体压力是否正常；少油断路器软铜片有无断片，出气孔有无堵塞，是否漏油；隔离开关触头的接触及合闸和断开后的手柄状态；硬母线的接头和刀闸等连接点有无过热或变色；有无异常声响和放电声，有无气味；仪表指示，信号、指示灯、继电器等指示位置是否正确，压板及转换开关的位置是否与运行要求一致；继电器外壳有无损伤，感应型继电器铝盘转动是否正常，线圈和附加电阻有无过热，定值是否正确，继电综合保护装置及综合电量变送仪工作是否正常；二次回路系统各刀闸、开关、熔断器操作手把等的接点是否过热变色，熔断器是否熔断，二次线导线及电缆是否正常；电气设备接地是否完好；电缆沟是否积水；断路器“分”、“合”状态机械指示是否正确；门窗护网、照明设备是否完整可用，消防器材是否齐全，有无损坏或失效。

（2）高压配电装置中对电缆的检查应包括下列项目：电缆终端头的绝缘套管是否完整、清洁和有无放电痕迹；尾线连接卡子有无发热和变色；电缆终端头有无渗油和绝缘胶漏出。应视功率因数要求，合理投入电容器。

（3）电容器检查应包括下列项目：外壳有无鼓肚、喷油、渗油现象；外壳温度、接头是否发热；运行电压和电流是否正常，三相电流是否平衡；套管是否清洁，有无放电痕迹；放电装置及其回路是否完好；接地是否完好；通风装置是否良好。

（4）电缆巡视检查周期应符合下列规定：变配电所内的电缆终端头按高压配电装置的巡视周期进行；室外电缆终端头每月巡视检查一次；敷设在地下、隧道中、沟道中及沿桥梁架设的电缆，条件许可每3个月巡视检查一次。

5. 电缆线路巡视检查的内容应符合下列规定

（1）对于敷设于地下的电缆线路，应查看路面是否正常，有无挖掘及标桩是否完整无缺，是否搭建建筑物，是否堆置有碍安全运行的材料及笨重的物件。

（2）室外露出地面的电缆保护管等是否锈蚀、移位，固定是否牢固、可靠。

（3）沟道及隧道内的电缆架是否牢固，有无锈蚀，是否有积水或杂物；电缆铠装是否完整、有无锈蚀，引入室内的电缆穿管是否封堵严密，裸铅包电缆的铅包有无腐蚀，塑料护套电缆有无被鼠咬伤等。

（4）电缆的各种标示牌是否脱落。

（5）终端头的绝缘套管应完整、清洁、无闪络现象，附近无鸟巢，引线与接线端子的接触应良好，无发热现象，电缆终端头出线应保持固定位置，其带电裸露部分之间至接地部分距离不得小于表11-6的规定。

（6）接地线应良好，无松动及断股现象。

（7）隧道内的电缆中间接头应无变形，温度应正常。

电缆终端头出线与接地部分的距离　　表11-6

电压（kV）	1～3	6	10	35	110
户内（mm）	75	100	125	300	850/900
户外（mm）	200	200	200	400	900/1000

注：110kV及以上为接地系统，其数据中分子为相对地距离，分母为相间距离。

11.2.2 高压电器维护保养

1. 高压电器的日常保养

高压配电装置日常保养项目、内容，应符合下列规定：①保持配电装置区域内的整洁；②严格监视其运行状态；③充油设备油量不足应补充，油质变坏应更换；④出现故障时应进行维护检修。

2. 高压电器的定期保养

高压配电装置定期维护应每年至少进行一次。维护项目、内容，应符合下列规定：①应清除各部位、各部件的积尘、污垢。②母线表面应光洁平整、无裂损；软母线应无断股、无烧伤，弧垂应符合设计要求；硬母线软连接有断片应剪掉，超过1/4应更换，有腐蚀层应处理。③架构及各部位螺栓应紧固，混凝土架构应无严重裂纹和脱落，钢架构应无锈蚀。④瓷绝缘应完好，无爬闪痕迹，瓷铁胶合处无松动。⑤各导电部分连接点应紧密。⑥充油设备出气孔应畅通。⑦操作和传动机构的各部件应完好、无变形，各部位销子、螺栓等紧固件不得松动和短缺，分、合闸必须灵活可靠。⑧各处接地线应完好，连接紧固，接触良好。⑨测量二次回路导线绝缘电阻，其值应符合国家现行标准《电力设备预防性试验规程》DL/T 596的规定。

中置移开式和手车式配电柜的检查应符合下列规定：①应推、拉灵活、轻便，无卡阻和碰撞现象。②动、静触头中心线应一致，接触紧密。③机械和电气联锁动作必须准确、可靠。④触头盒的安全隔板启闭应灵活。⑤控制回路插接件连接应紧密，接触良好。⑥柜内照明应完好。⑦柜内控制电缆固定应牢固，不得妨碍手车的进出。

高压配电装置预防性试验应符合国家现行标准《电力设备预防性试验规程》DL/T 596 的规定。

高压断路器应每年至少检查、清扫一次，且应符合下列规定：①升降器、滑轮及钢丝绳等应完好，且动作灵活。②缓冲器固定牢固，动作灵活，无卡阻回跳现象，缓冲作用良好，分闸弹簧特性应符合产品技术要求。③油指示器、油阀完整，油阀应转动灵活，油标管应透明，无裂损。④框架各部位螺栓必须紧固，焊缝不得开裂，各部位无锈蚀。⑤软铜连接片有断裂时应剪掉，超过 3 片应更换。⑥绝缘拐臂有损伤时应更换，受潮时应作干燥处理。⑦可用工频耐压法检查真空断路器的真空度，当耐压低于其产品规定数值时，应更换新灭弧室。⑧SF_6 断路器充气压力表的指示值，不应低于其产品最低运行压力。⑨测量绝缘电阻，其值不宜小于国家现行标准《电力设备预防性试验规程》DL/T 596 的规定。⑩直流接触器及辅助开关应动作准确、可靠，触头应无烧痕，灭弧罩应无损伤、变形。

高压断路器预防性试验应符合国家现行标准《电力设备预防性试验规程》DI/T 596 的规定。

高压隔离开关、负荷开关检查清扫每年应至少进行一次，且应符合下列规定：①动触头与固定触头应无烧痕或麻点，接触面应平整、清洁；负荷开关灭弧罩应完好，并应清除罩内炭质。②动、静触头间应接触紧密，两侧的接触压力应均匀，且符合本产品的技术规定。③三相联动的隔离开关，触头接触时不同期值应符合产品的技术规定。④开关的导电部分应以 0.05mm×10mm 的塞尺检查，对于线接触应塞不进去，对于面接触，其塞入深度在接触面宽度为 50mm 及以下时，不应超过 4mm；在接触面宽度为 60mm 及以上时，不应超过 6mm。⑤分闸时，动、静触头间垂直距离及动触头转动角度应符合产品技术标准的规定。⑥支持绝缘子及传动杆的绝缘电阻应符合国家现行标准《电力设备预防性试验规程》DL/T 596 的规定。⑦经 5 次分、合闸操作试验应无异状。

高压熔断器检查清扫每年应至少进行一次，且应符合下列规定：①熔丝管应完好、焊接应严密，保护环应牢固。②熔丝规格应与负荷相匹配，不包括电压互感器一次熔丝。③跌落式熔断器应完好，熔丝管无变形、堵塞；消弧角（罩）应无变形、变位和烧伤情况，拉、合应灵活，动、静触头应接触良好、可靠。

高压电流、电压互感器的检查与清扫每年应至少进行一次，且应符合下列规定：①环氧树脂绝缘电压、电流互感器，应无放电、烧伤痕迹，铁芯应紧密，无变形、锈蚀现象；②电压互感器一、二次熔丝规格应符合要求；③互感器油面或 SF_6 气体压力应合格，呼吸器应畅通，吸潮剂不应潮解，箱体应无渗漏油；④绝缘电阻值应符合国家现行标准《电力设备预防性试验规程》DL/T 596 的规定；⑤引线和一、二次接线应牢固，接地应完好；⑥投入运行后表计应无异常。

高压电流、电压互感器预防性试验应符合国家现行标准《电力设备预防性试验规程》DL/T 596 的规定。

电力电容器检查清扫每年应至少进行一次，且应符合下列规定：①油箱应无明显凹凸、渗油、锈蚀和掉漆现象。②熔断器应完好无损，固定接触应良好，其额定电流应符合保护要求。③电容器室的运行温度及运行的本体温度不得超过制造厂的规定值。④放电回路及指示灯应完好。⑤通风道应畅通，风机运行应正常无异响。⑥双极对外壳绝缘电阻值不应小于国家现行标准《电力设备预防性试验规程》DL/T 596 的规定。⑦应检查电容器外壳的保护接地线是否完好，不允许接地的除外。

电力电容器预防性试验应符合国家现行标准《电力设备预防性试验规程》DL/T 596 的规定。

11.2.3　高压电器的常见故障及处理

1. 断路器不正常运行和事故处理

值班人员在断路器运行中发现任何异常现象时（如漏油、渗油、油位指示器油位过低，SF_6气压下降或有异常声，分合闸位置指示不正确等），应及时予以消除，不能及时消除时要报告上级领导，并相应记录在运行记录簿和设备缺陷记录簿内。

值班人员若发现设备有威胁电网安全运行，且不停电难以消除的缺陷时，应及时报告上级领导，同时向供电（调度）部门报告，申请停电处理。

断路器有下列情形之一者，应申请立即停电处理：套管有严重破损和放电现象；油断路器灭弧室冒烟或内部有异常声响；油断路器严重漏油，油位器中见不到油面；SF_6气室严重漏气，发出操作闭锁信号；真空断路器出现真空损坏的咝咝声、不能可靠合闸、合闸后声音异常、合闸铁芯上升不返回、分闸脱扣器拒动；断路器操动机构有不正常现象，分、合闸失灵；断路器故障跳闸。

断路器动作分闸后，值班人员应立即记录故障发生时间，并立即进行“事故特巡”检查，判断断路器本身有无故障。

断路器对故障分闸强行送电后，无论成功与否，均应对断路器外观进行仔细检查。

断路器对故障跳闸时发生拒动，造成越级分闸，在恢复系统送电前，应将发生拒动的断路器脱离系统并保持原状，待查清拒动原因并消除缺陷后方可投入运行。

SF_6 断路器发生意外爆炸或严重漏气等事故，值班人员接近设备要谨慎，尽量选择从“上风向”接近设备，必要时要戴防毒面具，穿防护服。

发生其他异常情况的处理，应符合下列规定：断路器动作分闸，应判明故障原因并消除故障后，方可投入；断路器故障分闸时发生拒动，应将断路器脱离系统保持原状，待查清拒动原因并消除缺陷后方可投入；隔离开关触头发热变色时，应断开断路器、切断电源；发现接地指示信号时，应对配电装置进行检查；在断开接地点时，应使用断路器，并有明显的断开点。

2. 高压隔离开关、负荷开关的不正常运行及处理

高压隔离开关、负荷开关的接头或触头运行中会出现发热的情况，主要原因可能是接触不良或过负荷，这时可以适当降低负荷，也可将故障隔离开关退出运行。

在运行中可能出现误操作的现象，主要有带负荷误拉、合隔离开关。如果出现此类失误，处理的方法如下：①误拉隔离开关时，如果刀片刚离开刀口（已起弧），应立即将未拉开的隔离开关合上。如果隔离开关已拉开，则不允许再合上，用同级断路器或上一级断路器断开电路后方可合隔离开关。②误合隔离开关时，误合的隔离开关，不允许再拉开，只有用断路器先切开该回路电流才能拉开。

3. 电容器的不正常运行及处理

电容器发生下列情况之一时，应立即退出运行：电容器发生喷油、爆炸、起火；瓷套管严重放电闪络；内部放电或设备有严重的异常声响；连接点严重过热或熔化等。

保护电容器的熔丝熔断后，允许更换投入一次，再次熔断未查明原因前，不得更换熔丝送电。

电容器组发生故障拆除时，各相应均匀拆除，拆除容量不得超过总容量的20%，有串联电抗器时不得拆除。

4. 电力电缆线路常见故障及其处理

1）电力电缆线路常见故障

（1）短路性故障：有两相短路和三相短路，多为制造过程中留下的隐患造成。

（2）接地性故障：电缆某一芯或数芯对地击穿，绝缘电阻低于10kΩ称为低阻接地，高于10kΩ称为高阻接地。主要由于电缆腐蚀、铅皮裂纹、绝缘干枯、接头工艺和材料等造成。

（3）断线性故障：电缆某一芯或数芯全断或不完全断。电缆受机械损伤、地形变化的影响或发生过短路，都能造成断线情况。

（4）混合性故障：上述两种以上的故障。

2）电力电缆线路故障原因及对策

（1）外力损伤：在电缆的保管、运输、敷设和运行过程中都可能遭受外力损伤，特别是已运行的直埋电缆，在其他工程的地面施工中易遭损伤。这类事故往往占电缆事故的50%。为避免这类事故，除加强电缆保管、运输、敷设等各环节的工作质量外，更重要的是严格执行动土制度。

（2）保护层腐蚀：地下杂散电流的电化腐蚀或非中性土壤的化学腐蚀使保护层失效，失去对绝缘的保护作用。解决办法是，在杂散电流密集区安装排流设备；当电缆线路上的局部土壤含有损害电缆铅包的化学物质时，应将这段电缆装于管内，并用中性土壤作电缆的衬垫及覆盖，还要在电缆上涂以沥青。

（3）铅包疲劳、龟裂、胀裂：造成此原因是该电缆品质不良。这可以通过加强敷设前对电缆的检查进行改进；如电缆安装质量或环境条件很差，安装时局部电缆受到多次弯曲，弯曲半径过小，终端头、中间头发热导致附近电缆段过热，周围电缆密集不易散热等，这要通过抓好施工质量得以解决。

（4）过电压、过负荷运行：电缆电压选择不当、在运行中突然有高压窜入或长期超负荷，都可能使电缆绝缘强度遭破坏，将电缆击穿。这需通过加强巡视检查、改善运行条件来及时解决。

（5）户外终端头浸水爆炸：因施工不良，绝缘胶未灌满，致终端头浸水，最终发生爆炸。因此，要严格执行施工工艺规程，认真验收；加强检查和及时维修。对已爆炸的终端头要截去重做。

（6）户内终端头漏油：终端头漏油，破坏了密封结构，使电缆端部浸渍剂流失干枯，热阻增加，绝缘加速老化，易吸收潮气，造成热击穿。发现终端头渗漏油时应加强巡视，严重时应停电重做。

11.3 低压电器的运行与维护

11.3.1 低压电器的运行

1. 低压配电装置

低压配电装置的运行应进行巡视检查，检查周期与高压配电装置相同，巡视检查情况和发现问题应记入巡视记录，检查内容应符合下列规定：①配电装置应在额定电压以内运行，并应检查三相电压是否平衡、线路末端配电装置电压降是否超出规定。②各配电装置和低压电器内部有无异响、异味。③检查空气开关、启动器和接触器的运行是否正常、噪声是否过大、线圈是否过热。④带灭弧罩的电器，三相灭弧罩是否完整无损、有无松动。⑤电路中各连接点有无过热现象，母线固定卡子有无松脱，低压绝缘子有无损伤及放电痕迹。⑥接地线连接是否完好。⑦雨天应检查室外配电箱是否渗漏雨水，室内缆线沟是否进水，房屋是否漏雨。

2. 防雷保护装置

防雷保护装置巡视检查内容应符合下列规定：①避雷器外绝缘及金属法兰应清洁完好，无裂纹及放电痕迹。②避雷器引线连接螺栓及结合处应严密无裂缝。③避雷器接地线不应锈蚀或断裂，与接地网连接可靠；避雷器周围5m范围内不得搭设临时建筑物。④避雷针本体不得有断裂、锈蚀或倾斜。⑤避雷针接地引下线是否完好，引下线保护管应完好无损。⑥避雷装置的架构上严禁装设未采取保护措施的通信线、广播线和低压电力照明线。⑦排气型（管形）避雷器应检查管身有无裂纹、闪络和放电烧伤痕迹，排气孔上包盖的纱布是否完整，接地引下线是否完好。

3. 1kV以下室内配线、配电盘及闸箱

1kV以下室内配线、配电盘及闸箱每月进行一次巡视检查且巡视检查内容应符合下列规定：导线与建筑物等是否摩擦、相蹭，绝缘支撑物是否有损坏和脱落；车间裸导线各相的弛度和线间距离是否符合要求，裸导线的防护网（板）与裸导线距离有无变动；明敷电线管及槽板等是否破损，铁管接地是否完好；电线管防水弯头有无脱落或导线蹭管口等现象；各连接头接触是否良好，导线发热是否正常；配电盘及闸箱内各接头是否过热，各仪表及指示灯是否正常完好；闸箱及箱门是否破损，室外箱盘有无漏雨进水等现象；箱、盘金属外皮应良好接地；清除内部的灰尘，检查开关接点是否紧固，闸刀和操作杆连接应紧固，动作灵活可靠。

4. 直流电源

直流电源的巡检应包括下列内容：直流系统母线电压；合闸母线和控制母线的直流电压；浮充运行时的浮充电压和浮充电流；电池的外观及各连线接点及各元件的检查；直流系统的绝缘检查。

5. 变频器

变频器的工作电压（输入电压）不应超出额定值±10%范围内。其运行环境不应有腐蚀性气体及尘土，环境温度不宜超过40℃、湿度不应超过80%，并不得结露，必要时采用降温、降湿设备。对于长期未使用的变频器应每隔半年通电一次，通电时间宜为30～60min。值班人员每班应至少对运行中的变频器巡检3次，在环境潮湿或湿度较高的夏季应增加巡检次数。

变频器运行检查的项目及异常处理应符合下列规定：变频器各运行参数；变频器有无异常的气味、异响；带有变频器的变压器，应依照变压器的运行检查内容巡检；检查冷却风机是否运行正常，当风机停运时，应立即停运变频器；检查冷却风道是否畅通，风冷过滤器是否堵塞而影响冷却效果；当不畅通时，应及时清理或停运变频器；变频器除遇紧急情况外，不应使用直接切断输入电压的方式关断运行中的变频器。

11.3.2　低压电器维护保养

1. 低压配电装置

低压配电装置清扫每年应至少进行一次，且应符合下列规定：①刀开关的动、静触头应接触良好，无蚀伤、氧化过热痕迹，大电流的开关触头间可适量涂些导电膏；双投开关在分闸位置，动触头应可靠固定，不得使动触头有自行滑落的可能；铁壳开关闭锁应正常可靠，速断弹簧应无锈蚀变形。②熔断器的指示器方向应装在便于观察处；当瓷质熔断器安装在金属板上时，其底座应垫软绝缘衬垫；无填料式熔断器应紧固接触点，插座刀口应涂导电膏；当熔管内部有烧损时，应清除积炭，必要时应更换。③当空气断路器、交流接触器的主触头压力弹簧过热失效时，应更换；检查其触头，接触应良好，有电弧烧伤应磨光，当磨损厚度超过1mm时，应更换；动、静触头应对准，三相应同时闭合；分、合闸动作应灵活可靠，电磁铁吸合应无异常、错位现象，应检查吸合线圈的绝缘和接头有无损伤或不牢固现象，若短路环烧损则应更换，应清除消弧室的积尘、炭质及金属细末。④自动开关、磁力启动器热元件的连接处应无过热，电流整定值应与负荷相匹配；可逆启动器联锁装置必须动作准确、可靠。⑤装有电源联锁的配电装置，必须作传动试验，动作应正确、可靠。⑥电流互感器铁芯应无异状，线圈应无损伤。⑦校验空气断路器的分励脱扣器，在线路电压为额定值的75%～105%时，应能可靠工作，当电压低于额定值的35%时，失压脱扣器应能可靠释放。⑧校验交流接触器的吸引线圈，在线路电压为额定值的85%～105%时，应能可靠工作，当电压低于额定值的40%时，应能可靠释放。⑨检查电器的辅助触头有无烧损现象，通过的负荷电流有无超过额定电流值。⑩测量布线的绝缘电阻，其值应符合国家现行标准《电力设备预防性试验规程》DL/T 596的规定；测量电力布线的绝缘电阻时，应将熔断器、用电设备、电器和仪表等断开。

2. 二次回路系统

二次回路的清扫应与配电装置同步进行。其检查、清扫，应符合下列规定：①各控制、转换开关动作应灵活、可靠，接触应良好，损伤失灵的应更换。②信号灯、光字牌应无损坏，与灯口接触应良好，指示应明显、正确，附件应齐全、完好。③熔断器应完整、无损伤，熔丝规格应符合保护要求。④汇流母线涂色应鲜明，标志应清楚。⑤指示仪表应无损伤，指针动作正常，指示正确；数字仪表显示应正确无误。⑥试验传动报警音响和灯光信号应灵敏、正确、可靠。⑦二次回路的每一支路和断路器、隔离开关操动机构的电源回路等绝缘电阻均不应小于1MΩ，在比较潮湿的地方，可不小于0.5MΩ。⑧当带有操作模拟板时，应检查与现场电气设备的运行状态是否对应。

3. 直流设备

直流设备的检查、清扫应符合下列规定：①直流设备的电源均按制造厂家使用维护说明书的规定，定期进行均衡充电，核对性充放电；②装置进行清扫，并检查连接引线，应无松动、无腐蚀、绝缘完好，导线焊点无脱焊；③蓄电池壳体无破裂、无漏液、无爬碱，电池极板无弯曲、无变形，活性物质无脱落、无硫化，极板无腐蚀，极板颜色应正常，允许补液的电池液面应正常；④各元件、部件完整无损，各插接件、印刷线路板无变形、无腐蚀、无损伤；⑤按制造厂提供的使用维护说明书要求测量绝缘电阻值，当无特殊说明时不应小于1MΩ，绝缘试验前，对回路中的电子元器件应短接，印刷电路等弱电回路在作绝缘试验时，可将其插件板拔出。

4. 防雷与过电压保护装置

过电压保护装置检查清扫应与供配电装置或电力线路的检查清扫同步进行，其检查、清扫应符合下列规定：

（1）阀型避雷器的瓷套有裂纹或密封不严应及时更换，表面有轻微碰伤应进行泄漏和工频耐压试验，合格后，方可投入运行，当FZ、FCD型内部并联电阻接触不良时，应及时更换。

（2）当管型避雷器的内部有污物或昆虫堵塞时，应抽出棒形电极用特制探针清除；外部间隙电极有放电、烧伤痕迹的，应及时磨光或更换电极；管子漆层有裂纹、发黑和起皱纹，避雷器有损伤及动作3次以上，应及时更换；清扫检查后，应按其产品技术标准的规定或设计规定调整外部间隙。

（3）避雷器动作记录器应完好，动作可靠，当内部烧黑烧毁，或接地引下线连接点处有烧痕、烧断等现象时，应对避雷器作电气特性试验或解体检查。

（4）雷针和架构应除锈防腐。

过电压保护装置预防性试验应符合国家现行标准《电力设备预防性试验规程》DL/T 596的规定。

5. 接地装置

变配电所的接地网、各防雷装置的接地引下线、独立避雷针的接地装置应每年检查一次；车间电气设备的接地线及中性线每年应至少检查2次。

接地装置的检查，应符合下列规定：①接地线应接触良好，无松动脱落、砸伤、碰断及腐蚀现象。②地面以下50cm以上部分的接地线腐蚀严重时，应及时处理。③明敷设的接地线或接零线（包括三相五线制的保护零线）表面涂层脱落时，应及时补漆。④接地线截面应符合设计要求。⑤接地体被扰动露出地面时，应及时进行恢复维修，其周围不得堆放有强烈腐蚀性的物质，对含有重酸碱、盐或金属矿岩等化学成分土壤地带以及面灰焦渣地带的接地装置，每10年应挖开局部地面进行检查，观察接地体腐蚀情况，对有电腐蚀地区的接地装置，不超过5年应挖开检查，接地体腐蚀1/3时，应更换接地体。⑥测量接地电阻值，应符合国家现行标准《电力设备预防性试验规程》DL/T 596的规定。

6. 10kV及以下电力电缆线路

10kV及以下电力电缆线路日常保养项目、内容，应符合下列规定：①电力系统上的备用电缆应长期充电，防止受潮；电缆停用再次启用时，应按国家现行标准《电力设备预防性试验规程》DL/T 596的规定进行超期试验，合格后方可启用。②电缆终端头如有漏油，应擦净并加固密封，如有漏气，应予清除，并用同型号绝缘剂填充，并同时监视另一侧高处电缆头的绝缘干枯情况。③遇有威胁电缆安全的隐患应及时消除。

10kV及以下电力电缆线路定期清扫维护的周期、项目、内容，应符合下列规定：①维护每年应至少进行一次。②检查、清扫内容应符合下列规定：电缆头瓷套管应无尘土、污物、裂纹、破损和放电痕迹；油浸纸绝缘电缆的电缆头不应渗、漏油；充有绝缘胶的室外电缆头应打开盖堵检查，绝缘胶不应塌陷，内部不应结露积水；引线接头不应发热、锈蚀；电缆头接地线连接处应接触良好、牢固。

10kV及以下电力电缆线路预防性试验应符合国家现行标准《电力设备预防性试验规程》DL/T 596的规定。

7. 变频器

变频器日常保养项目、内容应符合下列规定：带有变频器的变压器，应按照变压器的日常保养规定执行；保持变频器室内的环境整洁；变频器的指示仪表灵敏、准确；应及时清理更换防尘过滤网。

变频器定期检查、维护内容应符合下列规定；①每年定期检查2次，重点应放在变频器运行时无法检查的部位。②定期清扫冷却风机，保证出风口无异物，保证良好散热；冷却风机的轴承应根据厂方提供的运行小时进行维护、添加润滑油。③在正常使用条件下，散热器每年至少清洁2次；运行在污染较严重的场合，散热器的清洁工作应频繁一些；当散热器不可拆卸时，应使用柔软的棉刷或风机进行清扫。④接触器、继电器、充放电电阻、接线端子、数字接口插件、控制电源：应检查接触器、继电器触点是否粗糙，接触电阻值是否过大，充放电电阻是否有过热的痕迹，应检查螺钉、螺栓等紧固件是否有松动，并进行必要的紧固；电子线路接插件及通信接口是否松动，导体触点、绝缘物和变压器是否有腐蚀、过热的痕迹，是否变色或破损；应检查绝缘电阻是否在正常范围内，并确认控制电源电压是否正确；应确认保护、显示回路有无异常。⑤检查电解电容时，应放电并核实无电后方可检查；查看电解电容安全阀是否胀出，外壳是否漏液和变形，其容值应大于额定值的85%。⑥检查熔断器接触是否良好，状态指示是否正确。熔断器更换时，应注意其类型；速熔与普通熔断器不应混淆。

11.3.3 低压电器的常见故障及处理

1. 低压配电装置异常运行及事故处理

低压配电装置异常运行及事故处理应符合下列规定：①当低压母线和设备连接点超过允许温度时，应迅速停次要负荷，并及时对缺陷进行检修。②当各种电器触头和接点过热时，应检查触头压力或接触连接点紧固程度，并应消除氧化层、打磨接点、调整压力、拧紧连接处。③当电磁铁噪声过大时，应检查铁芯接触面是否平整、对齐，有无污垢、杂质和铁芯锈蚀，检查短路环是否断裂，检查电压是否降低等。④低压电器内发生放电声响，应立即停止运行。⑤当灭弧罩或灭弧栅损坏或掉落时，应停止该设备的运行。⑥当三相电源发生缺相或电流互感器二次开路时，应立即停电处理。⑦当空气断路器等产生越级跳闸时，应校验定值配合是否正确。

2. 防雷保护装置的异常运行及事故处理

当发现避雷器有下列情况之一时，应及时处理：内部有异常声响及放电声；外瓷套严重破裂或放电闪络；引线接触不良。

当发现避雷器有下列情况之一时，应及时更换：运行中发现避雷器瓷套有裂纹时；运行中避雷器发生爆炸；避雷器内部有异常声响或瓷套炸裂；避雷器动作记录器内部烧黑、烧毁或接地引下线连接点处有烧痕、烧断等现象。

3. 配电线路的异常运行与事故处理

当配电系统发生下列情况时，必须迅速查明原因并及时处理：断路器掉闸（不论重合是否成功）和熔断器跌落（熔丝熔断）；发生永久性接地和频发性接地；线路变压器一次和二次熔丝熔断；线路发生倒杆、断线、触电伤亡等意外事件；用电端电压异常。

当线路变压器、断路器有冒烟、冒油、外壳过热等现象时，应断开电源，待冷却后处理。

事故处理应遵守以上要求，但紧急情况下，在保障人身安全和设备安全的前提下，可采取临时措施，并在事后及时处理。

11.4　继保装置及变电所综合监控的运行与维护

11.4.1　继保装置及变电所综合监控的运行

综合继电保护装置使用与维护应注意防止静电损伤。在使用中运行人员巡检以及维修维护中的拆装，均不得触及电路板的元器件或电路板的导电部分。当必须接触时，操作人员应有接地保护，并采取防静电措施。

11.4.2　继保装置及变电所综合监控维护保养

安装在控制柜和配电柜的继电综合保护装置，维护周期应与仪表所连接的主要设备的检修周期一致。

继电综合保护装置必须遵从当地供电公司的运行规程中相应校验周期的规定。综合继电保护装置的液晶显示器，应避免强光照射。

对于有后台管理机的综合继电保护装置，每年应至少进行2次软件维护。

继电保护装置的检查、清扫、校验应符合下列规定：电气进行机械部分检查、清理及电气特性试验；进行二次回路绝缘电阻测量及接线牢固性检查试验；晶体管继电器保护装置应检测各个回路的有关参数；进行保护装置的整组动作试验，判明整体动作的正确性。

11.4.3　继保装置及变电所综合监控的常见故障及处理

随着计算机、网络技术的日渐成熟与先进，继保装置及变电所综合监控总体性能比较稳定，故障率较低。但也会出现各种各样的问题，下面就来介绍一下继保装置及变电所综合监控的常见故障及处理方式。

1. 自动化网络各种事故处理

当自动化网络系统部分通信不正常时应检查对应的通信口是否松动脱落，接触是否良好；检查所对应的网络装置是否工作正常。

当自动化网络系统全部通信不正常时，可以作如下的尝试：重新启机，以判断是否是部分重要程序异常引起全系统瘫痪，一般可解决问题。

由于外来病毒引起的自动化系统的瘫痪，具体处理方法有两种：①做好前期备份工作，对整个综合自动化系统进行还原。为保证变电站综合自动化的安全可靠运行，严禁非专业人员处理监控机，并对 USB、光盘等各种输入点作专门处理。因工作需要确需插入各种移动设备时，应严格杀毒保证无毒状态，方可开始相关工作。②要求厂家协助，重新制作综合自动化系统。

2. 遥信遥测遥控不正常

检查相对应的一次、二次设备的状态是否正常，若异常则排除，即可恢复。系统本身的定义及参数设置不正确，可在厂家的指导下解决。

3. 微机保护事故的种类及原因分析

1）装置定值的漂移

元器件老化及损坏：元器件的老化积累必然引起元器件特性的变化和元器件的损坏，不可逆转地影响微机保护的定值。曾有装置发生过因 A/D 转换精度下降严重引发事故的情形。

温度与湿度的影响：微机保护的现场运行规程规定了微机保护运行的环境温度与湿度的范围。电子元器件在不同的温度与湿度下表现为不同的特性，在某些情况下造成了定值的漂移。

2）人为整定错误

人为整定错误的情况主要表现为：看错数值；TA、TV 变比计算错误；在微机保护菜单中找错位置，定值区使用错误；运行人员投错压板（联结片）等错误都曾造成事故的发生。产生上述情况的主要原因：工作不仔细，检查手段落后；有些微机保护装置菜单设计不合理，过于繁琐，人性化概念差等容易造成现场操作人员的视觉失误。从现场运行工况来看，避免上述情况发生的主要措施是在设备送电之前由至少两人再次进行装置定值的校核。

3）整定计算的误差

由于设备特性尚未被人们掌握透彻，很多数据依存于经验值和估算值，继电保护的定值不容易定准，且电力系统的参数或元器件的参数的标幺值与实际值有出入，有时两者的差别比较大，则以标幺值算出的定值较不准确，使设定的定值在某些特定的故障情况下失去灵敏性和可靠性。设计、基建、技改主管部门应及时、准确地向定值计算人员提供有关计算参数、图纸，施工部门在调试完保护设备后也应及时将有关定值资料移交运行部门。

4. 电源问题

1）逆变稳压电源问题

微机保护逆变电源的工作原理是将输入的 220V 或 110V 直流电源经开关电路变成方波交流，再经逆变器变成需要的＋5、±12、＋24V 等电压，其在现场容易发生的故障分成以下情形：

（1）纹波系数过高：变电站的直流供电系统正常供电时大都运行于“浮充”方式下。纹波系数是指输出中的交流电压与直流电压的比值。交流成分属于高频范畴，高频幅值过高会影响设备的寿命，甚至造成逻辑错误或导致保护拒动。因此，要求直流装置要有较高的精度。

（2）输出功率不足或稳定性差：电源输出功率的不足会造成输出电压下降。若电压下降过大会导致比较电路基准值的变化、充电电路时间变短等一系列问题，从而影响到微机保护的逻辑配合，甚至逻辑功能判断失误。尤其是在事故发生时有出口继电器、信号继电器、重动继电器等相继动作，要求电源输出有足够的容量。如果现场发生事故，微机保护有时无法给出后台信号或是重合闸无法实现等现象时，应考虑电源的输出功率是否因元件老化而下降。对逆变电源应加强现场管理，在定期检验时一定要按规程进行逆变电源检验。长期实践表明，逆变电源的运行寿命一般在4～6年，到期应及时更换。

2）直流熔丝的配置问题

现场的熔丝配置是按照从负荷到电源一级比一级熔断电流大的原则配置的，以便保证在直流电路上发生短路或过载时熔丝的选择性，但是不同熔丝的底座没有区别，型号混乱，运行人员难以掌握，造成的后果是回路上过流时熔丝越级熔断，建议设计者应对不同容量的熔丝选择不同的形式，以便于区别。同时，现行微机保护使用的直流熔丝和小型空气断路器的特性配合值得很好地研究。

3）带直流电源操作插件

需要特别指出的是微机保护的集成度很高，一套装置由几块插件组成，现场发生过多起在不停直流电源的情况下拔各种插件造成的装置损坏或事故。现场应加强监督，必须做到一人操作一人监护，严禁带电插拔插件。

5. 电流互感器饱和问题

作为继电保护测量电流互感器对二次系统的运行起关键作用。随着系统短路电流急剧增加，在中低压系统中电流互感器的饱和问题日益突出，已影响到继电保护装置动作的正确性。现场就时有馈线保护因电流互感器饱和而拒动，导致主变后备保护越跳主变三侧开关的事故发生。由于数字式继电器采用微型计算机控制，其主要工作电源仅有5V左右，数据采集部分的有效电平范围也仅有10V左右，因此能有效处理的信号范围更小，电流互感器的饱和对数字式继电器的影响将更大。对电流互感器饱和问题，从故障分析和运行设计的经验来看，主要采取分列运行的方式或采取串联电抗器的做法来限制短路电流；采取增大保护级电流互感器的变比以及用保护安装处可能出现的最大短路电流和互感器的负载能力与饱和倍数来确定电流互感器的变比；采取缩短电流互感器二次电缆长度及加大二次电缆截面；采取保护安装在开关柜的方法有效减小二次回路阻抗，防止电流互感器饱和。

6. 抗干扰问题

运行经验表明：微机保护的抗干扰性能较差，对讲机和其他无线通信设备在保护屏附近的使用会导致一些逻辑元件误动作。现场曾发生过电焊机在进行氩弧焊接时，高频信号感应到保护电缆上使微机保护误跳闸的事故。新安装、基建、技改都要严格执行有关反事故技术措施。尽可能避免操作干扰、冲击负荷干扰、直流回路接地干扰等问题的发生。

7. 插件绝缘问题

微机保护装置的集成度高，布线紧密。长期运行后，由于静电作用使插件的接线焊点周围聚集大量静电尘埃，在外界条件允许时，两焊点之间形成了导电通道，从而引起装置故障或者事故的发生。

8. 软件版本问题

由于装置自身的质量或程序漏洞问题只有在现场运行过相当一段时间后才能发现，因此，继电保护人员在保护调试、检验、故障分析中发现的不正常或不可靠现象应及时向上级或厂商反馈。

9. 微机保护事故处理的基本思路

1）微机继电保护事故处理的一般原则

理论与实际相结合：继电保护的事故处理不仅涉及继电保护的原理及元器件，而且现场处理继电保护事故的经验表明：大部分继电保护事故的发生与处理过程与基建、安装、调试过程密切相关。掌握必要的微机继电保护基本原理及一般继电保护理论是分析和处理事故的首要条件，但丰富的现场经验往往对准确分析与定性事故又起着关键作用。

实事求是的态度：继电保护的事故处理涉及运行单位和个人，事故的责任者，有可能受到相当严厉的处罚。因此，一旦发生拒动或误动事故，必须查明原因，并力图找出问题的根源所在，以便彻底解决问题。这就要求事故发生后，一定要确保现场一手资料和信息的完整，还原事故现场，分析事故原因，吸取事故教训。因此，事故的调查组织者必须坚持科学的、实事求是的态度。

2）正确充分利用微机提供的故障信息

对经常发生的简单事故是容易排除的，但对少数故障仅凭经验是难以解决的，应采取正确的方法和步骤进行。

正确对待人为事故：有些继电保护事故发生后，按照现场的信号指示无法找到故障原因，或者断路器跳闸后没有信号指示，无法界定是人为事故或是设备事故。这种情况的发生往往由工作人员的重视程度不够、措施不力等原因造成。人为事故必须如实反映，以便分析和避免浪费时间。

充分利用故障录波和时间记录：微机事件记录、故障录波图形、装置灯光显示信号是事故处理的重要依据，根据有用信息作出正确判断是解决问题的关键。若通过一、二次系统的全面检查发现一次系统故障使继电保护正确动作，则不存在继电保护的问题；若判断故障出在继电保护上，应尽量维持原状，做好记录，作出故障处理计划后再开展工作，以避免原始状况的破坏给事故处理带来不必要的麻烦。

3）运用正确的检查方法

逆序检查法：利用微机事件记录和故障录波不能在短时间内找到事故发生的根源时，应注意从事故发生的结果出发，一级一级往前查找，直到找到根源为止。这种方法常应用在保护出现误动时。

顺序检查法：该方法是利用检验调试的手段来寻找故障的根源。按外部检查、绝缘检测、定值检查、电源性能测试、保护性能检查等顺序进行。这种方法主要应用于微机保护出现拒动或者逻辑出现问题的事故处理中。

运用整组试验法：此方法的主要目的是检查保护装置的动作逻辑、动作时间是否正常，往往可以用很短的时间再现故障，并判明问题的根源。如出现异常，再结合其他方法进行检查。

4）事故处理的注意事项

对试验电源的要求：在进行微机保护试验时要求使用单独的供电电源，并核实用电试验电源是否满足三相为正序和对称的电压，并检查其正弦波及中性线是否良好，电源容量是否足够等要素。

对仪器仪表的要求：万用表、电压表、示波器等取电压信号的仪器必须选用具有高输入阻抗者。继电保护测试仪、移相器、三相调压器应注意其性能稳定。

5）事故处理方法

在微机保护的事故处理中，以往的经验是非常宝贵的，它能帮助工作人员快速消除重复发生的故障，但知识技能更为重要。现针对微机保护的特点总结如下。

替代法：该方法是指用规格相同、功能相同、性能良好的插件或元件替代被怀疑而不便测量的插件或元件。

对比法：该方法是将故障装置的各种参数或以前的检验报告进行比较，差别较大的部位就是故障点。

模拟检查法：该方法是指在良好的装置上根据原理图（一般由厂家配合）对其部位进行脱焊、开路或改变相应元件参数，观察装置有无相同的故障现象出现，若有相同的故障现象出现，则故障部位或损坏的元件将被确认。

第 12 章　自控系统的运行与维护

随着科学技术的发展，自动控制系统在供水行业中越来越普及，许多水厂真正实现了控制室集中控制、生产现场无人值守，大大提高了水厂的生产效率、供水质量，降低了生产成本。因此，确保自控系统的完好性对水厂生产至关重要。

12.1　自控系统的运行

水泵运行工根据调度中心的调度指令，通过设置在各个岗位的自控装置参数，控制有关设备，来确保优质供水。

运行前检查与巡视检查

自控系统运行前：检查 PLC 柜内是否清洁，温度是否过高，排风扇能否正常运行；检查自控系统的运行状态（包括各供水设备及其控制状态）是否符合当前工况；检查自控系统各 PLC 站的各项参数（包括沉淀水浑浊度、流量；滤池状态；清水池水位；余氯等）是否符合要求；检查后台监控工作是否正常，有无报警信息；检查 PLC 柜门是否关上、扣好。

在自控系统运行过程中：检查操作屏（或中控室）各设备状态与实际状态是否一致；各设备运行参数是否正常；各生产数据是否上传准确无误；PLC 柜内温度是否过高。

12.2　自控系统维护保养

自控系统运行好坏与平时的维护保养有着重要的关系，自来水厂的自控系统维护保养应有专职人员定期维护监测，以确保供水质量。

12.2.1　日常保养

在自控系统的日常运行中应做到：自控系统室内温度不宜超过 40℃；保持 PLC 柜内以及室内的清洁；注意 PLC 柜内排风扇运行情况；定时检查 UPS 运行情况。

12.2.2　定期保养

由专职人员定期检查主机设备、应用软件、网络（线缆）、执行机构、继电器等；定期检查各端子接线情况，是否有松动并进行相应的紧固；检查各传感器（温度、压力、湿度等）是否正常；检查交换机及尾纤。

12.3　自控系统的常见故障及处理

水厂工作人员在多年来的自控系统运行维修维护工作中，总结分析了水厂自控相关设备易发生的多种故障及其解决方法。我们以滤池和泵房自控系统遇到的故障为例简单讲解一些常见故障的分析方法，其他控制过程遇到的故障也可按此思路解决。

12.3.1　滤池自动控制设备常见故障分析

首先以水厂滤池为例，滤池是水生产最重要的构筑物之一，与其相关的阀门与风机等设备较多，是在日常生产运行中极易产生故障的部分，一旦滤池设备发生故障，滤池的自动恒水位过滤与自动反冲洗就无法进行。常见的故障主要有以下几种。

1. 清水出水阀故障

清水出水阀开启度在过滤状态下由滤池水位控制，液位仪将水位信号送到 PLC，PLC 接收到 4～20mA 模拟量信号，并发出阀位控制信号，驱动清水阀并控制其开启度；清水出水阀开启度在反冲洗状态下为关闭。在生产运行中清水阀有时会不受液位控制，导致滤池过滤速度过快或者过慢，甚至冲洗滤池时清水出水阀不关闭，导致冲洗无法进行。分析原因主要有：①电动头限位故障。在长期生产运行过程中，电动头的限位开关需要定期校准。②现场信号干扰。由于生产现场的强磁场或强电场导致现场开度信号与反馈信号不一致。③阀门驱动机械装置位置有移动偏差。④PLC 控制模块故障。⑤接线排线路老化。解决措施主要有：加强设备的维护保养，加强生产管理，值班工加强对设备的巡视检查；定期检查电动头工况，及时更新配件；检查净水间现场设备，对不必要的干扰源进行拆除或迁移；及时更换同型号、同厂家的 PLC 控制模块；维护人员定期检查线路，避免线路虚接。

2. 反冲洗排水阀故障

反冲洗时排水阀门无法打开或开不到位，则自动反冲洗程序中止。反冲洗排水完成后排水阀无法关闭，反冲洗信号不消失，其他滤池也无法继续反冲洗。分析原因主要有：①PLC 输出模块损坏或 PLC 柜内保险（熔丝）烧毁，造成反冲洗排水阀不开。②有反冲洗排水阀开信号，但无阀门开到位信号，则检查阀门本身各部件。③排水阀开/关时间超时。针对以上原因可以先用手动开关试验，若打不开，则有可能阀门内机械结构卡死。若手动能打开，自动反冲洗打不开，则需要检查信号总线回路是否通畅，是否存在虚接或短路。若反冲洗排水阀打开并实际开到位了，但没开到位信号，则需要检查限位开关是否损坏，若限位开关没问题则检查 PLC 输入模块对应的点是否有问题。若 PLC 输入模块对应的点没有问题的话，则查看排水阀开/关时间是否超时。限位开关的故障原因主要是人为操作不当和现场工况过于潮湿，潮湿气体进入限位开关导致限位开关失灵或烧毁。因此，在生产运行中应加强以下工作：加强巡视，发现故障及时将控制箱转换开关打到“停”位，避免设备故障扩大。

3. 反冲洗气洗阀及鼓风机（或水泵）故障

反冲洗排水阀开到位后，反冲洗气洗阀应打开。如果气洗阀打不开，应该检查前级的出水阀和反冲洗排水阀是否到位。再者就是如同查找反冲洗排水阀故障的方法一样查找反冲洗气洗阀故障，先检查 PLC 内有无开信号发出，若无，则是 PLC 内模块故障；若有，再检查有无阀门到位信号；没有到位信号，则检查阀门本身；若有到位信号，则检查 PLC 输入模块所对应的点是否有问题；若 PLC 输入模块对应的点没有问题，则检查排水阀开/关时间是否超时。如果反冲洗气洗阀开到位，而鼓风机没启动，应查找鼓风机各部件故障，这种情况不影响水洗。若反冲洗进水阀自动打不开，则查找故障方法如同查找反冲洗排水阀故障一样。

12.3.2 泵房（取水、供水）相关自动控制设备常见故障分析

泵房也是水生产最重要的构筑物之一，与其相关的阀门以及电气设备较多，其一键启动控制涉及的相关流程较为复杂。一旦泵房设备发生故障，水厂的可靠供水就无法保证。有些水厂的泵房标高较低，机组启动时可以不用抽真空，有些水厂泵房机组启动时则需要抽真空。这里我们以需要抽真空启动的机组为例进行常见故障分析。

1. 泵顶阀（电磁式或电动式）故障

水泵在启动之前应当先开泵顶阀，泵顶阀打开后启动真空泵抽真空，真空信号形成后启动电机，待电机启动后开出水阀门。若PLC没有采集到真空信号，则无法抽真空，机组无法启动。分析原因主要有：①PLC输出模块故障，PLC开泵顶阀的指令并没有发出。②泵顶阀本体由于工作时间过长或者水中杂质较多（取水泵房）导致泵顶阀卡死。③泵顶阀开超时。④PLC输入模块故障，泵顶阀实际已经打开，PLC没有采集到开信号。针对以上原因可以先检查PLC输出对应的点是否有问题（可以通过单独控制泵顶阀来测试），若PLC没有输出，则PLC输出模块有问题；若PLC有输出，则观察泵顶阀是否动作，以及开启时间是否超过设定时间；若泵顶阀开没有问题，检查是否有开信号，以及PLC是否采集到开信号。因此，对于上述故障我们应当加强设备的维护保养，值班工加强对设备的巡视检查，定期检查泵顶阀工况，及时更新配件。维护人员定期检查线路，避免线路虚接。

2. 没有真空形成信号

若PLC没有采集到真空形成信号，则水泵机组无法启动。分析原因主要有：①泵顶阀打开后PLC没有发出开真空泵信号。②真空泵由于本体故障没有启动。③真空泵已经启动，由于水泵漏气或者真空管路漏气，导致真空形成超时。④真空形成，真空引水装置故障。⑤引水真空形成后，由于PLC输入模块有问题没有采集到真空形成信号。针对以上原因可以先检查PLC输出对应的点是否有问题（可以通过单独开真空泵来测试），若PLC没有输出，则PLC输出模块有问题；若PLC有输出，则观察真空泵是否开启；若没有开启，检查真空泵本体存在的故障，真空泵开启后检查真空管路是否完好以及水泵是否漏气；若无问题检查真空是否形成；若真空形成检查是否有真空信号；最后检查PLC是否采集到开信号。因此，对于上述故障值班工应加强对设备的巡视检查，定期检查真空泵工况，及时更新配件。维护人员定期检查线路，避免线路虚接，及时更换有问题的PLC输入、输出模块。

3. 出水阀门故障

水泵机组启动后，应当开出水阀门，若出水阀门没有打开则会导致闷泵。分析原因主要有：①机组启动后PLC没有发出开出水阀信号。②有出水阀开信号，但无阀门开到位信号，则检查阀门本身各部件。③出水阀水开关时间超时。针对以上原因可以参考滤池排水阀故障解决方法。

自动控制系统出现的故障，都可按一个完整的控制回路进行逐个排查，这样可以节省时间避免重复工作。除了上述单个控制系统的问题，在实际生产中还会遇到整个控制站点的故障。例如，某系列滤池离线，各种设备状态都看不到。这个一般是数据传输回路有问题，可以查看该站点的PLC以及交换机是否传输中断。生产中故障的解决不但与相关的专业知识有关，还与对生产工艺流程的熟练程度有关，这是一个日积月累的过程。

[illegible]

2. 人为误操作故障

[illegible]

3. 出水阀门故障

[illegible]

[illegible]

第三篇　安全生产知识

第13章 安全生产

13.1 安全生产的重要意义及其相关法律

13.1.1 安全生产的重要性

1. 安全生产的目的

安全生产是指在劳动过程中，要努力改善劳动条件，克服不安全因素，防止伤亡事故的发生，使劳动生产在保护劳动者的安全健康和国家财产及人民生命财产安全的前提下进行。总的来说，安全生产的目的就是保护劳动者在生产中的安全和健康，促进经济建设的发展。具体包括以下几个方面：①积极开展控制工伤的活动，减少或消灭工伤事故，保障劳动者安全地进行生产建设。②积极开展控制职业中毒和职业病的活动，防止职业中毒和职业病的发生，保障劳动者的身体健康。③搞好劳逸结合，保障劳动者有适当的休息时间，经常保持充沛的精力，更好地进行经济建设。④针对女性员工的特点，对她们进行特殊保护，使其在经济建设中发挥更大的作用。

2. 安全生产的意义和任务

搞好安全生产工作对于巩固社会的安定，为国家的经济建设提供重要的稳定政治环境具有现实的意义；对于创造社会财富、减少经济损失具有实际的意义；对于员工则关系到个人的生命安全与健康，家庭的幸福和生活的质量。

3. 劳动保护及其意义

劳动保护是指保护劳动者在劳动生产过程中的安全与健康。劳动保护的工作内容包括：不断改善劳动条件，预防工伤事故和职业病的发生，为劳动者创造安全、卫生、舒适的劳动条件；合理组织劳动和休息；实行女职工的特殊保护，解决她们在劳动中由于生理关系而引起的一些特殊问题。搞好劳动保护工作对于保护劳动生产力，均衡发展各部门、各行业的经济劳动力资源具有重要的作用。

4. 安全生产的效益

做好劳动保护工作、保障企业安全生产除了具有重要的政治意义和社会效益外，对于企业来说，重要的是还具有现实的经济意义。从事故损失的角度，发生了生产事故不但有直接的经济损失，大量的是体现在工效、劳动者心理、企业商誉、资源无益耗费等间接的损失。因此，从安全经济学的角度，通常有这样的指标：1元的直接损失伴随着4元的间接损失；安全上有1元的合理投入，能够有6元的经济产出。安全的“全效益”应该包括：保护人的生命安全与健康的直接的社会效益及间接的企业经济效益；避免环境危害的直接社会效益；减少事故损失造成的企业直接经济效益；保证企业正常生产的间接经济效益；促进生产作用的直接经济效益等。

安全的生产力作用表现在如下方面：第一，职工的安全素质就是生产力。由于劳动力是生产力，劳动力的安全素质的提高，使劳动力的直接和间接的生产潜力得以保障和提高。因此，围绕劳动安全素质提高的安全活动（安全教育、安全管理等）具有生产力意义。第二，安全装置与设施是生产资料（物的生产力）的重要组成部分——生产资料是生产力，而安全装置与设施是生产资料不可缺少的组成部分。第三，安全环境和条件保护生产力作用的发挥，体现了安全间接的生产力作用。

13.1.2 安全生产相关法律法规

1. 我国安全生产方针

“安全第一，预防为主，综合治理”是我国安全生产工作的基本方针。这在《中华人民共和国安全生产法》中有明确规定。

安全第一、预防为主、综合治理是开展安全生产管理工作总的指导方针，是一个完整的体系，是相辅相成、辩证统一的整体。安全第一是原则，预防为主是手段，综合治理是方法。

2. 安全生产法律法规与法律制度

为了保障人民群众的生命财产安全，有效遏制生产安全事故的发生，我国颁布了以《安全生产法》为代表的一系列法律法规，如安全生产监督管理制度、生产安全事故报告制度、事故应急救援与调查处理制度、事故责任追究制度等，从法律上保证了安全生产的顺利进行。

1)《安全生产法》相关知识

从业人员享有的权利：知情、建议权；批评、检举、控告权；合法拒绝权；遇险停、撤权；保（险）外索赔权。

从业人员的义务：遵章作业的义务；佩戴和使用劳动防护用品的义务；接受安全生产教育培训的义务；安全隐患报告义务。

对特种作业人员的规定：特种作业人员必须取得两证才能上岗：一是特种作业资格证（技术等级证），二是特种作业操作资格证（即安全生产培训合格证）。两证缺一即可视为违法上岗或违法用工。

2)《劳动法》相关知识

1994年7月5日第八届全国人民代表大会常务委员会第八次会议通过了《中华人民共和国劳动法》，并于1995年1月10日起施行。特种作业人员需要掌握的《劳动法》中的主要内容是：

第54条：“用人单位必须为劳动者提供符合国家规定的劳动安全卫生条件和必要的劳动保护用品，对从事有职业危害的劳动者应当定期进行健康检查。”

第55条：“从事特种作业的劳动者必须经过专门培训并取得特种作业资格。”

第56条：“劳动者在劳动过程中必须严格遵守安全操作规程。劳动者对用人单位管理人员违章指挥、强令冒险作业，有权拒绝执行；对危害生命安全和身体健康的行为，有权提出批评、检举和控告。”

3)《职业病防治法》相关知识

特种作业人员需要掌握《职业病防治法》中以下主要内容：

第 4 条："用人单位必须为劳动者创造符合国家职业卫生标准和卫生要求的工作环境和条件，并采取措施保障劳动者获得职业卫生保护。"

第 7 条："用人单位必须依法参加工伤社会保险。"

第 15 条："产生职业病危害的用人单位的设立除应当符合法律、行政法规规定的设立条件外，其工作场所还应当符合下列职业卫生要求：职业病危害因素的强度或者浓度符合国家职业卫生标准；有与职业病危害防护相适应的设施；生产布局合理，符合有害与无害分开的原则；有配套的更衣间、洗浴间、孕妇休息间等卫生设施；设备、工具、用具等设施符合劳动者生理、心理健康的要求；法律、行政法规和国务院卫生行政部门关于保护劳动者健康的其他要求。"

第 31 条："任何单位和个人不得将产生职业病危害的作业转移给不具备职业病防护条件的单位和个人。不具备职业病防护条件的单位和个人不得接受产生职业病危害的作业。"

第 33 条："用人单位与劳动者订立劳动合同时，应当将工作过程中可能产生的职业病危害及其后果、职业病防护措施和待遇等如实告知劳动者，并在劳动合同中写明，不得隐瞒或者欺骗。"

第 35 条："对从事接触职业病危害作业的劳动者，用人单位应当按照国务院卫生行政部门的规定组织上岗前、在岗期间和离岗时的职业健康检查，并将检查结果如实告知劳动者。职业健康检查费用由用人单位承担。"

第 39 条："劳动者享有下列职业卫生保护权利：获得职业卫生教育，培训；获得职业健康检查、职业病诊疗、康复等职业病防治服务；了解工作场所产生或者可能产生的职业病危害因素、危害后果和应当采取的职业病防护措施；要求用人单位提供符合防治职业病要求的职业病防护设施和个人使用的职业病防护用品，改善工作条件；对违反职业病防治法律、法规以及危害生命健康的行为提出批评、检举和控告；拒绝违章指挥和强令进行没有职业病防护措施的作业；参与用人单位职业卫生工作的民主管理，对职业病防治工作提出意见和建议。"

4）《工伤保险条例》相关知识

主要应当了解两条：

第 2 条："……中华人民共和国境内的各类企业、有雇工的个体工商户应当依照本条例参加工伤保险，为本单位全部职工或者雇工缴纳工商保险费。

中华人民共和国境内的各类企业的职工和个体工商户的雇工均有依照本条例规定享受工伤保险待遇的权利。"

第 4 条："……用人单位应当将参加工伤保险的有关情况在本单位内公示……职工发生工伤时，用人单位应当采取措施使工伤职工得到及时救治。"

3. 安全生产主要法律制度

1）安全生产监督管理制度

《安全生产法》从不同的方面规定了安全生产的监督管理。具体有以下几方面：县级以上地方各级人民政府的监督管理；负有安全生产监督管理职责的部门的监督管理，包括严格依照法定条件和程序对生产经营单位涉及安全生产的事项进行审查批准和验收，并及时进行监督检查等；监督机关的监督；对安全生产社会中介机构的监督；社会公众的监督；新闻媒体的监督。

2）生产安全事故报告制度

《安全生产法》以及国务院《关于特大安全事故行政责任追究的规定》（302号令）等法律、法规都对生产安全事故的报告作了明确规定，从而构成我国安全生产法律的事故报告制度。

事故隐患报告制度：生产经营单位一旦发现事故隐患，应立即报告当地安全生产监督管理部门和当地人民政府及其有关主管部门，并申请对单位存在的事故隐患进行初步评估和分级。

生产安全事故报告制度：生产安全事故报告必须坚持及时准确、客观公正、实事求是、尊重科学的原则，以保证事故调查处理的顺利进行。

3）生产安全事故的调查处理制度

安全生产法律法规对生产安全事故的调查处理规定了以下六方面的内容：①事故调查处理的原则：及时准确、客观公正、实事求是、尊重科学。②事故的具体调查处理必须坚持“四不放过”：事故原因和性质不查清不放过；防范措施不落实不放过；事故责任者和职工群众未受到教育不放过；事故责任者未受到处理不放过。③事故调查组的组成。事故调查组的组成因伤亡事故等级不同由不同的单位、部门的人员组成。④事故调查组的职责和权利。⑤生产安全事故的结案。⑥生产安全事故的统计和公布。

4）事故责任追究制度

《安全生产法》明确规定：国家实行生产安全事故责任追究制度。任何生产安全事故的责任人都必须受到相应的责任追究。在实施责任追究制度时，必须贯彻“责任面前人人平等”的精神，坚决克服因人施罚的思想。无论什么人，只要违反了安全生产管理制度，造成了生产安全事故，就必须予以追究。

生产安全事故责任人员，既包括生产经营单位中对造成事故负有直接责任的人员，也包括生产经营单位中对安全生产负有领导责任的单位负责人，还包括有关人民政府及其有关部门对生产安全事故的发生负有领导责任或者有失职、渎职情形的有关人员。

5）特种作业人员持证上岗制度

针对特种作业的特殊性，安全生产法律法规对特种作业人员的上岗条件作了详细而明确的规定，特种作业人员必须持证上岗。

特种作业人员必须积极主动地参加培训与考核，既是法律法规规定的，也是自身工作、生产及生命安全的需要。

13.2 防雷、接地、电气安全

13.2.1 过电压与防雷

电力系统过电压是指在电力线路上或电气设备上出现的超过正常的工作电压对绝缘具有危害的异常电压。过电压按其产生的原因，可分为内部过电压和雷电过电压两大类。

1. 内部过电压

内部过电压是指由于电力系统本身的开关操作、负荷剧变或发生故障等原因，使系统的工作状态突然改变，从而在系统内部出现电磁能量转换、振荡而引起的过电压。

运行经验证明，内部过电压一般不会超过系统正常运行时相对地（即单相）额定电压的3～4倍。

2. 雷电过电压

雷电过电压又称大气过电压，也称外部过电压，它是由于电力系统中的线路、设备或建（构）筑物遭受来自大气中的雷击或雷电感应而引起的过电压。雷电过电压产生的雷电冲击波，其电压幅值可高达1亿V，其电流幅值可高达几十万安，因此对供电系统的危害极大，必须加以防护。

雷电过电压有直接雷击和间接雷击两种基本形式。

1）直接雷击

直接雷击是指雷电直接击中电气线路、设备或建（构）筑物，其过电压引起的强大的雷电流通过这些物体放电入地，从而产生破坏性极大的热效应和机械效应，相伴的还有电磁脉冲和闪络放电。这种雷电过电压称为直击雷。

2）间接雷击

间接雷击是雷电没有直接击中电力系统中的任何部分，而是由雷电对线路、设备或其他物体的静电感应或电磁感应所产生的过电压。这种雷电过电压，也称为感应雷，或称雷电感应。

雷电过电压除上述两种雷击形式外，还有一种是由于架空线路或金属管道遭受直接雷击或间接雷击而引起的过电压波，沿着架空线路或金属管道侵入变配电所或其他建筑物。这种雷电过电压形式，称为高电位侵入或雷电波侵入。

3. 防雷

接闪器就是专门用来接收直接雷击（雷闪）的金属物体。接闪的金属杆，称为避雷针。接闪的金属线，称为避雷线，亦称架空地线。接闪的金属带，称为避雷带。接闪的金属网，称为避雷网。

1）避雷针

避雷针的功能实质上是引雷作用，它把雷电流引入地下，从而保护了线路、设备和建筑物等。

避雷针通常安装在电杆（支柱）或构架、建筑物上，它的下端要经引下线与接地装置相连。其一般采用镀锌圆钢（针长1m以下时直径不小于12mm、针长1～2m时直径不小于16mm）或镀锌钢管（针长1m以下时内径不小于20mm、针长1～2m时内径不小于25mm）制成。

2）避雷线

避雷线的功能和原理，与避雷针基本相同。

避雷线一般采用截面不小于35mm^{2}的镀锌钢绞线，架设在架空线路的上方，以保护架空线路或其他物体（包括建筑物）免遭直接雷击。由于避雷线既是架空，又要接地，因此又称为架空地线。

单根避雷线的保护范围，按《建筑物防雷设计规范》GB 50057—2010规定，关于两根等高避雷线的保护范围，可参看《建筑物防雷设计规范》GB 50057—2010或有关设计手册。

3）避雷带和避雷网

避雷带和避雷网主要用来保护建筑物特别是高层建筑物，使之免遭直接雷击和雷电感应。

避雷带和避雷网宜采用圆钢或扁钢，优先采用圆钢。圆钢直径应不小于 8mm；扁钢截面应不小于 $48mm^2$，其厚度应不小于 4mm。当烟囱上采用避雷环时，其圆钢直径应不小于 12mm；扁钢截面应不小于 $100mm^2$，其厚度应不小于 4mm。

以上接闪器均应经引下线与接地装置连接。引下线宜采用圆钢或扁钢，优先采用圆钢，其尺寸要求与避雷带、网采用的相同。引下线应沿建筑物外墙明敷，并经最短路径接地；建筑艺术要求较高者可暗敷，但其圆钢直径应不小于 10mm，扁钢截面应不小于 $80mm^2$。

4）避雷器

避雷器（包括电涌保护器）是用来防止雷电过电压波沿线路侵入变配电所或其他建筑物内，以免危及被保护设备的绝缘，或用来防止雷电电磁脉冲对电子信息系统的电磁干扰。

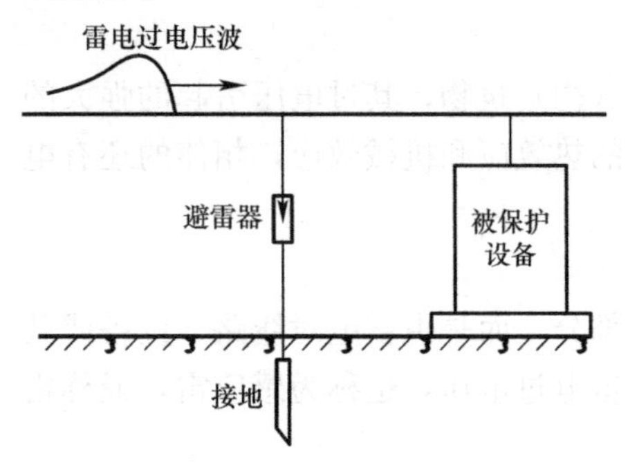

图 13-1　避雷器的连接

避雷器应与被保护设备并联，且安装在被保护设备的电源侧，如图 13-1 所示。当线路上出现危及设备绝缘的雷电过电压时，避雷器的火花间隙就被击穿，或由高阻抗变为低阻抗，使雷电过电压通过接地引下线对大地放电，从而保护了设备的绝缘，或消除了雷电电磁干扰。

避雷器的类型，有阀式避雷器、排气式避雷器、保护间隙、金属氧化物避雷器和电涌保护器等。

（1）阀式避雷器

阀式避雷器（文字符号 FV），又称为阀型避雷器，主要由火花间隙和阀片组成，装在密封的瓷套管内。火花间隙用铜片冲制而成。每对间隙用厚 0.5～1mm 的云母垫圈隔开，如图 13-2（*a*）所示。正常情况下，火花间隙能阻断工频电流通过，但在雷电过电压作用下，火花间隙被击穿放电。阀片是用陶料粘固电工用金刚砂（碳化硅）颗粒制成的，如图 13-2（*b*）所示。这种阀片具有非线性电阻特性。正常电压时，阀片电阻很大，而过电压时，阀片电阻则变得很小，如图 13-2（*c*）的特性曲线所示。因此，阀式避雷器在线路上出现雷电过电压时，其火花间隙被击穿，阀片电阻变得很小，能使雷电流顺畅地向大地泄放。当雷电过电压消失、线路上恢复工频电压时，阀片电阻又变得很大，使火花间隙的电弧熄灭、绝缘恢复而切断工频续流，从而恢复线路的正常运行。

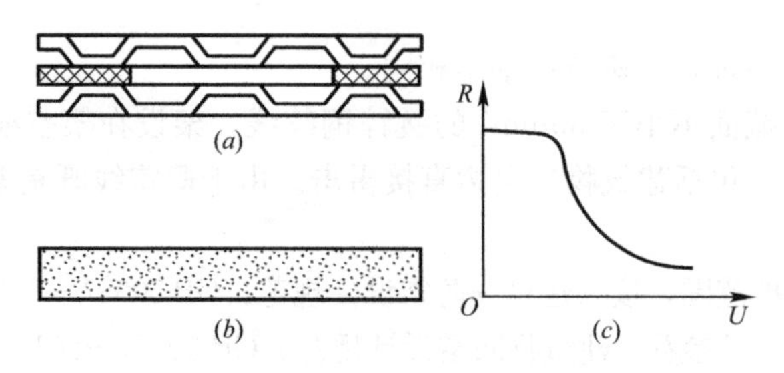

图 13-2　阀式避雷器的组成部件及其特性曲线

（*a*）单元火花间隙；（*b*）阀电阻片；（*c*）阀电阻特性曲线

阀式避雷器中火花间隙和阀片的多少，与其工作电压高低成比例。高压阀式避雷器串联很多单元火花间隙，目的是将长弧分割成多段短弧，以加速电弧的熄灭。但阀电阻的限流作用是加速电弧熄灭的主要因素。

普通阀式避雷器除上述FS型外，还有一种FZ型。FZ型避雷器内的火花间隙旁边并联有一串分流电阻。这些并联电阻主要起均压作用，使与之并联的火花间隙上的电压分布比较均匀。火花间隙未并联电阻时，由于各火花间隙对地和对高压端都存在着不同的杂散电容，从而造成各火花间隙的电压分布也不均匀，这就使得某些电压较高的火花间隙容易击穿重燃，导致其他火花间隙也相继重燃而难以熄灭，使工频放电电压降低。火花间隙并联电阻后，相当于增加了一条分流支路。在工频电压作用下，通过并联电阻的电导电流远大于通过火花间隙的电容电流，这时火花间隙上的电压分布主要取决于并联电阻的电压分布。由于各火花间隙的并联电阻是相等的，因此各火花间隙上的电压分布也相应地比较均匀，从而大大改善了阀式避雷器的保护特性。

FS型阀式避雷器主要用于中小型变配电所，FZ型则用于发电厂和大型变配电站。

阀式避雷器除上述两种普通型外，还有一种磁吹型，即FC型磁吹阀式避雷器，其内部附加有磁吹装置来加速火花间隙中电弧的熄灭，从而进一步改善其保护性能，降低残压。它专用来保护重要的而绝缘又比较薄弱的旋转电机等。

阀式避雷器型号的表示和含义如图13-3所示。

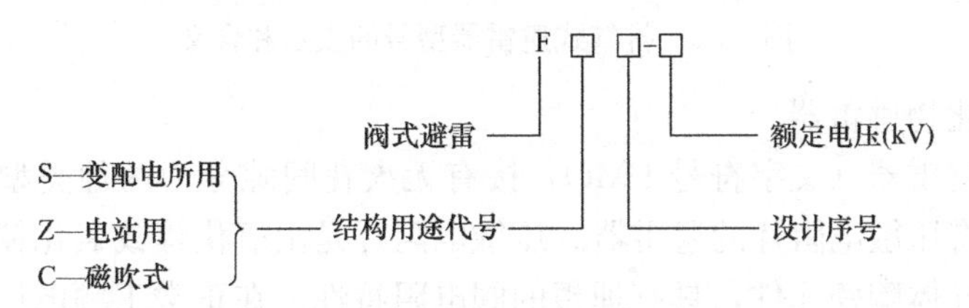

图13-3 阀式避雷器型号的表示和含义

(2) 排气式避雷器

排气式避雷器（文字符号FE），通称管型避雷器，由产气管、内部间隙和外部间隙等三部分组成，如图13-4所示。产气管由纤维、有机玻璃或塑料制成。内部间隙装在产气管内，一个电极为棒形，另一个电极为环形。

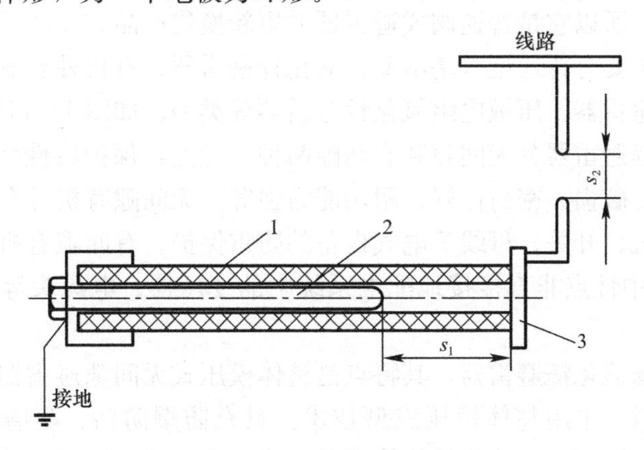

图13-4 排气式避雷器

1—产气管；2—内部棒形电极；3—环形电极；s_1—内部间隙；s_2—外部间隙

当线路上遭到雷击或雷电感应时，雷电过电压使排气式避雷器的内、外间隙击穿，强大的雷电流通过接地装置入地。由于避雷器放电时内阻接近于零，所以其残压极小，工频续流极大。雷电流和工频续流使产气管内部间隙发生强烈的电弧，使管内壁材料烧灼产生大量灭弧气体，由管口喷出，强烈吹弧，使电弧迅速熄灭，全部灭弧时间最多0.01s（半个周期）。这时外部间隙的空气迅速恢复绝缘，使避雷器与系统隔离，恢复系统的正常运行。它只能用在室外架空场所，主要用在架空线路上。

为了保证避雷器可靠地工作，在选择排气式（管型）避雷器时，其开断电流的上限，应不小于安装处短路电流的最大有效值（计入非周期分量）；而其开断电流的下限，应不大于安装处短路电流可能的最小值（不计非周期分量）。在排气式（管型）避雷器的全型号中就表示出了开断电流的上、下限。

排气式避雷器型号的表示和含义如图13-5所示。

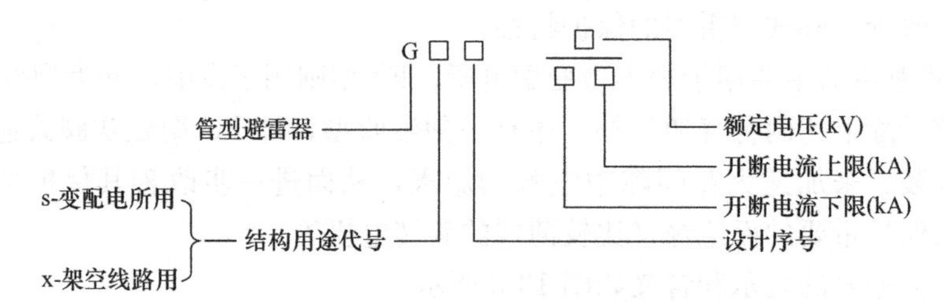

图13-5 排气式避雷器型号的表示和含义

（3）金属氧化物避雷器

金属氧化物避雷器（文字符号FMO）按有无火花间隙分为两种类型，最常见的一种是无火花间隙只有压敏电阻片的避雷器。压敏电阻片是由氧化锌或氧化铋等金属氧化物烧结而成的多晶半导体陶瓷元件，具有理想的阀电阻特性。在正常工频电压下，它呈现极大的电阻，能迅速有效地阻断工频续流，因此无须火花间隙来熄灭由工频续流引起的电弧。而在雷电过电压作用下，其电阻又变得很小，能很好地泄放雷电流。

另一种是有火花间隙且有金属氧化物电阻片的避雷器，其结构与前面讲的普通阀式避雷器类似，只是普通阀式避雷器采用的是碳化硅电阻片，而有火花间隙金属氧化物避雷器采用的是性能更优异的金属氧化物电阻片，具有比普通阀式避雷器更优异的保护性能，且运行更加安全可靠，所以它是普通阀式避雷器的更新换代产品。

氧化锌避雷器主要有普通型（基本型）氧化锌避雷器、有机外套氧化锌避雷器、整体式合成绝缘氧化锌避雷器、压敏电阻氧化锌避雷器等类型。如图13-6所示。

有机外套氧化锌避雷器分无间隙和有间隙两种。优点：保护特性好、通流能力强、体积小、重量轻、不易破损、密封性好、耐污能力强等。无间隙有机外套氧化锌避雷器广泛应用于变压器、电机、开关、母线等电气设备的防雷保护。有间隙有机外套氧化锌避雷器主要用于6～10kV中性点非直接接地配电系统中的变压器、电缆头等交流配电设备的防雷保护。

整体式合成绝缘氧化锌避雷器，其特点是整体模压式无间隙避雷器，使用少量的硅橡胶作为合成绝缘材料，采用整体模压成型技术。具有防爆防污、耐磨抗震能力强、体积小、重量轻等优点，还可以采用悬挂绝缘子的方式，省去了绝缘子。主要应用于3～10kV电力系统中电气设备的防雷保护。

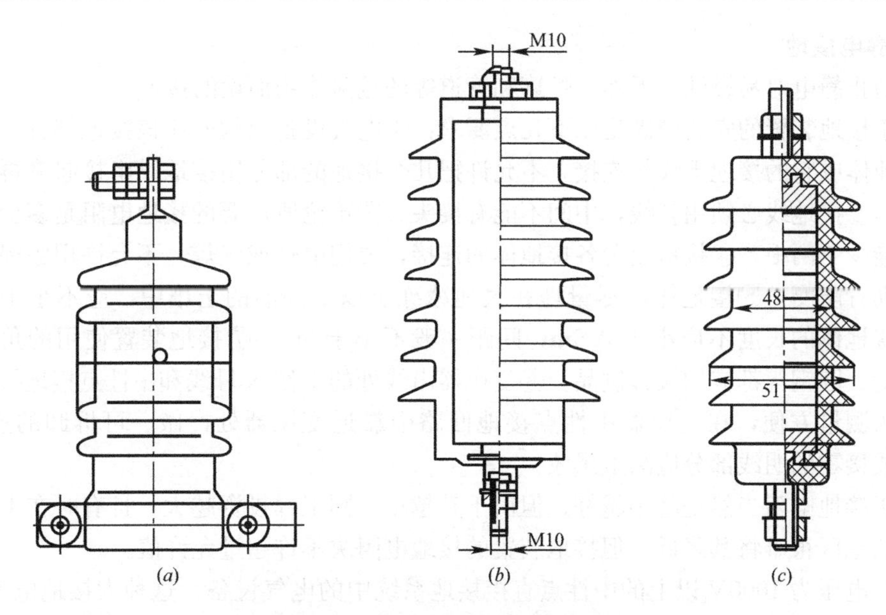

图 13-6 氧化锌避雷器外形图

(a) 基本型 (Y5W-10/27) 外形图；(b) 有机外套型 (HY5WS (2)) 外形图；
(c) 整体式合成绝缘氧化锌避雷器 (ZHY5W) 外形图

MYD 系列氧化锌压敏电阻避雷器，其特点是一种新型半导体陶瓷产品，通流容量大、非线性系数高、残压低、漏电流小、无续流、响应时间快。应用于几伏到几万伏交直流电压的电气设备的防雷、操作过电压保护，对各种过电压具有良好的抑制作用。

13.2.2 电气设备接地

所谓接地，就是将电力系统中变压器或发电机的中性点以及防雷设备或电气设备的非带电部分与接地体相链接。其中，接地体可以分为人工接地体和自然接地体。自然接地体指兼作接地体使用的直接与大地接触的各种金属构件、金属井管、钢筋混凝土建筑物的基础、金属管道和设备等。

1. 功能性接地

在电气装置中，为运行需要所设的接地（如中性点直接接地或经其他装置接地等）称为功能性接地。功能接地还可以分为：

（1）交流中性点接地：电气设备中性点或 TN 系统中的中性点的接地。

（2）工作接地：利用大地作导体，在正常情况下有电流通过的接地。

（3）逻辑接地：将电子设备的金属板作为逻辑信号的参考点而进行的接地。

（4）屏蔽接地：将电缆屏蔽层或金属外皮接地达到磁适应性要求的接地。

2. 保护性接地

电气装置的金属外壳，配电装置的构架和线路杆塔等，由于绝缘损坏有可能带电，为防止其危及人身和设备的安全而设的接地称为保护性接地。保护性接地有保护性接 PE 和保护性接 PEN 两种。

3. 防雷接地

为雷电保护装置（避雷针、避雷线和避雷器等）向大地泄放雷电电流而设的接地。

4. 静电接地

为防止静电对易燃油、天然气贮罐和管道等的危险作用而设的接地。

对于接地装置的安装应满足以下几点要求：①电气设备及构架应该接地部分，都应直接与接地体或它的接地干线相连接，不允许把几个接地的部分用接地线串接起来再与接地体连接。②接地线必须用整线，中间不能有接头。③不论所需要的接地电阻是多少，接地体都不能少于两根。④接地装置各接地体的连接，要用电焊或气焊，不允许用锡焊。焊接处应涂沥青防腐。⑤接地体应尽量埋在大地冰冻层以下潮湿的土壤中，应不小于 0.6m。⑥垂直接地体的长度不应小于 2.5m，间距一般不小于 5m。⑦接地装置使用的角钢、扁钢、钢管、圆钢等都应用镀锌制品。⑧变压器出线处的工作 N 母线和中性点接地线应分别敷设。为测量方便，在变压器中性点接地回路中靠近变压器处，做一可拆卸的连接点。⑨接地或接零的明线部分应涂上黑漆。

对于接地电阻当然是越小越好，但由于其越小，则工程投资越大，且有时在土壤电阻率较高的地区很难将其降低，但接地装置的接地电阻决不许超过允许值。

（1）电压为 1000V 以上的中性点直接接地系统中的电气设备。这种大接地电流系统，线路电压高，接地电流很大，当发生单相碰壳对地短路时，接地装置的对地电压、接触电压都很高，为保证人身安全，这种系统的接地电阻允许值不应超过 0.5Ω。

（2）电压为 1000V 以上的中性点不接地系统中的电气设备。这种小接地电流系统中的对地安全电压值根据高压侧设备和低压侧设备是否采用公用接地装置而定。

当接地装置与 1000V 以下的设备共用时，其接地电阻允许值 R_{eal} 应为：$R_{eal}\leqslant\frac{125}{I_e}$（Ω），当接地装置只用于 1000V 以上的设备时，则为：$R_{eal}\leqslant\frac{250}{I_e}$（Ω），式中接地电流的计算，可由经验公式得：$I_e=\frac{U_N(35l_{cab}+l_{oh})}{350}$(A)，（$U_N$ 为网路的额定线电压；l_{cab}为电缆网络的总长度；l_{oh}为架空网络的总长度）。如上式中所计算的值大于 10Ω，应取 10Ω 为允许值。

（3）电压为 1000V 以下的中性点不接地系统中的电气设备。在这种系统中，当发生单相接地短路时，短路电流一般只有十几安，为保证碰壳时，对地电压不超过 60V，因此，其接地电阻均规定不超过 4Ω。

（4）重复接地电阻不应超过 10Ω，防雷装置的接地电阻不超过 1Ω。

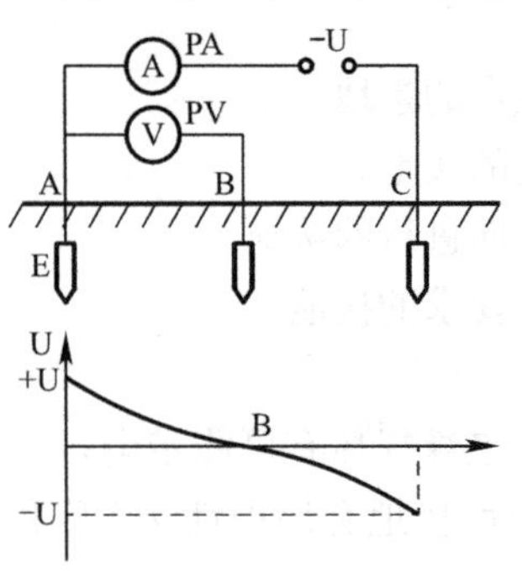

图 13-7 接地电阻的测量原理图

接地电阻的测量如图 13-7 所示，E 为接地体，B 为电位探针，C 为电流探针，PA 为测量通过接地体电流的电流表，PV 为测量接地体电位的电压表。

在接地电极 A 与辅助电极 C 之间加上交流电压 U 之后，通过大地构成电流回路。当电流从 A 向大地扩散时，在接地体 A 周围土壤中形成电压降，其电位分布如图所示。由电位分布图可知，距离接地极 E 越近，土壤中的电流密度越大，单位长度的压降也越大；而距 A、C 越远的地方，电流密度小，沿电流扩散方向单位长度土壤中的压降越小。如果 A、C 两极间的距离足够大，则就会在中间出现压降近于零的区域 B。一般离电极 20m，我们视为压降即为零。

接地极 E 的工频接地阻抗为：

$$Z=\frac{U_{AB}}{I} \tag{13-1}$$

式中：U_{AB}——接地极 E 对大地零电位 B 处的电压（V）；

I——流入接地装置的工频电流（A）；

Z——接地极 E 的接地阻抗（Ω）。

接地电阻一般可以用电流表、电压表法或用接地电阻测量仪测量。接地电阻测量仪测量方法简单，不受电源限制。

测量前先将两根 500mm 长的测量接地棒分别与接地电阻测量仪上的 P 和 C 接线桩引出线连接，然后将 P′和 C′两根测量接地棒插入地中 400mm 深，依直线相距接地极 20m 和 40m，如图 13-8 所示。

测量时，要将测量仪放在水平位置，检查检流计的指针是否指在红线上，若未在红线上，则可用“调零螺钉”把指针调整指于红线。然后将仪表的“倍率标度”置于最大倍数，慢慢转动发电机的摇把，同时旋动“测量标度盘”，使检流计指针平衡。当指针接近红线时，加快发电机摇表的转速达到每分钟 120 转以上，调整“测量标度盘”，使指针指于红线上。“测量标度盘”的读数小于 1 时，应将“倍率标度盘”指于较小倍数，再重新调整“测量标度盘”，以得到正确的读数。当指针完全平衡在红线上时，用“测量标度盘”的读数乘以“倍率标度”即为所测的电阻值。

在水厂电气设备中，下列装置的金属部分应接地和接零：电机、变压器的金属底座和外壳；屋内外配电装置的金属或钢筋混凝土构架以及靠近带电部分的金属遮拦和金属门；配电、控制、保护用的屏（柜、箱）及操作台等的金属框架和底座；电缆桥架、支架和井架；互感器的二次绕组；控制电缆的金属护层；避雷器、避雷针、避雷线的接地端子；变频器和 PLC 控制柜。

交流电力电缆的接头盒、终端头的金属外壳和可触及的电缆金属护层和穿线的钢管。当电缆穿过零序电流互感器时，为了零序保护能正确动作，抵消电网正常运行时地线中的杂散电流，电缆接地点在互感器以下时，接地线应直接接地。当电缆接地点在互感器以上时，电缆头的接地线应通过零序电流互感器后接地，见图 13-9 所示。由电缆头至穿过零序电流互感器的一段电缆金属层和接地线应对地绝缘。

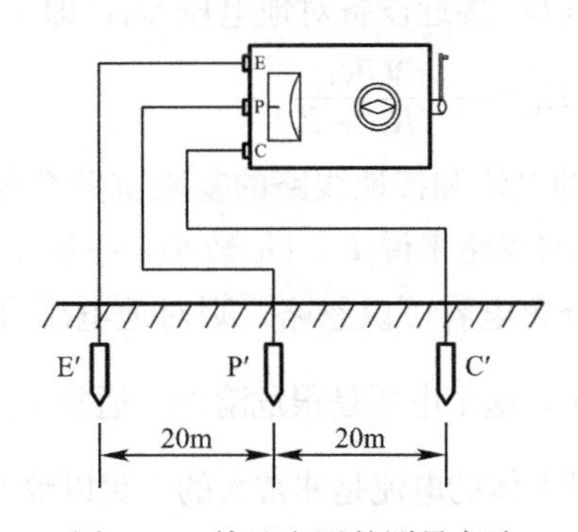

图 13-8　接地电阻的测量方法

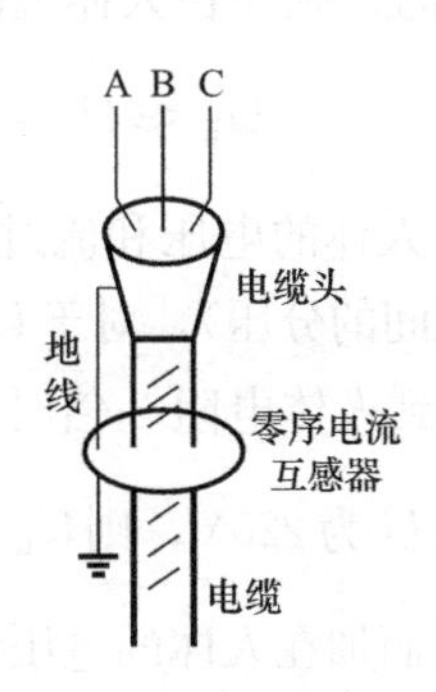

图 13-9　电缆头接地线的方式

在电力系统中，中性点的接地方式决定了系统的运行方式。接地装置的安装是否规范，接地电阻是否达到要求，对系统中的电气设备的安全运行保护是至关重要的。同时，还必须做好接地电阻的测量工作。

13.2.3 电力系统中中性点的接地运行方式及其特点

1. IT系统

这种系统多用于企业高压系统或低压中性点不直接接地（经阻抗线圈或不接地）的三相三线制系统中。

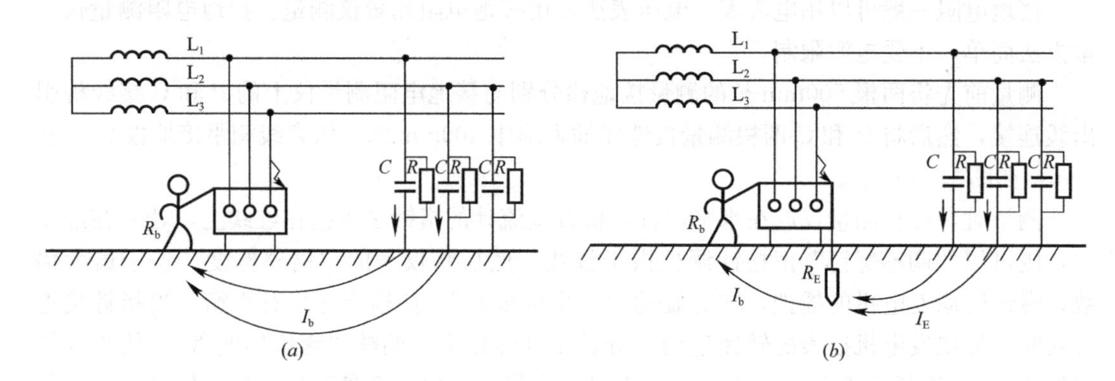

图13-10 IT系统

(a) 无保护接地时电流通路；(b) 有保护接地时电流通路

其中，R为电网对地绝缘电阻，C为电网分布电容，这种系统当发生一相接地故障时，可继续运行1～2h。如长时间运行，由于非故障相的对地电压上升为线电压，会破坏绝缘，使故障进一步扩大。我厂的6kV系统就是采用的这种接地方法。

如图13-10（a）所示，在设备的外壳不接地时，如果发生电气设备绝缘损坏，当外壳带电时，发生人体触及，这时流过人体的电流回路为：分布电容和绝缘电阻→大地→人体→带电外壳到接地相。其电流：

$$I_b = \frac{3U}{|3R_b + Z|} \tag{13-2}$$

式中：U——电源相电压；

Z——电网对地复阻抗；

R_b——人体电阻。则加在人体上的电压U_b接近设备对地电压U_d，即

$$U_b \approx U_d = I_b \times R_b = \frac{3UR_b}{|3R_b + Z|} \tag{13-3}$$

由此可见，加在人体的电压和流过人体的电流和接地线路的复阻抗关系很大（可视为人体电阻和复阻抗之间的分压），对于U较低的线路来说I_b、U_b较小，一般不致发生危险。低压线路绝缘电阻降到人体电阻3倍时，其分布电容可以忽略，则对地电压可达$U_b \approx U_d = \frac{3UR_b}{3R_b + 3R_b} = \frac{U}{2}$。假设$U$为220V，则$U_b$=110V，这个电压是很危险的。通常不接地系统都用在3～35kV系统，因而加在人体的电压和流过人体的电流是非常大的，足以致人死亡。

如图13-15（b）所示，在设备的外壳接地时，如果发生电气设备绝缘损坏，当外壳带电

时，发生人体触及，则接地电流分别通过接地装置和人体两条通路。由于接地电阻 R_E 必须小于 10Ω，而人体电阻一般为 1000～2000Ω，可视为 $R_E \ll R_b$，则对地电压 $U_d = \dfrac{3R_EU}{|3R_E + Z|}$，因为 $R_E \ll |Z|$，所以只要适当控制 R_E，就可以使对地电压小得多。流过人体的电流 $I_b = \dfrac{R_E}{R_b} I_E$，可视为两者并联分流，电阻大的分流小，则有 I_b 为 I_E 的 1/200～1/100。

通过上述比较可知，在 IT 系统中装有保护接地的电气设备比没有保护接地的设备安全程度大大提高，这种措施是积极有效的。

2. TN 系统

这种系统多用于三相四线制的 220/380V 低压供电系统中，中性点直接接地。如图 13-11 所示。

在电气设备正常不带电的金属外壳及构架不作任何接地时，如图 13-12 所示。

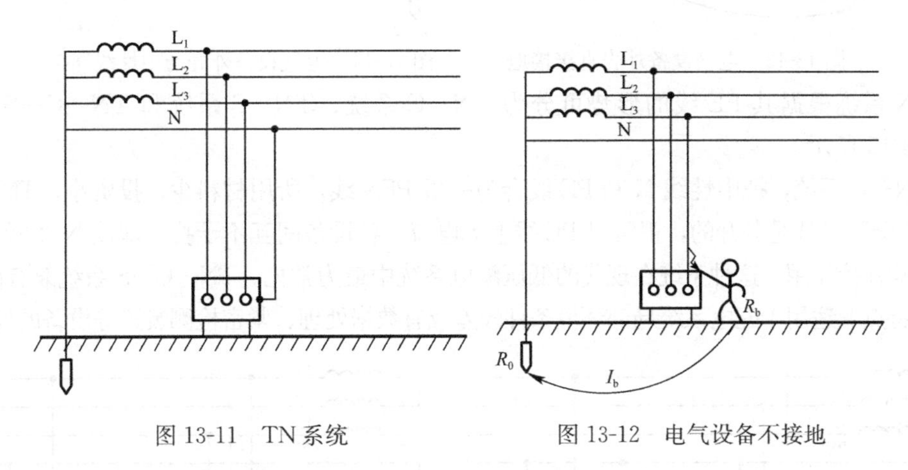

图 13-11　TN 系统　　　　图 13-12　电气设备不接地

当发生单相碰壳使电气设备外壳带电时，外壳对地电压为相电压 U，漏电电流尚不足以使保护断路器或熔断器动作，人体触及外壳时，流经人体的电流 $I_b = \dfrac{U}{R_b + R_0}$，由于系统中性点工作接地电阻 $R_0 = 4\Omega$，$R_0 \ll R_b$。如果将 R_0 略去不计，若 $U = 220\text{V}$，$R_b = 1000\Omega$，则 $I_b = 0.22\text{A} = 220\text{mA}$，这个电流是危险的。因此，这种方式是不允许的。在电气设备正常不带电的金属外壳及构架装有直接接地时，如图 13-13 所示。

当设备发生单相短路时，其单相接地短路电流 $I_E = \dfrac{U}{R_E + R_0} = \dfrac{220}{4+4}\text{A} = 27.5\text{A}$。这个电流不足以使中等容量以上的保护电器动作。因此，在设备外壳上就将一直存在一个危险电压，其值 $U_d = I_E R_E = \dfrac{U}{R_E + R_0}$，如果这个电压超过安全电压 65V，人一旦触及外壳，则不能保证安全，要是 U_d 不超过 65V，则 R_E 的极值应为 $R_E = \dfrac{65R_0}{U-65} = \dfrac{65 \times 4}{220-65}\Omega = 1.68\Omega$。要想把接地装置的接地电阻做得这么小，必须埋设更多接地体，投资大，即使这样，中性点的对地电压仍达 155V，也不安全。

在电气设备正常不带电的金属外壳与中性线相连时，即构成 TN 系统。如图 13-14 所示。当电气设备漏电时，由图可见，故障相电压直接加在中性线上即发生了单相短路，该短

路电流 $I_{dl}=\frac{U}{R_L}$，R_L 为连线电阻，很小。因此，短路电流很大，足以使电气设备的保护电器动作，切断电源。因而保护接零在中性点直接接地的系统中对于防止人身触电是较理想的。

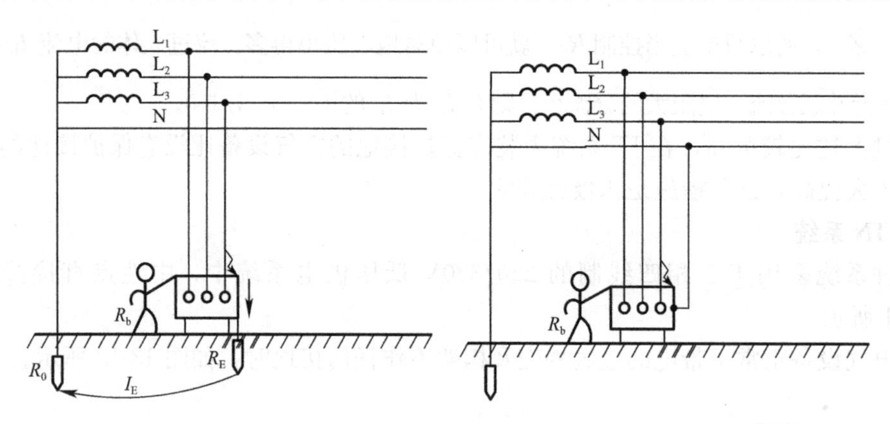

图 13-13　电气设备外壳直接接地　　　图 13-14　电气设备外壳与中性线连接

TN 系统根据其 PE 线的形势可分为 TN—C 系统、TN—S 系统和 TN—C—S 系统。如图 13-15 所示。

TN—C 系统，把中性线 N 和 PE 线合为一根 PEN 线，所用材料少，投资小。TN—S 系统，PE 线和 N 线是分开的，正常时 PE 线上无电流，各设备间互不干扰，即使 N 线断线，也不会影响保护作用。这种系统在现代的低压配电系统中最为常见。TN—C—S 系统兼有前两个系统的特点，适用于配电系统局部环境条件较差或有数据处理、紧密检测装置等设备的场所。

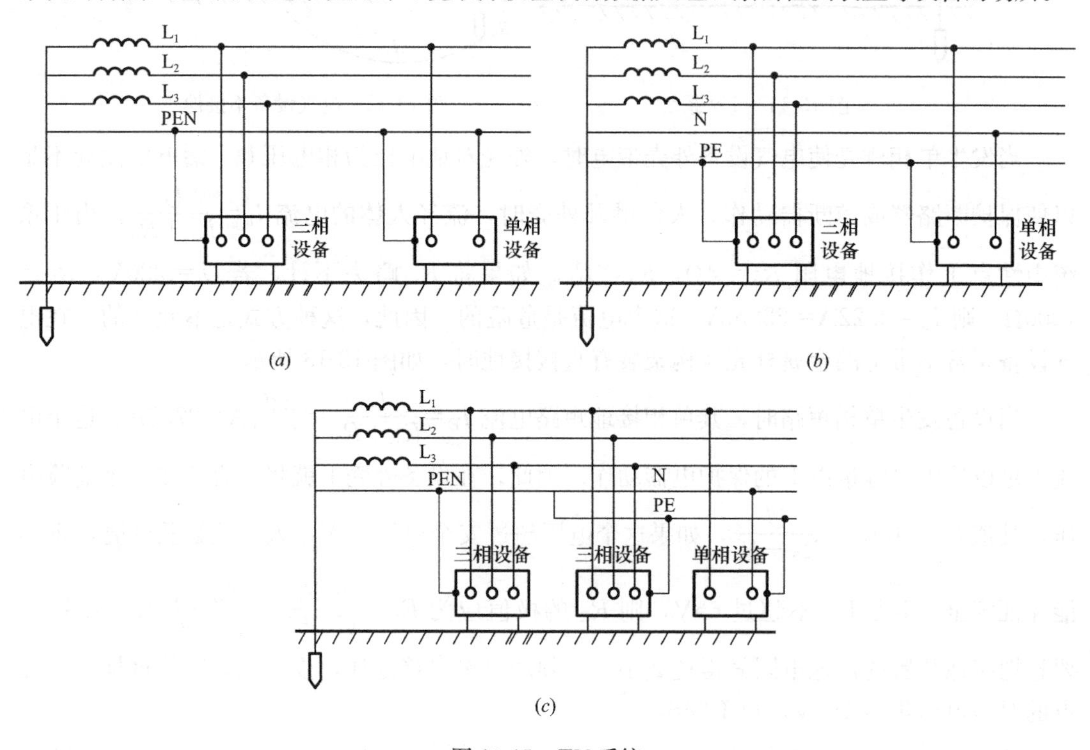

图 13-15　TN 系统

(*a*) TN—C 系统；(*b*) TN—S 系统；(*c*) TN—C—S 系统

在中性点直接接地的低压系统中，为了进一步提高安全度，除采用保护接零外，还须在零线的一处或多处再次接地，这就是重复接地。其作用是当系统中发生碰壳或接地短路时，可以降低零线的对地电压；零线一旦断线时，可使故障程度减轻。

13.3 特种设备安全

13.3.1 压力容器

压力容器是一种容易发生事故的特殊设备。一旦发生事故不仅是容器本身遭到破坏，而且还会引起一连串恶性事故，如破坏其他设备及建筑物，危害人员生命安全，污染环境等，还会给国民经济造成重大损失。所以，《压力容器安全技术监察规程》的制定是必要及必须的。

1. 压力容器的断裂模式

压力容器用钢的断裂模式有两种：韧窝型断裂模式和剪切型断裂模式。决定这两种断裂模式转变的因素是应力三轴度。

2. 压力容器破坏形式、事故危害及原因分析

因材料屈服或断裂引起的压力容器失效，称为强度失效，包括韧性断裂、脆性断裂、疲劳断裂、蠕变断裂、腐蚀断裂等。

3. 压力容器安全规范发展历史，以及我国 2009 年版标准的特点

2009 年 8 月 31 日国家质量监督检验检疫总局颁布了自 2009 年 12 月 1 日起正式实施的《固定式压力容器安全技术监察规程》。

2009 年版标准的修订原则是：充分吸收事故教训；提出基本安全要求，重要变化要有调研、数据的支撑；强化使用管理，强化应急救援预案；体现节能原则；促进生产，方便企业；有利于技术进步、科学发展；兼顾国际发展，具有中国特色；规范与标准协调一致。

2009 年版新《容规》主要有以下几个特点：①总则上的变化，将原来条例式的说明改为原则条款，分类更加准确、细致。分类只考虑介质的危害程度及 PV 乘积，不再考虑工艺用途等因素。在主要受压元件中移除了补强圈、人孔、人孔盖。②材料上的变化，压力容器的主用钢板如果由生产商供给非制造单位的话，要求必须出具每张钢板的质检证书；对非压力容器专业碳素钢和低合金钢板的 S、P 含量都不得大于 0.035%；简化了材料复验要求，规定了材料的断后伸长率。③设计资质，对采用国际标准或境外标准设计制造的压力容器，不再使用目前单纯由国家质检总局特种设备批准的行政方式。④节能要求，要求压力容器的设计要有基本的节能降耗考虑。⑤制造，取消进口压力容器安全质量许可的制度，明确对境内外压力容器制造单位统一实行制造许可制度。

13.3.2 起重机械

起重机械是现代经济建设中改善物料搬运条件，实现生产过程自动化、机械化，提高劳动生产率不可缺少的物流运输设备。随着人类生产活动规模的不断扩大，国民经济的迅速发展，机械化、自动化程度的要求愈来愈高，与此相适应的起重机械技术也在高速发展，使用范围越来越广。

2003年国务院《特种设备安全监察条例》的颁布实施，说明国家对起重机械安全管理的高度重视。那么如何落实《条例》精神，科学地对起重机械进行综合管理，充分发挥起重机械效能，努力提高起重机的装备技术素质和作业水平，高效、优质、低耗地完成施工安装、生产、装卸作业任务，保障安全生产，获取最佳经济效率，促进企业经营持续发展，是起重机械安全技术管理的任务与目标。

特种设备的使用单位安全管理包括设备的选型论证，安装调试，特检机构的检验、安全管理制度的制定，维护保养、操作运行、改造、大修、报废等全过程的管理。

1. 起重机械使用管理规章制度

全面贯彻《特种设备安全监察条例》等法规政策，通过采用技术、经济和组织管理一系列措施，应用先进的科学管理手段与方法，对起重机械实行综合管理，做到周密规划、择优选购、合理配置、精确安装、正确使用、精心维护、科学检修、安全生产、定期检验、适时改造、适时报废等全过程管理。

1）安全技术档案

起重机械使用企业要建立健全设备安全技术档案，起重机械档案包括：起重机械出厂技术资料、产品合格证、使用维护说明书、易损零件图、电气原理、电器元件布置图、必要的安全附件形式试验报告、监督检验证明文件等有关资料；安装过程中需要的技术资料，安装位置、启用时间；特种设备检验机构出具的验收证明或定期《检验报告书》；日常保养、维护、大修、改造、变更、检查和试验记录；设备事故、人身事故记录；上级主管部门的设备安全评价；特种设备及安全附件、安全保护装置、测量调控装置及有关附属仪器仪表的维保及检测记录。

2）起重机械安全管理制度

要保证起重机械安全运行就要有完善的管理规章制度，使作业者有章可循，管理者有法可依。健全与落实特种设备组织管理机构，配置强有力的专业管理队伍，并保持相对稳定以适应管理工作要求，管理制度应有如下内容：起重机械事故应急救援预案；职能管理部门与司机的岗位责任制；安全操作技术规程；维保大修、改造、报废制度；日常检查及定期检查维修保养制度；管理、操作维修人员培训考核制度；操作人员交接班制度；起重机械安全技术档案管理制度；特种设备事故应急措施和援救预案。

根据《特种设备安全监察条例》第31条规定，特种设备使用单位应制订特种设备的事故应急措施和救援预案。特种设备使用单位应设立以单位领导牵头，特种设备安全管理部门为主，相关部门配合的紧急事故救援领导小组，明确职责，责任到人。根据本单位特种设备使用情况，判断可能出现的故障、引发的险情、意外事故的发生，制订出适合本单位起重机械特点的应对措施。该措施应包括对起重机械出现事故后的处理原则，紧急情况下所采取的程序、方法、步骤及相关部门人员的职责、分工协作等，并定期组织现场演习。

2. 起重机械运行管理

起重机械的管理操作人员在上岗前要对所使用的起重机械的结构、工作原理、技术性能、安全操作规程、保养维修制度等相关知识和国家有关法规、规范、标准进行学习掌握。经当地技术监督部门培训考核，理论知识和实际操作技能两个方面合格后，方能上岗操作。

起重机械的“三定”制度是指定人、定机、定岗位责任。起重机械的“三定”制度首先是制度的制定和制度形式的确定，其中定人、定机是基础，定岗位责任是保证。要求人人有岗有责，起重机每台有人操作管理。

定期检查、维护、管理起重机械：使用单位要经常对在用的起重机械进行检查维保，并制定一项定期检查管理制度，包括日检、周检、月检、年检，对起重机械进行动态监测，有异常情况随时发现，及时处理，从而保障起重机械安全运行。

3. 起重机械安全技术检查内容

起重机械安全技术检验方法有两种，一种是感官检查，另一种是利用测试仪器、仪表对设备进行测控。

起重机械安全技术的感官检查很大部分凭检验人员通过看、听、嗅、问、摸来进行。《起重机械检验规程》（2002）296号所规定的起重机械检验项目中占总项目70%以上是感官检验。通过感官的看、听、嗅、问、摸对起重机械进行全面的直观诊断，来获得所需信息和数据。

看：通过视觉根据起重机械结构特点，观察其重要传动部位、承力结构要点、故障现象源兆。听：通过听觉分析出起重机械设备各部位运行声音是否正常，判断异常声音出自部位，了解病因，找出病源。嗅：通过嗅觉分辨起重机械运动部位现场气味，辨别零部件的过热、磨损、过烧的位置。问：向司机及有关人员询问起重机运行过程中，易出故障点，发生故障经过、类别，判定起重机安全技术状况。摸：通过用手触摸起重机运行部件，根据温度变化、振动情况，判断故障位置和故障性质。

测试仪器的检查根据国内外起重机械发展趋势，现代化的应用状态监测和故障诊断技术已在起重机械设计和使用中广泛推广。在起重机械运作状态下，利用监测诊断仪器和专家监控系统，对起重机械进行检（监）测，随时掌握起重机械技术状况，预知整机或系统的故障征兆及原因，把事故消除于萌芽状态。

起重机通用部件的安全检查主要有：①吊钩：检查吊钩的标记和防脱装置是否符合要求，吊钩有无裂纹、剥裂等缺陷；吊钩断面磨损、开口度的增加量、扭转变形，是否超标；吊钩颈部及表面有无疲劳变形、裂纹及相关销轴、套磨损情况。②钢丝绳：检查钢丝绳规格、型号与滑轮卷筒匹配是否符合设计要求。钢丝绳固定端的压板、绳卡、楔块等钢丝绳固定装置是否符合要求。钢丝绳的磨损、断丝、扭结、压扁、弯折、断股、腐蚀等是否超标。③制动装置：制动器的设置、制动器的形式是否符合设计要求，制动器的拉杆、弹簧有无疲劳变形、裂纹等缺陷；销轴、心轴、制动轮、制动摩擦片是否磨损超标，液压制动是否漏油；制动间隙调整、制动能力能否符合要求。④卷筒：卷筒体、筒缘有无疲劳裂纹、破损等情况；绳槽与筒壁磨损是否超标；卷筒轮缘高度与钢丝绳缠绕层数能否相匹配；导绳器、排绳器工作情况是否符合要求。⑤滑轮：滑轮是否设有防脱绳槽装置；滑轮绳槽、轮缘是否有裂纹、破边、磨损超标等状况，滑轮转动是否灵活。⑥减速机：减速机运行时有无剧烈金属摩擦声、振动、壳体辐射等异常声音；轴端是否密封完好，固定螺栓是否松动有缺损等状况；减速机润滑油选择、油面高低、立式减速机润滑油泵运行，开式齿轮传动润滑等是否符合要求。⑦车轮：车轮的踏面、轮轴是否有疲劳裂纹现象，车轮踏面轮轴磨损是否超标。运行中是否出现啃轨现象。造成啃轨的原因是什么。⑧联轴器：联轴器零件有无缺损、连接松动、运行冲击现象。联轴器、销轴、轴销孔、缓冲橡胶圈磨损是否超标。联轴器与被连接的两个部件是否同心。

起重机安全保护装置的检查主要有：①超载保护装置：超载保护装置是否灵敏可靠、符合设计要求，液压超载保护装置的开启压力；机械、电子及综合超载保护器报警、切断动力源设定点的综合误差是否符合要求。②力矩限制器：力矩限制器是臂架类型起重机防超载发生倾翻的安全装置。通过增幅法或增重法检查力矩限制器灵敏可靠性，并检查力矩限制器报警、切断动力源设定点的综合误差是否在规定范围内。③极限位置限制器：检查起重设备的变幅机构，升降机构、运行机构达到设定位置距离时能否发生报警信号，自动切断向危险方向运行的动力源。④防风装置：对于臂架根部铰接点高度大于 50m 的起重机应检查风速仪，当达到风速设定点时或工作极限风速时能否准确报警。露天工作在轨道上运行的起重机应检查夹轨器、铁鞋、锚固装置各零部件是否变形、缺损和它各自独立工作的可靠性。对自动夹轨器，应检查对突发性阵风防风装置与大车运行制动器配合实现非锚定状态下的防风功能与电气联锁开关功能的可靠性。⑤防后倾翻装置：对动臂变幅和臂架类型起重机应检查防后倾装置的可靠性，电气联锁的灵敏性，检查变幅位置和幅度指示器的指示精度。⑥缓冲器：对不同类型起重量、运行速度不同的起重机，应检查所配置的缓冲器是否相匹配，并检查缓冲器的完好性、运行到两端能否同时触碰止挡。⑦防护装置：检查起重机上各类防护罩、护栏、护板、爬梯等是否完备可靠，起重机上外露的有可能造成卷绕伤人的开式传动；联轴器、链轮、链条、传动带等转动零部件有无防护罩，起重机上人行通道、爬梯及可能造成人员外露部位有无防护栏，是否符合要求。露天作业起重机电气设备应设防雨罩。

电气控制装置检查主要有：①控制装置应检查电气配件是否齐全完整，机械固定是否牢固、无松动、无卡阻；供电电缆有没有老化、裸露；绝缘材料应良好。无破损变质；螺栓触头、电刷等连接部位应可靠；起重机上所选用的电气设备及电气元件应与供电电源和工作环境及工作条件相适应。对裸线供电应检查外部涂色与指示灯的设置是否符合要求；对软电缆供电应检查电缆收放是否合理；对集电器要检查滑线全长无弯曲，无卡阻，接触可靠。②电气保护在起重机进线处要设易于操作的主隔离开关，起重机上要设紧急断电开关，并检查能否切断总电源。检查起重机电源与各机构是否设短路保护、失压保护、零位保护、过流保护及特殊起重机的超速、失磁保护。检查电气互锁、联锁、自锁等保护装置的齐全有效性。检查电气线路的绝缘电阻，电气设备接地、金属结构接地电阻是否符合要求。起重机上所有电气设备正常不带电的金属外壳、变压器铁芯及金属隔离层、穿线金属管槽、电缆金属护层等与金属结构均应有可靠的接地（零）保护。

金属结构应检查主要受力构件是否有整体或局部失稳、疲劳变形、裂纹、严重腐蚀等现象。金属结构的连接、焊缝有无明显的变形开裂。螺栓或铆固连接不得有松动、缺损等缺陷。高强度螺栓连接是否有足够的预紧力。金属结构整体防腐涂漆应良好。

司机室应检查司机室的悬挂与支承连接牢固可靠性，司机室的门锁和门电气联锁开关、绝缘地板与干粉灭火器应配置齐全有效。对于有尘、毒、辐射、噪声、高温等有害环境作业的起重机应检查是否加设了保护司机健康的必要防护装置。司机室照明灯、检修灯必须采用 36V 以内的安全电压。

安全标志应检查起重机起重量标志牌，技术监督部门的安全检查合格标志是否悬挂在明显部位。大车滑线、扫轨板、电缆卷筒、吊具、台车、夹轨器、滑线防护板、臂架、起重机平衡臂、吊臂头部、外伸支腿、有人行通道的桥式起重机端架外侧等，是否按规定要求喷涂安全标志色。

13.4　特殊工种许可证

《特种作业人员操作证》是一本证书，是由国家安全生产监督管理总局对于特殊行业实行准入备案制度所颁发的证书，可证明持证人受过专业安全技术、法律法规、职业道德的培训，并已在地方安监局备案注册。

特种作业人员包括：电工作业人员、金属焊接切割作业人员、起重机械作业人员、场（厂）内专用机动车辆驾驶人员、登高架设作业人员、锅炉作业（含水质化验）人员、压力容器操作人员、制冷作业人员、垂直运输机械作业人员、安装拆卸工、起重信号工等，以及由省、自治区、直辖市安全生产综合管理部门或国务院行业主管部门提出，并经前国家经济贸易委员会批准的其他作业。特种作业人员必须按照国家有关规定经过专门的安全作业培训，并取得特种作业操作资格证书后，方可上岗作业。专门的安全作业培训，是指由有关主管部门组织的专门针对特种作业人员的培训，也就是特种作业人员在独立上岗作业前，必须进行与本工种相适应的、专门的安全技术理论学习和实际操作训练。经培训考核合格，取得特种作业操作资格证书后，才能上岗作业。

特种作业操作资格证书在全国范围内有效，离开特种作业岗位一定时间后，应当按照规定重新进行实际操作考核，经确认合格后方可上岗作业。对于未经培训考核，即从事特种作业的，《建设工程安全生产管理条例》第六十二条规定了行政处罚；造成重大安全事故，构成犯罪的，对直接责任人员，依照刑法的有关规定追究刑事责任。

根据《特种作业人员安全技术培训考核管理办法》（1999 年 7 月 12 日国家经济贸易委员会第 13 号令）的规定，特种作业是指容易发生人员伤亡事故，对操作者本人、他人及周围设施的安全有重大危害的作业。

特种作业人员具备的条件：年龄满 18 岁；身体健康、无妨碍从事相应工程的安全技术知识，参加国家规定的安全技术理论和实际操作考核并成绩合格。

培训内容：安全技术理论；实际操作技能。

考核、发证：特种作业操作证由安全生产综合管理部门负责签发；特种作业操作证，每三年复审一次。连续从事本工种 10 年以上的，经用人单位进行知识更新教育后，复审时间可延长至每六年一次；离开特种作业岗位达 6 个月以上的特种作业人员，应当重新进行实际操作考核，经确认合格后方可上岗作业。

13.5　泵站消防知识

1. 泵站火灾危险性

通常泵站设备主要有水泵、电机、配电柜、变压器及电缆等。其中，电机、配电柜、变压器及电缆等电气设备的绝缘损坏、导电线路的接触不良、负载短路、遭受雷电等都有可能引起电气火灾。电气设备的火灾危险性比较大，一旦发生火灾，对水厂的安全保供将带来极大影响，可能会造成供水中断。

2. 泵站防火设计要求

总油量超过100kg的室内油浸变压器，应设置单独的变压器室。电缆从室外进入室内的入口处、电缆竖井的出入口处、电缆接头处、主控室与电缆夹层之间以及长度超过100m的电缆沟或电缆隧道，均应采取防止电缆火灾蔓延的阻燃或分隔措施。电气设备宜采用干粉灭火器。

变压器室、电容器室、蓄电池室、电缆夹层、配电装置室的门应向疏散方向开启；当门外为公共走道或其他房间时，该门应采用甲级防火门。建筑面积超过250m^{2}的主控通信室、配电装置室、电容器室、电缆夹层，其疏散出口不宜少于两个，楼层的第二个出口可设在固定楼梯的室外平台处。当配电装置室长度超过60m时，应增设一个中间疏散出口。

13.6 典型应急预案

1. 应急预案编制程序

生产经营单位编制应急预案包括成立应急预案编制工作组、资料收集、风险评估、应急能力评估、编制应急预案和应急预案评审6个步骤。

1）成立应急预案编制工作组

生产经营单位应结合本单位部门职能和分工，成立以单位主要负责人（或分管负责人）为组长，单位相关部门人员参加的应急预案编制工作组，明确工作职责和任务分工，制订工作计划，组织开展应急预案编制工作。

2）资料收集

应急预案编制工作组应收集与预案编制工作相关的法律法规、技术标准、应急预案、国内外同行业企业事故资料，同时收集本单位安全生产相关技术资料、周边环境影响、应急资源等有关资料。

3）风险评估

主要内容包括：分析生产经营单位存在的危险因素，确定事故危险源；分析可能发生的事故类型及后果，并指出可能产生的次生、衍生事故；评估事故的危害程度和影响范围，提出风险防控措施。

4）应急能力评估

在全面调查和客观分析生产经营单位应急队伍、装备、物资等应急资源状况的基础上开展应急能力评估，并依据评估结果，完善应急保障措施。

5）编制应急预案

依据生产经营单位风险评估及应急能力评估结果，组织编制应急预案。应急预案编制应注重系统性和可操作性，做到与相关部门和单位应急预案相衔接。

6）应急预案评审

应急预案编制完成后，生产经营单位应组织评审。评审分为内部评审和外部评审。内部评审由生产经营单位主要负责人组织有关部门和人员进行。外部评审由生产经营单位组织外部有关专家和人员进行。应急预案评审合格后，由生产经营单位主要负责人（或分管负责人）签发实施，并进行备案管理。

2. 应急预案体系

生产经营单位的应急预案体系主要由综合应急预案、专项应急预案和现场处置方案构成。生产经营单位应根据本单位组织管理体系、生产规模、危险源的性质以及可能发生的事故类型确定应急预案体系，并可根据本单位的实际情况，确定是否编制专项应急预案。风险因素单一的小微型生产经营单位可只编写现场处置方案。

1）综合应急预案

综合应急预案是生产经营单位应急预案体系的总纲，主要从总体上阐述事故的应急工作原则，包括生产经营单位的应急组织机构及职责、应急预案体系、事故风险描述、预警及信息报告、应急响应、保障措施、应急预案管理等内容。

2）专项应急预案

专项应急预案是生产经营单位为应对某一类型或某几种类型事故，或者针对重要生产设施、重大危险源、重大活动等内容而制订的应急预案。专项应急预案主要包括事故风险分析、应急指挥机构及职责、处置程序和措施等内容。

3）现场处置方案

现场处置方案是生产经营单位根据不同事故类别，针对具体的场所、装置或设施所制定的应急处置措施，主要包括事故风险分析、应急工作职责、应急处置和注意事项等内容。生产经营单位应根据风险评估、岗位操作规程以及危险性控制措施，组织本单位现场作业人员及相关专业人员共同编制现场处置方案。

3. 综合应急预案主要内容

1）总则

（1）编制目的：简述应急预案编制的目的。

（2）编制依据：简述应急预案编制所依据的法律、法规、规章、标准和规范性文件以及相关应急预案等。

（3）适用范围：说明应急预案适用的工作范围和事故类型、级别。

（4）应急预案体系：说明生产经营单位应急预案体系的构成情况，可用框图形式表述。

（5）应急工作原则：说明生产经营单位应急工作的原则，内容应简明扼要、明确具体。

2）事故风险描述

简述生产经营单位存在或可能发生的事故风险种类、发生的可能性以及严重程度及影响范围等。

3）应急组织机构及职责

明确生产经营单位的应急组织形式及组成单位或人员，可用结构图的形式表示，明确构成部门的职责。应急组织机构根据事故类型和应急工作需要，可设置相应的应急工作小组，并明确各小组的工作任务及职责。

4）预警及信息报告

（1）预警：根据生产经营单位监测监控系统数据变化状况、事故险情紧急程度和发展势态或有关部门提供的预警信息进行预警，明确预警的条件、方式、方法和信息发布的程序。

（2）信息报告：按照有关规定，明确事故及事故险情信息报告程序，主要包括：信息接收与通报，明确 24 小时应急值守电话、事故信息接收、通报程序和责任人；信息上报，明确事故发生后向上级主管部门或单位报告事故信息的流程、内容、时限和责任人；信息传递，明确事故发生后向本单位以外的有关部门或单位通报事故信息的方法、程序和责任人。

5）应急响应

（1）响应分级：针对事故危害程度、影响范围和生产经营单位控制事态的能力，对事故应急响应进行分级，明确分级响应的基本原则。

（2）响应程序：根据事故级别和发展态势，描述应急指挥机构启动、应急资源调配、应急救援、扩大应急等响应程序。

（3）处置措施：针对可能发生的事故风险、事故危害程度和影响范围，制订相应的应急处置措施，明确处置原则和具体要求。

（4）应急结束：明确现场应急响应结束的基本条件和要求。

6）信息公开

明确向有关新闻媒体、社会公众通报事故信息的部门、负责人和程序以及通报原则。

7）后期处置

主要明确污染物处理、生产秩序恢复、医疗救治、人员安置、善后赔偿、应急救援评估等内容。

8）保障措施

（1）通信与信息保障：明确可为本单位提供应急保障的相关单位或人员通信联系方式和方法，并提供备用方案。同时，建立信息通信系统及维护方案，确保应急期间信息通畅。

（2）应急队伍保障：明确应急响应的人力资源，包括应急专家、专业应急队伍、兼职应急队伍等。

（3）物资装备保障：明确生产经营单位的应急物资和装备的类型、数量、性能、存放位置、运输及使用条件、管理责任人及其联系方式等内容。

（4）其他保障：根据应急工作需求而确定的其他相关保障措施（如：经费保障、交通运输保障、治安保障、技术保障、医疗保障、后勤保障等）。

9）应急预案管理

（1）应急预案培训：明确对本单位人员开展的应急预案培训计划、方式和要求，使有关人员了解相关应急预案内容，熟悉应急职责、应急程序和现场处置方案。如果应急预案涉及社区和居民，要做好宣传教育和告知等工作。

（2）应急预案演练：明确生产经营单位不同类型应急预案演练的形式、范围、频次、内容以及演练评估、总结等要求。

（3）应急预案修订：明确应急预案修订的基本要求，并定期进行评审，实现可持续改进。

（4）应急预案备案：明确应急预案的报备部门，并进行备案。

（5）应急预案实施：明确应急预案实施的具体时间、负责制订与解释的部门。

4. 专项应急预案主要内容

1）事故风险分析

针对可能发生的事故风险，分析事故发生的可能性以及严重程度、影响范围等。

2）应急指挥机构及职责

根据事故类型，明确应急指挥机构总指挥、副总指挥以及各成员单位或人员的具体职责。应急指挥机构可以设置相应的应急救援工作小组，明确各小组的工作任务及主要负责人职责。

3）处置程序

明确事故及事故险情信息报告程序和内容，报告方式和责任人等内容。根据事故响应级别，具体描述事故接警报告和记录、应急指挥机构启动、应急指挥、资源调配、应急救援、扩大应急等应急响应程序。

4）处置措施

针对可能发生的事故风险、事故危害程度和影响范围，制订相应的应急处置措施，明确处置原则和具体要求。

5. 现场处置方案主要内容

1）事故风险分析

主要包括：事故类型；事故发生的区域、地点或装置的名称；事故发生的可能时间、事故的危害严重程度及其影响范围；事故前可能出现的征兆；事故可能引发的次生、衍生事故。

2）应急工作职责

根据现场工作岗位、组织形式及人员构成，明确各岗位人员的应急工作分工和职责。

3）应急处置

主要包括以下内容：事故应急处置程序。根据可能发生的事故及现场情况，明确事故报警、各项应急措施启动、应急救护人员的引导、事故扩大及同生产经营单位应急预案衔接的程序；现场应急处置措施。针对可能发生的火灾、爆炸、危险化学品泄漏、坍塌、水患、机动车辆伤害等，从人员救护，工艺操作，事故控制，消防、现场恢复等方面制订明确的应急处置措施；明确报警负责人以及报警电话及上级管理部门、相关应急救援单位联络方式和联系人员，事故报告基本要求和内容。

4）注意事项

主要包括：佩戴个人防护器具方面的注意事项；使用抢险救援器材方面的注意事项；采取救援对策或措施方面的注意事项；现场自救和互救的注意事项；现场应急处置能力确认和人员安全防护等事项；应急救援结束后的注意事项；其他需要特别警示的事项。

6. 附件

有关应急部门、机构或人员的联系方式：列出应急工作中需要联系的部门、机构或人员的多种联系方式，当发生变化时及时进行更新。

应急物资装备的名录或清单：列出应急预案涉及的主要物资和装备名称、型号、性能、数量、存放地点、运输和使用条件、管理责任人和联系电话等。

规范化格式文本：应急信息接报、处理、上报等规范化格式文本。

关键的路线、标识和图纸：主要包括：警报系统分布及覆盖范围；重要防护目标、危险源一览表、分布图；应急指挥部位置及救援队伍行动路线；疏散路线、警戒范围、重要地点等的标识；相关平面布置图纸、救援力量的分布图纸等。

有关协议或备忘录：列出与相关应急救援部门签订的应急救援协议或备忘录。

附件　应急预案实例——南京某自来水厂应急预案

1　总则

1.1　编制目的

为做好我厂突发供水事故的应急处置工作，指导和应对可能发生的供水安全事故，及时、有序、高效地开展事故抢险救援工作，最大限度地减少事故可能造成的损失，保护国家、企业和人民生命财产安全，维护企业形象，提高我厂应对突发事故的能力和安全生产管理水平，特制订本预案。

1.2　编制依据

《中华人民共和国突发事件应对法》《中华人民共和国安全生产法》《中华人民共和国城市供水条例》《国家安全生产事故灾难应急预案》《江苏省安全生产管理条例》《南京市突发公共事故应急总体预案》《南京市突发供水事故应急预案》。

1.3　水厂供水概况

水厂目前日供水能力为120万m^3，有两座35kV户内变电站，担负着南京市区二分之一的供水重任。

1.4　适用范围

本预案适用于我厂范围内发生的各种情况的突发性供水事故，严重影响我厂职工的人身安全、供水水质及水量、设备设施安全、重大危险源安全（加氯间）、特种设备（其中包含涉危特种设备）安全的应急处置。

构成突发性事故的主要因素有：

（1）水源或供水水质遭受生物、化学、放射性物质等严重污染的；

（2）主供配电系统及供水设备因故瘫痪或发生爆炸、火灾的；

（3）地震、塌陷、洪涝等灾害导致生产设施设备严重毁损的；

（4）战争、投毒、破坏或恐怖活动的；

（5）供水水源枯竭的；

（6）水厂输水母管、供水干管爆管、断裂或氯气钢瓶发生爆炸、严重泄漏等；

（7）水厂取水头部或取水干管遭外力破坏，导致无法取水的；

（8）加矾、加滤管线损坏或大部分设备故障；

（9）特种设备故障。

1.5　供水事故分级

根据供水事故所造成的影响和紧急程度，现将供水事故分为两个级别：一般事故（集团公司Ⅳ级以下）、重大事故（集团公司Ⅳ级及Ⅳ级以上）。

一般事故是指不影响我厂出水压力、出水量或者出水水质的。重大事故是指影响我厂出水压力、出水量或者出水水质的。

1.6　工作原则

（1）以人为本、减少危害、降低损失的原则。

（2）居安思危、预防为主的原则。

（3）恪尽职守、快速反应，统一指挥、即时处置的原则。

（4）平战结合、科学处置的原则。

1.7　应急预案体系

2　组织机构

水厂突发供水事故应急组织体系由事故处理领导小组、各专业抢险组和信息联络员组成。

2.1　事故处理领导小组

事故处理领导小组是我厂突发供水事故应急工作的日常工作机构，在发生突发供水事故时承担应急指挥职能。

组长：厂长

组员：书记、工会主席、副厂长、综合办公室主任、生技科科长、生技科副科长

2.2　各专业抢险组

预案启动后，负责应急事故的现场处理和抢险；根据所发生事故的等级，由生技科或总值班召集相应的专业抢险组组员进厂。

（1）配电动力设备事故抢险组：

组长：安技员

组员：检修车间主任、变电所班长、相关电气设备检修人员

（2）水质、工艺事故抢险组：

组长：净水工艺管理员

组员：总调度长、维护车间主任、中心化验室驻厂负责人、相关净水设备维护人员

（3）保卫消防组：

组长：保卫干事

组员：综合办公室科员、护卫值班员

（4）物资及后勤保障组：

组长：综合办公室管理员

组员：车队队长、仓库主任、食堂主任、兼职医护人员

2.3　信息联络员

负责应急事故的信息收集、整理、通报和事故的汇报工作；由综合办公室主任担任。

3　事故应急体系运行机制

3.1　预防、预警与报警机制

3.1.1　预防工作

事故处理领导小组统一部署协调突发事故的预防工作，调度按照管理职能对我厂供水质量（水质、水压）、供水水源质量、生产设施设备、重大危险源、液氧罐等进行监管或监测。

3.1.2　预警与报警

调度和生技科等有关科室要综合分析可能引发特别重大、重大突发供水事故的预测预

警信息并及时上报，确保做到早发现、早报告、早处理。

3.2　预警信息发布

事故处理领导小组在收到相关信息并证实突发供水事故即将发生或已发生时，应在初步判定其级别与类别后，按照相关应急预案进入预警状态或应急处置程序并发布预警公告。

3.3　应急处置

3.3.1　信息报告程序和时限

任何班组、科室和个人都有及时上报突发事故的权利和责任。信息联络员要在公司规定的时间内报告集团公司职能部门。

3.3.2　报告方式与报告内容

突发事故发生或即将发生时，信息联络员要立即如实向集团公司职能部门报告，先期处置过程要做好记录。报告应采用书面形式，如情况紧急，可采用先电话报告、后书面补报的方式。

报告应涵盖下列内容：

（1）发生事故的时间、地点、信息来源、事故性质，简要经过，事故原因的初步判断；

（2）事故造成的危害程度，减产（降压、停产）产量，伤亡人数，事故发展趋势；

（3）事故发生后采取的应急处理措施及事故控制情况；

（4）需要有关部门、单位或个人协助抢救和处理的相关事宜及其他需上报的事项；

（5）事故报告单位负责人签字或加盖单位印章、报告时间。

应急处理过程中，要及时续报有关情况。

3.3.3　先期处置

突发事故发生后，在事故处理领导小组统一指挥下，按照有关预案迅速实施先期处置，立即采取措施控制事态发展，严防次生、衍生事故发生。如有人员受伤，根据受伤程度拨打120急救电话或自备车辆送往医院治疗。同时，要按规定程序向集团公司职能部门报告情况。

3.4　应急终止

事故应急处置工作结束，相关危险因素消除后，应立即恢复正常供水，事故处理领导小组可申请终止应急状态，经集团公司应急指挥机构审核并批准后，方可终止应急状态。

3.5　善后处置

事故处理领导小组应协助上级主管部门或政府、会同集团公司职能部门，积极稳妥、深入细致地做好善后处置工作。对突发供水事故中的伤亡人员、应急处置工作人员，要按照规定给予抚恤、补助或补偿；对紧急调拨、采购的应急物资或设备，要按照规定办理相关调拨或入库手续。对于其他受灾单位、家庭或个人，会同集团公司工会等相关部门与有关保险机构及时做好相关理赔工作。

3.6　调查与评估

事故处理领导小组配合集团公司有关部门，对突发供水事故的起因、性质、影响、责任、经验教训和恢复重建等问题进行调查评估。

4　应急保障

各班组、科室要按照预案做好突发供水事故应急处置工作，同时根据预案切实做好相应的人、财、物、通信等保障工作，保证应急救援工作的需要。

5　监督管理

5.1　预案演练

结合我厂实际，有计划、有重点地组织有关人员对相关预案进行演练。

5.2　宣传和培训

结合厂实际，有计划、有针对性地开展突发供水事故应急预案的宣传和教育培训工作。

6　附件

6.1　总体应急预案框架图（图1）

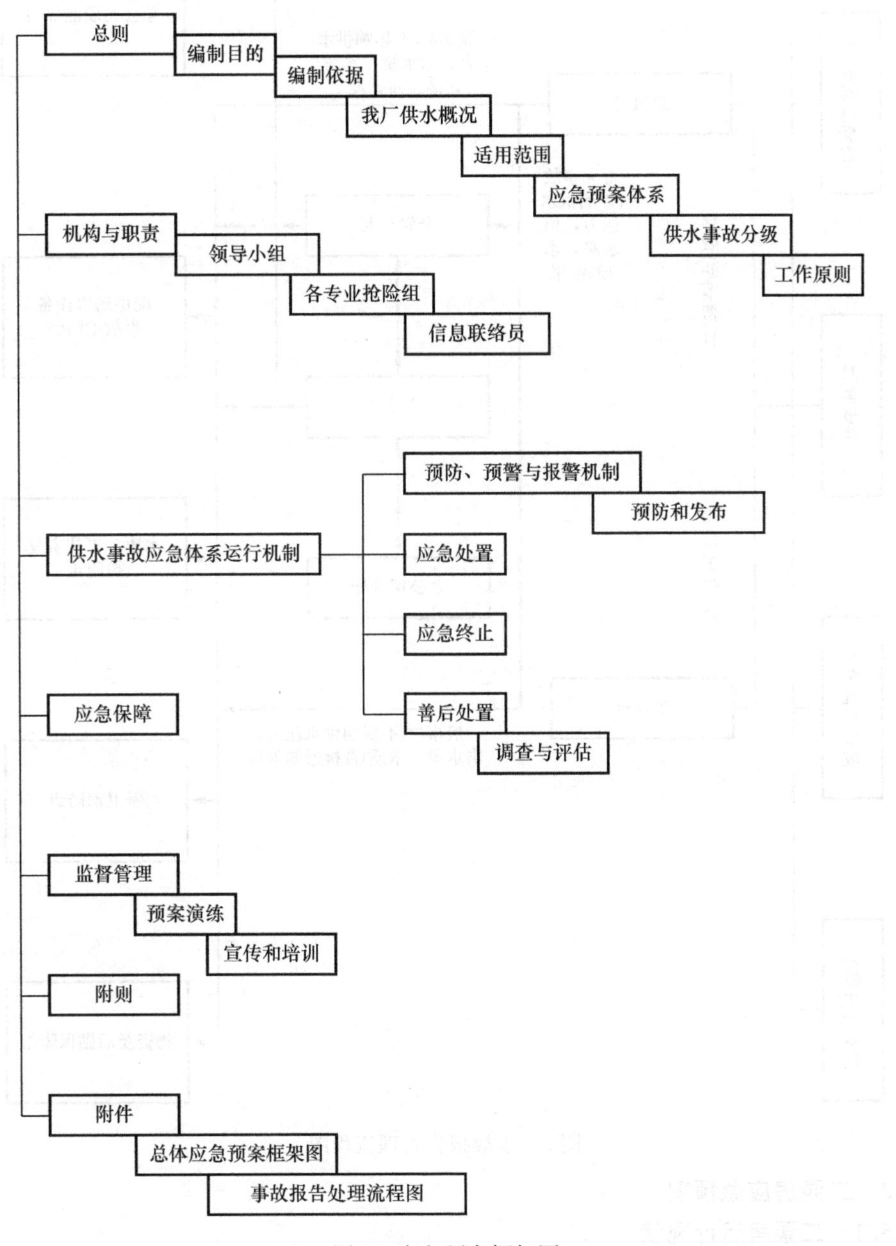

图1　应急预案框架图

6.2 事故报告处理流程图（图2）

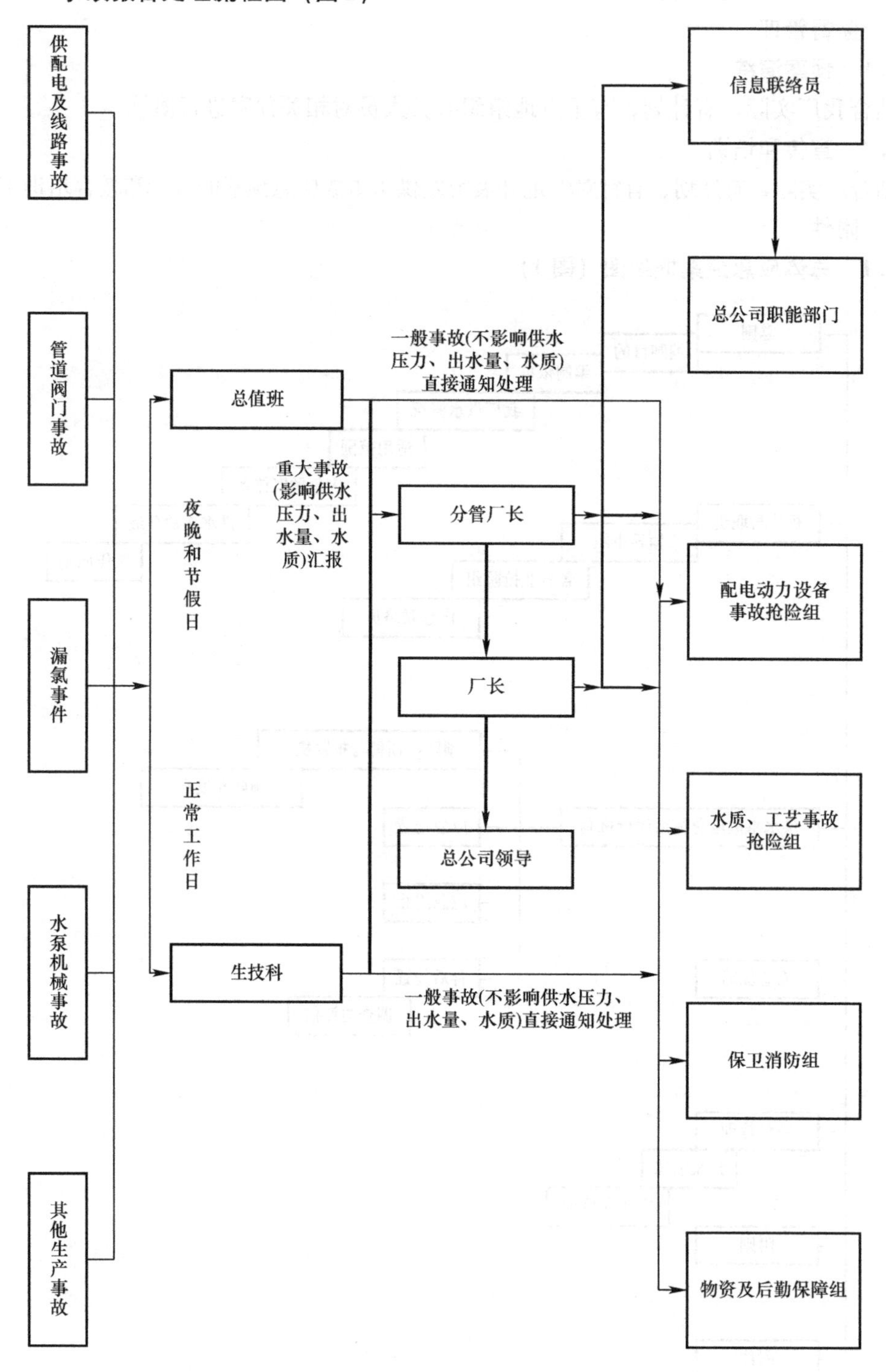

图2 事故报告处理流程图

6.3 二泵房应急预案

6.3.1 二泵房运行现状

二泵房有两路电源进线，分别由厂35kV变电所的611柜和621柜通过双拼电力电缆引入本系统605柜和606柜，两段母线分段运行，通过620柜母联断路器相联并互为备用。两台厂用变压器1号、2号的电源分别从657柜和667柜引出。651柜～656柜分别为1号、3号、5号、7号、9号、11号高压电动机开关柜，661柜～666柜分别为2号、4号、6号、8号、10号、12号高压电动机开关柜。1号～8号机组电机功率为1000kW，9号～12号机组电机功率为900kW。在两段母线上还分别设有电压互感器和避雷器。低压两路进线电源分别来自高压柜室的657柜（1号厂变）、667柜（2号厂变）的低压侧，并引入两面变压器柜，经变压器降压后进入进线柜403柜和404柜。低压系统也采用单母线分段运行。410柜为两段母线的分段柜。通过母联空气开关实现互为备用，另有一面自投柜，保证了重要负荷的供电安全。高压进线断路器605柜、606柜设有速断、过电流保护和弹簧未储能指示、跳闸回路监视。分段断路器620柜设有电流速断、过电流保护和弹簧未储能指示、跳闸回路监视。12台电动机柜都设有速断、过电流保护，超温保护、欠压保护、零序接地报警、高温报警、弹簧未储能指示和跳闸回路监视。两台厂用变压器设有电流速断、过电流保护、零序接地报警、高温报警、弹簧未储能指示和跳闸回路监视。主接线如图3所示。

二泵房建筑为半地下式机房，地下部分深3.3m。二泵房室外有进水吸水井三座，有出水管廊一座。12台机组均装有止回阀，机房内的进水阀门、出水阀门、排水泵、真空泵和户外电动蝶阀则分别由各自的机旁控制箱就地控制。

6.3.2　二泵房运行可能出现的情况及处理

1. 部分机泵失电

（1）某运行机泵突然无声、无电流、无压力、后台报警，即判定该机泵失电。

（2）确认高压开关已处在分闸位置。

（3）立即关闭出水阀门。

（4）检查继保装置及后台的故障记录（判定故障原因），对带变频器的机组检查变频器面板显示的故障信息，做好记录、汇报调度，并做好启用备用机泵的准备。

2. 全厂失电

（1）本机室所有运行机泵突然失声、无电流、无电压、无指示、后台报警，即为全厂失电。

（2）确认机泵真空断路器、403、404处于“分闸”位置，分657、605、667、606断路器。

（3）手动关闭运行水泵的出水阀门。

（4）检查继保装置及后台的故障记录（判定故障原因），对带变频器的机组检查变频器面板显示的故障信息，做好记录、汇报调度，并做好来电后开车的准备。

3. 来电后操作

（1）检查两段进线电压应正常。

（2）依据厂调度命令，合上605开关，合上657开关，合上403空气开关；合上606开关，合上667开关，合上404空气开关，检查各路进线电压应正常。

（3）根据厂调度命令，按操作规程开机组。

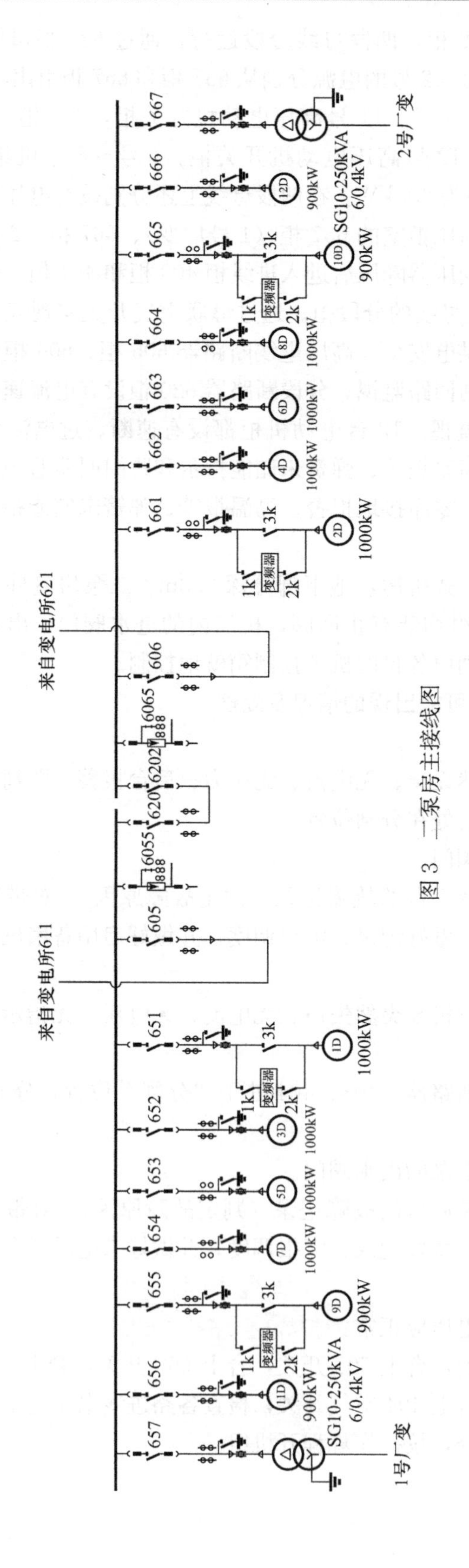
667
666
665
664
663
662
661
606
6065
6202
620
6055
605
651
652
653
654
655
656
657
2号厂变
1号厂变
SG10-250kVA
6/0.4kV
12D
900kW
10D
900kW
8D
1000kW
6D
1000kW
4D
1000kW
2D
1000kW
1D
1000kW
3D
1000kW
5D
1000kW
7D
1000kW
9D
900kW
11D
900kW
变频器
1k
2k
3k
888
来自变电所621
来自变电所611

图3　二泵房主接线图

参 考 文 献

[1] 机泵运行工 [M]. 北京：中国建材工业出版社，2005.
[2] 王晓敏. 工程材料学 [M]. 第4版. 哈尔滨：哈尔滨工业大学出版社，2017.
[3] 杨可桢. 机械设计基础 [M]. 第2版. 北京：高等教育出版社，1981.
[4] 姜乃昌. 泵与泵站 [M]. 第5版. 北京：中国建筑工业出版社，2007.
[5] 刘介才. 工厂供电 [M]. 第5版. 北京：机械工业出版社，2009.
[6] 同济大学. 机械制图 [M]. 第2版. 北京：高等教育出版社，1982.
[7] 朱澈. 水泵运行工 [M]. 北京：中国建筑工业出版社，1995.
[8] 生活饮用水卫生标准 GB 5749—2006 [S].
[9] 金亮. 电气安装识图与制图 [M]. 北京：中国建筑工业出版社，2000.
[10] 邱关源. 电路 [M]. 第4版. 北京：高等教育出版社，1999.
[11] 民用建筑电气设计规范 JGJ 16—2008 [S].
[12] 电力设备预防性试验规程 DL/T 596 [S].
[13] 离心泵、混流泵、轴流泵和旋涡泵系统经济运行 GB/T 13469—2008 [S].
[14] 刘就女，丁川，潘鲁萍. 机械识图基础 [M]. 广州：广东科技出版社，2006.
[15] 周希章，周全. 电动机的启动、制动和调速 [M]. 第2版. 北京：机械工业出版社，2003.
[16] 城镇供水厂运行、维护及安全技术规程 CJJ 58—2009 [S].
[17] 电气装置安装工程电气设备交接试验标准 GB 50150—2016 [S].
[18] 电气装置安装工程旋转电机施工及验收规范 GB 50170—2006 [S].
[19] 国家能源局电力业务资质管理中心，电工进网作业许可考试参考教材·高压类理论部分 [M]. 杭州：浙江人民出版社，2012.